Halbleiter-Elektronik

Eine aktuelle Buchreihe für Studierende und Ingenieure

Halbleiter-Bauelemente beherrschen heute einen großen Teil der Elektrotechnik. Dies äußert sich einerseits in der großen Vielfalt neuartiger Bauelemente und andererseits in mittleren jährlichen Zuwachsraten der Herstellungsstückzahlen von ca. 20 % im Laufe der letzten 10 Jahre. Ihre besonderen physikalischen und funktionellen Eigenschaften haben komplexe elektronische Systeme z. B. in der Datenverarbeitung und der Nachrichtentechnik ermöglicht. Dieser Fortschritt konnte nur durch das Zusammenwirken physikalischer Grundlagenforschung und elektrotechnischer Entwicklung erreicht werden.

Um mit dieser Vielfalt erfolgreich arbeiten zu können und auch zukünftigen Anforderungen gewachsen zu sein, muß nicht nur der Entwickler von Bauelementen, sondern auch der Schaltungstechniker das breite Spektrum von physikalischen Grundlagenkenntnissen bis zu den durch die Anwendung geforderten Funktionscharakteristiken der Bauelemente beherrschen.

Dieser engen Verknüpfung zwischen physikalischer Wirkungsweise und elektrotechnischer Zielsetzung soll die Buchreihe „Halbleiter-Elektronik" Rechnung tragen. Sie beschreibt die Halbleiter-Bauelemente (Dioden, Transistoren, Thyristoren usw.) in ihrer physikalischen Wirkungsweise, in ihrer Herstellung und in ihren elektrotechnischen Daten.

Um der fortschreitenden Entwicklung am ehesten gerecht werden und den Lesern ein für Studium und Berufsarbeit brauchbares Instrument in die Hand geben zu können, wurde diese Buchreihe nach einem „Baukastenprinzip" konzipiert:

Die ersten beiden Bände sind als Einführung gedacht, wobei Band 1 die physikalischen Grundlagen der Halbleiter darbietet und die entsprechenden Begriffe definiert und erklärt. Band 2 behandelt die heute technisch bedeutsamen Halbleiterbauelemente und integrierten Schaltungen in einfachster Form. Ergänzt werden diese beiden Bände durch die Bände 3 bis 5 und 19, die einerseits eine vertiefte Beschreibung der Bänderstruktur und der Transportphänomene in Halbleitern und andererseits eine Einführung in die technologischen Grundverfahren zur Herstellung dieser Halbleiter bieten. Alle diese Bände haben als Grundlage einsemestrige Grund- bzw. Ergänzungsvorlesungen an Technischen Universitäten.

Fortsetzung und Übersicht über die Reihe: 3. Umschlagseite

Halbleiter-Elektronik
Herausgegeben von W. Heywang und R. Müller
Band 15

Rudolf Müller

Rauschen

Zweite, überarbeitete und erweiterte Auflage

Mit 192 Abbildungen

Springer-Verlag Berlin Heidelberg New York
London Paris Tokyo Hong Kong 1990

Dr. techn. RUDOLF MÜLLER
Professor, Inhaber des Lehrstuhls für Technische Elektronik
der Technischen Universität München

Dr. rer. nat. WALTER HEYWANG
Leiter der Zentralen Forschung und Entwicklung der Siemens AG, München
Professor an der Technischen Universität München

CIP-Kurztitelaufnahme der Deutschen Bibliothek
Rauschen/Rudolf Müller. – 2., überarb. u. erw. Auflage
Berlin; Heidelberg; New York; London; Paris; Tokyo: Springer 1990
(Halbleiter-Elektronik; Bd. 15)

ISBN-13: 978-3-540-51145-8 e-ISBN-13: 978-3-642-61501-6
DOI: 10.1007/978-3-642-61501-6

NE: Heywang, Walter [Hrsg.]; GT

Softcover reprint of the hardcover 2nd edition 1990

Satz: Mit einem System der Springer Produktions-Gesellschaft
Datenkonvertierung: Brühlsche Universitätsdruckerei, Gießen

2362/3020-543210 Gedruckt auf säurefreiem Papier

Vorwort zur zweiten Auflage

Genau ein Jahrzehnt nach Erscheinen der ersten Auflage, die nun schon über viele Jahre vergriffen ist, wird hiermit die zweite Auflage dieses Buches in überarbeiteter und erweiterter Form vorgelegt. Kapitel 6 über das $1/f$-Rauschen sowie die Abschnitte 7.3 und 7.4 sind völlig neu. Alle anderen Kapitel haben eine mehr oder weniger tiefgreifende Bearbeitung erfahren und wurden auf den derzeitigen Stand der Erkenntnisse über Halbleiterrauschen gebracht.

Eine Reihe von Fehlern in der ersten Auflage, auf die mich Herr Kollege Professor Dr. G. Grau, Universität Karlsruhe, freundlicherweise aufmerksam gemacht hat, habe ich korrigiert. Ich danke ihm bestens für seine konstruktiven Hinweise. Herrn Dipl.-Ing. W. Hornik, Mitarbeiter an meinem Lehrstuhl, bin ich für die sorgfältige Kontrolle des Manuskripts verpflichtet.

München, im November 1989 R. Müller

Vorwort zur ersten Auflage

Im hier vorliegenden Band der Reihe „Halbleiter-Elektronik" wird das Rauschen der Halbleiter-Bauelemente beschrieben und jeweils das zugehörige Ersatzschaltbild abgeleitet. Damit werden die für den praktischen Einsatz maßgebenden Kenngrößen wie Rausch-Zahl, Rauschmaß usw. ermittelt.

Es wird versucht, dies mit einem möglichst geringen Aufwand an mathematischen Hilfsmitteln zu erreichen. Soweit erforderlich, werden die mathematischen Grundlagen am Anfang gebracht.

Wegen der besonderen Bedeutung optoelektronischer Bauelemente wird der Empfang optischer Signale in einem eigenen Kapitel behandelt. Der zunehmende Einsatz von Halbleiteroszillatoren, insbesondere in der Mikrowellentechnik, hat mich veranlaßt, auch dem üblicherweise in Lehrbüchern nicht behandelten Thema des Oszillatorrauschens ein eigenes Kapitel zu widmen.

Das Buch ist gleichermaßen für Entwickler von Bauelementen und für Schaltungstechniker gedacht. Vorausgesetzt wird die Kenntnis der Funktion der jeweiligen Bauelemente, wie sie beispielsweise in Band 2 dieser Reihe beschrieben wird.

Der Inhalt dieses Bandes entspricht zu einem wesentlichen Teil einer an der TU München gemeinsam mit W. Kleen gehaltenen Vorlesung. Ich möchte an dieser Stelle Herrn Prof. Kleen meinen besonderen Dank für diese Zusammenarbeit aussprechen.

Herrn Jan-Erik Müller sei für seine qualifizierte Mitarbeit, insbesondere für seine Mithilfe bei Kapitel 13, herzlich gedankt.

München, im April 1979 R. Müller

Inhaltsverzeichnis

Physikalische Größen

1. Physikalische Konstanten

Konstante	Bedeutung	Zahlenwert
e	Elementarladung	$1{,}602 \cdot 10^{-19}$ C
$-e$	Ladung des Elektrons	
k	Boltzmann-Konstante	$1{,}380 \cdot 10^{-23}$ J
kT/e		0,0259 V für $T = 300$ K
h	Plancksche Konstante	$6{,}625 \cdot 10^{-34}$ Js
c	Vakuum-Lichtgeschwindigkeit	$2{,}998 \cdot 10^{8}$ ms^{-1}

2. Physikalische Variablen

Variable	Bedeutung	Einheit
A	Amplitude der HF-Schwingung	
A	Querschnitt, Fläche	m^2
$\underline{A}(t)$	rauschende Größe	
$\bar{A}$	zeitlicher Mittelwert von $A(t)$	
A_0	mittlere Amplitude der HF-Schwingung	
$a(t)$	rauschende Größe ohne Gleichanteil	
B	Bandbreite	Hz
$B_{äq}$	rauschäquivalente Bandbreite	
B_{osz}	Oszillatorlinienbreite nach dem linearen Modell	
B_{3dB}	Halbwerts-Bandbreite	
B	Gleichstromverstärkung in Emitterschaltung	
b	Kleinsignalleitwert einer Diode (Blindanteil)	S
C	Kapazität	F
C_G	(wirksame) Gate-Source-Kapazität	
c_{AF}	Korrelationskoeffizient für Amplituden- und Frequenzschwankung eines Oszillators	
c_{12}	Korrelationskoeffizient	
D	Detektivity	W^{-1}
D	Diffusionskonstante	m^{2}s^{-1}
d	Elektrodenabstand	m
E	elektrische Feldstärke	
E	Energie	J, eV

Variable	Bedeutung	Einheit
E_F	Fermi-Niveau	
E_T	Trap-Niveau	
E_{th}	thermische Energie der Elektronen im Volumen V	
F	Rauschzahl	
F_z	zusätzliche Rauschzahl	
$\bar{F}$	Breitbandrauschzahl	
F	Frequenz der Oszillatorschwingung	Hz
F_0	mittlere Frequenz der Oszillatorschwingung	
ΔF	Frequenzintervall im Hochfrequenzspektrum eines Oszillators	
f	Frequenz der Amplituden- bzw. Frequenzschwankung eines Oszillators (meist auch Frequenzablage vom Träger)	Hz
f	Frequenz	Hz
f_T	Taktfrequenz (CCD)	
f_α	Grenzfrequenz der Stromverstärkung für Basisschaltung	
Δf	Frequenzintervall	
G	Leitwert (Realteil)	S
G_G	Realteil des Generatorleitwertes	
G_L	Lastleitwert	
G_N	Rauschleitwert	
G_{Nb}	Rauschleitwert für Basisschaltung	
G_{opt}	Optimaler Realteil des Generatorleitwertes	
G	Leistungsgewinn	
G_v	verfügbarer Leistungsgewinn	
$G=gV$	Generationsrate (im Volumen V)	s^{-1}
g	Generationsrate pro Volumeneinheit (Abweichung zu Band 1 dieser Reihe)	$m^{-3}s^{-1}$
g	Kleinsignalleitwert (Realteil)	S
g_D	Kleinsignal-Drainleitwert	
g_D	negativer differentieller Leitwert einer Tunneldiode	
g_{E_0}	Kleinsignal-Emitterleitwert für $f \to 0$	
g_0	Kleinsignalleitwert einer Diode für $f \to 0$	
g_m	Transistorsteilheit	S
$g_0(t)$	Impulsform	
I_B	Basisstrom	A
$I_{Bsperr} = I_{BE} + I_{BC}$	Basisstrom, wenn beide *pn*-Übergänge in Sperrichtung gepolt sind	
I_C	Kollektorstrom	A
I_{C0}	Kollektor-Sperrsättigungsstrom für $I_E = 0$	
I_{BC}	Kollektorstrom, wenn beide *pn*-Übergänge in Sperrichtung gepolt sind	
I_E	Emitterstrom	A
I_{BE}	Emitterstrom, wenn beide *pn*-Übergänge in Sperrichtung gepolt sind	
I_d	Dunkelstrom	A
I_n	Elektronenstrom	A
I_p	Löcherstrom	A
I_s	Sperrsättigungsstrom	A

2. Physikalische Variablen (Fortsetzung)

Variable	Bedeutung	Einheit
I_0	Gleichstrom	A
I_1 bis I_6	Gleichstromanteile	A
ΔI	Stromschwankung	A
i	Wechselstrom, Rauschstrom	A
i_{Be}	basisseitiger Rauschstromgenerator für Emitterschaltung	
i_{Cb}	kollektorseitiger Rauschstromgenerator für Basisschaltung	
i_{Ce}	kollektorseitiger Rauschstromgenerator für Emitterschaltung	
i_D	drainseitiger Rauschstromgenerator	
i_E	Emitterwechselstrom	A
i_{Eb}	emitterseitiger Rauschstromgenerator für Basisschaltung	
i_G	gateseitiger Rauschstromgenerator	
i_S	Signalstrom	A
$i_1 i_2$	Vierpol-Wechselströme	A
i_1 bis i_6	Rauschstromkomponenten	A
i^*	konjugiert komplexer Wert des Wechselstromes i	
L	Induktivität	H
L	Länge	m
L	Kanallänge beim FET	m
M	Multiplikationsfaktor	
M	Rauschmaß	
M	reziproke Steilheit	Ω
m	Elektronenmasse (effektive)	kg
N	Ladungsträgeranzahl	
N	Rauschleistung	W
N_{ss}	Dichte der Oberflächenzustände je Energieintervall-Einheit	$m^{-2}eV^{-1}$
$\overline{\Delta N^2}$	Schwankungsquadrat der Teilchenanzahl N	
NEP	Noise equivalent power	W
N_0	mittlere Anzahl der Ladungsträger im Volumen V	
n	Idealitätsfaktor der Diodenkennlinie	
n	Elektronendichte	m^{-3}
n_D^+	Dichte der ionisierten Donatoren	m^{-3}
n_D	Dotierungsdichte	m^{-3}
n_i	Eigenleitungsträgerdichte	m^{-3}
n_t^-, n_t^+	Dichte der negativ (positiv) ionisierten Traps	m^{-3}
n_0	Gleichgewichtselektronendichte	m^{-3}
n_c	äquivalente Zustandsdichte im Leistungsband	m^{-3}
P	Leistung	W
P_v	verfügbare Leistung	
P	Leistung im optischen Spektralbereich (P_0: Gleichanteil, P_s: Signalanteil)	W
P_b	Leistung des auf den Detektor fallenden Hintergrundlichtes	
$P_ü$	mittlere Leistung des optischen Überlagerers (auf der Diode)	
$P(A)$	Wahrscheinlichkeitsdichteverteilung	
P_1	Besetzungswahrscheinlichkeit des Zustandes 1	

2. Physikalische Variablen (Fortsetzung)

Variable	Bedeutung	Einheit
P_β	Besetzungswahrscheinlichkeit des Zustandes β	
p	komplexe Frequenz	s^{-1}
p	Löcherdichte	m^{-3}
p_0	Gleichgewichtslöcherdichte	
Q	Resonatorgüte	
q	Wechselanteil der Kanalladung	C
$\overline{q^2}$	Schwankungsquadrat der Ladung je Element im CCD	C^2
$R=rV$	Rekombinationsrate im Volumen V!	s^{-1}
R	Widerstand	Ω
R_G	Generatorwiderstand (Realteil)	
R_N	negativer Widerstand $(-R_N<0)$	
R_N	Rauschwiderstand	
R_{Nb}	Rauschwiderstand für Basisschaltung	
$Re(Y)$	Realteil des komplexen Leitwertes Y	S
R_G	Realteil der Generatorimpedanz	Ω
R_D	drainseitiger interner Verlustwiderstand	Ω
R_S	sourceseitiger interner Verlustwiderstand	Ω
$R_{netto}=R-G$	Nettorekombinationsrate	
r	Rekombinationsrate pro Volumeneinheit!	$m^{-3}s^{-1}$
r	Bahnwiderstand	Ω
$r_{BB'}$	Basiswiderstand	
r_E	Kleinsignal-Emitterwiderstand	Ω
S	Signalleistung	W
s	Schubweg	m
s	Sättigungsparameter eines Oszillators	
s	Empfindlichkeit eines Lichtdetektors	AW^{-1}
S/N	Signal-Geräusch-Verhältnis	
T	Zeitintervall	s
T	absolute Temperatur	K
$T=1/f$	Periodendauer	
T_e	Elektronentemperatur	K
T_r	Rauschtemperatur	K
$T_0=290\,K$	Zimmertemperatur	
t	Zeit	s
u	Wechselspannung, Rauschspannung	V
$U(x)$	Potential als Funktion des Ortes x	V
U_{DS}	Drein-Source-Spannung	V
$U_G=U_{GS}-U_V$	wirksame Gate-Source-Spannung	V
U_{GS}	Gate-Source-Spannung	V
U_V	Verschiebespannung beim FET	V
U_0	Gleichspannung	V
u^*	zu u konjugiert komplexe Wechselspannung	V
$\overline{u^2}$	Schwankungsquadrat der Spannung u	V^2
$\ddot{U}(f)$	Übertragungsfunktion	
V	Volumen	m^3
v	Geschwindigkeit	ms^{-1}
W_A	Leistungsspektrum der Oszillatoramplitude	(A^2Hz^{-1})
W_F	Leistungsspektrum der Oszillatorfrequenz	Hz^2Hz^{-1}
W_N	Leistungsspektrum einer Teilchenschwankung	Hz^{-1}

2. Physikalische Variablen (Fortsetzung)

Variable	Bedeutung	Einheit
W_P	Spektrum der Hochfrequenzleistung eines Oszillators	WHz^{-1}
W_{PA}	Spektrum der der Amplitudenschwankung zugeordneten Hochfrequenzleistung eines Oszillators	WHz^{-1}
$W_{P\Phi}$	Spektrum der der Phasenschwankung zugeordneten Hochfrequenzleistung eines Oszillators	WHz^{-1}
W_i	Leistungsspektrum einer Stromschwankung	A^2Hz^{-1}
$W_n(f)$	Leistungsspektum der abgetasteten Ladung in einem CCD mit *n* Elementen	C^2Hz^{-1}
W_u	Leistungsspektrum einer Rauschspannung	V^2Hz^{-1}
W_Φ	Leistungsspektrum der Phasenschwankung eines Oszillators	Hz^{-1}
$W(f)$	spektrale Leistungsdichte	
$W_{12}(f)$	Kreuzkorrelationsspektrum	
X_G	Blindanteil der Generatorimpedanz	Ω
x	Ortskoordinate	m
Y	Leitwert (komplex)	S
$Y_{cor} = G_{cor} + jB_{cor}$	Korrelationswert	
Y_{ij}	Vierpol-Leitwerte	
$Y_1 = G_1 + jB_1$	Eingangsleitwert	
Y_{opt}	Optimaler komplexer Generatorleitwert	
Z	Impedanz (komplex)	Ω
$z_{B'E}$	Kleinsignal-Basisimpedanz	
Z_{cor}	Korrelationsimpedanz	
$Z_N = -R_N + jX_N$	Impedanz mit negativem Realteil	
Z_G	Generatorimpedanz	
Z_1	Eingangsimpedanz	
$\bar{z}$	mittlere Impulsdichte	s^{-1}
$z(x) = dZ(x)/dx$	Impedanz je Längeneinheit	
α	Multiplikationsfaktor für Elektronen	m^{-1}
α	Kleinsignal-Stromverstärkung in Basisschaltung	
α_0	Kleinsignal-Stromverstärkung in Basisschaltung für $f \to 0$	
α_{dc}	Gleichstromverstärkung in Basisschaltung (s. Gl. (11/2))	
β	Multiplikationsfaktor für Löcher	m^{-1}
β_0	Niederfrequenz-Kleinsignalverstärkung in Emitterschaltung	
Γ^2	Schwächungsfaktor	
γ_{EC}	Korrelationskoeffizient für Emitter- und Kollektor-Rauschströme	
γ_{DG}	Korrelationskoeffizient für i_D und i_G (Drain-Source-Korrelation)	
γ_{12}	komplexer Korrelationskoeffizient	
$\delta = (F - F_0)/F_0$	relative Frequenzablage	
$\bar{\varepsilon}$	mittlere Elektronenenergie	J
η	Quantenwirkungsgrad	
$\eta = U_{DS}/U_G$	normierte Drainspannung ($\eta = 1$: Sättigung)	
λ	Wellenlänge	m
μ	Beweglichkeit	$m^2V^{-1}s^{-1}$
ν	Frequenz im optischen Spektralbereich	Hz

2. Physikalische Variablen (Fortsetzung)

Variable	Bedeutung	Einheit
$\varrho(x)$	Gateladung je Längeneinheit des Kanals	Cm^{-1}
$\varrho(\tau)$	Autokorrelationsfunktion	
$\varrho_{12}(\tau)$	Korrelationsfunktion	
σ	Leitfähigkeit	$\Omega^{-1}m^{-1}$
σ	Realteil der komplexen Frequenz	s^{-1}
σ^2	Schwankungsquadrat, Varianz	
σ_A^2	Schwankungsquadrat der Oszillatoramplitude	(A^2)
σ_F^2	Schwankungsquadrat der Oszillatorfrequenz	Hz^2
τ	Impulsrelaxationszeit	s
τ_{rel}	dielektrische Relaxationszeit	
τ_ε	Energierelaxationszeit	
τ	Lebensdauer	s
τ_m	Majoritätsträgerlebensdauer	
τ	Zeitinterval	s
τ	Zeitkonstante	s
τ_M	Zeitkonstante des Rauschmeßgerätes	
τ_ϱ	Zeitkonstante der Autokorrelationsfunktion	
τ_c	Stoßzeit, freie Flugzeit	
τ_e	Emissionsrate für Elektronen aus Traps	
τ_{tr}, τ_t	Laufzeit der Ladungsträger	
τ_T	Taktzeit (CCD)	
τ_1	Zeitdauer über welche die Ladung am CCD-Ausgang ausgelesen wird	
φ	Phasenwinkel	
φ	Winkel zwischen Impedanzvektoren (beim Oszillator)	
Ω	Kreisfrequenz der Oszillatorschwingung	s^{-1}
Ω_0	mittlere Kreisfrequenz der Oszillatorschwingung	
ω	Kreisfrequenz	s^{-1}
ω_{gr}	Grenz-(kreis-)frequenz	
ω_i	Idler-(kreis-)frequenz	
ω_s	Signal-(kreis-)frequenz	

Einleitung

Das Rauschen bestimmt letztlich in allen Messungen die Empfindlichkeitsgrenze. Es gibt kein Meßsystem, dessen Anzeige oder dessen Ausgangssignal frei von statistischen Schwankungen ist. Diese Schwankungen nennt man allgemein Rauschen, obwohl nur ein akustisches „Anzeigegerät" (z.B. ein Lautsprecher) tatsächlich das Rauschen hören läßt. Eine der Ursachen für diese statistischen Schwankungen ist beispielsweise die thermische Bewegung von Ladungsträgern in Leitern oder Halbleitern (thermisches Rauschen); eine weitere liegt in der endlichen Größe der elektrischen Elementarladung (Schrotrauschen).

Hat die Meßgröße (das Signal) die Größenordnung dieser Schwankungen, so ist man allgemein an der Empfindlichkeitsgrenze angelangt. Der Empfang von Nachrichten ist in diesem Sinne ebenfalls eine Messung, nämlich die des ankommenden Signals. In diesem Fall wird es besonders deutlich, welche Konsequenzen das Rauschen hat: Bei einer Dämpfung der Übertragungsstrecke von beispielsweise 100 dB beträgt die erforderliche Sendeleistung 10 W, wenn die für geeignete Empfangsqualität (Signal-Geräusch-Verhältnis) erforderliche Mindestsignalleistung am Empfänger den Wert von 10^{-9} W haben muß. Benützt man einen schlechteren, d.h. stärker rauschenden Empfänger, der beispielsweise 10^{-8} W Eingangssignal erfordert, so muß man entweder die Sendeleistung auf 100 W erhöhen oder die Übergangsstrecke entsprechend verkürzen.

Besonders deutlich wird diese technisch-wirtschaftliche Bedeutung des Rauschens am Beispiel der Satelliten-Nachrichtenübertragung. Hier sind die Auswirkungen einer höheren erforderlichen Sendeleistung wegen der Energieversorgung und der damit verbundenen Lasterhöhung des Satelliten besonders drastisch. Es ist daher natürlich, daß gerade für diesen Einsatz vom Standpunkt des Rauschens optimale Empfangsanordnungen wie Maser und parametrische Verstärker eingesetzt werden. Generell strebt man ein Optimum hinsichtlich des *Gesamtaufwandes* an, und hier ist die Frage des Rauschens der Ausgangspunkt.

Sowohl in der Meßtechnik als auch in der Nachrichtentechnik benützt man heute zur Verbesserung des Signal-Geräusch-Abstandes besondere Modulationsverfahren (Pulse-code-Modulation, lock-in Technik usw.). Damit können zwar wesentliche Verbesserungen erzielt werden (insbesondere kann der der tatsächlich benötigten „Informationsbandbreite" entsprechende Grenzwert für das Signal-Geräusch-Verhältnis erreicht werden); es bestimmt aber nach wie vor das Rauschen der Bauelemente die bestmögliche Empfindlichkeit.

Als Folge der Unschärferelation existiert eine von den obengenannten Rauschursachen unabhängige untere Meßgrenze. Für Messungen im Frequenzbereich von Gleichstrom bis zu Mikrowellen gelangt man nicht an diese Unschärfegrenze heran. Nur im optischen Frequenzbereich liegt die durch die Unschärferelation gegebene Meßgrenze bei so hohen Leistungswerten, daß dadurch die Meßgenauigkeit bestimmt wird. Auf dieses „Quantenrauschen" wird in Kapitel 13 kurz eingegangen. Eine Ausnahme bildet der Maser (*M*icrowave *a*mplification by *s*timulated *e*mission of *r*adiation), der so tief gekühlt ist, daß das (thermische) elektronische Rauschen so klein ist, daß Quantenrauschen auch im Mikrowellenbereich maßgebend ist. Obwohl der Maser als quantenelektronischer Verstärker nicht in das Konzept der Buchreihe Halbleiterelektronik paßt, wird er doch im Anhang (s. Abschn. 15.4) kurz beschrieben, da er als Mikrowellenverstärker mit dem geringsten Rauschen technische Bedeutung (insbesondere beim kommerziellen Satellitenempfang) erlangt hat.

Sehr häufig treten in Nachrichten- oder Meßsystemen Störungen (z.B. hervorgerufen durch Kfz-Zündanlagen) auf, die eine optimale Ausnutzung des Gesamtsystems verhindern. Auf diese nicht im eigentlichen elektronischen System begründeten Störursachen wird hier nicht eingegangen.

Der kleinste Signalpegel tritt normalerweise am Eingang des jeweiligen Meß- oder Empfangsgerätes auf. Dieser z.B. mit einem Transistor einer Fotodiode oder einem HF-Gleichrichter bestückte Eingangsverstärker bestimmt also die Empfindlichkeitsgrenze des Empfängers und kann wegen des kleinen Signalpegels durch Kleinsignalersatzschaltbilder beschrieben werden. Die das Rauschen kennzeichnenden Ersatzrauschgeneratoren werden daher in das jeweilige Kleinsignal-Ersatzschaltbild eingetragen. Mit diesen erweiterten Ersatzschaltbildern können dann die den gesamten Verstärker beschreibenden Kenngrößen wie Rauschzahl usw. ermittelt werden.

Bei der Behandlung des Rauschens elektronischer Bauelemente existieren zwei Bereiche: einmal werden die elementaren Rauschprozesse wie thermisches Rauschen, Schrotrauschen usw. beschrieben, und zum anderen wird mit Hilfe dieser Ergebnisse das Rauschen der einzelnen Bauelemente behandelt.

Bei der Beschreibung der elementaren Rauschprozesse geht man von den Einzelvorgängen (z.B. Bewegungen der Ladungsträger im Festkörper) aus und ermittelt mit Hilfe von Wahrscheinlichkeitsaussagen über bestimmte Eigenschaften dieser Einzelvorgänge die für den entsprechenden Prozeß maßgebenden Größen, etwa die Rauschspannung an den Klemmen eines Widerstandes. Die erzielten Ergebnisse für die wichtigsten Rauschprozesse (thermisches Rauschen, Schroteffekt) sind sehr einfach. Der Praktiker arbeitet mit diesen einfachen, experimentell bestätigten Beziehungen für die elementaren Rauschprozesse. Kenntnisse der Wahrscheinlichkeitsrechnung sind dafür kaum notwendig. Das Rauschen wird durch Effektivwerte (evtl. Effektivwerte je Hertz Bandbreite) beschrieben.

Das Rauschen von Bauelementen wird durch Kenngrößen wie Rauschzahl, Rauschtemperatur usw. beschrieben. Der zweite Bereich betrifft die Bestimmung dieser Rauschkenngrößen für die gängigen elektronischen Bauelemente bzw. Komponenten.

Für beide Bereiche sind gewisse mathematische und elektrotechnische Kenntnisse erforderlich, die kurz behandelt werden. Dies ergibt folgendes Schema für das vorliegende Buch:
mathematische Grundlagen: Kapitel 1 und 2,
elementare Rauschprozesse: Kapitel 3 bis 6,
elektronische Kenngrößen: Kapitel 7 bis 9
Beschreibung des Rauschens elektronischer Bauelemente: Kapitel 10 bis 14

Üblicherweise ist Rauschen ein störender Effekt. Es gibt jedoch auch Nutzanwendungen von Rauschen wie beispielsweise die Modulation ausgesandter Radarimpulse durch Rauschen. Auf diese Weise sind die Radarimpulse gewissermaßen mit einer komplizierten Signatur versehen, welche das Auffinden des gewünschten Signals unter vielen Störungen erleichtert. Auch kann durch Messung des thermischen Rauschens die Temperatur sehr genau bestimmt werden. Bezüglich dieser „Sonderfälle" wird auf eine zusammenfassende Literatur [1] verwiesen.

1 Beschreibung des Rauschens im Zeitbereich

Abbildung 1 zeigt den typischen Zeitverlauf einer mit Rauschen behafteten Größe, z.B. also die Spannung am Ausgang eines (nicht durch Signal ausgesteuerten) Verstärkers. Diese Größe $A(t)$ ist nicht reproduzierbar, d.h. ein anderer identisch aufgebauter Verstärker wird eine andere Zeitfunktion für die Ausgangsspannung abgeben, oder auch wiederholte Messungen am gleichen Verstärker ergeben jedesmal andere Zeitverläufe. Für eine Rauschgröße ist also eine Zeitfunktion nicht vorhersagbar.

Wohl aber sind Wahrscheinlichkeitsaussagen möglich. In Abb. 1 ist rechts die als relative Häufigkeit für das Auftreten von Werten im Bereich A bis $A+\mathrm{d}A$ definierte Wahrscheinlichkeitsdichtefunktion $P(A)$ (z.B. [2, S. 24]) als Abszisse aufgetragen; wir kommen später darauf zurück. Außerdem können zeitliche Mittelwerte angegeben werden, auf die nun eingegangen wird:

$$\bar{A} = \lim_{T\to\infty} \frac{1}{2T} \int_{-T}^{+T} A(t)\,\mathrm{d}t. \qquad (1/1)$$

Dieser lineare Mittelwert würde beispielsweise mit einem sehr trägen Meßinstrument angezeigt werden (Kapitel 9) und entspricht dem „Gleichstromanteil" der Größe $A(t)$. Die Information über die Schwankung von $A(t)$, das Rauschen, liegt in der Größe

$$a(t) = A(t) - \bar{A}, \qquad (1/2)$$

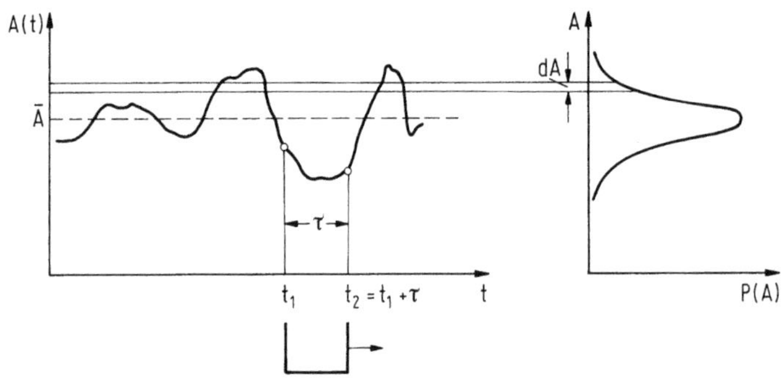

Abb. 1. Rauschgröße A als Funktion der Zeit und Wahrscheinlichkeit $P(A)$ für das Antreffen des Wertes A

die wir als reine Schwankungsgröße bezeichnen. Definitionsgemäß ist ihr zeitlicher Mittelwert Null:

$$\overline{a(t)} = 0. \qquad (1/3)$$

Ein Maß für die in dieser Schwankung enthaltene Leistung ist das Schwankungsquadrat $\overline{a^2}$, die für die Beschreibung des Rauschens üblichste Größe.

1.1 Das Schwankungsquadrat

Das Schwankungsquadrat (auch zweites zentrales Moment oder Varianz σ^2 genannt), ist definiert als der zeitliche Mittelwert der Größe $a(t)^2$:

$$\sigma^2 = \overline{a(t)^2} = \lim_{T \to \infty} \frac{1}{2T} \int_{-T}^{+T} [a(t)]^2 \mathrm{d}t. \qquad (1/4)$$

Den Wert $\sigma = \sqrt{\overline{a^2}}$ bezeichnet man auch als Effektivwert der Rauschgröße a (rms-value: root mean square-value).

Die Wahl eines zu $t = 0$ symmetrischen Zeitabschnittes von $-T$ bis $+T$ mit $T \to \infty$ bei der zeitlichen Mittelung bringt insbesondere bei der Verknüpfung mit den spektralen Rauschgrößen Vorteile (s. Abschnitt 2.2). Für die Praxis ist dies ohne Belang; in der realen Rauschmeßtechnik wird selbstverständlich immer nur über einen *endlichen* Zeitabschnitt (hier $2T$) gemittelt. Wie groß dieser Zeitabschnitt sein muß, damit das Ergebnis sinnvoll d.h. „zeitunabhängig" wird, kann dem Abschnitt 9.6 entnommen werden.

Die Varianz kann auch durch die allgemeine Schwankungsgröße $A(t)$ ausgedrückt werden:

$$\sigma^2 = \overline{a^2} = \overline{(A - \bar{A})^2} = \overline{A^2} - \overline{2A\bar{A}} + \bar{A}^2 = \overline{A^2} - 2\bar{A}^2 + \bar{A}^2 = \overline{A^2} - \bar{A}^2. \qquad (1/5)$$

Die Größe σ^2 ist ein Maß für die Rauschleistung, $\overline{A^2}$ ein Maß für die Gesamtleistung und $\bar{A}^2$ ein Maß für die Gleichstromleistung. Gleichung (1/5) besagt daher, daß die Gesamtleistung sich durch Addition aus Gleich- und Wechselleistung zusammensetzt.

Eine Messung der Varianz ist möglich mit Hilfe eines die Leistung anzeigenden Instrumentes (z.B. Hitzdrahtinstrument) oder (heute üblich) mittels einer Gleichrichter-Linearinstrument-Kombination (Kapitel 9).

Die Mittelwerte höherer Potenzen von $a(t)$ (höhere Momente) beinhalten noch weitere Informationen über das Rauschen, sind jedoch in der Praxis von geringer Bedeutung (z.B. [3, S. 36]).

Die hier angegebenen Mittelwerte sind zeitliche Mittelwerte. In analoger Weise kann man sog. Scharmittel $\langle A \rangle$, $\langle A^2 \rangle$ usw. definieren. Sind beispielsweise N gleiche Verstärker vorhanden, so ist

$$\langle A \rangle = \lim_{N \to \infty} \frac{1}{N} \sum A \qquad (1/6)$$

der (lineare) Mittelwert aller zur Zeit t gemessenen Ausgangsspannungen der einzelnen Verstärker. Ist dieses Scharmittel unabhängig vom gewählten Zeitpunkt t, so spricht man von stationärem Rauschen. Ist das Scharmittel gleich dem Zeitmittel, so spricht man von ergodischem Rauschen. Die meisten Rauschvorgänge (und alle in diesem Buch behandelten) werden als ergodisch (und damit stationär) betrachtet. Ein einem Einschwingvorgang überlagertes Rauschen z.B. ist sicherlich nicht stationär, trotzdem wird es allgemein (entsprechend langsame Einschwingvorgänge vorausgesetzt) als „quasistationär" (Aufeinanderfolge von stationären Gleichgewichtszuständen) behandelt.

Je nach Aufgabenstellung kann dann der Mittelwert $\overline{a^2}$ als zeitliches Mittel oder als Scharmittel betrachtet und berechnet werden. Bei der Berechnung des thermischen Rauschens (Kapitel 3) wird über die Bewegung vieler Elektronen gemittelt (Scharmittel). Eine weitere Möglichkeit bietet die Bestimmung eines Mittelwertes aus einer bekannten Wahrscheinlichkeitsverteilung $P(A)$, die in manchen Fällen sehr leicht angegeben werden kann. Da die Wahrscheinlichkeitsdichtefunktion $P(A)$ das „Gewicht" angibt, mit welchem der Wert A auftritt, gilt für den Mittelwert (Erwartungswert) (z.B. [2, S. 49])

$$\bar{A} = \int_{-\infty}^{+\infty} A P(A) \mathrm{d}A . \tag{1/7a}$$

Entsprechendes gilt für höhere Momente

$$\overline{A^n} = \int_{-\infty}^{+\infty} A^n P(A) \mathrm{d}A , \tag{1/7b}$$

und die noch zu besprechenden Korrelationsfunktionen. In Abschnitt 1.6 wird die Autokorrelationsfunktion für einen besonders einfachen Fall (A kann nur die zwei Werte 0 und 1 annehmen: random telegraph signal) nach dieser Methode berechnet.

1.2 Korrelation

Hat man zwei oder mehrere Schwankungsgrößen, so kann zwischen ihnen ein Zusammenhang bestehen, d.h. die Kenntnis des Wertes der einen Größe enthält auch eine Information über den Wert der zweiten Schwankungsgröße. Zwei korrelierte Rauschgrößen erhält man beispielsweise, wenn man am Ausgang eines rauschenden Verstärkers zwei Widerstände in Serie anbringt (Abb. 2) und die beiden Spannungsabfälle an den Widerständen betrachtet. Es ist verständlich, daß dann ein schwankender Strom $i(t)$ an den Widerständen Spannungsabfälle hervorruft, die zwar selbst (wie in Abb. 1 gezeigt) statistische Funktionen sind, die aber zueinander proportional sind. In diesem Fall spricht man von vollständiger Korrelation.

Abbildung 3 zeigt ein sog. Streudiagramm, d.h. es sind die entsprechenden Wertepaare der beiden Größen a_1 und a_2 aufgetragen. Man erhält ein solches

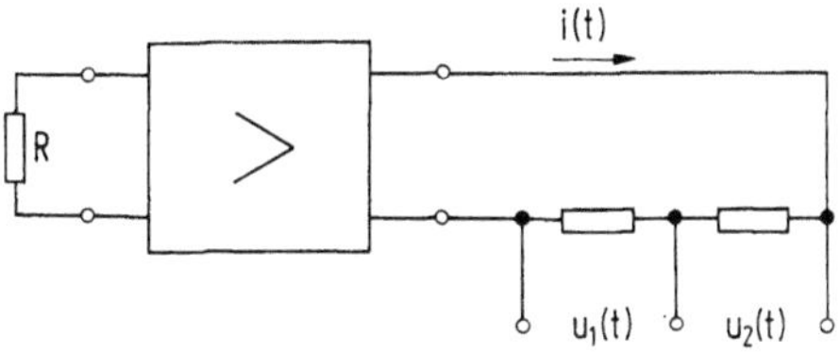

Abb. 2. Entstehung zweier korrelierter Rauschspannungen u_1 und u_2 als Folge eines Rauschstromes i

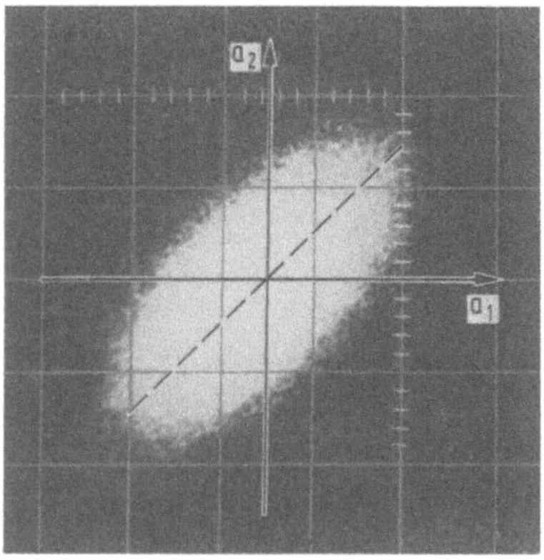

Abb. 3. Streudiagramm für zwei korrelierte Rauschgrößen a_1 und a_2. Bei Auswertung nach Gl. (9/5): $c_{12}=2/3$

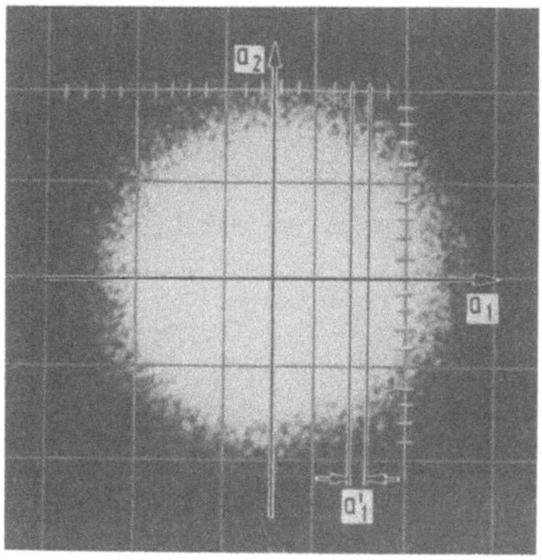

Abb. 4. Streudiagramm für zwei unkorrelierte Rauschgrößen a_1 und a_2 ($c_{12}=0$)

Bild beispielsweise, wenn man die beiden Rauschgrößen an die beiden Kanäle (x und y) eines Oszillographen anschließt. Es handelt sich hier um eine starke, jedoch nicht vollständige Korrelation; einem Wert der Schwankungsgröße a_1 entspricht jeweils mit großer Wahrscheinlichkeit ein gewisser Bereich der Schwankungsgröße a_2 (genauer gesagt: die Wahrscheinlichkeitsverteilung für die Größe a_2 hängt vom jeweiligen Wert a_1 ab). Abbildung 4 zeigt das Streudiagramm von zwei vollständig unkorrelierten Größen, d.h. die Wahrscheinlichkeitsverteilung für die Schwankungsgröße a_2 ist vollkommen unabhängig vom Wert der Schwankungsgröße a_1. In beiden Fällen sind die Verstärkungen der beiden Kanäle x und y so eingestellt, daß etwa gleiche Auslenkungen für die beiden Rauschgrößen a_1 und a_2 zustande kommen.

Eine Korrelation tritt im allgemeinen auf, wenn die Schwankungen eine gemeinsame Ursache haben. Im oben angegebenen Beispiel der Spannungen an den beiden Ausgangswiderständen des Verstärkers ist die Ursache das gemeinsame Verstärkerrauschen bzw. das thermische Rauschen des Eingangswiderstandes R. Im Streudiagramm der Abb. 3 würde sich dies als eine Gerade durch den Ursprung äußern (gestrichelt); die Ellipse würde zur Geraden degenerieren. Die an den Klemmen zweier in Serie geschalteter Widerstände auftretenden Rauschspannungen, verursacht durch *deren* thermisches Rauschen, sind zueinander vollkommen unkorreliert, da die Ursachen für die Schwankungen an den beiden Klemmen, die Ladungsträgerbewegungen in den beiden Widerständen, voneinander unabhängig sind; dies würde Abb. 4 entsprechen. Streudiagramme sind Lissajousche Figuren für Rauschen.

Im allgemeinen sind zwei Rauschgrößen teilweise korreliert, da sowohl gemeinsame Rauschursachen als auch voneinander unabhängige Rauschursachen existieren. Eine quantitative Beschreibung der Korrelation zweier Größen kann durch den Korrelationskoeffizienten bzw. durch die Korrelationsfunktion (Abschnitt 1.3) erfolgen.

Existieren zwei reine Schwankungsgrößen a_1 und a_2, so hat das Schwankungsquadrat der Summe dieser beiden Rauschgrößen den Wert

$$\overline{(a_1+a_2)^2}=\overline{a_1^2}+\overline{a_2^2}+\overline{2a_1a_2}=\sigma_1^2+\sigma_2^2+2c_{12}\sigma_1\sigma_2\,. \tag{1/8}$$

Darin bedeuten σ_1^2 und σ_2^2 die Varianzen der beiden Einzelgrößen und c_{12} den Korrelationskoeffizienten:

$$c_{12}=\frac{\overline{a_1a_2}}{\sqrt{\overline{a_1^2}\,\overline{a_2^2}}}=\frac{1}{\sigma_1\sigma_2}\lim_{T\to\infty}\frac{1}{2T}\int_{-T}^{+T}a_1(t)a_2(t)\,\mathrm{d}t\,. \tag{1/9}$$

Der Korrelationskoeffizient ist proportional dem zeitlichen Mittelwert des Produktes $a_1(t)a_2(t)$. Für unkorrelierte (statistisch unabhängige) Größen ist dieser Mittelwert Null. Man betrachte dazu das Streudiagramm nach Abb. 4. Für einen bestimmten Wert a_1' der Größe a_1 ist der Mittelwert von a_2 gleich Null; dies gilt wegen der Unabhängigkeit der Verteilung der a_2-Werte von a_1 für jeden Wert von a_1. Summiert man dann über alle a_1-Werte, so erhält man den Mittelwert von a_1, der ebenfalls Null ist. Es gilt also für unkorrelierte reine Schwankungsgrößen

$$\overline{a_1(t)a_2(t)}=0 \quad (a_1 \text{ und } a_2 \text{ unkorreliert}). \tag{1/10}$$

Die analoge Argumentation gilt für allgemeine Schwankungsgrößen $A_1(t)$ und $A_2(t)$. Wenn diese unkorreliert sind, erhält man

$$\overline{A_1(t)A_2(t)}=\overline{A_1}\;\overline{A_2} \quad (A_1 \text{ und } A_2 \text{ unkorreliert}). \tag{1/11}$$

Für unkorrelierte Vorgänge ist also $c_{12}=0$. Man erkennt aus Gl. (1/8), daß für unkorrelierte Rauschgrößen das Schwankungsquadrat der Summe gleich der Summe der Schwankungsquadrate ist:

$$\overline{(a_1+a_2)^2}=\overline{a_1^2}+\overline{a_2^2} \quad (a_1 \text{ und } a_2 \text{ unkorreliert}). \tag{1/12}$$

Physikalisch bedeutet dies, daß die Rauschleistungen zweier unkorrelierter Rauschvorgänge zu addieren sind. Sind mehrere Rauschgrößen vorhanden, so gilt diese Addition der Schwankungsquadrate analog für alle unkorrelierten Rauschgrößen.

1.3 Korrelationsfunktion

Der in Gl. (1/9) definierte Korrelationskoeffizient dient als Maß für die Korrelation zweier Größen und bestimmt insbesondere die Addition von

Rauschgrößen gemäß Gl. (1/8). Wenn $c_{12} \neq 0$ ist, so sind die beiden Rauschgrößen korreliert. Für das bereits erwähnte Beispiel des Spannungsabfalls eines genügend großen Rauschstromes an zwei in Serie geschalteten Widerständen ist $c_{12}=1$. Es gibt aber Fälle, in welchen $c_{12}=0$ sein kann, obwohl die entsprechenden Rauschgrößen gleiche Ursachen haben und folglich voll korreliert sind. Der Spannungsabfall eines nahezu sinusförmigen Rauschstromes (Schmalbandrauschen, Abschnitt 2.5) an der Serienschaltung eines Widerstandes und einer Kapazität beispielsweise ergibt $c_{12} \approx 0$, da die beiden korrelierten Spannungen zueinander orthogonal (90° phasenverschoben) sind.

Ein allgemein gültiges Maß für die Korrelation ist die Korrelationsfunktion ϱ_{12} (Kreuzkorrelationsfunktion), bei der wieder der Mittelwert über das Produkt der beiden Größen gebildet wird; eine der beiden Zeitfunktionen wird aber zeitlich um eine variable Zeitspanne τ verschoben.

$$\varrho_{12}(\tau)=\overline{a_1(t)a_2(t+\tau)}=\lim_{T\to\infty}\frac{1}{2T}\int_{-T}^{+T} a_1(t)a_2(t+\tau)\,\mathrm{d}t. \tag{1/13}$$

Wählt man als Beispiel zwei um 90° phasenverschobene harmonische Schwingungen $a_1=\cos\omega t$ und $a_2=\sin\omega t$, so erhält man für die Kreuzkorrelationsfunktion

$$\varrho_{12}(\tau)=\frac{1}{2}\sin\omega\tau .$$

In diesem Fall ist $\varrho(0)=0$, da diese beiden Schwingungen zueinander orthogonal sind.

Der Korrelationskoeffizient c_{12} nach Gl. (1/9) ist ein Sonderfall der Korrelationsfunktion $\varrho_{12}(\tau)$, er ist nämlich der normierte Wert von $\varrho_{12}(0)$:

$$c_{12}=\frac{\varrho_{12}(0)}{\sigma_1\sigma_2}. \tag{1/14}$$

Damit ist verständlich, daß die Bedingung $c_{12}=0$ wohl notwendig, aber nicht hinreichend für unkorrelierte Vorgänge ist. Wenn hingegen $\varrho_{12}(\tau)=0$ für alle τ-Werte gilt, so sind die entsprechenden Vorgänge unkorreliert und umgekehrt, wenn die Vorgänge unkorreliert sind, ist $\varrho_{12}(\tau)=0$ für alle Werte von τ.

Begründet wird dies ebenso wie bei Gl. (1/10): wenn $a_1(t)$ mit $a_2(t)$ nicht korreliert ist, so sind für jeden Wert von $a_1(t)$ positive und negative Werte von $a_2(t+\tau)$ gleich wahrscheinlich, und zwar unabhängig vom Wert τ, so daß mit Gl. (1/13) die Funktion $\varrho_{12}(\tau)=0$ ist für jedes τ. Es gilt

$$\varrho_{12}(\tau)\equiv 0 \quad (a_1 \text{ und } a_2 \text{ unkorreliert}). \tag{1/15}$$

Für unkorrelierte Rauschvorgänge gilt die einfache Addition der Schwankungsquadrate gemäß Gl. (1/12). Diese Gleichung gilt aber auch, wenn nur $c_{12}=0$ ist, d.h. wenn die Vorgänge entweder unkorreliert oder orthogonal sind.

Die Bedeutung von $\varrho_{12}(\tau)$ im Gegensatz zu $\varrho_{12}(0)$ bzw. c_{12} liegt also darin, daß damit eine gemeinsame Rauschursache erkannt werden kann, auch dann, wenn die beiden Rauschpfade von der gemeinsamen Ursache zu den Klemmen unterschiedliche Laufzeiten (bzw. Phasendrehungen) aufweisen.

Es wurde in diesem Abschnitt stillschweigend vorausgesetzt, daß es sich um reine Schwankungsgrößen $a(t)$ handelt. Für allgemeine Schwankungsgrößen gilt mit $A_1(t)=\bar{A}_1+a_1(t)$, $A_2(t)=\bar{A}_2+a_2(t)$:

$$\varrho_{12,\mathrm{A}}(\tau)=\overline{A_1(t)A_2(t+\tau)}=\bar{A}_1\bar{A}_2+\varrho_{12,\mathrm{a}}(\tau). \qquad (1/16)$$

1.4 Autokorrelationsfunktion

Für eine Schwankungsgröße ist eine Zeitfunktion nicht vorhersagbar. Wohl aber können, wenn ein bestimmter Funktionswert zur Zeit t_1 bekannt ist (Abb. 1), Wahrscheinlichkeitsaussagen über den Wert zum Zeitpunkt $t_2=t_1+\tau$ gemacht werden. Man kann feststellen, inwieweit die Schwankungsgröße zur Zeit $t_1+\tau$ mit der Schwankungsgröße zur Zeit t_1 korreliert ist. Die dieses Verhalten beschreibende Funktion ist die Autokorrelationsfunktion (AKF). Sie ist als Sonderfall von Gl. (1/13) mit $a_1=a_2=a$ definiert als

$$\varrho(\tau)=\overline{a(t)a(t+\tau)}=\lim_{T\to\infty}\frac{1}{2T}\int_{-T}^{+T}a(t)a(t+\tau)\mathrm{d}t. \qquad (1/17)$$

Für stationäre Prozesse muß die Autokorrelationsfunktion symmetrisch sein, d.h. es muß gelten $\varrho(\tau)=\varrho(-\tau)$, da der Bezug auf einen vorhergehenden Zeitpunkt gleich sein muß dem Bezug auf einen späteren Zeitpunkt.

Wie in Abb. 1 dargestellt, entspricht Gl. (1/17) einer Anordnung, welche die Werte zu den beiden Zeiten t_1 und $t_1+\tau$ feststellt und unter Beibehaltung des zeitlichen Abstandes τ diese beiden Meßpunkte zeitlich verschiebt. Die Autokorrelationsfunktion $\varrho(\tau)$ (d.h. ihr Wert für den betrachteten Wert von τ) ist gleich der Korrelation dieser Wertepaare d.h. gleich dem mittleren Produkt dieser Wertepaare $a_1(t)$ und $a_1(t+\tau)$, wobei über t zu mitteln ist.

Allgemein kann man folgendes über die Autokorrelationsfunktion sagen: Für Rauschprozesse ist $\varrho(\tau)$ meist eine monotone mit τ fallende Funktion, da die Korrelation mit zunehmendem zeitlichen Abstand geringer wird. Hat man Rauschen, bei dem sich die Amplitude nur sehr langsam ändert, so erhält man eine Korrelationsfunktion gemäß Abb. 5a. Für sehr rasch veränderliche Amplituden nimmt die Korrelationsfunktion, wie in Abb. 5b qualitativ gezeigt, sehr rasch mit wachsendem τ ab. Man sagt, daß die Autokorrelationsfunktion verschwindend klein wird, sobald τ größer ist als die mittlere Zeit τ_ϱ, in der die Funktion $a(t)$ ihr Vorzeichen wechselt.

Es gibt auch Fälle, in welchen die Autokorrelationsfunktion einen oszillierenden Anteil aufweist. In diesem Fall gilt das oben Gesagte für die Einhüllende der Autokorrelationsfunktion; je schneller ihre Oszillation abklingt, um so größer ist die Rauschbandbreite. Beispiele dafür werden in Abschnitt 2.2 gebracht.

Läßt man Rauschen durch einen Tiefpaß treten, so kann damit die Autokorrelationsfunktion geändert werden, d.h. Rauschwerte sind dann über

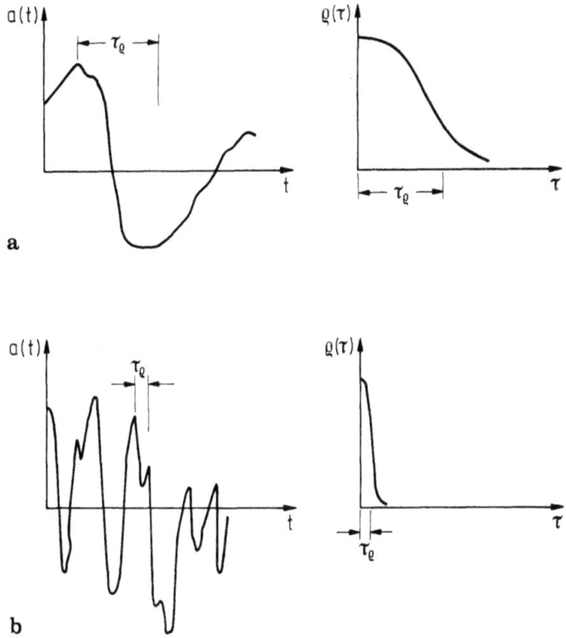

Abb. 5. Zusammenhang zwischen Zeitvorgang $a(t)$ und Autokorrelationsfunktion $\varrho(\tau)$. **a** Langsam veränderliche Rauschgröße; **b** rasch veränderliche Rauschgröße

entsprechend längere Zeitabschnitte hin korreliert. Läßt man Rauschen durch einen Bandpaß treten, so nähert sich das gefilterte Rauschen einer Sinusschwingung, und die Autokorrelationsfunktion bekommt nahezu die Form einer harmonischen Schwingung (der Schwingkreis wird durch Rauschen „angestoßen"). Für das Beispiel einer rein harmonischen Schwingung $a(t) = \cos \omega t$ erhält man

$$\varrho(\tau) = \frac{\cos \omega\tau}{2} .$$

Beispiele für die Autokorrelationsfunktion sind in Abschnitt 7.1 angegeben.

Von besonderem Interesse sind die Grenzwerte von $\varrho(\tau)$ für $\tau \to 0$ und $\tau \to \infty$: Für *reine Schwankungsgrößen* $a(t)$ gilt für $\tau = 0$ nach Gl. (1/17):

$$\varrho_a(0) = \overline{a^2} = \sigma^2 . \qquad (1/18)$$

Die Autokorrelationsfunktion einer reinen Schwankungsgröße ist also für $\tau = 0$ gleich dem Schwankungsquadrat. Betrachtet man τ-Werte, die sehr groß sind ($\tau \to \infty$), so wird zwischen dem Wert $a(t)$ und $a(t+\tau)$ kein Zusammenhang mehr bestehen, und man erhält mit Gl. (1/10) für „statistisch unabhängige" reine Schwankungsgrößen den Grenzwert

$$\varrho_a(\infty) = 0 . \qquad (1/19)$$

Für *allgemeine Schwankungsgrößen* $A(t)$ definiert bzw. erhält man in analoger Weise

$$\varrho_A(\tau) = \overline{A(t)A(t+\tau)}, \tag{1/20}$$

$$\varrho_A(0) = \overline{A^2},$$

$$\varrho_A(\infty) = \bar{A}^2, \qquad \text{(mit Gl. 1/11)}$$

$$\sigma^2 = \overline{A^2} - \bar{A}^2 = \varrho_A(0) - \varrho_A(\infty) \tag{1/21}$$

und die Verknüpfungsgleichung (Einsetzen von Gl. (1/2) in Gl. (1/20))

$$\varrho_A(\tau) = \varrho_a(\tau) + \bar{A}^2. \tag{1/22}$$

Autokorrelationsfunktion einer Summe von Vorgängen.

Sind allgemein mehrere (reine) Rauschvorgänge vorhanden, die voneinander statistisch unabhängig sind, so kann die Autokorrelationsfunktion ϱ_Σ der Summe aus den Autokorrelationsfunktionen ϱ_i der Einzelvorgänge bestimmt werden (Gl. 1/24).

Es sei $a(t)$, der durch die Summation bestimmte Rauschvorgang

$$a(t) = \sum_i a_i(t). \tag{1/23}$$

Die Autokorrelationsfunktion ϱ_Σ beinhaltet dann Terme ϱ_{ii} mit gleichen Indizes und Terme ϱ_{ij} mit ungleichen Indizes $(i \neq j)$:

$$\begin{aligned} \varrho_\Sigma &= \overline{a(t) \cdot a(t+\tau)} = \overline{a_1(t) \cdot a_1(t+\tau)} + \overline{a_2(t) \cdot a_2(t+\tau)} + \ldots \\ &+ \overline{a_1(t) \cdot a_2(t+\tau)} + \overline{a_2(t) a_1(t+\tau)} + \overline{a_3(t) a_1(t+\tau)} + \ldots \\ &+ \varrho_\Sigma = \sum \varrho_{ii} + \sum \varrho_{ij}. \end{aligned}$$

Der erste Term ist nichts anderes als die Summe der Autokorrelationsfunktionen $\varrho_{ii} = \varrho_i$ der Einzelvorgänge a_i. Der zweite Term ist die Summe der Kreuzkorrelationsfunktionen ϱ_{ij}, die (mit Gl. (1/15)) alle gleich Null sind, wenn die verschiedenen Einzelvorgänge voneinander unabhängig sind. Es gilt daher für die Summe statistisch unabhängiger Einzelvorgänge

$$\varrho_\Sigma = \sum_i \varrho_i. \tag{1/24}$$

Es ist zu beachten, daß Gl. (1/24) nur für reine Schwankungsgrößen (ohne Gleichanteil!) gilt. Für allgemeine Schwankungsvorgänge ist gemäß Gl. (1/22) das Quadrat des gesamten Gleichanteils hinzuzufügen, also das Quadrat der Summe der Gleichanteile.

Mit den Definitionen der Autokorrelationsfunktion nach Gl. (1/17) bzw. (1/20) könnte man diese berechnen, wenn die Zeitfunktionen der Rauschvorgänge jeweils bekannt wären. Die Autokorrelationsfunktion ist aber gerade für solche Vorgänge eingeführt worden, für welche die Zeitfunktion nicht angebbar ist. In der Praxis existieren daher nur die Möglichkeiten, die Autokorrelationsfunktion entweder zu messen oder sie aus den zur Verfügung stehenden *Wahrscheinlichkeitsaussagen* zu berechnen.

Besonders häufig trifft der Fall zu, daß der Rauschvorgang aus einer großen Anzahl gleicher, statistisch unabhängiger Einzelimpulse besteht. Der zeitliche Verlauf des Einzelvorganges ist dann bekannt; statistisch verteilt sind nur die Zeitpunkte, zu denen die Einzelimpulse auftreten. Die Wahrscheinlichkeit für das Auftreten eines Einzelimpulses ist also für jeden Zeitabschnitt gleich groß. Dieser Fall wird in Abschnitt 1.5 behandelt und beschreibt, wie in Kapitel 4 gezeigt wird, das Schrotrauschen.

Ein Verfahren, bei dem aus den Wahrscheinlichkeitsangaben eine Differentialgleichung gebildet wird, die dann zur Autokorrelationsfunktion führt, ist in Abschnitt 1.6 angegeben. Das Ergebnis wird bei der Behandlung des Generations-Rekombinations-Rauschens (Kapitel 5) benützt.

1.5 Folge identischer, statistisch unabhängiger Impulse

Abbildung 6 zeigt einen Rauschvorgang $A(t)$, bestehend aus einer statistisch verteilten Folge von Einzelimpulsen der Form $g_0(t)$:

$$A(t) = \sum_i A_i(t),$$

$$A_i(t) = g_0(t - t_i).$$

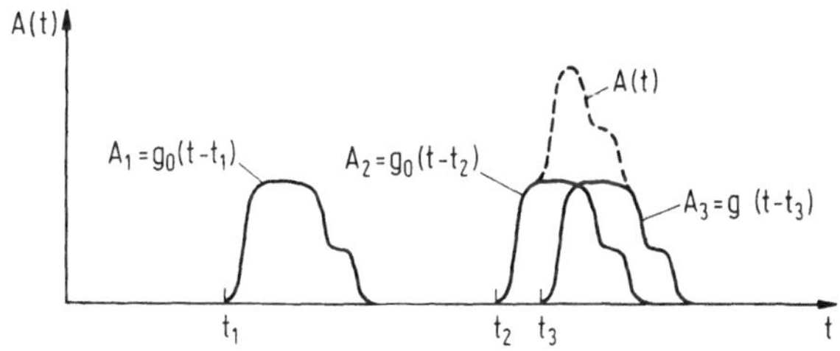

Abb. 6. Folge identischer, statistisch unabhängiger Einzelimpulse

Überlagerungen, wie für die Impulse A_2 und A_3 gezeigt (gestrichelt), sind dabei ohne weiteres zulässig. Wenn ein dem Einzelvorgang A_i zugeordneter physikalischer Prozeß unabhängig von allen anderen abläuft, so ist in jedem Zeitabschnitt die Wahrscheinlichkeit für das Auftreten eines Einzelimpulses gleich groß, und man kann eine mittlere Impulsdichte $\bar{z}$ als die mittlere Anzahl der Impulse pro Zeiteinheit definieren. Betrachtet wird für die Mittelwertsbildung ein großer Zeitabschnitt von $-T$ bis $+T$, der dann gegen unendlich geht. In diesem Zeitabschnitt $2T$ sind $2\bar{z}T$ Einzelimpulse enthalten. Da der Rauschvorgang $A(t)$ auch Gleichstromanteile enthält, ist entweder Gl. (1/20) als Ausgangspunkt zu wählen oder man bildet zuerst die reine Schwankungsgröße des Einzelvorganges

$$a_i(t) = g_0(t - t_i) - \frac{1}{2T} \int_{-T}^{+T} g_0(t - t_i)\,dt,$$

bildet die AKF ϱ_i des Einzelvorganges und wendet dann Gl. (1/24) an, wobei über $2\bar{z}T$ Einzelvorgänge zu summieren ist. Im folgenden wird von Gl. (1/20) unmittelbar ausgegangen und man erhält

$$\begin{aligned}
\varrho_A(\tau) &= \overline{A(t)A(t+\tau)} \\
&= \overline{[A_1(t)+A_2(t)+\ldots][A_1(t+\tau)+A_2(t+\tau)+\ldots]} \\
&= \overline{A_1(t)A_1(t+\tau)} + \overline{A_2(t)A_2(t+\tau)} + \ldots \\
&\quad + \overline{A_1(t)\sum_{i\neq 1} A_i(t+\tau)} + \overline{A_2(t)\sum_{i\neq 2} A_i(t+\tau)} + \ldots \\
&= \sum\varrho_{ii} + \sum\varrho_{ij}\,.
\end{aligned}$$

In der drittletzten Zeile sind alle Glieder mit gleichen Indizes zusammengefaßt, diese werden ϱ_{ii} genannt; in der vorletzten Zeile sind die Glieder mit ungleichen Indizes zusammengefaßt, die ϱ_{ij} genannt werden. Für $\sum\varrho_{ii}$ gilt

$$\begin{aligned}
\sum\varrho_{ii} &= \overline{A_1(t)A_1(t+\tau)} + \overline{A_2(t)A_2(t+\tau)} + \ldots \\
&= \overline{g_0(t-t_1)g_0(t-t_1+\tau)} + \overline{g_0(t-t_2)g_0(t-t_2+\tau)} + \ldots\,. \qquad (1/25)
\end{aligned}$$

Da der zeitliche Mittelwert von der Lage t_i des Impulses unabhängig ist, ist jeder dieser Mittelwerte gleich, und es gilt

$$\overline{g_0(t-t_i)g_0(t-t_i+\tau)} = \lim_{T\to\infty} \frac{1}{2T} \int_{-T}^{+T} g_0(t)g_0(t+\tau)\,dt\,.$$

Mit $2\bar{z}T$ Einzelimpulsen im Zeitabschnitt $2T$ erhält man

$$\sum\varrho_{ii} = \lim_{T\to\infty} \frac{1}{2T} 2\bar{z}T \int_{-T}^{+T} g_0(t)g_0(t+\tau)\,dt = \bar{z} \int_{-\infty}^{+\infty} g_0(t)g_0(t+\tau)\,dt\,. \qquad (1/26)$$

Der zweite Ausdruck $\sum\varrho_{ij}$ enthält die Glieder $\overline{A_j(t) \sum_{i\neq j} A_i(t+\tau)}$. Die Zeitfunktionen $A_j(t)$ und $A_i(t+\tau)$ sind für $i \neq j$ voneinander statistisch unabhängig, und es gilt daher nach Gl. (1/11)

$$\sum\varrho_{ij} = \overline{A_1(t)} \sum_{i\neq 1} \overline{A_i(t+\tau)} + \ldots\,.$$

Bezeichnet man den ersten Mittelwert mit $\bar{A}_1$, so ist der zweite Mittelwert gleich $\bar{A}-\bar{A}_1$, da in dieser Summe nur der Term $A_1(t)$ fehlt. Der zeitliche Mittelwert aller Einzelimpulse ist gleich und hat den Wert $A_1 = \bar{A}/2\bar{z}T$. Da über $2\bar{z}T$ Glieder zu summieren ist, erhält man

$$\begin{aligned}
\sum\varrho_{ij} &= \bar{A}_1(\bar{A}-\bar{A}_1) + \bar{A}_2(\bar{A}-\bar{A}_2) + \ldots \\
&= 2\bar{z}T \frac{\bar{A}}{2\bar{z}T}\left(\bar{A} - \frac{\bar{A}}{2\bar{z}T}\right) = \bar{A}^2\left(1 - \frac{1}{2\bar{z}T}\right).
\end{aligned}$$

Mit dem Grenzübergang $T \to \infty$ wird

$$\sum \varrho_{ij} = \bar{A}^2 . \tag{1/27}$$

Als Ergebnis für die Autokorrelationsfunktion erhält man damit

$$\varrho_A(\tau) = \bar{z} \int_{-\infty}^{+\infty} g_0(t) g_0(t+\tau) dt + \bar{A}^2 . \tag{1/28}$$

Die Kenntnis des Zeitverlaufes des Einzelimpulses genügt also zur Bestimmung der Autokorrelationsfunktion des Gesamtvorganges.

Der Mittelwert $\bar{A}$ ist proportional dem Produkt aus $\bar{z}$ und der Fläche unter dem Einzelimpuls

$$\begin{aligned} \bar{A} &= \lim_{T \to \infty} \frac{1}{2T} \int_{-T}^{+T} (A_1 + A_2 + \dots) dt \\ &= \lim_{T \to \infty} \frac{1}{2T} 2\bar{z}T \int_{-T}^{+T} g_0(t) dt = \bar{z} \int_{-\infty}^{+\infty} g_0(t) dt . \end{aligned} \tag{1/29}$$

Ein besonders interessanter Sonderfall ist für $\tau = 0$ gegeben, da dieser das Schwankungsquadrat σ^2 liefert:

$$\begin{aligned} \varrho_A(0) &= \overline{A^2} = \bar{z} \int_{-\infty}^{+\infty} [g_0(t)]^2 dt + \bar{A}^2 = \sigma^2 + \bar{A}^2 , \\ \sigma^2 &= \bar{z} \int_{-\infty}^{+\infty} [g_0(t)]^2 dt . \end{aligned} \tag{1/30}$$

Diese als Campbellsches Theorem bekannte Beziehung besagt, daß das Schwankungsquadrat einer Pulsfolge (statistisch verteilte, gleiche Impulse) gleich der Summe über die Energien der Einzelimpulse pro Zeiteinheit ist (z.B. [4]).

Beispiel: *Autokorrelationsfunktion für das Schrotrauschen*

Im Folgenden sei als Beispiel die AKF und das Schwankungsquadrat einer Rechteckimpulsfolge berechnet. Im Hinblick auf den in Kapitel 4 näher behandelten Schroteffekt sei die Fläche eines Einzelimpulses gleich e (Elementarladung) und die Impulsdauer gleich der Laufzeit τ_t der Ladungsträger durch die Raumladungszone der Halbleiterdiode, wie in Abb. 7 oben gezeigt. Der Mittelwert dieses Stromes $I(t) = A(t)$ ist nach Gl. (1/29)

$$I_0 = \bar{A} = \bar{z}e; \quad \bar{z} = \frac{I_0}{e} .$$

Bestimmen wir zunächst mit Hilfe des Campbellschen Theorems gemäß Gl. (1/30) das Schwankungsquadrat

$$\sigma^2 = \bar{z} \left(\frac{e}{\tau_t} \right)^2 \tau_t = e I_0 \frac{1}{\tau_t} . \tag{1/31}$$

Je kleiner die Pulsdauer ist, um so größer ist es. Für beispielsweise $\tau_t = 10^{-9}$ s, eine für Diodenströme typische „Impulslänge" (Kapitel 4), und $I_0 = 1$ mA erhält man für den Effektivwert des Rauschstromes

$$\sqrt{\overline{i^2}} = \sigma = 4 \cdot 10^{-7} \text{A} .$$

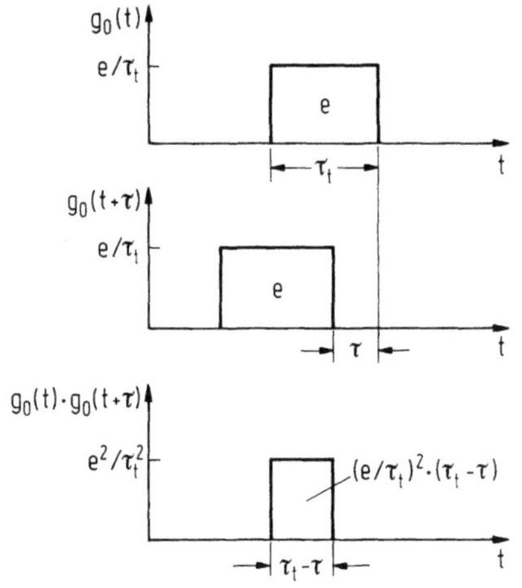

Abb. 7. Bildung der Autokorrelationsfunktion für eine Folge statistisch unabhängiger, gleicher Rechteckimpulse

Dieser Strom kann gemessen werden, wenn das ganze zugehörige Spektrum zur Meßgröße beiträgt. Bei einer Impulsdauer von τ_t, benötigt man dazu ein Meßgerät, dessen Frequenzbereich bis etwa $1/\tau_t$, in unserem Beispiel also bis zu Frequenzen im Gigahertz-Bereich reicht.

Mit Hilfe von Gl. (1/28) werde nun die AKF bestimmt. Abbildung 7 zeigt $g_0(t)$ und $g_0(t+\tau)$ sowie das Produkt beider. Für $|\tau| \leqq t_t$ gilt:

$$\int_{-\infty}^{+\infty} g_0(t)g_0(t+\tau)\mathrm{d}t = \frac{e^2}{\tau_t^2}(\tau_t - |\tau|), \quad \varrho_I(\tau) = eI_0\frac{\tau_t - |\tau|}{\tau_t^2} + I_0^2. \tag{1/32}$$

Für $|\tau| > \tau_t$ ist die Fläche unter $g_0(t)g_0(t+\tau)$ gleich Null und $\varrho_A = I_0^2$.

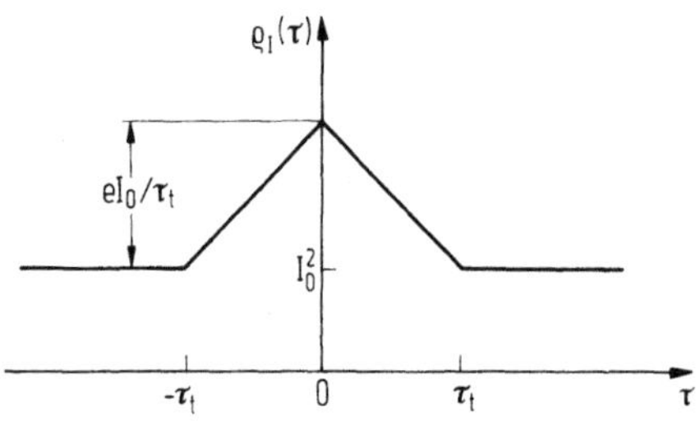

Abb. 8. Autokorrelationsfunktion für statistisch unabhängige Rechteckimpulse der Ladung e und der Dauer τ_t, die insgesamt einen Gleichstrom I_0 ergeben (Schrotrauschen)

Abbildung 8 zeigt die AKF für diesen Schrotrauschvorgang, und zwar ϱ_I für den Gesamtvorgang; die AKF ϱ_i für den reinen Schwankungsvorgang erhält man mit Gl. (1/22) zu $\varrho_i = \varrho_I - I_0^2$. Man erkennt, daß für $|\tau| \geqq \tau_t$ die Korrelationsfunktion ϱ_i verschwindet, da für Verzögerungszeiten $|\tau| > \tau_t$ eine Korrelation mit *demselben* Einzelimpuls nicht möglich ist und *verschiedene* Einzelimpulse voneinander unabhängig sind. Für $|\tau| < \tau_t$ steigt die Wahrscheinlichkeit, die gleiche Amplitude anzutreffen, proportional dem für solches Zusammentreffen zur Verfügung stehenden Zeitabschnitt $\tau_t - |\tau|$. Selbstverständlich erhält man für $\tau = 0$ den über das Campbellsche Theorem direkt bestimmbaren Wert für σ^2.

Dieses Ergebnis kann auch mit dem allgemein gültigen Schwankungsquadrat für eine Poisson-Verteilung verknüpft werden. In den Raum zwischen zwei Elektroden treten statistisch unabhängig Teilchen. Die Frage, wie groß die Schwankung der Anzahl der darin befindlichen Teilchen ist, läßt sich leicht beantworten. Bei einer Laufzeit τ_t der Einzelimpulse ist die Ladung $I_0\tau_t$ im betrachteten Raum und damit die mittlere Anzahl der Teilchen

$$\bar{N} = \frac{I_0\tau_t}{e}.$$

Zeitabhängiger Influenzstrom und dessen Schwankungsquadrat ausgedrückt durch die (zeitabhängige) Anzahl von Teilchen $N(t)$ sind (siehe z.B. [11]):

$$I_{\text{infl}}(t) = \frac{e}{d}\int v\,n\,dx = \frac{e}{\tau_t}N(t),$$

$$\overline{\Delta I^2} = \overline{i^2} = \frac{e^2}{\tau_t^2}\overline{\Delta N^2}.$$

Das Schwankungsquadrat des Stromes ausgedrückt durch Gl. (1/30) ist

$$\overline{i^2} = \frac{eI_0}{\tau_t} = \frac{e^2}{\tau_t^2}\bar{N}.$$

Durch Vergleich der beiden letzten Gleichungen erhält man das allgemein für unabhängige Vorgänge geltende Schwankungsquadrat für die Poisson-Verteilung [4]:

$$\overline{\Delta N^2} = \bar{N}. \qquad (1/33)$$

Selbstverständlich kann Gl. (1/33) auch ohne den Umweg über den Influenzstrom berechnet werden, denn sie sagt gemäß Gl. (1/24) nur aus, daß das gesamte Schwankungsquadrat gleich $\bar{N}$ mal das Schwankungsquadrat 1 der Einzelvorgänge ist.

1.6 Statistische Übergänge zwischen zwei Zuständen

Im Halbleiter kompensieren sich im thermodynamischen Gleichgewicht Generations- und Rekombinationsprozesse. Die statistische Ionisierung und Neutralisation eines Donators ist beispielsweise ein solcher Prozeß. Über die damit verbundene Schwankung der Leitfähigkeit führt dieser Prozeß unter anderem zum Rauschen eines stromdurchflossenen Halbleiterelementes.

Abbildung 9 zeigt den zeitlichen Verlauf des Vorganges für einen Ladungsträger, wobei beispielsweise der Zustand 0 dem neutralen Zustand des Donators und der Zustand 1 dem ionisierten Zustand des Donators entsprechen möge. Dieses sog. random telegraph signal kennzeichnet gleichermaßen den Zustand eines Elektrons, welches bei 0 nicht beweglich im Donatorzustand sitzt und bei 1 als Leitungselektron existiert. Die statistische Variable kann nur die diskreten Werte 0 und 1 annehmen (z.B. [2, S. 22]).

Entscheidend für das weitere ist folgende Annahme: Der Sprung von einem Zustand in den anderen ist in jedem Zeitabschnitt dt gleich wahrscheinlich. Dies gilt sicherlich für *ein* Elektron, welches im oberen oder unteren Zustand

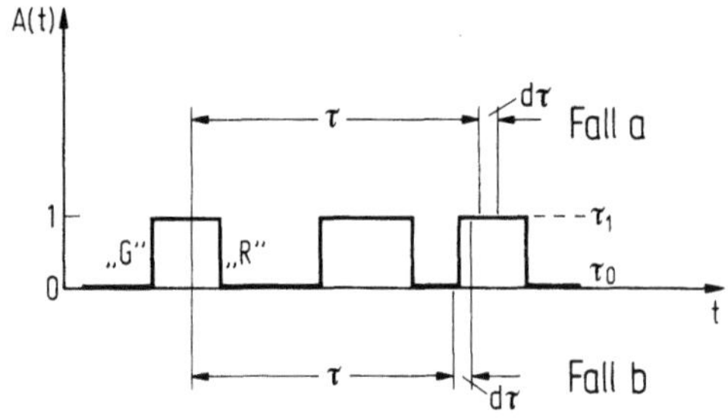

Abb. 9. Statistischer Übergang zwischen zwei Zuständen 0 und 1 („random telegraph signal")

sein kann. Sind *viele* Elektronen vorhanden, so gilt dies unter der Annahme, daß jeweils beliebig viele freie Plätze vorhanden sind, so daß der Einzelvorgang nicht durch die anderen Ladungsträger beeinflußt wird. Dann kann der Gesamtvorgang durch Summation der Autokorrelationsfunktionen der Einzelvorgänge beschrieben werden. Im allgemeinen ist diese Annahme nicht erfüllt, und es muß die Statistik des Gesamtvorganges betrachtet werden [5], wie dies am Ende dieses Abschnittes getan wird. Aus didaktischen Gründen wird jedoch zunächst der einfache Fall der statistisch unabhängigen Einzelvorgänge behandelt.

Da auch hier die Zeitfunktion nicht bekannt ist, kann die Autokorrelationsfunktion nicht durch zeitliche Mittelung gemäß Gl. (1/17) bestimmt werden. Vielmehr muß der Erwartungswert von $A(t)A(t+\tau)$ in Analogie zu Gl. (1/7a) aus entsprechenden Wahrscheinlichkeitsaussagen gewonnen werden. Ausgangspunkt ist dabei die obenerwähnte gleiche A-priori-Übergangswahrscheinlichkeit in jedem Zeitabschnitt (z.B. [6, s. 318]). Die hier gebrachte Ableitung folgt [7].

Bezeichnet man mit τ_1 die mittlere Lebensdauer im Zustand 1, mit τ_0 die mittlere Lebensdauer im Zustand 0, so ist die Wahrscheinlichkeit, das Elektron im Zustand 1 anzutreffen, gegeben durch das Verhältnis von τ_1 zur Gesamtzeit $\tau_0+\tau_1$:

$$P_1=\frac{\tau_1}{\tau_0+\tau_1}\,. \tag{1/34}$$

Analog ist die Wahrscheinlichkeit, das Elektron im Zustand 0 anzutreffen, gegeben durch

$$P_0=1-P_1=\frac{\tau_0}{\tau_0+\tau_1}\,. \tag{1/35}$$

Die Wahrscheinlichkeit für einen Übergang von 1 nach 0 ist proportional dem betrachteten Zeitabschnitt $\mathrm{d}t$, die Proportionalitätskonstante ist $1/\tau_1$, da im Mittel nach der Zeit τ_1 der Übergang mit Sicherheit stattgefunden hat. Analog ist die Wahrscheinlichkeit für einen Übergang von 0 nach 1 gegeben durch $\mathrm{d}t/\tau_0$. Die hier benutzten Wahrscheinlichkeitsbegriffe sind unmittelbar einleuchtend. Wer dennoch diese Begriffe ausführlicher kennenlernen will, findet eine Einführung z.B. in [8, S. 49 ff.] oder [6, S. 318 ff].

Gesucht ist der Erwartungswert für $A(t)A(t+\tau)$. Diesen Wert erhält man dadurch, daß man den jeweiligen Wert von $A(t)$ gewichtet mit der entsprechenden Wahrscheinlichkeit, multipliziert mit dem Wert von $A(t+\tau)$ ebenfalls gewichtet mit der entsprechenden Wahrscheinlichkeit; dies ist über die jeweiligen Kombinationsmöglichkeiten von 0 und 1 zu summieren, wie Gl. (1/7a) angibt (hier Summe statt Integral). Wegen der hier getroffenen Wahl der Werte für $A(t)$, nämlich 0 und 1, bleibt nur die Kombination $1 \cdot 1$ übrig, und man erhält für die Autokorrelationsfunktion

$$\varrho(\tau) = 1 \cdot 1 \cdot P[A(t) = 1] \cdot P[A(t+\tau) = 1,\ A(t) = 1].$$

Darin bedeutet $P[A(t) = 1]$ die Wahrscheinlichkeit, daß die Größe A zur Zeit t den Wert 1 hat und $P[A(1+\tau) = 1, A(t) = 1]$ die Wahrscheinlichkeit, daß A zur Zeit $t+\tau$ ebenfalls den Wert 1 hat, wenn $A(t)$ zur Zeit t den Wert 1 hatte. Die erste Wahrscheinlichkeit, nämlich $A(t)$ im Zustand 1 anzutreffen, ist gleich P_1 nach Gl. (1/34). Die zweite Wahrscheinlichkeit wird mit $P_{11}(\tau)$ bezeichnet und ist die Wahrscheinlichkeit für eine gerade Anzahl von Übergängen im Zeitabschnitt zwischen t und $t+\tau$. Damit schreibt sich die Autokorrelationsfunktion

$$\varrho(\tau) = \frac{\tau_1}{\tau_1 + \tau_0} P_{11}(\tau). \tag{1/36}$$

Die Wahrscheinlichkeit $P_{11}(\tau)$ kann nicht unmittelbar bestimmt werden, wohl aber die Zunahme von P_{11} in einem Zeitabschnitt $\mathrm{d}\tau$. Definiert man zusätzlich mit $P_{10}(\tau)$ die Wahrscheinlichkeit für eine ungerade Anzahl von Übergängen im Zeitabschnitt von t bis $t+\tau$, so gilt für die Summe der beiden Wahrscheinlichkeiten

$$P_{11}(\tau) + P_{10}(\tau) = 1\,, \tag{1/37}$$

da entweder eine gerade oder eine ungerade Anzahl von Übergängen stattfinden muß (die Wahrscheinlichkeiten für „entweder – oder" Vorgänge sind zu addieren: z.B. [6, S. 321]). Zu bestimmen ist nun mit Hilfe der Annahme gleicher Übergangswahrscheinlichkeiten in einem Zeitabschnitt $\mathrm{d}\tau$ die Wahrscheinlichkeit $P_{11}(\tau+\mathrm{d}\tau)$, ausgedrückt durch die entsprechende Übergangswahrscheinlichkeit für den Zeitraum τ.

Für eine gerade Anzahl von Übergängen im Zeitraum $\tau+\mathrm{d}\tau$ gibt es zwei Möglichkeiten: (a) Eine gerade Anzahl von Übergängen im Abschnitt τ und kein Übergang $1 \to 0$ in $\mathrm{d}\tau$. (b) Eine ungerade Anzahl von Übergängen in τ und ein Übergang $0 \to 1$ in $\mathrm{d}\tau$ (Abb. 9). Die Wahrscheinlichkeit für den einen oder den anderen Weg ist durch die Summe der entsprechenden Wahrscheinlichkeiten für (a) und (b) gegeben, und man erhält

$$P_{11}(\tau+\mathrm{d}\tau) = P_{11}(\tau)\left[1 - \frac{\mathrm{d}\tau}{\tau_1}\right] + P_{10}(\tau)\frac{\mathrm{d}\tau}{\tau_0}\,.$$

Darin bedeutet der Klammerausdruck nach $P_{11}(\tau)$ die Wahrscheinlichkeit, daß innerhalb $\mathrm{d}\tau$ *kein* Übergang von 1 nach 0 erfolgt. (Bezeichnet man diese mit $P_{11}(\mathrm{d}\tau)$ so gilt $P_{11}(\mathrm{d}\tau)+\mathrm{d}\tau/\tau_1=1$, da innerhalb $\mathrm{d}\tau$ entweder *kein*, oder *ein* Übergang stattfinden muß). Die differentielle Größe $\mathrm{d}\tau$ muß immer so klein gewählt werden, daß Mehrfachübergänge innerhalb $\mathrm{d}\tau$ ausgeschlossen werden können.

Die Wahrscheinlichkeit P_{10} kann mit Gl. (1/37) eliminiert werden, und man erhält

$$\frac{P_{11}(\tau+\mathrm{d}\tau)-P_{11}(\tau)}{\mathrm{d}\tau}=\frac{\mathrm{d}P_{11}}{\mathrm{d}\tau}=\frac{1}{\tau_0}-P_{11}(\tau)\frac{1}{\tau_\varrho} \tag{1/38}$$

mit

$$\frac{1}{\tau_\varrho}=\frac{1}{\tau_0}+\frac{1}{\tau_1}. \tag{1/39}$$

Die Gl. (1/38) gibt mit der Randbedingung $P_{11}(0)=1$ (kein Übergang im Zeitabschnitt 0) die Lösung für $P_{11}(\tau)$ und damit die Lösung für die Autokorrelationsfunktion:

$$P_{11}(\tau)=\frac{1}{\tau_0+\tau_1}\left[\tau_0\exp\left(\frac{-\tau}{\tau_\varrho}\right)+\tau_1\right],$$

$$\varrho(\tau)=P_1(1-P_1)\exp\left(\frac{-\tau}{\tau_\varrho}\right)+P_1^2. \tag{1/40}$$

Gleichung (1/40) gilt für die Funktion $A(t)$ mit dem Gleichanteil $\overline{A(t)}=P_1$, der den letzten Term bestimmt. Die Autokorrelationsfunktion ϱ_a der reinen Schwankungsgröße $a(t)$ erhält man mit Gl. (1.22). Da für einen stationären Rauschprozeß $\varrho(\tau)=\varrho(-\tau)$ gilt, ist in Gl. (1/40) anstelle von τ der Ausdruck $|\tau|$ zu setzen. Damit erhält man:

$$\varrho_a(\tau)=P_1(1-P_1)\exp\frac{-|\tau|}{\tau_\varrho}. \tag{1/41}$$

Diese Gleichung gilt für den Zustand 1 und ebenso für den Zustand 0, da Gl. (1/41) mit Gl. (1/39) bezüglich der Zustände 1 und 0 symmetrisch ist; da

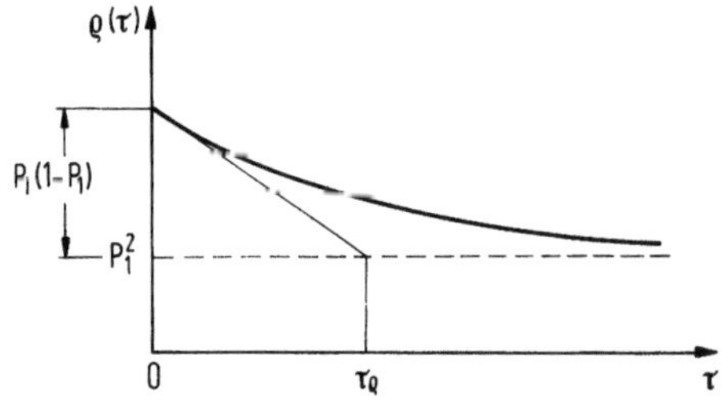

Abb. 10. Autokorrelationsfunktion des Vorganges nach Abb. 9 (P_1: Aufenthaltswahrscheinlichkeit im Zustand 1)

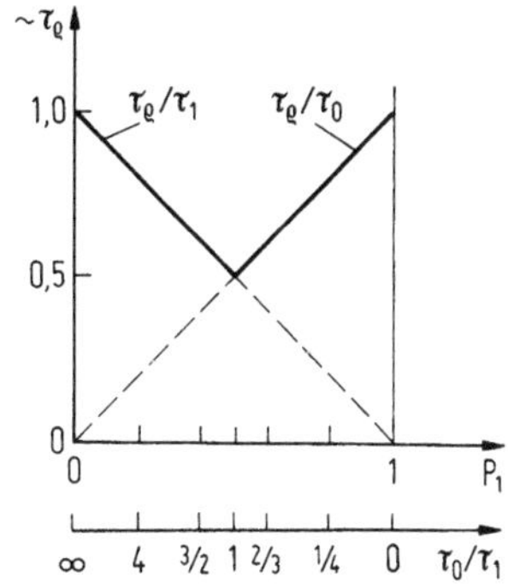

Abb. 11. Zeitkonstante τ_ϱ der Autokorrelationsfunktion des Vorganges nach Abb. 9

das Teilchen in einem der beiden Zustände sein muß (es sind nur zwei Zustände vorhanden) sind die zugehörigen Schwankungsquadrate gleich groß.

Die beiden hier benutzten Kenngrößen sind die Wahrscheinlichkeit, das Elektron in 1 anzutreffen, P_1, (bzw. $P_0 = (1 - P_1)$), und eine Gesamtübergangszeit τ_ϱ gemäß Gl. (1/39).

Abbildung 10 zeigt die Autokorrelationsfunktion für diesen Vorgang und Abb. 11 die Zeitkonstante τ_ϱ bezogen auf die jeweils kürzere der beiden Zeitkonstanten τ_1 bzw. τ_0. Man erkennt daraus, daß für sehr stark unterschiedliche Zeitkonstanten in den beiden Zuständen die für die Autokorrelationsfunktion maßgebende Gesamtzeitkonstante gleich der kürzeren der beiden Zeitkonstanten ist und daß für gleiche Zeitkonstanten τ_1 und τ_0 die Größe τ_ϱ den Wert $\tau_1/2$ hat.

Das Schwankungsquadrat kann man aus der Autokorrelationsfunktion für $\tau = 0$ gewinnen und man erhält

$$\sigma^2 = \overline{a^2} = P_1(1 - P_1). \tag{1/42}$$

Dies ist in Abb. 12 wiedergegeben, woraus man erkennt, daß sowohl für $P_1 \to 0$ als auch für $P_1 \to 1$ das Schwankungsquadrat proportional der Besetzungswahrscheinlichkeit im schwächer besetzten Zustand ist, während der größte Wert für $P_1 = 1/2$ auftritt. Mit anderen Worten: Das Rauschen ist am stärksten, wenn jeder der beiden Zustände im Mittel gleich häufig besetzt ist.

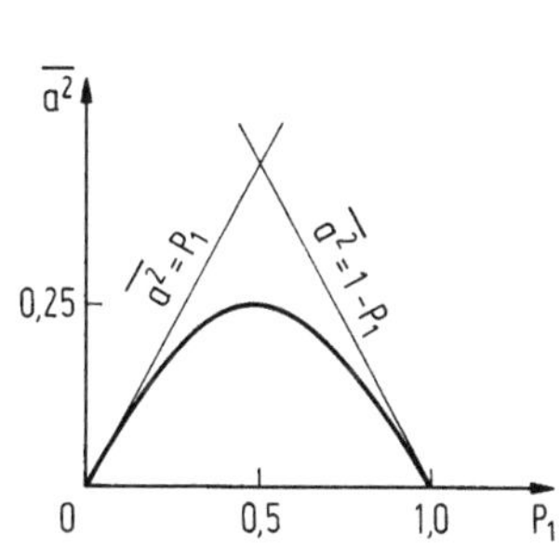

Abb. 12. Schwankungsquadrat des Vorganges nach Abb. 9 (Generations-Rekombinations-Rauschen) als Funktion der relativen Besetzung P_1 eines der beiden Zustände

Schwankungen der Besetzungszahlen von zwei Zuständen

Die Gln. (1/39), (1/41) und (1/42) beziehen sich auf die Funktion der Abb. 9 und damit auf die Zustände 0 und 1, die *ein* Teilchen einnehmen kann. In einem endlichen Halbleitervolumen V sind viele Teilchen (Elektronen oder Löcher) in den jeweiligen Zuständen. Für das Folgende wird zunächst angenommen, daß nur zwei Zustände an den für die Teilchenschwankungen maßgebenden Übergängen beteiligt sind. Bezeichnet man mit $N_\alpha(t)$ die (schwankende) Anzahl von Teilchen im Zustand α und mit $N_\beta(t)$ die im Zustand β, so gilt hier:

$$N_\alpha(t) + N_\beta(t) = N_\Sigma = \text{const}, \tag{1/43}$$

$$\Delta N_\alpha(t) = -\Delta N_\beta(t), \tag{1/44}$$

$$\overline{\Delta N_\alpha^2} = \overline{\Delta N_\beta^2} = \overline{\Delta N^2} \tag{1/45}$$

Die Schwankungsquadrate der Anzahlen in den beiden Zuständen sind in diesem Fall (kein drittes Niveau am Rauschübergang beteiligt) einander gleich.

Meist sind in einem Halbleiter mehr als zwei Zustände an der Einstellung der Ladungsträgerdichten beteiligt. Beispielsweise zeigt Abb. 33d links einen n-Typ Halbleiter mit Traps. Die Elektronendichte n_0 ist dann durch die Donatordichte n_D bestimmt, und da bei Zimmertemperatur praktisch alle Donatoren ionisiert sind, ist das Rauschen bedingt durch die Übergänge zwischen Donatorniveau und Leitungsband sehr klein; wie in Abb. 12 gezeigt, befindet man sich ganz in der Nähe des Punktes $P_\beta = P_1 = 1$ (die Elektronen sind fast immer im Leitungsband und nur extrem kurz im Donatorniveau). Die Trapniveaus hingegen sind häufig prozentual mittelmäßig besetzt, so daß die Übergänge zwischen Leitungsband und Trapniveau für das Rauschen maßgebend sein können. In einem solchen Fall mit mehreren Niveaus kann auch wieder der Übergang zwischen zwei Niveaus α und β (in diesem Beispiel E_c und E_T) herausgegriffen werden und es gelten dafür die Gln. (1/44) und (1/45), da auch hier die Summe der Besetzungen der beiden Niveaus zeitlich konstant ist. Die Anzahl der Ladungsträger aber, die für diese Übergänge infrage kommen ist nicht gleich N_Σ, sondern kleiner und zwar gleich der kleineren der beiden Anzahlen von verfügbaren Plätzen in den beiden Niveaus. Diese sei mit N^* bezeichnet. Im genannten Beispiel wird dies üblicherweise die Anzahl der Trapniveaus sein. In Abschnitt 5.2 wird darauf ausführlich eingegangen.

Es wird nun zwischen zwei Fällen unterschieden, nämlich ob die Übergänge zwischen diesen beiden Niveaus jeweils voneinander unabhängig sind oder ob sie sich gegenseitig beeinflussen.

a) Unabhängige Übergänge

Wenn in jedem Zustand genügend freie Plätze vorhanden sind, so daß die jeweilige Besetzung die Übergangswahrscheinlichkeit für ein Teilchen *nicht* beeinflußt, so sind die einzelnen Übergänge voneinander statistisch unabhängig und es ist gemäß Gl. (1/24) die Autokorrelationsfunktion $\varrho_\text{a}(t)$ für die

Summe gleich der Summe der Autokorrelationsfunktionen der Einzelvorgänge; Diese Summierung ist über die N^* für Übergänge infrage kommenden Teilchen zu erstrecken. Man erhält für die AKF der Schwankung im Zustand β

$$\varrho_\beta(\tau) = N^* P_\beta (1 - P_\beta) \exp \frac{-|\tau|}{\tau_\varrho}. \tag{1/46}$$

Das Schwankungsquadrat der Teilchenzahl im Zustand β (und damit im Zustand α) ist gegeben durch $\varrho_\beta(0)$

$$\overline{\Delta N^2} = N^* P_\beta (1 - P_\beta). \tag{1/47}$$

b) Abhängige Übergänge

Wie bereits erwähnt, sind im allgemeinen die Übergänge der Elektronen zwischen zwei Zuständen nicht voneinander unabhängig. Es kann dann – wie im folgenden skizziert – in analoger Weise über eine Differentialgleichung (master equation: [5], [9, S. 18]) die Autokorrelationsfunktion bestimmt werden. Die Autokorrelationsfunktion wird dann durch Größen gekennzeichnet, die das Ladungsträgerensemble beschreiben; an die Stelle der die Übergangswahrscheinlichkeit beschreibenden Lebensdauern τ_0 und τ_1 treten die Generations- und Rekombinationsraten im betrachteten Volumen V:

G: Generationsrate = Anzahl der pro Zeiteinheit im Volumen V stattfindenden Übergänge von α nach β,

R: Rekombinationsrate = Anzahl der pro Zeiteinheit im Volumen V stattfindenden Übergänge von β nach α.

Im Volumen V seien N_α Teilchen im Zustand α und N_β Teilchen im Zustand β. Die Gesamtzahl der Teilchen je Volumeneinheit $N_\Sigma = N_\alpha + N_\beta$ sei konstant. Die gegenseitige Beeinflussung der Einzelvorgänge wird durch die Funktionen $G(N_\alpha)$ bzw. $R(N_\beta)$ beschrieben. Sind die Einzelvorgänge voneinander unabhängig, so sind die jeweiligen Übergangsraten proportional der Teilchenzahl im Ausgangszustand, d.h. die Ableitungen der Übergangsraten nach dieser Teilchenzahl sind konstant gleich dem Kehrwert der zugehörigen Lebensdauer (unabhängig von der jeweiligen Teilchenzahl). Die Größen $\mathrm{d}G/\mathrm{d}N_\alpha$ bzw. $\mathrm{d}R/\mathrm{d}N_\beta$ beschreiben also diese gegenseitige Abhängigkeit der Einzelvorgänge. Die Funktionen $G(N_\beta = N_\Sigma - N_\alpha)$ bzw. $R(N_\beta)$ sind für die entsprechenden Rekombinationsmechanismen im allgemeinen bekannt (s. Kapitel 5 und z.B. [248]).

Die mittlere Teilchenzahl im Zustand α sei $\overline{N_\alpha}$ und die mittlere Teilchenzahl im Zustand β sei $\overline{N_\beta}$. Gesucht wird nun die Wahrscheinlichkeit, zur Zeit $\tau + \mathrm{d}\tau$ gerade $N_\beta = j$ Ladungsträger im Zustand β anzutreffen; diese soll ausgedrückt werden durch die entsprechenden Aussagen für die Zeit τ. Zur Zeit $\tau + \mathrm{d}\tau$ werden j Ladungsträger vorhanden sein, wenn entweder

(a) zur Zeit τ bereits j Ladungsträger in β waren und innerhalb $\mathrm{d}\tau$ weder Rekombination noch Generation stattfindet oder

(b) zur Zeit τ gerade $j+1$ Ladungsträger β waren und innerhalb $\mathrm{d}\tau$ ein Rekombinationsvorgang stattfindet oder

(c) zur Zeit τ gerade $j-1$ Ladungsträger in β waren und innerhalb $d\tau$ ein Generationsvorgang stattfindet.

Für kleine Abschnitte $d\tau$ können Mehrfachübergänge ausgeschlossen werden. Dies führt in Analogie zu Gl. (1/38) ([5, S. 272]) zu:

$$\frac{d}{d\tau} P(j, \tau) = -[G(j) + R(j)] P(j, \tau)$$
$$+ G(j-1) P(j-1, \tau) + R(j+1) P(j+1, \tau).$$

Darin bedeutet $P(j, \tau)$ die Wahrscheinlichkeit, daß j Ladungsträger zur Zeit τ vorhanden (im Zustand β) sind. Die Größen $G(j)$ und $R(j)$ sind die Werte der Generations- bzw. Rekombinationsraten für j Ladungsträger. Nach einigen Umrechnungen [5] erhält man anstelle der Gln. (1/41), (1/42) und (1/39) für die Schwankung ΔN der Ladungsträger im Zustand β (z.B. Leitungsband):

$$\varrho_{\Delta N}(\tau) = \overline{\Delta N^2} \exp \frac{-\tau}{\tau_\varrho}, \qquad (1/48)$$

$$\overline{\Delta N^2} = \frac{R(\bar{N}_\beta)}{R'(\bar{N}_\beta) - G'(\bar{N}_\beta)} = R(\bar{N}_\beta)\tau_\varrho = G(\bar{N}_\beta)\tau_\varrho, \qquad (1/49)$$

$$\tau_\varrho = \frac{1}{R'(\bar{N}_\beta) - G'(\bar{N}_\beta)} \qquad (1/50)$$

mit

$$R'(\bar{N}_\beta) = \left.\frac{dR}{dN_\beta}\right|_{\bar{N}_\beta}, \quad G'(\bar{N}_\beta) = \left.\frac{dG}{dN_\beta}\right|_{\bar{N}_\beta}. \qquad (1/51)$$

Die Ableitungen R' und G' wurden eingeführt bei der Annäherung der Funktionen $R(N_\beta)$ bzw. $G(N_\beta()$ durch Taylor-Reihen.

Analog zu Gl. (1/42) kann auch hier der relative Besetzungsanteil als kennzeichnender Parameter benutzt werden, doch wird dies erst in Kapitel 5 eingeführt, da die Anzahl der Ladungsträger im Zustand meist auf unterschiedliche Werte wie Donatorenanzahl, Trapanzahl usw. bezogen werden. Auch der Unterschied zwischen korpuskularer Theorie (Gl. (1/39) bis (1/47)) und kollektiver Theorie (Gl. (1/48) bis (1/51)) bzw. die Fälle der Übereinstimmung werden in Abschnitt 5.1 diskutiert.

Vergleicht man das Schwankungsquadrat nach Gl. (1/49) mit dem eines Poisson-Prozesses (Gl. (1/33)), so kann man einen die Abhängigkeit der Einzelprozesse beschreibenden Schwächungsfaktor Γ_N^2 definieren:

$$\overline{\Delta N_\beta^2} = \Gamma_N^2 \bar{N}_\beta \qquad (1/52)$$

$$\Gamma_N^2 = \frac{R(\bar{N}_\beta)\tau_\varrho}{\bar{N}_\beta} = \frac{R}{\bar{N}_\beta} \frac{1}{R' - G'}. \qquad (1/(53)$$

Der Bezug auf $\bar{N}_\beta$ ist insofern willkürlich, als ΔN^2 für die Schwankung beider Niveaus gilt und $\bar{N}$ für die beiden Niveaus unterschiedlich ist (genauer also: $\Gamma_N^2 = \Gamma_{N\beta}^2$).

Wenn die Besetzung der Niveaus stabil ist, bewirkt die gegenseitige Wechselwirkung der Einzelprozesse meist eine Schwächung der Schwankungen und damit ist $\Gamma^2 \leqq 1$. Wenn ein entdämpfender Mechanismus vorhanden ist, kann $\Gamma^2 > 1$ werden und schließlich das Rauschen in eine Schwingung übergehen.

Wenn die Übergänge zwischen den Zuständen α und β voneinander statistisch unabhängig angenommen werden können, gehen aus den allgemeinen Beziehungen (Gln. (1/48) bis (1/51)) die einfachen Beziehungen der korpuskularen Theorie (Gln. (1/39) und (1/47)) hervor: Es seien N_Σ Teilchen im gegebenen Volumen V, die diese unabhängigen Übergänge machen können; die mittlere Anzahl der Teilchen im Zustand β ist dann $\bar{N}_\beta = P_\beta N_\Sigma$, die mittlere Anzahl im Zustand α ist $\bar{N}_\alpha = (1 - P_\beta) N_\Sigma$. Dies ergibt für die Generation- bzw. Rekombinationsraten, ausgedrückt durch die Übergangsraten τ_0^{-1} bzw. τ_1^{-1}, je Einzelteilchen

$$R = \frac{N_\beta}{\tau_1}, \quad R' = \frac{1}{\tau_1},$$

$$G = \frac{N_\alpha}{\tau_0} = \frac{N_\Sigma - N_\beta}{\tau_0}, \quad G' = -\frac{1}{\tau_0}.$$

Dies eingesetzt in die Gln. (1/50) und (1/49) ergibt die Gln. (1/39) und (1/47) mit

$$P_\beta = P_1 = \tau_1/(\tau_0 + \tau_1) \quad \text{und} \quad N_\Sigma = N^*.$$

Es sei hier darauf hingewiesen, daß die z.B. in der Kontinuitätsgleichung (s. z.B. [12]) benutzte Nettorekombinationsrate durch die Differenz von R und G gegeben ist:

$$R_{\text{netto}} = R - G. \tag{1/54}$$

Bezüglich der Verknüpfung mit der Minoritätsträgerlebensdauer wird auf Abschnitt 5.2 verwiesen.

2 Beschreibung des Rauschens im Frequenzbereich

2.1 Spektrale Leistungsdichte

Für einen Rauschvorgang wie beispielsweise in Abb. 1 gezeichnet läßt sich auch ein Frequenzspektrum angeben. In Analogie zum Schwankungsquadrat, welches ein Maß für die gesamte im Rauschvorgang vorhandene Leistung ist, definiert man hier eine sog. spektrale Leistungsdichte $W(f)$, also die „Leistung" im Frequenzband der Breite 1 Hz bei der Frequenz f.

Abbildung 13 zeigt ein typisches Rauschspektrum; man kann darin drei charakteristische Bereiche unterscheiden: Bei niedrigen Frequenzen erhält man im allgemeinen eine Rauschleistung, die mit zunehmender Frequenz abnimmt. Man bezeichnet diesen Anteil häufig als $1/f$-Rauschen. In einem mittleren Frequenzbereich ist die spektrale Leistungsdichte, also die Rauschleistung pro Bandbreiteeinheit, meist unabhängig von der Frequenz; dies bezeichnet man mit „weißem" Rauschen. Die gesamte Leistung $\overline{a^2}$ des Rauschvorganges ist das Integral über die gesamte Leistungsdichte:

$$\int_0^\infty W(f)\,\mathrm{d}f = \overline{a^2}\,. \tag{2/1a}$$

Sie ist aus physikalischen Gründen sicher endlich, d.h. die spektrale Leistungsdichte sinkt ab einer gewissen Grenzfrequenz stark ab.

Die Gl. (2/1a) bezieht sich auf eine reine Schwankungsgröße; ein eventuell vorhandener Gleichstromanteil äußert sich im Frequenzbereich (Abb. 13) als

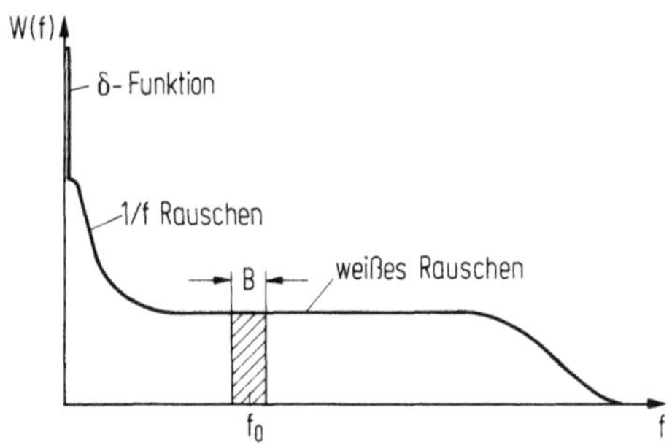

Abb. 13. Typisches Rauschspektrum

δ-Funktion bei $f=0$, und es gilt dann ebenso:

$$\int_0^\infty W(f)\,\mathrm{d}f = \overline{A^2}\,. \qquad (2/1\mathrm{b})$$

In der Praxis mißt man das Rauschen stets in einem endlichen Frequenzband B (Abb. 13, schraffierter Bereich). Sehr häufig ist in diesem Bereich das Rauschspektrum frequenzunabhängig, und es gilt dann für das (diesem Bereich zugeordnete) Schwankungsquadrat

$$\overline{a^2}|_\mathrm{B} = \int_\mathrm{B} W(f)\,\mathrm{d}f = W(f_0)\,B\,. \qquad (2/2)$$

Dieses sog. Schmalbandrauschen kann dann meist ebenso behandelt werden wie ein Signal; in Abschnitt 2.5 wird darauf noch eingegangen.

Beschreibt $a(t)$ beispielsweise eine Spannungsschwankung so hat $\overline{a^2} = \int W(f)\,\mathrm{d}f$ die Dimension V^2 und $W(f)$ die Dimension V^2/Hz.

Analog ist die Dimension von $W(f)$ gleich A^2/Hz, wenn Stromschwankungen beschrieben werden. Weitere übliche Dimensionen für $W(f)$ sind $\mathrm{Hz}^2/\mathrm{Hz}$ (Frequenzschwankungen) oder 1/Hz (Phasenschwankungen). In allen Fällen spricht man jedoch von „*Leistungs*dichte".

2.2 Zusammenhang zwischen Autokorrelationsfunktion und spektraler Leistungsdichte

Es ist bekannt, daß der Betrag der Fourier-Transformierten eines Zeitvorganges das Amplitudenspektrum dieses Vorganges darstellt. Bei Rauschvorgängen ist diese Zeitfunktion nicht bekannt. Man kann jedoch die Fourier-Transformierte der Autokorrelationsfunktion bilden und stellt dann fest, daß man auf diese Weise das Leistungsspektrum erhält.

Definiert man zunächst $w(f)$ als die Fourier-Transformierte der Autokorrelationsfunktion, so ergibt sich

$$w(f) = \int_{-\infty}^{+\infty} \varrho(\tau)\,\exp(-2\pi j f \tau)\,\mathrm{d}\tau\,,$$

$$\varrho(\tau) = \int_{-\infty}^{+\infty} w(f)\,\exp(2\pi j f \tau)\,\mathrm{d}f\,.$$

Setzt man in der zweiten dieser Gleichungen $\tau=0$, so erhält man

$$\varrho(0) = \int_{-\infty}^{+\infty} w(f)\,\mathrm{d}f$$

und erkennt daraus, daß wegen $\varrho(0) = \overline{a^2}$ die Größe $w(f)$ eine spektrale Leistungsdichte sein muß, weil das Integral über den ganzen Frequenzbereich von $-\infty$ bis $+\infty$ gleich der gesamten Rauschleistung ist. Wegen $\varrho(\tau) = \varrho(-\tau)$ ist $w(f)$ reell und eine gerade Funktion; es gilt also

$w(f)=w(-f)$. Will man gemäß obiger Definition nach Gl. (2/1a) nur positive Frequenzen betrachten, so setzt man $W(f)=2w(f)$ und erhält die als Wiener-Khintchineschen Gleichungen bekannten Beziehungen

$$W(f)=2\int_{-\infty}^{+\infty}\varrho(\tau)\exp(-2\pi jf\tau)\mathrm{d}\tau,$$

$$\varrho(\tau)=\int_{0}^{\infty}W(f)\cos(2\pi f\tau)\mathrm{d}f,$$

$$\varrho(0)=\int_{0}^{\infty}W(f)\mathrm{d}f=\overline{a^2}. \qquad (2/3)$$

Da wegen der Symmetrie von $\varrho(\tau)$ das Spektrum $w(f)$ reell ist, genügt ein reelles Gleichungspaar zur Beschreibung der Transformation. Bei gleichzeitiger Änderung der Integralgrenzen für die Integration über $\varrho(\tau)$ erhält man

$$W(f)=4\int_{0}^{\infty}\varrho(\tau)\cos(2\pi f\tau)\mathrm{d}\tau,$$

$$\varrho(\tau)=\int_{0}^{\infty}W(f)\cos(2\pi f\tau)\mathrm{d}f. \qquad (2/4)$$

Eine Bedingung für die Zulässigkeit obiger Fourier-Transformation ist die aus physikalischen Gründen stets gewährleistete endliche Größe der gesamten Rauschleistung eines Vorganges. Für eine strenge Ableitung obiger Beziehungen siehe z.B. [2, S. 87 ff].

Die Wiener-Khintchineschen Beziehungen gelten für allgemeine Schwankungsgrößen $A(t)$ ebenso wie für reine Schwankungsgrößen $a(t)$. Der Gleichanteil $\bar{A}$ ergibt, wie Gl. (1/22) zeigt, einen konstanten Summanden in der Autokorrelationsfunktion, der nach Fourier-Transformation zur δ-Funktion im Spektrum bei $f=0$ führt.

Sehr häufig kann Gl. (2/4) in ihrer Näherung für tiefe Frequenzen benutzt werden. Wenn nämlich $\varrho_a(\tau)\approx 0$ gilt für $\tau>\tau_\varrho$, dann gilt für Frequenzen, die klein gegen $1/\tau_\varrho$ sind, $\cos(2\pi f\tau)\approx 1$ für $\tau\leqq\tau_\varrho$ und man erhält aus Gl. (2/4) die Näherung

$$W_{a0}(f)=4\int_{0}^{\infty}\varrho_a(\tau)\mathrm{d}\tau \quad \text{für} \quad f\ll\frac{1}{\tau_\varrho}. \qquad (2/5)$$

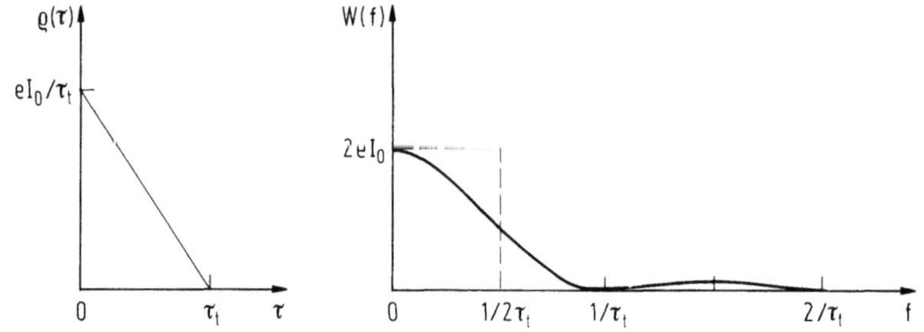

Abb. 14. Autokorrelationsfunktion und Rauschspektrum des Schrotrauschens (zu Beispiel 1)

Das Rauschspektrum ist also im Frequenzbereich $f \ll 1/\tau_\varrho$ frequenzunabhängig (weiß) und durch die Fläche unter der Autokorrelationsfunktion (mal 4) gegeben. Für beispielsweise das Schrotrauschen (Gl. (1/32) ohne Gleichanteil) erhält man damit

$$W_a(f) = 2eI_0 \quad \text{für} \quad f \ll 1/\tau_t. \tag{2/6}$$

Die nachstehend gebrachten Beispiele sollen den Zusammenhang zwischen der Autokorrelationsfunktion und dem Leistungsspektrum verdeutlichen.

Beispiel 1

Die für das Schrotrauschen maßgebende AKF nach Gl. (1/32) liefert mit der Fouriertransformation nach Gl. (2/4) das in Abb. 14 gezeichnete Spektrum (ohne Gleichanteil)

$$W(f) = 2eI_0 \frac{\sin^2(\pi f \tau_t)}{(\pi f \tau_t)^2}. \tag{2/7}$$

Das gesamte Schwankungsquadrat erhält man daraus nach Integration über f in Übereinstimmung mit Gl. (1/31).

Beispiel 2

Die für das Generations-Rekombinations-Rauschen maßgebende AKF nach Gl. (1/48) liefert mit Gl. (2/3) unter Benutzung des Residuensatzes oder mit Gl. (2/4) unter Verwendung geeigneter Integraltabellen (z.B. [6, S. 129], Gl. (58)) das in Abb. 15 gezeichnete Spektrum (ohne Gleichanteil):

$$W_N(f) = 4\overline{\Delta N^2}\tau_\varrho \frac{1}{1+(f/f_g)^2}, \tag{2/8}$$

$$2\pi f_g = \frac{1}{\tau_\varrho}.$$

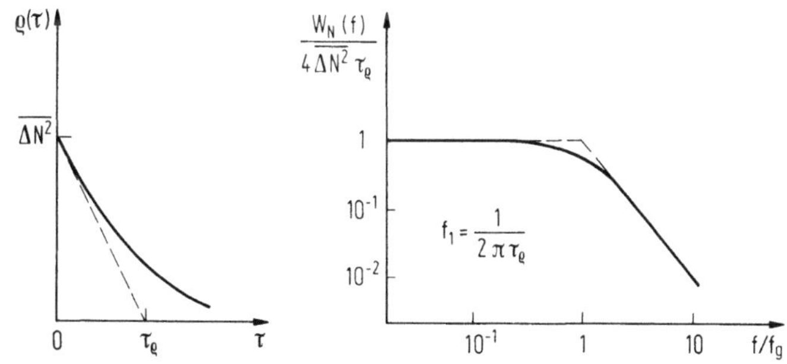

Abb. 15. Autokorrelationsfunktion nach Gl. (1/48) und Spektrum des Generations-Rekombinations-Rauschens nach Gl. (2.8)

Ein Rauschspektrum dieser Form erhält man auch, wenn weißes Rauschen durch ein RC-Glied im Frequenzbereich beschnitten wird. Es ist interessant festzustellen, daß die Relaxation einer Störung an einem RC-Glied ebenso wie hier einer Exponentialfunktion entspricht.

Beide Beispiele zeigen, daß das Spektrum um so breiter ist, je schmaler die Autokorrelationsfunktion ist und umgekehrt. Die Eckfrequenz des Leistungsspektrums entspricht etwa dem reziproken Wert der charakteristischen Zeitkonstante. Diese Gegebenheit stimmt voll mit dem zu Abb. 5 Gesagten überein.

Beispiel 3

Wird weißes Rauschen durch einen einfachen Resonanzkreis der Bandbreite B gefiltert, so erhält man ein Rauschspektrum, wie in Abb. 16 rechts gezeichnet. Für das Leistungsspektrum und die zugehörige AKF erhält man:

$$W(f) \approx \frac{2\tau_\varrho}{1+(\omega-\omega_0)^2\tau_\varrho^2} = \frac{2\tau_\varrho}{1+(f-f_0)^2/B^2}\,. \tag{2/9}$$

$$\varrho(\tau) = \exp\left(\frac{-\tau}{\tau_\varrho}\right)\cos 2\pi f_0\tau\,, \tag{2/10}$$

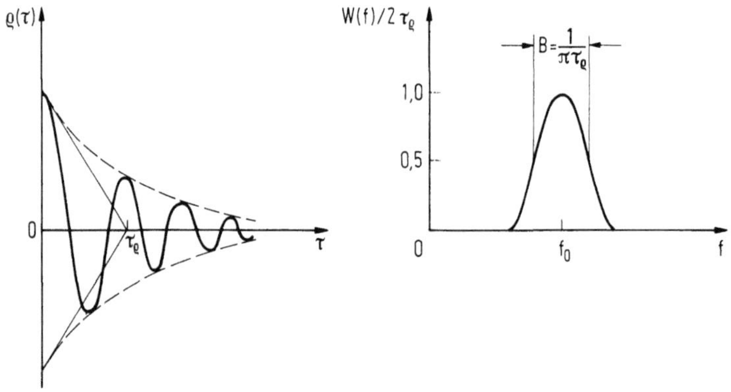

Abb. 16. Autokorrelationsfunktion und Rauschspektrum eines schmalbandigen Rauschvorganges

Man erkennt, aus Abb. 16, daß in diesem Fall die Autokorrelationsfunktion einer abklingenden Schwingung entspricht und daß die Bandbreite B des Spektrums etwa gleich dem Kehrwert der Abklingkonstante τ_ϱ ist ($B=1/\pi\tau_\varrho$).

Durch das Filter wird eine Korrelationszeit „erzeugt“, die um so länger ist, je kleiner die Bandbreite B, also je höher die Güte des Resonanzkreises ist; das Rauschen regt die Resonanzschwingung an. Schmalbandiges Rauschen entspricht einer „verwaschenen“ Sinusschwingung.

2.3 Folge identischer, statistisch unabhängiger Impulse

Das Rauschspektrum einer statistischen Pulsfolge, wie in Abb. 6 gezeichnet, kann durch Anwendung der Wiener-Khintchineschen Beziehungen aus der zugehörigen Autokorrelationsfunktion nach Gl. (1/28) ermittelt werden. Beim ersten der in Abschnitt 2.2 angegebenen Beispiele wurde so verfahren. Es gibt jedoch für diesen Fall eine Alternative, die bei komplizierteren Impulsformen geringeren Rechenaufwand erfordert: Es sei $F(f)$ die Fourier-Transformierte des Einzelvorganges:

$$F(f) = \int_{-\infty}^{+\infty} g_0(t)\exp(-2\pi j f\tau)\,\mathrm{d}t\,. \tag{2/11}$$

Da die Gesamtenergie eines Einzelvorganges im Zeitbereich und im Frequenzbereich gleich sein muß, gilt (Fourier-Energietheorem: [2, S. 102])

$$\int_{-\infty}^{+\infty} [g_0(t)]^2 \mathrm{d}t = \int_{-\infty}^{+\infty} |F(f)|^2 \mathrm{d}f = 2\int_{0}^{\infty} |F(f)|^2 \mathrm{d}f .$$

Setzt man diesen Ausdruck in Gl. (1/30) ein, so erhält man mit Gl. (2/1a)

$$\overline{a^2} = 2\bar{z}\int_0^{\infty} |F(f)|^2 \mathrm{d}f = \int_0^{\infty} W(f)\,\mathrm{d}f ,$$

$$W(f) = 2\bar{z}|F(f)|^2 . \qquad (2/12)$$

Das Leistungsspektrum des Rauschvorganges erhält man also sehr einfach aus dem Amplitudenspektrum des Einzelvorganges (Theorem von Carson, s. z.B. [253]).

2.4 Kreuzspektrum

Wie bereits ausgeführt, ist die Kreuzkorrelationsfunktion ein Maß für die Korrelation zweier Vorgänge. In Analogie zu den Wiener-Khintchineschen Beziehungen läßt sich auch hier aus der Kreuzkorrelationsfunktion eine Spektralfunktion ableiten, die dann die Korrelation zweier Vorgänge im spektralen Bereich beschreibt, d.h. angibt, in welchem Frequenzbereich eine starke Verknüpfung vorhanden ist. Dieses Kreuzspektrum $W_{12}(f)$ ist wegen $\varrho_{12}(\tau) \neq \varrho_{12}(-\tau)$ im allgemeinen komplex. Der normierte Wert von $W_{12}(f)$ wird spektraler Korrelationskoeffizient $\gamma_{12}(f)$ genannt:

$$W_{12}(f) = 2\int_{-\infty}^{+\infty} \varrho_{12}(\tau)\exp(-2\pi j f\tau)\,\mathrm{d}\tau \qquad (2/13)$$

$$\gamma_{12}(f) = \frac{W_{12}(f)}{\sqrt{W_1(f)\,W_2(f)}} . \qquad (2/14)$$

Der Realanteil von $W_{12}(f)$ ist maßgebend für die (nicht phasenverschobene) Addition von Rauschspektren. Das Rauschspektrum der Summe zweier Rauschvorgänge ist beispielsweise (z.B. [2, S. 109])

$$W(f) = W_1(f) + W_2(f) + 2\mathrm{Re}[W_{12}(f)]. \qquad (2/15)$$

Der Realanteil von W_{12} bzw. γ_{12} ist daher verknüpfbar mit dem als Zeitmittel definierten Korrelationskoeffizienten c_{12}:

$$c_{12} = \frac{\int \mathrm{Re}(W_{12})\,\mathrm{d}f}{\sqrt{\int W_1 \mathrm{d}f \int W_2 \mathrm{d}f}} . \qquad (2/16)$$

Für schmale Frequenzbänder (in welchen $W_i(f) \approx$ const. ist) gilt:

$$c_{12} = \mathrm{Re}\{\gamma_{12}\}. \qquad (2/17)$$

In der Praxis wird selten mit Kreuzspektren gerechnet; meist können die im nächsten Abschnitt angeführten Schmalbandnäherungen benützt werden.

2.5 Schmalbandrauschen

Die spektrale Leistungsdichte gibt die Rauschleistung pro Hertz Bandbreite an. In der Praxis hat man häufig den Fall, daß man Rauschen in einem schmalen Band der Breite Δf mißt und daß in diesem Band alle Rauschgrößen als frequenzunabhängig betrachtet werden können. Es ist dann möglich, für die Effektivwerte der Rauschströme bzw. Spannungen komplexe Zeiger zu wählen, und das Rechnen mit Rauschgrößen ist dann (mit Ausnahme der Berücksichtigung der Korrelation) auf die normale Rechnung mit Wechselstromgrößen reduziert. In den nachfolgenden Kapiteln wird davon reichlich Gebrauch gemacht. Ist beispielsweise $W_{\mathrm{i}}(f)$ das Leistungsspektrum eines Rauschstromes, so ist der zugehörige komplexe Rauschstrom

$$\tilde{i}(t)=\hat{i}\exp(j\omega t+\varphi)=\sqrt{2}\sqrt{W_{\mathrm{i}}(f)\Delta f}\,\exp j(\omega t+\varphi).$$

Die Phase φ dieser Schwingung ist unbestimmt, d.h. jeder Wert von φ zwischen 0 und 2π ist gleich wahrscheinlich. Diese Gl. ist so gebildet, daß aus der zugehörigen reellen Zeitfunktion $i(t)=\sqrt{2}\sqrt{W_{\mathrm{i}}(f)\Delta f}\cos(\omega t+\varphi)$ das mittlere Schwankungsquadrat $\overline{i(t)^2}=W_{\mathrm{i}}(f)\Delta f$ in Übereinstimmung mit Gl. (2/2) entsteht. Wie in der komplexen Wechselstromrechnung üblich, erhält man aus $\tilde{i}\tilde{i}^*$ das Betragsquadrat, also zweimal das Quadrat der Effektivwerte, d. h.:

$$\overline{i^2}=\frac{\overline{\tilde{i}\tilde{i}^*}}{2}=\frac{\overline{\tilde{i}^*\tilde{i}}}{2}=\frac{\hat{i}\hat{i}^*}{2}=W_{\mathrm{i}}(f)\Delta f\,.$$

Eine Mittelung über die Phase φ erübrigt sich hier, da diese bei der Bildung von $\overline{\tilde{i}\tilde{i}^*}$ herausfällt.

Der Faktor 1/2 in der letztgenannten Gleichung ist in der Literatur nicht üblich (s. z.B. [9]). Um diesen Faktor nicht bei allen Rechnungen (s. z.B. Kapitel 11 usw.) mitschleppen zu müssen und damit auch Übereinstimmung mit der Literatur zu erzielen, wird eine um den Faktor $1/\sqrt{2}$ kleinere komplexe „Amplitude“ i definiert:

$$i=\frac{\tilde{i}}{\sqrt{2}}\,.$$

Es ist dann auch eine Verwechslung mit den realen Größen ohne besondere Bedeutung. Mit dieser Definition erhält man für ein Leistungsspektrum der Rauschgröße $a(t)$

$$a=\sqrt{W_{\mathrm{a}}(f)\Delta f}\,\exp j(\omega t+\varphi), \tag{2/18}$$

$$\overline{a^2}=aa^*=a^*a=W_{\mathrm{a}}(f)\Delta f\,. \tag{2/19}$$

Im folgenden wird durchwegs diese Schreibweise benutzt.

Auch die Behandlung der Korrelation ist mit Hilfe der Schmalbandnäherung viel einfacher: Phasendrehungen der „Rauschamplituden" in elektrischen Netzwerken können konventionell berechnet werden. Wird für eine Berechnung der Mittelwert $\overline{a_1 a_2}$ benötigt, so erhält man diesen analog zu Gl. (2/19)

$$\overline{a_1 a_2} = \mathrm{Re}(\overline{a_1 a_2^*}) \,. \tag{2/20}$$

Bei der Bildung des Produktes $\overline{a_1 a_2^*}$ ist folgendes zu beachten: Es entstehen die Ausdrücke

$$\overline{\exp j(\omega t + \varphi_1) \cdot \exp[(-j)(\omega t + \varphi_2)]} \,.$$

Sind die Komponenten 1 und 2 voll korreliert, so ist dieses Produkt gleich $\exp j(\varphi_1 - \varphi_2)$, eine komplexe Konstante, die für $\varphi_1 = \varphi_2$ den Wert 1 hat. Sind hingegen die beiden Komponenten unkorreliert, so ist dieses Produkt gleich Null, da alle Phasenlagen gleich wahrscheinlich sind.

Der Querstrich über $a_1 a_2^*$ bedeutet also hier eine Mittelung über die Phasen φ_1 bzw. φ_2. Formal kann auch eine zeitlich sich langsam ändernde Phase angesetzt werden ($\varphi_1 = k_1 t$, $\varphi_2 = k_2 t$), wobei dann der Querstrich als Zeitmittelung gilt.

(Die Bildung von $\overline{a_1 a_2^*}$ in Gl. (2/20) ist nur für gleiche Frequenzen ω sinnvoll, da bei ungleichen Frequenzen ($\omega_1 \neq \omega_2$) der Mittelwert *immer* Null ist!)

Für diese komplexen Amplituden lautet der (spektrale) Korrelationskoeffizient

$$\gamma_{12} = \frac{\overline{a_1 a_2^*}}{\sqrt{\overline{a_1 a_1^*}}\sqrt{\overline{a_2 a_2^*}}} = \gamma_{21}^* \,. \tag{2/21}$$

Häufig wird bei teilweiser Korrelation eine Aufspaltung in eine voll korrelierte Komponente und eine unkorrelierte Komponente vorgenommen (Abschnitt 8.1), wodurch die Rechnung besonders einfach wird.

Wie Gl. (2/15) zeigt, bestimmt der Realteil von $W_{12}(f)$ bzw. $\gamma_{12}(f)$ die Addition von Rauschgrößen; die entsprechende Verknüpfung mit dem als Zeitmittel definierten Korrelationskoeffizienten c_{12} ist

$$\mathrm{Re}(\gamma_{12}) = c_{12} \,. \tag{2/22}$$

Generell sollen Korrelationsuntersuchungen möglichst schmalbandig vorgenommen werden; es ist verständlich, daß bei unterschiedlichen Phasenlagen in verschiedenen Frequenzbereichen korrelierte Größen durch die Mittelung über einen weiten Frequenzbereich geringer korreliert erscheinen.

3 Thermisches Rauschen

3.1 Phänomenologische Beschreibung

In einem Leiter oder Halbleiter bewegen sich die darin befindlichen freien Ladungsträger als Folge ihrer thermischen (kinetischen) Energie wie in Abb. 17 skizziert; dies gilt insbesondere auch dann, wenn keine äußeren Kräfte oder Felder einwirken. Als Folge dieser Ladungsträgerbewegung entsteht eine statistisch schwankende Aufladung der Enden eines solchen Leiters und damit eine elektrische Spannung zwischen den Endpunkten dieses Leiters. Mißt man in einem Frequenzintervall der Breite Δf das mittlere Schwankungsquadrat (Effektivwertquadrat) dieser Spannung, so erhält man den Wert

$$\overline{u^2} = 4kTR\Delta f\,. \tag{3/1}$$

Darin bedeuten $k = 1{,}38 \cdot 10^{-23}\,\mathrm{JK}^{-1}$ die Boltzmann-Konstante, T die absolute Temperatur und R den Widerstand zwischen den Leiterenden. Als Ersatzschaltbild erhält man daher, wie in Abb. 18a gezeichnet, die Serienschaltung des Widerstandes R und eines Spannungsgenerators nach Gl. (3/1) (Rauschgeneratoren werden in diesem Buch generell durch Schraffur gekennzeichnet).

Wird an diesen rauschenden Widerstand R ein Lastwiderstand R_L angeschlossen, so gibt der rauschende Widerstand an den Lastwiderstand R_L die Leistung

$$P = \overline{u^2}\,\frac{R_\mathrm{L}}{(R+R_\mathrm{L})^2} \tag{3/2}$$

ab. Diese hat in Abhängigkeit von R_L ein Maximum bei $R = R_\mathrm{L}$ (Anpassung) mit dem Wert $P = P_\mathrm{v}$, der sog. verfügbaren Rauschleistung

$$P_\mathrm{v} = kT\Delta f\,. \tag{3/3}$$

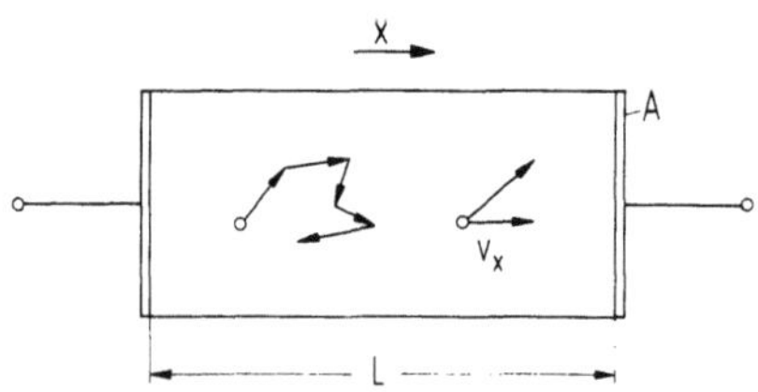

Abb. 17. Thermische Bewegung der freien Ladungsträger in einem Festkörper

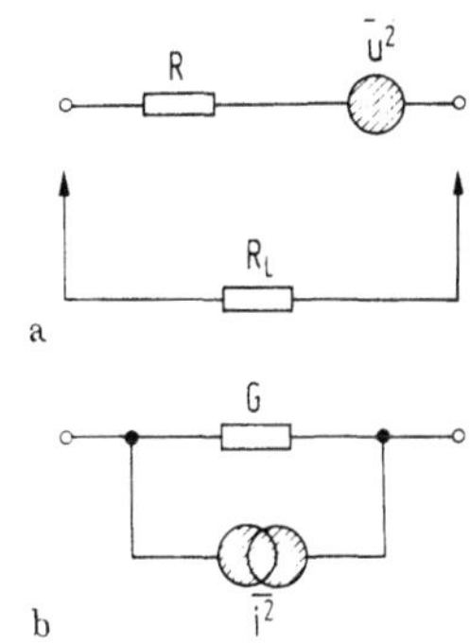

Abb. 18. Rauschersatzschaltbilder für thermisch rauschende Widerstände

Für Zimmertemperatur ($T = T_0 = 300\,\text{K}$) hat die verfügbare Rauschleistung den Wert

$$kT_0 = 4 \cdot 10^{-21}\ \text{WHz}^{-1}\,. \tag{3/4}$$

Wie noch gezeigt wird, benützt man diesen Wert sehr häufig als Bezugsleistung bei der Beurteilung von Bauelementen.

In Abb. 18a ist R_L als rauschfreier Widerstand gezeichnet; dies gilt, falls dieser Widerstand sich auf der Temperatur $T = 0$ befindet. Dann wird tatsächlich Leistung vom Widerstand R an den Widerstand R_L abgegeben, wodurch R gekühlt und R_L erwärmt wird (zunächst wird die Temperatur des Elektronengases geändert, welche als Folge der Wechselwirkung mit dem Gitter durch Stöße zu einer Temperaturänderung des Festkörpers führt). Befinden sich beide Widerstände auf gleicher Temperatur, so wird (unabhängig vom Verhältnis R/R_L) gleich viel Leistung von R an R_L abgegeben wie von R_L an R.

Das Ersatzschaltbild nach Abb. 18a kann in das äquivalente Ersatzschaltbild nach Abb. 18b umgewandelt werden. Hier ist der Generatorstrom i der Influenzstrom als Folge der thermischen Bewegung der Ladungsträger mit dem Schwankungsquadrat

$$\overline{i^2} = 4kTG\Delta f\,. \tag{3/5}$$

Die Größe $G = 1/R$ ist der Leitwert.

Die Leistung kT ist also die pro Hertz Bandbreite von einem Widerstand im thermischen Gleichgewicht verfügbare Rauschleistung. Sie ist unabhängig von der Frequenz, weshalb man hier von „weißem Rauschen“ spricht. Diese Konstanz der spektralen Leistungsdichte des thermischen Rauschens gilt bis zu Frequenzen, bei welchen die Energie eines Quants hf vergleichbar mit kT wird, also selbst bei gekühlten Bauelementen (z.B. 4 K) bis in den Infrarotbereich. Für die Leistungsspektren von Spannung und Strom gelten also für thermisches Rauschen

$$W_u(f) = 4kTR\,,$$

$$W_i(f) = 4kTG\,. \tag{3/6}$$

Obige Ergebnisse wurden als „Meßergebnisse" eingeführt. Im folgenden Abschnitt wird die sog. kinetische Ableitung des thermischen Rauschspektrums gebracht, da diese den im mikroskopischen Bereich eines Leiters stattfindenden Einzelvorgängen am genauesten entspricht. In Abschnitt 3.3 wird gezeigt, daß die hier gebrachten Gleichungen allgemein für beliebige Netzwerke gelten. Die bereits erwähnte obere Frequenzgrenze des thermischen Rauschens wird in Abschnitt 3.4 behandelt, die Gültigkeit dieser Ergebnisse für aktive Bauelemente (nicht thermisches Gleichgewicht) in Abschnitt 3.5. Der im wesentlichen nur an den technischen Konsequenzen des thermischen Rauschens interessierte Leser kann den folgenden Abschnitt überspringen.

3.2 Berechnung des thermischen Rauschens nach dem Modell von Drude

Obwohl die allgemeinen Beziehungen für das thermische Rauschen (Gl. (3/6)) unabhängig vom speziellen Mechanismus sind, der thermisches Rauschen verursacht, ist es für das Verständnis des thermischen Rauschens förderlich, ein spezielles Modell zu betrachten, welches von der Ladungsträgerbewegung im Festkörper ausgeht. Nach diesem Modell (z.B. [3, S. 69]) bewegen sich die freien Ladungsträger (eines Typs) mit gleicher Wahrscheinlichkeit in jede Richtung (isotrope Geschwindigkeitsverteilung); die freie Flugzeit („Stoßzeit") τ_c wird als konstant angenommen (auf die Konsequenzen einer statisch verteilten Stoßzeit wird bei der Besprechung der Autokorrelationsfunktion eingegangen), und die mittlere kinetische Energie der Ladungsträger je Freiheitsgrad ist nach dem Gleichverteilungssatz der statistischen Mechanik (z.B. [10, S. 217]) gleich $kT/2$. Es gilt also:

(a) isotrope Geschwindigkeitsverteilung,
(b) konstante freie Flugzeit
(c) $mv_x^2/2 = kT/2$,
(d) unabhängige Bewegung der einzelnen Ladungsträger.

Die Bewegung eines Laddungsträgers q mit der Ladung e in einem Leiter (oder Halbleiter) der Länge L ruft in den Zuleitungen einen Influenzstrom (z.B. [11, S. 291])

$$i_q = \frac{e}{L} v_{xq}$$

hervor, wobei v_{xq} die x-Komponente der Geschwindigkeit dieses Ladungsträgers ist (Abb. 17 und 19). Da jede Geschwindigkeitsrichtung gleich wahrscheinlich ist, ist der zeitliche Mittelwert dieses Stromes $i_q = 0$. In Abb. 19 ist im unteren Bildteil $i_q^2(t)$ aufgetragen, und man kann daraus unmittelbar das Schwankungsquadrat $\overline{i_q^2}$ für den Ladungsträger q bestimmen:

$$\overline{i_q^2} = \left(\frac{e}{L}\right)^2 \overline{v_x^2}. \tag{3/7}$$

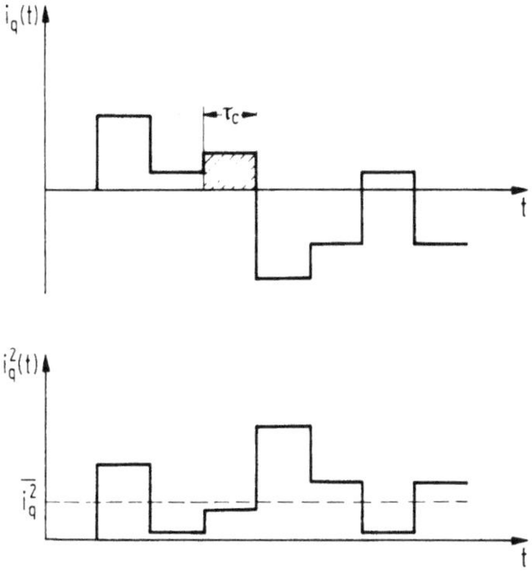

Abb. 19. Influenzstrom und dessen Quadrat als Folge der thermischen Bewegung von Ladungsträgern

Die einzige Mittelwertbildung hat hier über v_x^2 zu erfolgen, womit der Zusammenhang mit der thermischen Leistung kT (Annahme (c)) hergestellt werden kann.

Für die Berechnung der Autokorrelationsfunktion greifen wir einen einzelnen Stromimpuls heraus (in Abb. 19 schraffiert). Für Zeitverschiebungen $\tau > \tau_c$ ist bei einem gegebenen Wert von $i_q(t)$ für $i_q(t+\tau)$ ein positiver Wert gleich wahrscheinlich wie ein entsprechender negativer Wert, und der Mittelwert (also die Autokorrelationsfunktion) ist Null. Für Zeitverschiebungen kleiner als τ_c erhält man in Analogie zu Abb. 7 und 8 (Schroteffekt) eine mit der Überdeckungszeit $\tau_c - \tau$ proportional zunehmende Autokorrelationsfunktion ϱ_q, die für $\tau = 0$ den Wert des Schwankungsquadrates gemäß Gl. (3/7) annimmt.

Im Volumen AL des Leiters sind nAL Ladungsträger vorhanden, wobei n die Trägerkonzentration ist. Da die Bewegung der einzelnen Ladungsträger als statistisch unabhängig angenommen werden kann, erhält man die Gesamt-Autokorrelationsfunktion durch Summation über das Ensemble, wie in Abb. 20a skizziert (s. Gl. (1/24)).

$$\varrho = \sum_q \varrho_q .$$

Insbesondere gilt diese Summation auch für die Werte $\varrho_q(0)$, also für die Schwankungsquadrate. Mit Gl. (3/7) und dem Wert für $\overline{v_x^2}$ erhält man

$$\overline{i^2} = \varrho(0) = \sum_q \overline{i_q^2} = ALn\overline{i_q^2} ,$$

$$\overline{i^2} = e^2 \frac{An}{L} \overline{v_x^2} , \qquad (3/8)$$

$$\overline{i^2} = e^2 \frac{An}{L} \frac{kT}{m} . \qquad (3/9)$$

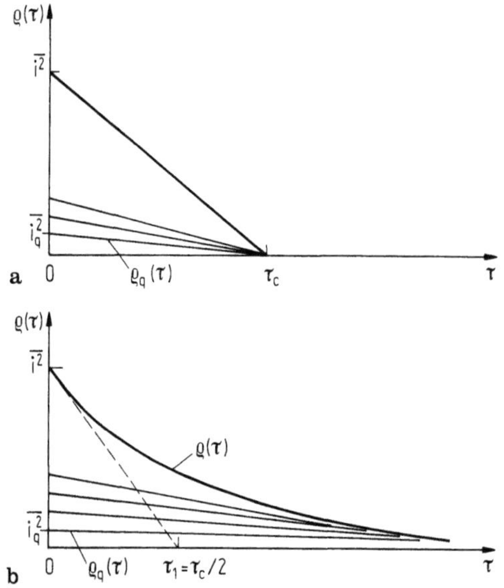

Abb. 20. Autokorrelationsfunktion für thermisches Rauschen

Mit Hilfe der Wiener-Khintchineschen Beziehung kann daraus das Leistungsspektrum berechnet werden. Für Frequenzen, die klein gegen die reziproke Stoßzeit sind, erhält man mit Gl. (2/5) und Abb. 20

$$W_0(f) = 4\int_0^\infty \varrho(\tau)\,\mathrm{d}\tau = 2\overline{i^2}\tau_c = 2\frac{nA}{L}\frac{e^2}{m}kT\tau_c. \tag{3/10}$$

Man hat nun die Aufgabe, nach diesem Modell (einheitliche Stoßzeit τ_c) den Leitwert zu bestimmen. Abbildung 21 zeigt den zeitlichen Verlauf, der durch ein angelegtes Feld verursachten Geschwindigkeitskomponente in Richtung des Feldes. Mit der Beschleunigung $-Ee/m$ der Ladungsträger erhält man den Maximalwert $\hat{v}_E = -E\tau_c e/m$ und damit die mittlere Driftgeschwindigkeit

$$\bar{v}_E = -\frac{e}{m}\frac{\tau_c}{2}E = -\mu E. \tag{3/11}$$

Man beachte, daß in diesem Modell die Beweglichkeit gegeben ist durch den Ausdruck $\mu = (e/m)(\tau_c/2)$. Dies unterscheidet sich durch den Faktor 1/2 von der üblichen Definition (z.B. [12]). Berechnet man damit den Leitwert $G = Aen\mu/L$ und setzt dieses Ergebnis in Gl. (3/10) ein, so erhält man in Übereinstimmung mit Gl. (3/6)

$$W_i(f) = 4kTG.$$

Eine Auswertung dieses Modells bis zu Frequenzen, die mit $1/\tau_c$ vergleichbar sind, ist nicht sinnvoll. Wie Abb. 21 zeigt, kann eine mittlere Driftgeschwindigkeit nur definiert werden, wenn das elektrische Feld sich genügend langsam ändert, so daß innerhalb einer HF-Periode viele Stöße stattfinden. Ein Leitwert kann daher nur für $f \ll 1/\tau_c$ definiert werden und damit ist die Gültigkeitsgren-

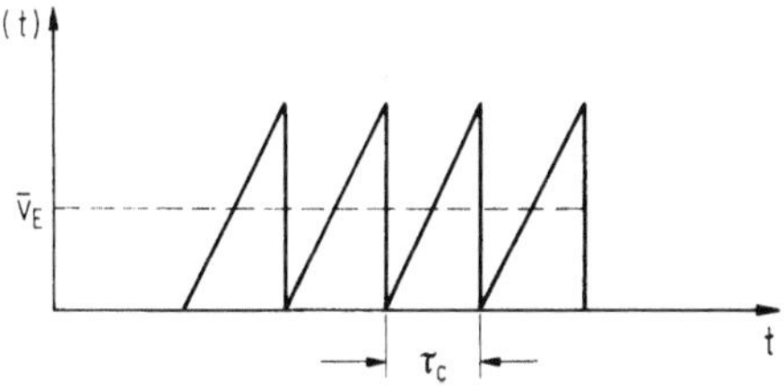

Abb. 21. Zeitlicher Verlauf der Driftgeschwindigkeitskomponente

ze für Gl. (3/6) mit $f \ll 1/\tau_c$ festgelegt; obige Vereinfachung bei den Wiener-Khintchineschen Beziehungen stellt also keine zusätzliche Einschränkung dar. Das heißt aber, daß alle Modellfeinheiten (z.B. die genaue Form der einzelnen Stromimpulse) keinen Einfluß auf das Ergebnis haben. Dieses Ergebnis gilt allgemein für genügend kurze statistisch unabhängige Impulse beliebiger Form bei thermischem Gleichgewicht.

Trotzdem soll noch kurz auf die Annahme (b) (konstante freie Flugzeit τ_c) eingegangen werden, weil damit der Faktor 1/2 in der Beweglichkeit erklärt werden kann. In dem hier benutzten Modell wurde angenommen, daß jeder Ladungsträger genau nach der freien Flugzeit τ_c einen Stoß erleidet. Da dieser Stoß selbst ein statistisch auftretender Vorgang ist, wird es zwar eine mittlere freie Flugzeit geben, aber die Stoßzeit wird von Fall zu Fall statistisch schwanken. Man kann hier ebenso wie vorher die Autokorrelationsfunktion durch Summierung von Einzelvorgängen erhalten. Man bekommt dann eine exponentiell abklingende Autokorrelationsfunktion gemäß Abb. 20b.

Die Abb. 20a und b sind äquivalent, wobei die Äquivalenz sich auf gleiche Gleichstromwerte, also gleiche mittlere Driftgeschwindigkeit für beide Modelle bezieht [12, S. 39]. Man erkennt daraus, daß das äquivalente Drude-Modell eine Stoßzeit hat, die gleich der doppelten Zeitkonstante des exponentiell abklingenden Relaxationsvorganges ist. Die Autokorrelationsfunktion der beiden Modelle unterscheidet sich unter diesen Voraussetzungen nicht in ihrer Fläche, d.h. sie ergibt nach Gl. (2/5) dasselbe Niederfrequenzrauschspektrum. Unterschiedlich ist lediglich der Verlauf der spektralen Dichte für Frequenzen, die ohnehin oberhalb der Gültigkeitsgrenze beider Modelle liegen (die Gültigkeitsgrenze ist durch die Widerstandsdefinition gegeben).

3.3 Thermisches Rauschen passiver Netzwerke

Schließt man an einen Widerstand R eine Impedanz Z an, so gibt der Widerstand die Leistung

$$P_R = \overline{u_R^2}\,\frac{\mathrm{Re}(Z)}{|R+Z|^2} = 4kTR\Delta f\,\frac{\mathrm{Re}(Z)}{|R+Z|^2}$$

an die Impedanz Z ab (s. Abb. 22). Die Impedanz Z mit dem Rauschgenerator u_Z gibt ihrerseits die Leistung

$$P_Z = \overline{u_Z^2}\,\frac{R}{|R+Z|^2}$$

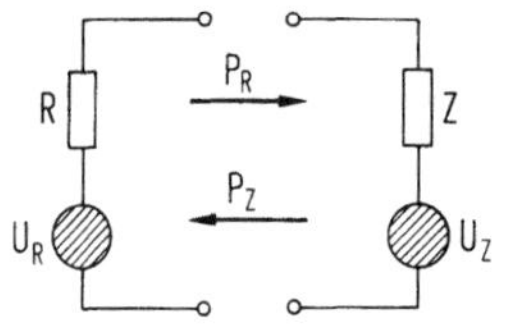

Abb. 22. Leistungsaustausch im thermodynamischen Gleichgewicht

an den Widerstand R ab. Im thermodynamischen Gleichgewicht müssen diese beiden Leistungen einander gleich sein und man erhält durch Gleichsetzen von P_R und P_Z

$$\overline{u_Z^2} = 4kT\Delta f \operatorname{Re}(Z) .$$

Für die spektralen Leistungsdichten einer komplexen Impedanz $Z(f) = 1/Y(f)$ erhält man daher

$$W_u(f) = 4kT \operatorname{Re}[Z(f)], \quad W_i(f) = 4kT \operatorname{Re}[Y(f)]. \tag{3.12}$$

Diese Aussage bedeutet, daß Blindwiderstände keine Rauschleistung abgeben, eine Eigenschaft, die sehr wesentlich z.B. bei parametrischen Verstärkern ist, welche auf der zeitlichen Änderung eines Blindwiderstandes basieren (Abschnitt 10.7). Dieses heißt jedoch nicht, daß die Rauschspannung an einem Blindwiderstand (ein Maß für die gespeicherte Energie) Null ist, da sich hier auch dann, wenn die Verluste gegen 0 gehen, ein endlicher Grenzwert ergibt (endliche Rausch-Blindleistung).

Beispiel: RC-Glied

Abbildung 23 zeigt das Schaltbild und das dazugehörige Rauschersatzschaltbild einer Parallelschaltung aus Widerstand und Kondensator. Durch einfache Umrechnung (Abschnitt 7.1) erhält man aus dem Leistungsspektrum $W_i = 4kT/R$ am Widerstand das

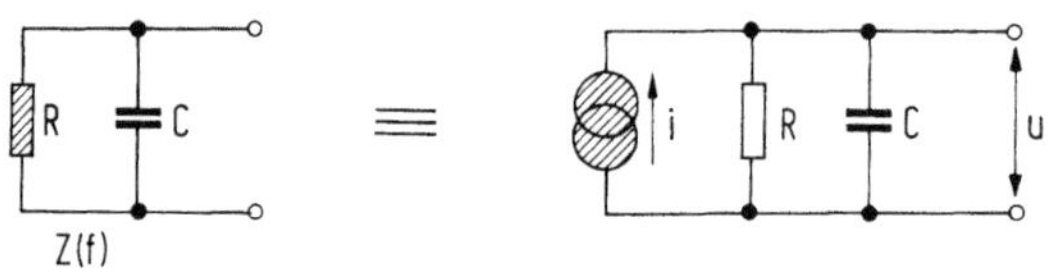

Abb. 23. Rauschersatzschaltbild eines RC-Gliedes

Leistungsspektrum der Spannung am Kondensator W_u z.B. mit Hilfe der Beziehung für Schmalbandrauschen

$$i = \sqrt{W_i \Delta f}; \quad u = |Z|\, i:$$

$$W_u = |Z(f)|^2 W_i = 4kT \frac{R}{1 + (\omega RC)^2} .$$

Die Abb. 24 zeigt dieses Rauschspektrum. Man kann mit Hilfe von Gl. (2/1a) das gesamte Schwankungsquadrat der Kondensatorspannung und damit die mittlere im Kondensator

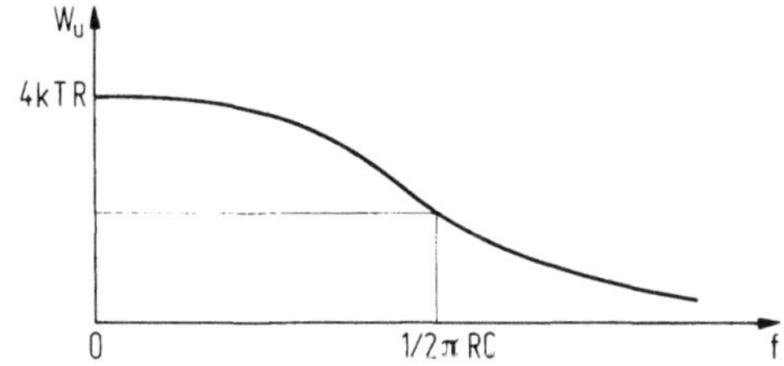

Abb. 24. Rauschspektrum eines thermisch rauschenden *RC*-Gliedes

gespeicherte Energie berechnen:

$$\overline{u_c^2} = \int_0^\infty W_u(f)\,\mathrm{d}f = \frac{2kT}{\pi C} \arctan 2\pi f RC \Big|_0^\infty = \frac{kT}{C}.$$

$$\frac{\overline{u_c^2} C}{2} = \frac{kT}{2}. \tag{3/13}$$

Man erkennt aus diesem Ergebnis, daß die mittlere gespeicherte Energie im Kondensator gleich $kT/2$ ist. Dieses Ergebnis entspricht den thermodynamischen Verhältnissen, nach welchen in einem System die mittlere Energie je Freiheitsgrad gleich $kT/2$ ist. In der Tat wird auch in vielen Fällen diese Beziehung als Ausgangspunkt für die Berechnung des thermischen Rauschens gewählt (z.B. [4, S. 42]).

Analog lassen sich die Verhältnisse an einer Induktivität darstellen, und es ergibt sich auch hier für die gespeicherte Energie

$$\frac{\overline{i_L^2} L}{2} = \frac{kT}{2}. \tag{3.14}$$

Das Ergebnis ist insofern bemerkenswert, als die Aussage die mittlere thermische Energie je Freiheitsgrad ist $kT/2$, sowohl für mikroskopische ($mv_x^2/2$) als auch für makroskopische Systeme ($Cu^2/2$) gilt.

Weitere Beispiele für thermisch rauschende Netzwerke siehe [4].

3.4 Obere Frequenzgrenze des thermischen Rauschens

Das kinetische Modell des thermischen Rauschens täuscht eine obere Frequenzgrenze bei $1/\tau_c$, der reziproken Stoßzeit der Ladungsträger im Widerstand *R*, vor. Diese Frequenz liegt jedoch bereits über der Gültigkeitsgrenze dieses Modells, da die Berechnung des Widerstandes mit Hilfe einer mittleren Driftgeschwindigkeit erfolgte und dazu selbstverständlich vorausgesetzt wird, daß das elektrische Feld seine Richtung nicht ändert, bevor genügend viele Stöße stattgefunden haben. Der Widerstand *R* als frequenzunabhängige Größe ist also nur für $f \ll 1/\tau_c$ definiert.

Da die gesamte thermische Rauschleistung jedoch endlich sein muß, existiert eine obere Frequenzgrenze des thermischen Rauschens, die nichts mit der Stoßzeit zu tun hat. Ein beliebiger „schwarzer Körper", welcher mit seiner Umgebung im thermischen Gleichgewicht steht, gibt eine Strahlungsleistung *P* ab, die durch das Plancksche Gesetz (z.B. [10]) beschrieben ist:

$$\frac{P}{A} = \frac{2\pi f^2}{c^2} \frac{hf}{\exp(hf/kT) - 1} \tag{3/15}$$

(A: Oberfläche des Körpers, $h = 6{,}63 \cdot 10^{-34}\,\mathrm{Ws}^2$: Plancksche Konstante $c = 3 \cdot 10^8\,\mathrm{ms}^{-1}$ Lichtgeschwindigkeit). Die dadurch gegebene obere Frequenzgrenze liegt etwa bei $kT = hf$, also im infraroten oder sichtbaren Bereich. In diesem Bereich ist aber ein Widerstand als Quotient aus Spannung und Strom nicht mehr definierbar, und die häufig benützte Umrechnung der Strahlungsleistung (über entsprechende Antennen) in eine Spannung an den Klemmen eines (anderweitig) nicht definierbaren Widerstandes bringt keine weitere Aussage bezüglich der oberen Frequenzgrenze.

Im optischen Bereich ist die Frage, was Rauschen ist, ohnehin neu zu formulieren. Bei einer Nachrichtenübertragung mit konventionellem Licht beispielsweise ist die Strahlungsdichte des schwarzen Strahlers der „Träger“, und das das Signal-Geräusch-Verhältnis bestimmende Rauschen ist die Schwankung dieser Strahlungsleistung (also die Schwankung der spektralen Leistungsdichte).

Eine generell nicht zu unterschreitende Rauschgrenze entsteht durch die Quantisierung der Strahlungsenergie. Dieses mit Hilfe der Unschärferelation ableitbare sog. Quantenrauschen ergibt eine spektrale Leistungsdichte von ca. $hf\Delta f$. Obwohl das Rauschen bei optischen Frequenzen wegen des Halbleiterlasers hier von Interesse wäre, wird auf die Literatur verwiesen (z.B. [13] Kapitel 9, [249]). Lediglich in Kapitel 12 dieses Buches (Empfang optischer Signale) wird die Quantenrauschgrenze als Grenzempfindlichkeit eingeführt. In diesem Sinne ist das Quantenrauschen die durch die endliche Quantisierung der Strahlungsenergie verursachte Schwankung der Strahlungsleistung und stellt so eine Analogie zum Schrotrauschen dar.

3.5 Gültigkeit der Beziehungen für thermisches Rauschen in aktiven Bauelementen

Die bisher in diesem Kapitel gebrachten Überlegungen gelten sämtlich für thermisches Gleichgewicht. Halbleiterbauelemente arbeiten jedoch nicht im thermischen Gleichgewicht. Daher ist es zweckmäßig, einiges über die Anwendung der Gleichungen für thermisches Rauschen in aktiven Bauelementen zu sagen.

Die wesentliche Voraussetzung bei der Berechnung der spektralen Leistungsdichte des thermischen Rauschens ist die Annahme einer isotropen Geschwindigkeitsverteilung mit einer mittleren kinetischen Energie, die dem Gleichverteilungssatz entspricht. Solange also in einem bestimmten Bereich eines Halbleiters die durch das elektrische Feld verursachte Driftgeschwindigkeit genügend klein gegen die mittlere thermische Geschwindigkeit ist, bleiben diese Annahmen bestehen. Bei höheren Feldstärken führt die durch das elektrische Feld zugeführte Energie zu einer „Aufheizung“ des Elektronengases, und man spricht von „heißen“ Elektronen, auf die im Abschnitt 3.6 eingegangen wird.

Es ist zu beachten, daß bei Abweichungen vom thermischen Gleichgewicht zusätzliche Rauscheffekte auftreten können; z.B. kann die statistische Schwankung der Trägerdichte zu einer Schwankung des Leitwertes und damit zu einer Rauschmodulation des durch eine angelegte Spannung verursachten Stromes führen. Dieser Rauschstrom ist (im Gegensatz zum thermischen Rauschen, welches unabhängig vom hindurchtretenden Gleichstrom ist) proportional dem Quadrat des durch die Probe fließenden Gleichstromes (Abschnitt 5.4).

Diese Situation ist nicht zu verwechseln mit der Tatsache, daß *jeder* Rauscheffekt (z.B. Schrotrauschen, Generations-Rekombinations-Rauschen usw.) im thermischen Gleichgewicht einen Wert liefern muß, der gleich dem thermischen Rauschen ist (oder gleich Null, wenn es sich um einen zusätzlichen Effekt handelt). Dies ist eine Folge der thermodynamischen Beziehungen und zeigt, daß im thermischen Gleichgewicht jedes beliebige mit einem normalen Widerstand verbundene Bauelemente die Rauschleistung abgibt, die es auch vom Widerstand aufnimmt (z.B. Schrotrauschen einer Diode bei $U=0$).

3.6 „Heiße" Elektronen

Wie Gl. (3/8) zeigt, bewirken die Geschwindigkeitsschwankungen $\overline{v^2}$ im Halbleiter das Auftreten des Rausch-Influenzstromes an den Klemmen. Ein bequemes Maß für diese Geschwindigkeitsschwankungen ist im thermischen Gleichgewicht die Temperatur des Halbleiters. Wird den Elektronen durch ein elektrisches Feld Energie zugeführt, so nehmen diese Geschwindigkeitsschwankungen zu und man spricht von „heißen" Elektronen [14, 15] oder (natürlich auch) von Geschwindigkeitsschwankungs-Rauschen [16]. Als Maß für $\overline{v^2}$ kann auch die Diffusionskonstante D dienen, weshalb auch der Ausdruck Diffusionsrauschen gebräuchlich ist ([17], [9, S. 65]; weitere Literatur: [18]).

Die Ladungsträgerbewegung bei hohen angelegten Feldern ist ausführlich in [19] beschrieben. Die für thermisches Gleichgewicht geltende Maxwell-Verteilung der Ladungsträgergeschwindigkeit trifft bei hohen elektrischen Feldern nicht mehr zu, erstens weil die Geschwindigkeitsverteilung in verschiedenen Richtungen verschieden ist und zweitens weil in jeder Richtung die Verteilung der Ladungsträgergeschwindigkeit je nach Streuprozeß unterschiedlich und damit nicht durch die Maxwell-Verteilung beschreibbar ist. Im allgemeinen wird auch das Schwankungsquadrat $\overline{v^2}$ für verschiedene Richtungen verschieden sein ($\overline{v_x^2} \neq \overline{v_y^2} \neq \overline{v_z^2}$). In diesem Fall muß das Rauschen durch mehrere (drei) Größen beschrieben werden.

Der einfachste Sonderfall entspricht jedoch der Annahme, daß die Schwankungsquadrate für die drei Richtungen gleich sind und folglich *eine* Größe, die Elektronentemperatur, zur Beschreibung des Rauschens ausreicht. Dieser Weg wird hier zunächst beschritten, weil er sehr gut qualitativ die Erscheinungen beschreibt; exakte quantitative Beschreibungen erfordern statistische Berechnungen der Geschwindigkeitsverteilung z.B. nach dem sog. Monte-Carlo-Verfahren (z.B. [19]). Als Maß für das Rauschen dient dann die allgemeinere Diffusionskonstante, wobei häufig zwischen longitudinaler und transversaler Diffusionskonstante unterschieden wird.

Zunächst wird also die Elektronentemperatur T_e als Maß für v^2 behandelt, anschließend die Diffusionskonstante und schließlich wird damit die Beziehung für den Rauschstromgenerator geschrieben. Abschließend wird für den einfachen Fall, in welchem die Elektronentemperatur als Maß für $\overline{v^2}$ dient, die Verknüpfung zwischen T_e und D angegeben.

Im thermischen Gleichgewicht, also bei angelegter Spannung Null, steht das Elektronengas mit dem Kristallgitter im Gleichgewicht, d.h. die mittlere kinetische Energie eines Elektrons ist $3kT/2$. Dabei wird bei einzelnen Stößen zwischen Elektronen und Gitter (genauer: dessen Störungen) Energie von den Elektronen an das Gitter abgegeben und umgekehrt; im Mittel ist dieser Energieaustausch Null.

Wirkt auf einen Halbleiterkristall eine elektrische Feldstärke ein, so werden die Ladungsträger beschleunigt, bis sie bei einem Stoß gestreut werden. Nimmt man isotrope Streuungen an (z.B. [12]), so ist die mittlere Geschwindigkeit (linearer Mittelwert) nach dieser Streuung Null; die Geschwindigkeit (der *Impuls*) des Elektrons relaxiert mit der sog. Impulsrelaxationszeit τ, die hier gleich der freien Flugzeit ist. Diese Zeit τ steht auch im Ausdruck für die Beweglichkeit:

$$\mu = \frac{e}{m^*}\tau . \qquad (3/16)$$

Die Elektronen verlieren im Mittel bei jedem Stoß nur einen Bruchteil ihrer *Energie* an das Gitter. Die Zeitkonstante τ_ε, die für die Energierelaxation der Elektronen an das Gitter maßgebend ist, ist also wesentlich länger als die Impulsrelaxationszeit τ. Typische Werte sind [15]: $\tau \approx 10^{-13}$ s, $\tau_\varepsilon \approx 10^{-11}$ s.

Es heißt dies: Das elektrische Feld führt den Elektronen Energie zu, die zu einer gerichteten Bewegung führt. Sehr rasch wird diese gerichtete Bewegung in eine statistisch verteilte übergeführt (Impulsrelaxation); sehr viel langsamer wird diese der ungerichteten Bewegung zugeordnete Energie an das Gitter abgeführt.

Als Maß für die der ungerichteten Bewegung entsprechenden mittleren Energie $\bar{\varepsilon}$ kann man in Analogie zum thermischen Gleichgewicht eine Temperatur, die Elektronentemperatur T_e benutzen:

$$\bar{\varepsilon} = \frac{m^*\overline{v^2}}{2} = \frac{3}{2}kT_e , \qquad (3/17)$$

$$\overline{v^2} = \overline{v_x^2} + \overline{v_y^2} + \overline{v_z^2} = 3\overline{v_x^2} .$$

Bei einer stationären Energiezufuhr wird diese Elektronentemperatur dann merklich höher als die Gittertemperatur sein, wenn die in der Relaxationszeit τ_ε zugeführte Energie groß gegen die thermische Energie $3kT/2$ (mit der Gittertemperatur T) ist. Voraussetzung für die Verwendung einer Temperatur als Maß für die Elektronenenergie ist dabei die recht gut erfüllte Bedingung, daß die Impulsrelaxationszeit kurz gegen die Energierelaxationszeit ist (daß also die Elektronen sehr rasch „thermalisieren"), und die weniger gut erfüllte

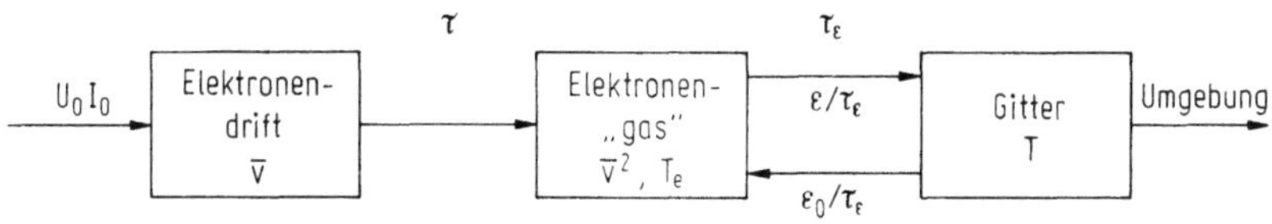

Abb. 25. Leistungsflußschema zur Beschreibung der „Aufheizung" des „Elektronengases"

Bedingung, daß die Geschwindigkeitsverteilung (abgesehen von der Driftgeschwindigkeit) isotrop ist.

Abbildung 25 zeigt schematisch den entsprechenden Leistungsfluß mit den Übergangszeitkonstanten τ bzw. τ_ε. Im thermischen Gleichgewicht überwiegt der Energieaustausch zwischen Gitter und „Elektronengas". Bei hoher Leistungszufuhr U_0I_0 führt die nur endlich starke Verkoppelung zwischen Gitter und Elektronengas (der endliche „Wärmewiderstand") zu $T_e > T$.

Die Elektronentemperatur kann als Funktion der zugeführten Energie bzw. der elektrischen Feldstärke ausgedrückt werden. Mit $\varepsilon_0 = 3kT_0/2$ sei die im thermischen Gleichgewicht je Elektron im Mittel gespeicherte kinetische Energie (zugeordnet der ungerichteten Bewegung) bezeichnet. Innerhalb der Energierelaxationszeit wird diese Energie im Mittel je Elektron an das Gitter abgegeben und vom Gitter aufgenommen; der Nettoleistungsfluß $\varepsilon_0/\tau_\varepsilon - \varepsilon_0/\tau_\varepsilon$ ist Null. Bezeichnet man mit $\varepsilon = 3kT_e/2$ die der ungerichteten Elektronenbewegung zugeordnete kinetische Energie bei Abweichung vom thermischen Gleichgewicht, so ist der Nettoleistungsfluß vom Elektronengas zum Gitter im Mittel je Elektron gegeben durch $P_{ab} = (\varepsilon - \varepsilon_0)/\tau_\varepsilon$. Im stationären Zustand muß die dem Elektronengas zugeführte Leistung gleich der abgeführten sein, und man erhält (z.B. [14])

$$e\bar{v}E = (\varepsilon - \varepsilon_0)/\tau_\varepsilon = \frac{3}{2}k\frac{T_e - T_0}{\tau_\varepsilon}, \quad T_e = \frac{2}{3k}eE\bar{v}\tau_\varepsilon + T_0 . \qquad (3/18)$$

Setzt man in Gl. (3.18) den Ausdruck (3/16) für die Driftgeschwindigkeit (Beweglichkeit) ein, so folgt

$$T_e = \frac{2e^2}{3k}\frac{\tau\tau_\varepsilon}{m^*}E^2 + T_0 . \qquad (3/19)$$

Man erkennt aus Gl. (3/18), daß $T_e \approx T_0$ gilt, solange die innerhalb der Energierelaxationszeit den Elektronen zugeführte Energie klein ist gegen deren thermische Energie. Die Berechnung von T_e läuft also auf eine Bestimmung von τ_ε hinaus. Dies kann meßtechnisch erfolgen (Messung der Beweglichkeit bei zwei Frequenzen, von welchen eine groß gegen $1/\tau_\varepsilon$ ist [14, 15]), oder durch Berechnung der Wechselwirkung der Elektronen mit dem Gitter (Elektron-Phonon-Wechselwirkung, z.B. [20]). Diese Berechnungen zeigen, daß für bestimmte Relaxationsmechanismen bei genügend hohen Feldstärken das Produkt $\tau\tau_\varepsilon$ feldstärkeunabhängig wird [19, S. 241]. Man erkennt damit aus Gl. (3/19), daß die Elektronentemperatur etwa proportional dem Quadrat der angelegten Feldstärke zunimmt.

Elektronentemperaturen für einige Halbleiter sind in Abbildung 26 angegeben. Sie zeigt, daß bei genügend hoher Feldstärke die Elektronentemperatur T_e unabhängig von der Gittertemperatur T_0 ist (GaAs und InP). Dies ist verständlich, da bei hohen Feldstärken die Energieabgabe des Gitters an die Elektronen vernachlässigbar im Vergleich zur Energieabgabe der Elektronen an das Gitter ist. Der Vergleich zwischen Ge und Si einerseits und GaAs, InP und InSb andererseits weist auf die unterschiedlichen Energierelaxations-Mechanismen für Halbleiter mit unterschiedlicher Bandstruktur hin; im ersten Fall wird $T_e \sim E$, im zweiten $T_e \sim E^2$.

Das Ansteigen des Rauschens mit angelegter Spannung (bzw. durch die Probe fließendem Strom) ist auch für das Generations-Rekombinations-Rauschen charakteristisch. In Abschnitt 5.4 werden Kriterien zur Unterscheidung dieser beiden Effekte diskutiert.

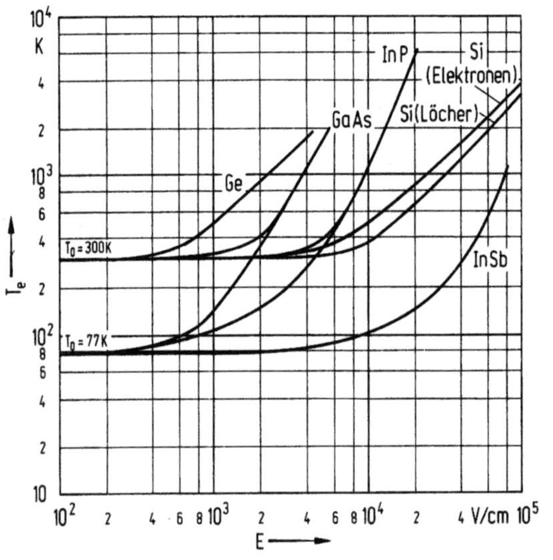

Abb. 26. Elektronentemperatur als Funktion der elektrischen Feldstärke für Si [21, 22]; Ge [23]; GaAs [24]; InP [24] und InSb [25]

Die Benutzung der Diffusionskonstanten als Maß für die Geschwindigkeitsschwankung (Diffusionsrauschen) geht von folgender Überlegung aus: Erzeugt man in einem homogen dotierten Halbleiter an einer Stelle z.B. durch Lichteinstrahlung einen Überschuß an Ladungsträgern, so diffundieren diese weg; aus einer ursprünglich scharfen Ladungsträgerkonzentration (δ-Funktion) wird eine breite Ladungsträgerverteilung (z.B. [12]). Ursache dafür ist nicht eine mittlere Geschwindigkeit $\bar{v}$ der Ladungsträger (diese ist hier Null; der Schwerpunkt bleibt erhalten), sondern das Schwankungsquadrat $\overline{v^2}$.

Ist zusätzlich ein Gleichfeld vorhanden, so ist der Diffusion eine Drift des ganzen Vorganges überlagert (Haynes-Shockley-Experiment). Auch hier bei überlagerter Driftbewegung verursacht das Schwankungsquadrat $\overline{v^2}$ ein „Zerfließen" der Ladungsträgeranhäufung. Die Form der Überschuß-Ladungsträgerverteilung ist dabei gegeben durch [12, S. 124]

$$n' \sim \exp\left[-\frac{(x-\bar{x})^2}{4D_x t}\right]. \tag{3.20}$$

Darin ist n' die Überschußträgerdichte, x die Ortskoordinate, $\bar{x}=\bar{v}t$ Ortskoordinate des Ladungsschwerpunktes zum Zeitpunkt t und D die Diffusionskonstante. Die Gl. (3/20) entspricht einer Gauß-Verteilung mit einem Schwankungsquadrat $\sigma^2=2Dt$ (z.B. [4, S. 325]), d.h. die Ladungsträger diffundieren im Mittel innerhalb der Zeit t eine Strecke $\sqrt{2D_x t}$:

$$\overline{(x-\bar{x})^2}=2D_x t. \tag{3/21}$$

Wie groß ist diese Strecke, ausgedrückt durch die Geschwindigkeitsschwankung der Ladungsträger? Bezogen auf ein sich mit der mittleren Driftgeschwindigkeit $\bar{v}$ bewegendes Koordinatensystem X' sei die Geschwindigkeit der Ladungsträger (in x-Richtung) $v_{x'}$. Mit der Annahme isotroper Streuung nach einer konstanten freien Flugzeit τ_c (Abschnitt 3.2), ergibt sich folgendes: In der Zeit τ_c wird die Strecke $v_{x'}\tau_c$ zurückgelegt. In der Zeit t liegen t/τ_c Abschnitte von Bewegungen, die gemäß der Annahme isotroper Streuung voneinander statistisch unabhängig sind. Das gesamte Schwankungsquadrat der Strecke ergibt sich daher durch Summation der einzelnen Schwankungsquadrate über die t/τ_c Abschnitte. Mit obiger Annahme sind diese Schwankungsquadrate konstant gleich $\overline{v_{x'}^2}\,\tau_c^2$, und man erhält

$$\overline{(x-\bar{x})^2}=\frac{t}{\tau_c}\left(\overline{v_{x'}^2}\tau_c^2\right).$$

Eingesetzt in Gl. (3/21) liefert dies die gesuchte Verknüpfung zwischen $\overline{v_{x'}^2}$ und D:

$$D_x=\overline{v_{x'}^2}\,\frac{\tau_c}{2}. \tag{3/22}$$

Die Gl. (3/22) zeigt, daß die Diffusionskonstante „richtungsabhängig" ist; sie verknüpft als Tensor gemäß ihrer Definition (die ja zu Gl. (3/20) geführt hat) die beiden Vektoren Stromdichte und Ladungsträgerdichte-Gradient.

Die Annahme konstanter Stoßzeit τ_c ist in der Praxis nicht erfüllt. Es ist dann in Gl. (3/22) $\tau_c/2$ durch τ (die mittlere Stoßzeit, Impulsrelaxationszeit) zu ersetzen (Abschnitt 3.2). Die Annahme isotroper Streuung ist in der Praxis je nach Streuprozeß mehr oder weniger gut erfüllt. Bei nichtisotroper Streuung ist unter τ nicht die mittlere freie Flugzeit, sondern die Impulsrelaxationszeit zu verstehen; außerdem führt dies wegen überwiegender Kleinwinkelstreuung zu einer longitudinalen Diffusionskonstante D_x, die größer ist als die transversalen D_y und D_z.

Gleichung (3/22) verknüpft die Geschwindigkeitsschwankung mit der Diffusionskonstanten. Die Geschwindigkeitsschwankungen sind andererseits die Ursache von Influenzstromschwankungen. Dies führte mit den in Abschnitt 3.2 angegebenen Annahmen zu Gl. (3/8). Die Gl. (3/22) eingesetzt in

Gl. (3/8) liefert die gesuchte Verknüpfung zwischen Stromschwankung und Diffusionskonstante. Mit der Verknüpfung zwischen Leistungsspektrum und Schwankungsquadrat $W_i = 2\overline{i^2}\tau_c$, Gl. (3/10), erhält man (bei gleichzeitiger Annahme isotroper Verhältnisse) das Leistungsspektrum für den Rauschstrom:

$$W_i = 4e^2 \frac{An}{L} D. \tag{3/23}$$

Diese Gleichung gilt wegen der Annahme eines in x-Richtung homogenen Halbleiters nur für homogene Teilstücke. Falls ein inhomogenes Halbleiterelement beschrieben werden soll, ist dieses in geeigneter Form in homogene Teilstücke zu unterteilen (Abschnitt 10.8, Gunn-Diode).

Die angegebene Verknüpfung zwischen der das makroskopische Verhalten beschreibenden Diffusionskonstanten und der Geschwindigkeit einzelner Ladungsträger folgt im Prinzip der Ableitung in [26]. Dort ist für D eine Beziehung (Gl. (3/22a)) angegeben, die es ermöglicht, den Wert für $\overline{(x-\bar{x})^2}$ nach dem sog. Monte-Carlo-Verfahren [27] zu berechnen. Dabei werden unter Verwendung von Zufallszahlen die Bewegungen der einzelnen Elektronen simuliert. Dies ermöglicht die Berücksichtigung verschiedenster Effekte wie z.B. auch die für GaAs und InP wesentliche Streuung von Elektronen in weitere Leitungsbandminima [24]:

$$D = \lim_{T\to\infty} \frac{1}{2T} \left\{ \int_0^T [v_x(t) - \bar{v}_x] \mathrm{d}t \right\}^2. \tag{3/22a}$$

In Analogie zu Gl. (3/8) und (3/10) ist in [26] eine Verknüpfung zwischen Leistungsspektrum des Influenzstromes und Geschwindigkeit der einzelnen Ladungsträger angegeben (hier Gl. (3/23a), in [26] Gl. (88)), in die Gl. (3/22a) eingesetzt werden kann, um ebenfalls Gl. (3/23) zu ergeben:

$$W_i = e^2 \frac{An}{L} \lim_{T\to\infty} \frac{2}{T} \left\{ \int_0^T [v_x(t) - \bar{v}_x] \mathrm{d}t \right\}^2. \tag{3/23a}$$

Wenn $\overline{v_{x'}^2} = \overline{v_y^2} = \overline{v_z^2} = \overline{v^2}/3$ gilt, kann man den Geschwindigkeitsschwankungen eine Elektronentemperatur zuordnen, und es folgt mit $\overline{mv_{x'}^2}/2 = kT_e/2$ und Gl. (3/22) die Einstein-Beziehung (z.B. [9, S. 66])

$$D = \frac{kT_e}{m^*} \frac{\tau_c}{2} = \frac{kT_e}{e} \mu. \tag{3/24}$$

Darin ist $\mu = (e/m^*)(\tau_x/2)$ die der entsprechenden Feldstärke zugeordnete Driftbeweglichkeit (gemäß der Annahme konstanter Stoßzeit τ_c). (Für statistisch verteilte Stoßzeiten ist $\tau_c/2$ im Ausdruck für μ und in Gl. (3/10) durch τ zu ersetzen; Gl. (3/24) ändert sich dadurch nicht; vgl. auch Bemerkung nach Gl. (3/11).)

Die Einstein-Beziehung (Gl. (3/24) eingesetzt in Gl. (3/23)) ergibt

$$W_i = 4kT_eG \tag{3/25}$$

mit

$$G = \frac{Aen}{L} \mu . \tag{3/26}$$

Als Alternative zu den Gln. (3/24) bis (3/26) gibt es Beziehungen unter Verwendung der differentiellen Beweglichkeit $\mu' = |\mathrm{d}v/\mathrm{d}E|$. Definiert man eine Elektronentemperatur T'_e gemäß Gl. (3/27), so erhält man Gl. (3/28), in welcher der differentielle Leitwert benutzt werden muß:

$$D = \frac{kT'_\mathrm{e}}{e} |\mu'|, \tag{3.27}$$

$$W_\mathrm{i} = 4kT'_\mathrm{e} G', \tag{3/28}$$

$$G' = \frac{Aen}{L} |\mu'| . \tag{3/29}$$

Für die Beschreibung des Rauschens in Gunn-Dioden (Abschnitt 10.8) ist diese Schreibweise üblich, wobei zusätzlich noch (wie erwähnt) die Beziehungen jeweils nur auf Teilstücke mit homogenen Eigenschaften angewendet werden dürfen [28, S. 184 ff.] (s. auch Impedanzfeldmethode, Abschnitt 7.4).

4 Schrotrauschen

4.1 Phänomenologische Beschreibung

Am übersichtlichsten sind die Verhältnisse in einer Hochvakuumdiode, weshalb zunächst das Schrotrauschen in dieser beschrieben wird. Abbildung 27 zeigt schematisch eine Hochvakuumdiode, für die wir annehmen, daß die angelegte Spannung U_B so hoch sei, daß alle aus der Glühkathode K austretenden Elektronen „sofort" zur Anode A hin abgesaugt werden; man befinde sich im Sättigungsstrombereich. Ein einzelnes Elektron ruft in der (äußeren) Stromzuführung einen Influenzstrom (z.B. [11, Abschnitt 7.2]) hervor, der wegen der linear mit der Zeit zunehmenden Geschwindigkeit dem in Abb. 28 rechts gezeigten Verlauf entspricht; der Stromimpuls hat die Dauer τ_t (Laufzeit von K nach A) und eine Fläche $\int i dt = e$, wobei e die Elementarladung ist.

Fließt ein „kontinuierlicher" Strom in der Diode, so erhält man den Zeitverlauf des Gesamtstromes durch Addition der einzelnen Influenzstromimpulse. Wegen der endlichen Elementarladung weist dieser außer dem Gleichstrom auch noch eine Wechselkomponente auf. Wegen der statistisch verteilten Austrittszeit der Elektronen aus der Kathode ist diese Wechselkomponente Rauschen, das man aufgrund der Ähnlichkeit mit dem Auftreffen von Schrotkörnern auf eine Platte Schrotrauschen nennt.

Für Frequenzen, die klein gegen $1/\tau_t$ sind (z.B. 10^9 Hz), mißt man bei einem Gleichstrom I_0 einen Effektivwert des Rauschstromes gemäß

$$\sqrt{\overline{i^2}} = i_{\text{eff}} = \sqrt{2eI_0\Delta f}\,. \tag{4/1}$$

Hochvakuumdioden im Sättigungsbereich werden wegen ihrer einfachen Eichung auch als Rauschnormale benutzt (Abschnitt 9.3).

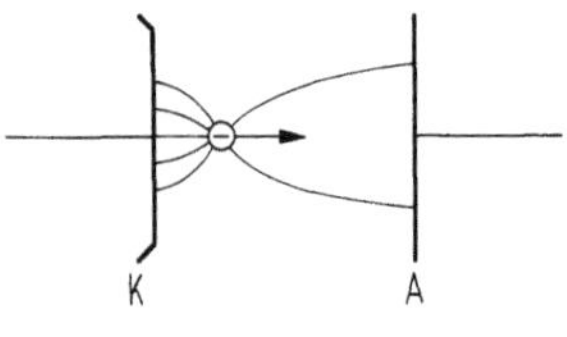

Abb. 27. Hochvakuumdiode schematisch

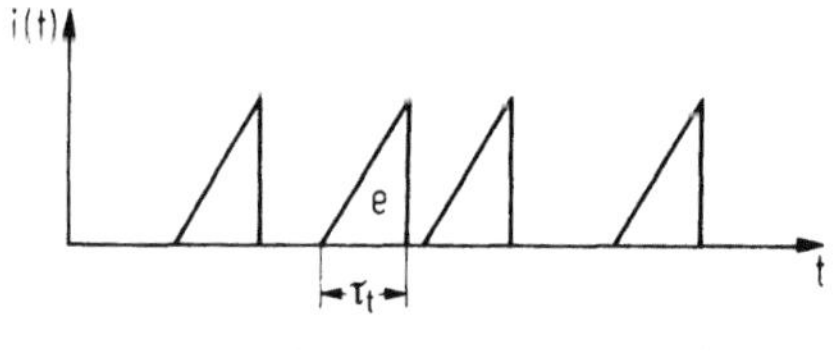

Abb. 28. Influenzstromimpulse einer gesättigten Hochvakuumdiode

Für Halbleiterdioden im Sperrbetrieb sind die Verhältnisse ebenso einfach, wenn Ladungsträgergeneration in der Raumladungszone vernachlässigt werden kann. Abbildung 29 zeigt eine p^+n-Diode, in der Ladungsträger überwiegend in der n-Zone erzeugt werden. Der Influenzstrom bei Übertritt eines Ladungsträgers durch die Raumladungszone ist, wie in Abb. 30 gezeichnet, etwa rechteckförmig, da die Ladungsträger mit konstanter Sättigungsgeschwindigkeit die Raumladungszone durchlaufen. Auch hier erhält man einen Effektivwert des Rauschstromes nach Gl. (4/1).

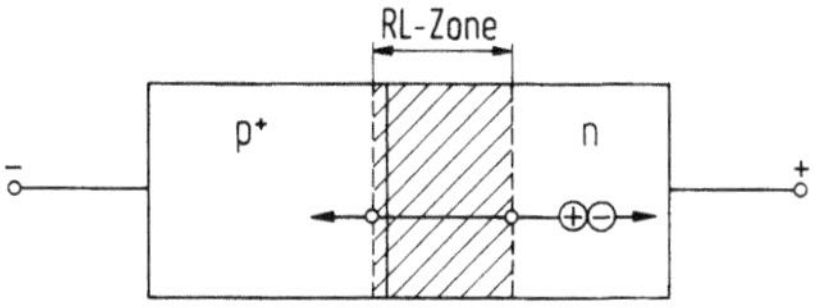

Abb. 29. p^+n-Diode in Sperrpolung

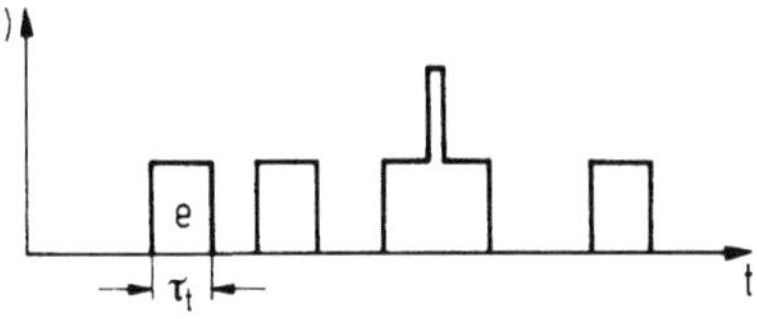

Abb. 30. Influenzstromimpulse der p^+n-Diode bei Sperrpolung

Für andere Betriebszustände der Halbleiterdiode existieren auch noch andere Stromkomponenten (Elektronen-, Löcher-, Drift- und Diffusionsstrom). Für jede Komponente gilt Gl. (4/1). In Kapitel 10 wird darauf ausführlich eingegangen.

Werden Ladungsträger in der Raumladungszone erzeugt, so entstehen Stromimpulse, deren Fläche (Ladung) kleiner als e sein kann; darauf wird in Abschnitt 10.2 eingegangen.

Wie die folgende Rechnung zeigen wird, erhält man Rauschen nach Gl. (4/1), wenn voneinander statistisch unabhängige Stromimpulse der Ladung (Fläche) e auftreten. Diese statistische Unabhängigkeit der Stromimpulse ist allgemein gegeben in Halbleiterdioden, nicht jedoch in Hochvakuumdioden, falls die Ladungsträger nicht „sofort" abgesaugt werden. Dann wird (im Raumladungsstromgebiet) der Ladungsträgeraustritt aus der „virtuellen Kathode" durch die Raumladung der bereits ausgetretenen Elektronen beeinflußt. Dies führt zu einer Gegenkopplung (durch die Raumladung wird das Potential des Potentialminimums geändert) und damit zu einer Schwächung des Schrotrauschens (mit Werten bis zu 1/100, z.B. [4, S. 111]).

4.2 Leistungsspektrum des Schrotrauschens

Zur Berechnung des Leistungsspektrums des Schrotrauschens kann zunächst die Autokorrelationsfunktion $\varrho(\tau)$ des Einzelvorganges (Rechteckimpuls) berechnet, daraus durch Summation die Autokorrelationsfunktion des Gesamtvorganges bestimmt und schließlich mit Hilfe der Wiener-Khintchineschen Beziehungen das Spektrum ermittelt werden. Dies ist bereits in Kapitel 2 als Beispiel berechnet worden. Gleichung (2/7) gibt das Leistungsspektrum für Rechteckimpulse wieder (Abb. 31).

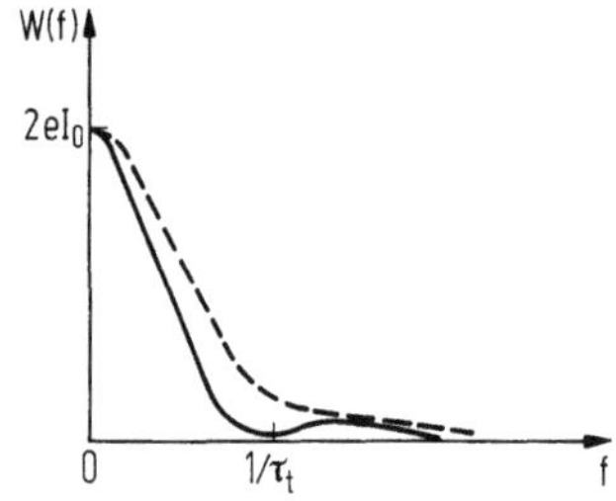

Abb. 31. Leistungsspektren des Schrotrauschens. Voll ausgezogene Kurve für Rechteckimpulse (Abb. 30); gestrichelte Kurve für Dreieckimpulse (Abb. 28)

Die Form des Einzelimpulses entspricht dem zeitlichen Verlauf des Influenzstromes, der für eindimensionale Verhältnisse und einen Elektrodenabstand L folgenden Wert hat (z.B. [11, Abschnitt 7.2])

$$i=e\frac{\bar{v}}{L}\,. \tag{4/2}$$

Darin ist $\bar{v}$ die Driftgeschwindigkeit der Elektronen. Für den Strom durch Raumladungszonen ist L gleich der Weite der Raumladungszone und $\bar{v}$ wegen des hohen Feldes meist konstant gleich der Sättigungsgeschwindigkeit. Der Influenzstromimpuls hat also die Form eines Rechtecks. In Hochvakuumdioden (im Sättigungsbereich) nimmt wegen der konstanten Beschleunigung im elektrischen Feld die Geschwindigkeit proportional der Zeit zu, und man erhält Dreiecksimpulse (Abb. 28). Bei der Berechnung des Leistungsspektrums für diese Impulse (Abb. 28) benutzt man günstiger die Gln. (2/11) und (2/12), wonach zuerst das Spektrum des Einzelvorganges berechnet und anschließend die Spektren addiert werden. Abbildung 31 zeigt gestrichelt das derart bestimmte Spektrum (z.B. [4, S. 84]) und im Vergleich dazu das Frequenzspektrum für Rechteckimpulse, welches Gl. (2/7) entspricht.

Für $f \ll 1/\tau_t$ ergibt die Fourier-Transformation gemäß Gl. (2/11) unabhängig von der Form des Einzelimpulses

$$F(f)=\int_0^{\tau_t} g(t)\,\mathrm{d}t=e\,,$$

und man erhält für das „Niederfrequenz"-Leistungsspektrum einer statistischen Folge *beliebig* geformter Impulse der Ladung e

$$W_0(f)=2eI_0\,. \tag{4/3}$$

Die Form des Impulses wirkt sich nur auf die Form des HF-Abfalles des Leistungsspektrums aus.

Das Schwankungsquadrat bzw. das Leistungsspektrum ist proportional dem Gleichstrom I_0 (und nicht dessen Quadrat). Dies ist eine Folge der statistischen Unabhängigkeit von Einzelimpulsen konstanter Ladung. Es bedeutet auch, daß ein Gleichstrom beliebig aufgeteilt werden darf, da dann die den einzelnen Anteilen entsprechenden Schwankungsquadrate addiert werden, um das Gesamtschwankungsquadrat zu ergeben. Wir kommen darauf bei der Berechnung des Diodenrauschens zurück (Kapitel 10).

4.3 „Schrotrauschen" stromdurchflossener Widerstände

Wie eben beschrieben, tritt Schrotrauschen auf im Influenzstrom, wenn Ladungsträger die Raumladungszone durchlaufen. Andererseits wurde in Abschnitt 3.1 das Rauschen thermischer Widerstände behandelt als Influenzstrom, verursacht durch die statistische Ladungsträgerbewegung im Inneren des Widerstandes. Es liegt die Vermutung nahe, daß auch ein normaler Widerstand bei Anlegen einer Gleichspannung „Schrotrauschen" zeigt, da durch die gerichtete Ladungsträgerbewegung als Folge des angelegten Feldes im äußeren Stromkreis Influenzstromimpulse entstehen, die wegen ihres statistischen Charakters Rauschen darstellen. Dies ist in der Tat so und soll im folgenden kurz und in Abschnitt 5.4 ausführlicher behandelt werden.

Damit Schrotrauschen auftritt, müssen unabhängige Stromimpulse konstanter Ladung auftreten. Werden Ladungsträger an einer Elektrode injiziert und wandern zur zweiten, um dort zu rekombinieren, so entsteht Schrotrauschen nach Gl. (2/7). Dieser im Halbleiter nur schwierig zu realisierende Fall (ambipolarer Driftvorgang) wurde von Hill und van Vliet [29] beschrieben und experimentell beobachtet.

Im allgemeinen werden jedoch Ladungsträger irgendwo im Halbleiter erzeugt, driften unter dem Einfluß des elektrischen Feldes und rekombinieren nach ihrer Lebensdauer τ_m (Majoritätsträgerlebensdauer), bevor sie die zweite Elektrode erreichen. Der Influenzstrom $e\bar{v}/L$ fließt nur während der Dauer τ_m. Die während dieser Zeit durch den Influenzstrom transportierte Ladung $e\bar{v}\tau_m/L$ ist normalerweise sehr klein im Vergleich zur Elementarladung e und daher ist dieser Rauschanteil meist sehr klein. Außerdem ist die transportierte Ladung je Einzelimpuls proportional $\bar{v}$ und damit der angelegten Gleichspannung bzw. dem Gleichstrom I_0. Die Stromimpulse haben also eine Ladung q proportional I_0; dies ergibt Rauschen proportional $2qI_0$, also proportional I_0^2. Das Auftreten der Einzelimpulse ist allgemein im Halbleiter nicht voneinander unabhängig, sondern durch die Statistik der Erzeugung der Ladungsträger bestimmt. Deshalb wird dieser Rauschvorgang, der häufig auch Stromrauschen genannt wird (z.B. [4, S. 133 ff.] oder [30, S. 77 ff.]), ausführlicher im folgenden Kapitel behandelt.

5 Generations-Rekombinations-Rauschen

Das thermische Rauschen tritt in allen Wirkwiderständen auf. Es ist im thermischen Gleichgewicht vorhanden und wird auch in aktiven Bauelementen als unverändert existierend angenommen. Das Schrotrauschen kennzeichnet das Rauschen von Stromimpulsen. Es kann, wie im Kapitel 10 noch gezeigt wird, formal die gesamte Ladungsträgerbewegung in einem begrenzten Volumen beschreiben und damit das „thermische" Rauschen beinhalten. Darüber hinaus gibt es halbleiterspezifische Rauschmechanismen, die auf statistischen Schwankungen der Ladung beruhen. Beispielsweise ergeben statistische Schwankungen der Majoritätsträgerdichte eine Schwankung des Widerstandes, die bei einer angelegten Gleichspannung zu Schwankungen des Stromes führt. Dieser in Abschnitt 5.4 beschriebene „Modulationseffekt" ist das erwähnte Stromrauschen.

Eine Schwankung der Ladung kann auch „unmittelbare" Ursache von Rauscheffekten sein wie beispielsweise in Feldeffekttransistoren, die als ladungsgesteuerte Bauelemente auf statistische Ladungsschwankungen besonders ansprechen. Diese Ladungsschwankungen sind auch in vielen Fällen die Ursache für das in Kapitel 6 beschriebene $1/f$-Rauschen.

5.1 Statistische Schwankungen von Ladungen

Abbildung 32 zeigt zwei Zustände, zwischen welchen ein Elektron statistisch wechseln kann. Es kann sich dabei beispielsweise um Valenz- und Leitungsband eines Halbleiters handeln. Der Wechsel des Elektrons vom Valenz- zum Leitungsband entspricht dann einer Elektron-Loch-Paarbildung, der Wechsel des Elektrons vom Leitungs- ins Valenzband einer Rekombination.

Der hier angesprochene Zweiniveauvorgang gilt nicht nur für Elektron-Loch-Paar-Erzeugung und Band-Band-Rekombination, sondern auch für Prozesse, bei denen Terme im verbotenen Band beteiligt sind. Auf diese Fälle

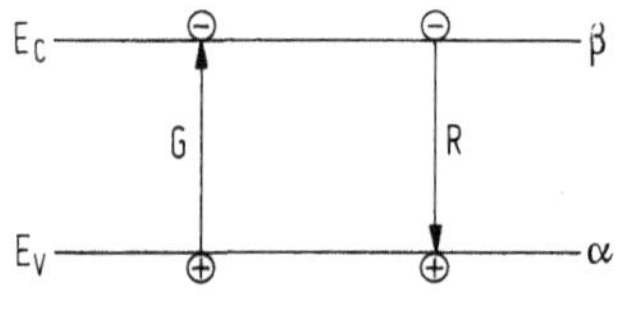

Abb. 32. Band-Band-Generations-Rekombinations-Vorgang

wird in Abschnitt 5.2 eingegangen. Im allgemeinen wird in einem Halbleiter einer der Rekombinationsmechanismen dominieren; falls nicht, können unter Umständen die verschiedenen Rekombinationsmechanismen als statistisch unabhängig angesehen werden, so daß die entsprechenden Leistungsspektren addiert werden können.

Gleichung (2/8) gibt das Leistungsspektrum des Generations-Rekombinations-Rauschens an, ausgedrückt durch die beiden Kennwerte Schwankungsquadrat $\overline{\Delta N^2}$ und Relaxationszeit τ_ϱ. Diese sind in Gl. (1/49) und (1/50) durch die Generations- bzw. Rekombinationsraten (G bzw. R) beim Gleichgewichtswert $\overline{N_\beta}$ der Trägeranzahl und deren Ableitungen nach der Anzahl der Ladungsträger (im Niveau, in welchem die Schwankung ΔN bestimmt werden soll) beim Gleichgewichtswert $\overline{N_\beta}$ gegeben:

$$\begin{aligned}
W_\mathrm{N}(f) &= \frac{4\overline{\Delta N^2}\tau_\varrho}{1+(2\pi f\tau_\varrho)^2} = W_{\mathrm{N}0}\frac{1}{1+(f/f_\mathrm{g})^2}\,,\\
W_{\mathrm{N}0} &= 4\overline{\Delta N^2}\tau_\varrho = 4G\tau_\varrho^2\,, \quad f_\mathrm{g} = \frac{1}{2\pi\tau_\varrho}\,,\\
\overline{\Delta N^2} &= R\tau_\varrho = G\tau_\varrho = \Gamma_\mathrm{N}^2\bar{N}_\beta\\
\tau_\varrho &= \frac{1}{R'-G'}\,,\\
\Gamma_\mathrm{N}^2 &= \frac{G\tau_\varrho}{\bar{N}_\beta}\,, \quad R' = \left.\frac{\partial R}{\partial N_\beta}\right|_{\bar{N}_\beta}\,, \quad G' = \left.\frac{\partial G}{\partial N_\beta}\right|_{\bar{N}_\beta}\,.
\end{aligned} \tag{5.1}$$

Betrachtet man die Relaxation der Störung einer bestimmten Größe, so ist der zeitliche Ablauf dieser Relaxation gleich wie die Autokorrelationsfunktion des Rauschens dieser Größe. Diese als Onsager Prinzip [31, 32] bekannte Verknüpfung zwischen Rauschvorgang und Relaxationsvorgang besagt im wesentlichen, daß weißes Rauschen nach einem Filter (gekennzeichnet durch den Relaxationsvorgang bzw. die Sprungantwort) ein Spektrum aufweist, welches durch das Filter bestimmt ist. Statistisch unabhängige beliebig kurze Einzelvorgänge (z.B. Sprünge vom Zustand α in den Zustand β) entsprechen dem weißen Rauschen. Die Speicherung in diesem Zustand und die Verluste durch Rekombination entsprechen dem Filter (hier RC-Filter) (Abschnitt 7.1). Die Störung einer Trägerdichte relaxiert gemäß einer Exponentialfunktion; die Lebensdauer dieser Ladungsträger ist gleich der Relaxationszeitkonstante (z.B. [33], [34, S. 1 022]).

5.2 Ladungsschwankungen in Eigenleitungs- und Störstellen-Halbleitern

Die Aufstellung der Abb. 33 zeigt jeweils links schematisch die entsprechenden Rekombinations-Generations-Mechanismen und daneben die zugehörigen

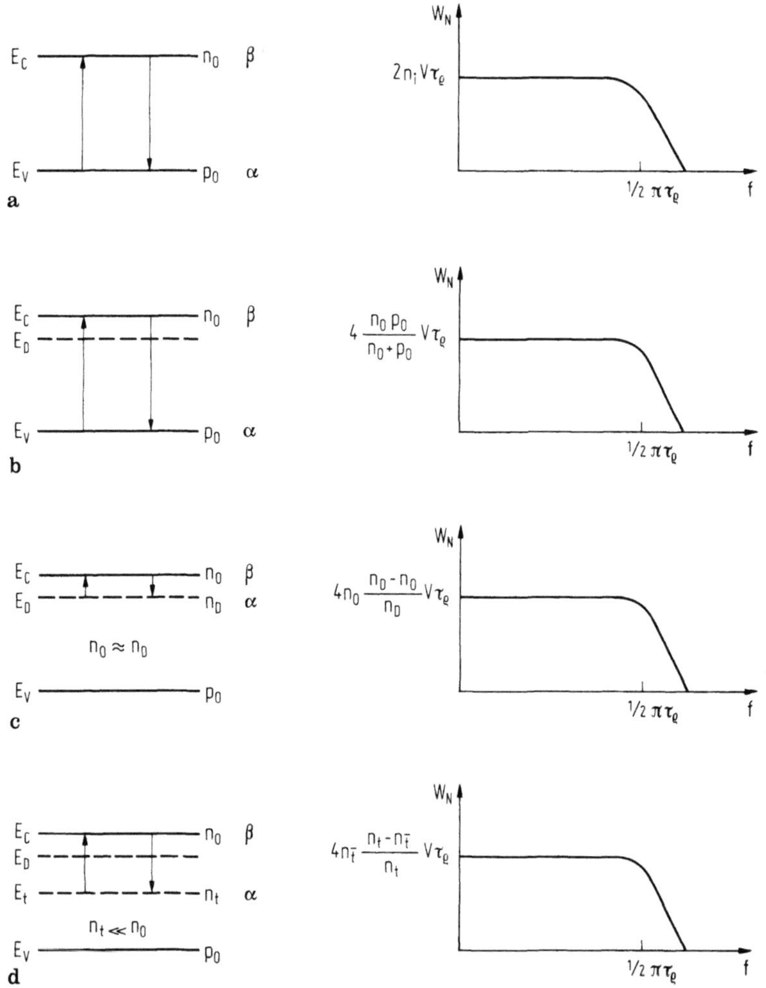

Abb. 33. Generations-Rekombinations-Vorgänge mit zugehörigen Rauschspektren. **a** Eigenleitender Halbleiter; **b** nahezu eigenleitender Halbleiter; **c** Störstellenhalbleiter; **d** Störstellenhalbleiter mit Traps

Leistungsspektren. In den Fällen c und d gelten die Spektren jeweils für die links angegebenen Grenzfälle. Die Ausdrücke n_i, n_0, n_D kennzeichnen jeweils Teilchendichten, V ist das betrachtete Volumen. Das Leistungsspektrum beschreibt die Teilchenschwankung im Gesamtvolumen.

Dies ist aus Dimensionsgründen erforderlich, da (ebenso wie beispielsweise beim Poisson-Prozess) Teilchen*anzahl* und Schwankungs*quadrat* gleiche „Dimension" haben müssen, also dimensionslos sein müssen. Die Rekombinationsrate R ist (hier im Gegensatz zur üblichen Bezeichnung s. z.B. [12]) als Anzahl der Rekombinationsvorgänge pro Zeiteinheit *im Volumen V* definiert.

Für die Abhängigkeit der einzelnen Größen vom Volumen V gilt

$$\begin{aligned}
&\tau_\varrho \sim V^0, \\
&R \sim V, \quad R' \sim V^0, \\
&G \sim V, \quad G' \sim V^0, \\
&\overline{\Delta N^2} \sim V, \\
&W_\mathrm{N} \sim V.
\end{aligned} \tag{5.2}$$

Die vier in Abb. 33 angegebenen Fälle werden nachfolgend kurz diskutiert [34, 5]. Dabei wird angenommen, daß die Schwankungen der Ladungsträger jeweils um ihre (thermodynamischen) Gleichgewichtswerte erfolgen, so daß beispielsweise für das Produkt np der Ausdruck $n_0 p_0 = n_\mathrm{i}^2$ gesetzt werden kann.

(a) Eigenleitender Halbleiter

Die Elektronen können entweder im Valenzband (Zustand α) oder im Leitungsband (Zustand β) sein. Die Generationsrate G ist proportional der Anzahl der Valenzelektronen und proportional der Anzahl der freien Plätze im Leitungsband. Die erste Anzahl ist groß gegen n also praktisch konstant; beim nichtentarteten Halbleiter ($n \ll N_\mathrm{c}$) ist auch die zweite Anzahl praktisch konstant, so daß G konstant (unabhängig von der Anzahl der Leitungselektronen nV) angenommen werden kann. Die Rekombinationsrate R ist proportional der Anzahl der Leitungselektronen (nV) und proportional der Anzahl der freien Plätze im Valenzband (pV), die im eigenleitenden Halbleiter gleich der Anzahl der Leitungselektronen (nV) ist. Es gilt mit $G = \mathrm{const}$, $\bar{N}_\beta = \bar{n}V = n_\mathrm{i}V$

$$G' = \frac{\partial G}{\partial (nV)} = 0,$$

$$R = rnpV = \frac{r}{V}(nV)(pV) = \frac{r}{V}(nV)^2,$$

$$R' = \left.\frac{\partial R}{\partial (nV)}\right|_{n_\mathrm{i}} = 2\frac{r}{V}(n_\mathrm{i}V) = \frac{2\bar{R}}{(n_\mathrm{i}V)}.$$

Dabei ist R die (schwankende) von der Teilchenzahl (nV) abhängige Rekombinationsrate und $\bar{R} = R(\bar{n}V) = R(n_\mathrm{i}V)$ die im „Arbeitspunkt" $\bar{n}V$ existierende *mittlere* Rekombinationsrate. Die mittlere Rekombinationsrate R kann mit der (mittleren) Lebensdauer der Elektronen τ_n (hier gleich τ_p) verknüpft werden:

$$\bar{R} = \frac{n_\mathrm{i}V}{\tau_\mathrm{n}}.$$

Damit erhält man für R':

$$R' = \frac{2}{\tau_\mathrm{n}}.$$

Diese Beziehungen in die Gl. (5/1) eingesetzt ergeben

$$\tau_\varrho = \tau_n/2 ;$$

$$\overline{\Delta N^2} = \overline{(\Delta n V)^2} = \frac{n_i}{2} V , \quad \Gamma^2 = \frac{1}{2} ; \tag{5/3}$$

$$W_{N_0} = \frac{n_i}{\tau_n} V . \tag{5/4}$$

Die Schwankung der Valenzelektronen ist gleich $-(\Delta n V)$, die der Löcher ist gleich $+(\Delta n V)$. Das Schwankungsquadrat der Valenzelektronen, gleich dem Schwankungsquadrat der Löcher, ist gleich dem der (Leitungs-) Elektronen:

$$\overline{(\Delta p V)^2} = \overline{\Delta N^2} = \frac{n_i}{2} V .$$

(*b*) *Störstellen-Halbleiter mit dominierender Band-Band-Rekombination*

Bei diesem nahezu eigenleitenden Halbleiter ist die Generationsrate ebenfalls konstant und die Rekombinationsrate proportional dem Produkt np:

$$G = G_0 , \quad R = cnpV^2 . \quad (\text{beachte: } c \sim V^{-1})$$

Mit $n_D = n_D^+$ voll ionisierten Donatoren je Volumeneinheit gilt $n = n_D + p$, also $R = cn(n - n_D) V^2$. Dies ergibt

$$\overline{\Delta N^2} = \frac{n_0 p_0}{n_0 + p_0} V , \quad \Gamma_N^2 = \frac{n_0}{n_0 + p_0} \quad \text{bzw.} \quad \Gamma_N^2 = \frac{p_0}{n_0 + p_0} \tag{5/5}$$

für $\bar{N}_\alpha = p_0 V$ bzw. $\bar{N}_\beta = n_0 V$.

$$W_{N_0} = 4V \frac{n_0 p_0}{n_0 + p_0} \tau_\varrho . \tag{5/6}$$

Für $n_0 = p_0 = n_i$ gehen daraus die Gln. (5/3) und (5/4) hervor. Der Fall $n_0 \gg p_0$ (oder $p_0 \gg n_0$) entspricht nicht mehr der Annahme, daß die das Rauschen verursachenden Übergänge zwischen Leitungsband und Valenzband auftreten, da dann der Rauschprozeß nach (c) zu dominieren beginnt.

(*c*) *Störstellen-Halbleiter mit Übergängen zwischen Donator und Leitungsband (n-Typ)*

Die Dichte der Minoritätsträger (hier p_0) ist für $n_D \gg n_i$ vernachlässigbar gegen die Dichte der ionisierten Donatoren n_D^+, und zwar unabhängig davon, wie stark die prozentuale Ionisation der Donatoren ist (z.B. [12, S. 81]). Die Neutralitätsbedingung lautet also $n_D^+ = n$. Die Generationsrate ist proportional der Anzahl der noch neutralen Donatoren $(n_D - n_D^+) V = (n_D - n) V$, die Rekombination ist proportional dem Produkt aus Elektronenanzahl nV und der Anzahl der ionisierten Donatoren $n_D^+ V$, also

$$G = \gamma V (n_D - n) , \quad R = c(nV)^2 .$$

Dies ergibt für $\bar{N}_\beta = n_0 V$

$$\overline{\Delta N^2} = V \frac{n_0(n_D - n_0)}{2n_D - n_0}, \quad \Gamma_N^2 = \frac{n_D - n_0}{2n_D - n_0}, \tag{5/7}$$

$$W_{N_0} = 4V \frac{n_0(n_D - n_0)}{2n_D - n_0} \tau_\varrho. \tag{5/8}$$

Für starke Ionisation, d.h. $n_D \approx n_0$, erhält man die Näherungen

$$\overline{\Delta N^2} \approx (n_D - n_0) V, \tag{5/9}$$

$$W_{N_0} \approx 4V(n_D - n_0)\tau_\varrho. \tag{5/10}$$

Bezeichnet man die relative Ionisation der Donatoren mit $P_\beta = n_D^+/n_D = n_0/n_D$, so lautet Gl. (5/7) bzw. für $P_\beta \gg 1 - P_\beta$ die Näherungsausdrücke Gln. (5/9) und (5/10) [5]

$$\overline{\Delta N^2} = n_D V \frac{P_\beta(1-P_\beta)}{2-P_\beta} \approx n_D V(1-P_\beta), \tag{5/11}$$

$$W_{N_0} = 4Vn_D \frac{P_\beta(1-P_\beta)}{2-P_\beta} \tau_\varrho \approx 4Vn_D(1-P_\beta)\tau_\varrho. \tag{5/12}$$

Die Zeitkonstante τ_ϱ kann auch durch die Rekombinationsrate bzw. die mittlere Lebensdauer $\tau_m = 1/cn_0V$ der Elektronen im Leitungsband (Majoritätsträger-Lebensdauer) ausgedrückt werden:

$$\tau_\varrho = \tau_m \frac{1-P_\beta}{(2-P_\beta)} \approx \tau_m(1-P_\beta). \tag{5/13}$$

Vergleicht man die Schwankungsquadrate nach Fall (b) und (c), so erhält man:

$$\frac{(\overline{\Delta N^2})_c}{(\overline{\Delta N^2})_b} = \left(\frac{n_D}{n_0} - 1\right)\left(1 + \frac{n_0^2}{n_i^2}\right).$$

Dieser Ausdruck wird für $n_0 \gg n_i$ sehr groß, wenn die entsprechenden Fermiverteilungen eingesetzt werden (z.B. [12, S. 81]); d.h. Fall (b) gilt nur in der Nähe der Eigenleitung (wie bereits angegeben).

(*d*) *Störstellen-Halbleiter mit dominierender Traprekombination*

Es wird angenommen, daß das Trapniveau entweder einfach negativ geladen oder neutral sein kann und die Donatoren vollständig ionisiert sind. Die Generationsrate ist proportional der Anzahl der besetzten Traps, die Rekombinationsrate proportional dem Produkt aus Elektronenanzahl und Anzahl der leeren (neutralen) Traps. Die Trapdichte sei n_t, die Dichte der besetzten Traps sei n_t^-. Die Dichte der (vollständig ionisierten) Donatoren sei n_D. Mit der

Neutralitätsbedingung $n+n_t^- = n_D$ gilt

$$G = \gamma(n_D - n)V, \quad R = cn(n_t - n_D + n)V^2,$$

$$\overline{\Delta N^2} = \left(\frac{1}{n_0} + \frac{n_t}{n_t^-} \cdot \frac{1}{n_t - n_t^-}\right)^{-1} V. \tag{5/14}$$

Wenn die Trapdichte klein gegen die Donatordichte ist, liefert dies mit der relativen Besetzung $P_\beta = n_t^-/n_t$ der Traps für $\bar{N} = n_0 V$

$$\overline{\Delta N^2} = \frac{n_t^-(n_t - n_t^-)}{n_t} V = n_t V P_\beta (1 - P_\beta), \tag{5/15}$$

$$\Gamma_N^2 = \frac{n_t^-}{n_0} \frac{n_t - n_t^-}{n_t},$$

$$W_{N_0} = 4 n_t V P_\beta (1 - P_\beta) \tau_\varrho. \tag{5/16}$$

Vergleich zwischen „kollektiver" und „korpuskularer" Methode.

Diesen allgemein gültigen Ergebnissen der „kollektiven" Methode können die Ergebnisse der „korpuskularen" Methode gegenübergestellt werden. Dabei wird, wie in Abschnitt 1.6 gezeigt, zunächst das Rauschen des Einzelprozesses berechnet, und diese Schwankungen werden mit der Annahme statistisch unabhängiger Einzelvorgänge addiert. Diese Methode ist nicht so allgemein wie die kollektive Methode [5], liefert aber bei geeigneter Wahl der Anzahl N^* der zu addierenden Einzelvorgänge für die in der Praxis vorherrschenden Fälle (Abb. 33) die richtigen Ergebnisse.

Der Unterschied zwischen beiden Methoden liegt darin begründet, daß bei der korpuskularen Methode die Rekombinationsrate (durch Addition der Rekombinationsraten der Einzelvorgänge) proportional N^* der Anzahl der Einzelvorgänge ist, während (wie die Rekombinationsraten der Fälle (a) bis (d) zeigen) die Generations- und Rekombinationsraten allgemein die Formen der Gl. (5/17) in Abhängigkeit von der Elektronenanzahl N haben [34]:

$$G = G_0 - aN_\beta, \quad R = bN_\beta + cN_\beta^2. \tag{5/17}$$

Abbildung 34a zeigt rechts die Abhängigkeit z.B. für den Fall (d) der Abb. 33 (Störstellen-Halbleiter mit Traps). Im Arbeitspunkt $n_0 V$ können $R(N_\beta)$ und $G(N_\beta)$ durch Geraden angenähert werden. Wählt man $N^* = n_t V$ wie in Abb. 34 gezeigt, so erhält man auch mit der korpuskularen Methode (Gl. (1/47)) das richtige Ergebnis.

Man kann also bei bekannter Abhangigkeit $G(N_\beta)$ und $R(N_\beta)$, wie in Abb. 34a rechts gezeigt, das äquivalente „korpuskulare Modell" bestimmen; man kann aber natürlich auch aus $G(N_\beta)$ und $R(N_\beta)$ nach der „kollektiven Methode" das Schwankungsquadrat bestimmen (Gl. (1/49) bis (1/51)). Der Nutzen der korpuskularen Methode liegt nun darin, daß für die meisten technisch interessanten Fälle die effektive Anzahl N^* der statistisch unabhängi-

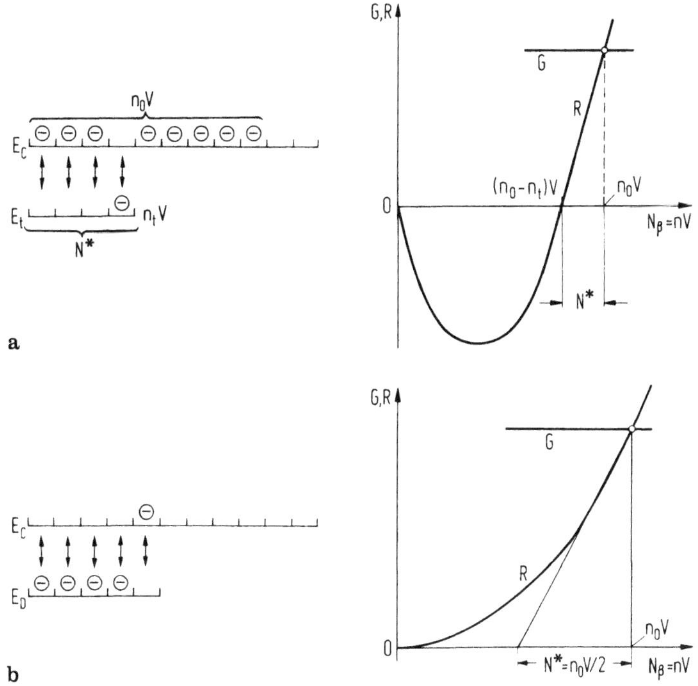

Abb. 34. Abhängigkeit der Generations- und Rekombinationsrate von der Anzahl der Ladungsträger. **a** Störstellenhalbleiter mit Traps für $n_0 \gg n_t$; **b** gekühlter Störstellenhalbleiter

gen Übergänge unmittelbar, also ohne Kenntnis von $G(N_\beta)$ und $R(N_\beta)$ angegeben werden kann.

Dies sei anhand von Abb. 34a links erklärt: Die Ladungsträger können entweder im Niveau E_t oder im Niveau E_c sein. Die Anzahl der für Übergänge infrage kommenden Teilchen N^* ist gleich $n_t V$ und nicht $n_0 V$ (oder $n_c V$ mit n_c: Zustandsdichte im Leitungsband). Dies gilt, wenn die Trapdichte n_t klein ist gegen die Elektronendichte n_0, die meist etwa gleich der Donatordichte ist. Wenn – wie hier gegeben – zusätzlich die jeweilige Zustandsdichte groß ist gegen die Dichte der besetzten Zustände (also $n_t \gg n_t^-$ und $n_c \gg n_0$), so sind die Übergänge statistisch unabhängig und es gilt Gl. (1/47). In Übereinstimmung mit Gl. (5/15) erhält man also hier

$$\overline{\Delta N^2} = n_t V P_\beta (1 - P_\beta) \tag{5/18}$$

und für $\bar{N} = n_0 V$

$$\Gamma_N^2 = \frac{n_t}{n_0} P_\beta (1 - P_\beta) .$$

Der Schwächungsfaktor Γ_N^2, um welchen das Schwankungsquadrat $\overline{\Delta N^2}$ kleiner ist als das eines Poisson-Prozesses, läßt sich damit leicht interpretieren:

Der Faktor n_t/n_0 kennzeichnet den Anteil der Teilchen, für die ein Übergang möglich ist und der Faktor $P_\beta(1-P_\beta)$ kennzeichnet die Reduzierung des Rauschens durch die relativen Besetzungen der Niveaus (s. Abschnitt 1.6).

Analoges gilt für den Fall (c) der Abb. 33 (ungekühlter Störstellen-Halbleiter). Hier können die Teilchen entweder im Niveau E_D oder E_c sein, und die Anzahl der für Übergänge infrage kommenden Teilchen ist $N^* = n_D V$, was mit Gl. (1/47) für $n_0 \approx n_D$ die Gl. (5/11) liefert.

Diese technisch interessanten Grenzfälle (Näherungsausdrücke in Abb. 33) lassen sich also beschreiben durch das Spektrum des „random telegraph signals" (Gl. (2/8) und Abb. 15), multipliziert mit der Anzahl N^* der Teilchen, welche zwischen den Niveaus (statistisch unabhängig) wechseln können. N^* ist gleich der kleineren der beiden Anzahlen verfügbarer Plätze („limiting density of states", [35]) und P_β bzw. $1-P_\beta$ ist die relative Besetzung dieses Niveaus.

Die statistische Unabhängigkeit ist gegeben, wenn die relative Besetzung dieser Zustände klein ist, so daß nicht wegen mangelnder verfügbarer Plätze eine statistische Abhängigkeit entsteht.

Ein Fall, für welchen diese letztgenannte Bedingung nicht zutrifft, ist der gekühlte Störstellen-Halbleiter (extrinsischer Fotoleiter, Abschnitt 13.10), da hier eine prozentual große Anzahl der Donatorniveaus besetzt ist. Abbildung 34b zeigt links schematisch die Besetzung der Zustände mit Elektronen. Für die Generations- bzw. Rekombinationsraten gilt $G \sim n_D - n$ und $R \sim n(n_D - n_D^-) \approx n^2$. Wie Abb. 34b rechts zeigt, ist hier $N^* = n_0 V/2$, und die starke relative Besetzung des Donatorniveaus führt wegen der dadurch erzeugten statistischen Abhängigkeit zu einem „Korrekturfaktor" der Größe 1/2. Wie der Vergleich mit der kollektiven Methode [5] zeigt, ist für quadratische Abhängigkeit der Rekombinationsrate von der Teilchenzahl dieser Faktor 1/2 der maximal mögliche Unterschied zwischen beiden Methoden.

In den Beziehungen für die Niederfrequenzspektren W_{N_0} steht jeweils die die Grenzfrequenz des Rauschens $f_g = 1/(2\pi\tau_\varrho)$ kennzeichnende Zeitkonstante τ_ϱ. Diese ist gleich der entsprechenden Relaxationszeit für die Elektronendichte nach einer Störung [34]. Dabei muß die Störung jeweils so sein, daß der Relaxationsvorgang den in Abb. 33 links eingetragenen Übergängen entspricht.

5.3 Generations-Rekombinations-Rauschen im Quasi-Gleichgewicht

Maßgebende Größen für das Generations-Rekombinations-Rauschen sind die Generations- und Rekombinationsraten oder daraus abgeleitet relative Besetzungsanteile P_β wie z.B. n_t^-/n_t.

Eine Annahme bezüglich des Zustandes des Halbleiters (thermisches Gleichgewicht oder nicht) war bisher nicht erforderlich. Nur für die Näherungsausdrücke in Abschnitt 5.2 wurden Verhältnisse gewählt, die für thermisches Gleichgewicht bzw. dessen Nähe charakteristisch sind. Will man z.B. den Besetzungsanteil P_β (oder die in Abschnitt 5.2 genannten Größen wie z.B. n_t^-) tatsächlich berechnen, so sind Annahmen bezüglich des Zustandes des Halbleiters erforderlich.

Wie bereits erwähnt, interessiert das Generations-Rekombinations-Rauschen nur für Abweichungen vom thermischen Gleichgewicht, da andernfalls das thermische Rauschen zur Beschreibung des Netzwerkes genügt. Sehr häufig ist jedoch die Abweichung vom thermischen Gleichgewicht so gering, daß die wesentlichen Parameter wie z.B. die relative Besetzung P_β durch die Gleichgewichtswerte hinreichend genau beschrieben werden. Das Generationsrauschen in neutralen Halbleiterzonen (Abschnitt 5.4) ist ein typisches Beispiel dafür. Anders ausgedrückt: Man benutzt hier ein Modell, in welchem die Ladungsträgerzahl (bestimmt durch Generations- und Rekombinationsprozesse) dem thermischen Gleichgewicht entspricht und nicht durch den Ladungsträgertransport (durch Drift oder Diffusion) geändert wird. Genau dieses Modell wird auch bei der Bestimmung der Leitfähigkeit eines homogenen Halbleiters benutzt.

Im thermischen Gleichgewicht läßt sich der Besetzungsanteil P_β mit Hilfe der Fermi-Verteilungsfunktion (z.B. [12, S. 58]) berechnen:

$$P_\beta = W(E_\beta) = \frac{1}{1+\exp\left(\dfrac{E_\beta - E_F}{kT}\right)} . \tag{5/19}$$

So gilt beispielsweise für die Nichtbesetzung eines Trapniveaus, welches entweder neutral oder positiv geladen sein kann,

$$1 - P_\beta = \frac{n_t^+}{n_t} = \frac{\exp\left(\dfrac{E_T - E_F}{kT}\right)}{1+\exp\left(\dfrac{E_T - E_F}{kT}\right)} . \tag{5/20}$$

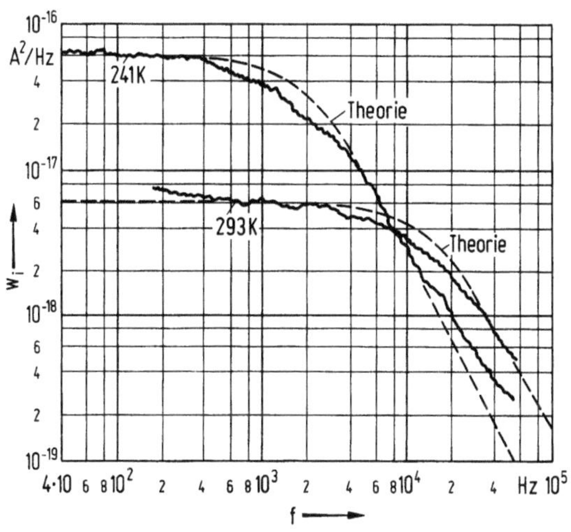

Abb. 35. Leistungsspektren einer stromdurchflossenen GaAs Halbleiterprobe für zwi verschiedene Temperaturen nach [37]. Auswertung $E_c - E_t = 0.175\,\text{eV}$, $N_t = 2{,}5 \cdot 10^{14}\,\text{cm}^{-3}$, $\tau_Q = 2{,}5 \cdot 10^{-6}\,\text{s}$ für 300 K, $\tau_Q = 8{,}4 \cdot 10^{-5}\,\text{s}$ für 245 K

Bei stärkeren Abweichungen vom Gleichgewicht können anstelle des Fermi-Niveaus die Quasi-Fermi-Niveaus benutzt werden. Das Generationsrauschen in der Raumladungszone kann häufig so behandelt werden.

Die Überlegungen dieses Abschnittes können auch zur meßtechnischen Ermittlung von Halbleiterparametern benutzt werden [36]. Ein Beispiel dafür ist in Abb. 35 zu finden [37]. Die Verhältnisse entsprechen dem in Abschnitt 5.2 angegebenen Fall (d). Hier wurde das Rauschen gemessen, um daraus Termdichte, Termniveau und Zeitkonstante einer n-Typ-GaAs-Probe zu bestimmen. Die Lage des Termniveaus wird dabei aus der Temperaturabhängigkeit der Besetzungswahrscheinlichkeiten P_β nach Gl. (5.19) bestimmt.

5.4 Rauschen stromdurchflossener Widerstände

Wie bereits angeführt, ergibt die statistische Schwankung der Dichte der Ladungsträger eine statistische Schwankung des Leitwertes und damit bei konstanter angelegter Spannung U_0 eine statistische Schwankung des Stromes. Im einzelnen gilt für beispielsweise einen n-Typ-Halbleiter: der Leitwert G ist proportional der Anzahl N der Ladungsträger im Widerstand, der Strom ist bei konstanter Spannung U_0 proportional G und damit proportional N. Mit Störansätzen ($N = N_0 + \Delta N$, $I = I_0 + \Delta I$) erhält man nach Vernachlässigung von Gliedern höherer Ordnung das allgemein für linear verknüpfte Größen geltende Ergebnis, daß die relativen Schwankungen einander gleich sind:

$$\frac{\overline{\Delta I^2}}{I_0^2} = \frac{\overline{\Delta N^2}}{N_0^2}\,. \tag{5/21}$$

Für das Leistungsspektrum des Kurzschlußrauschstromes erhält man somit

$$W_\mathrm{I}(f) = \frac{I_0^2}{N_0^2} W_\mathrm{N}(f)\,. \tag{5/22}$$

Für W_N gilt dabei der entsprechende Ausdruck von Abschnitt 5.2. Für beispielsweise einen trapfreien n-Typ-Halbleiter gilt für den weißen Anteil des Spektrums mit den Gln. (5/12) und (5/13)

$$W_{\mathrm{I}_0} = 4\frac{I_0^2}{N_0} P_\beta \frac{(1-P_\beta)^2}{(2-P_\beta)^2}\tau_\mathrm{m} \approx 4\frac{I_0^2}{N_0}(1-P_\beta)^2\tau_\mathrm{m} \tag{5/23}$$

Wenn Elektronen und Löcher am Leitungsmechanismus wesentlich beteiligt sind, gilt [5, S. 294]

$$W_\mathrm{I}(f) = \left[\frac{I_0}{n_0\mu_\mathrm{n}/\mu_\mathrm{p} + p_0}\right]^2 \left[\left(\frac{\mu_\mathrm{n}}{\mu_\mathrm{p}}\right)^2 W_\mathrm{N}(f) + W_\mathrm{P}(f) + 2\frac{\mu_\mathrm{n}}{\mu_\mathrm{p}} W_\mathrm{NP}(f)\right]. \tag{5/24}$$

Darin ist W_P das Leistungsspektrum der Löcherschwankungen und W_NP das Kreuzspektrum für Elektronen- und Löcherschwankungen.

Das hier benützte Modell beschreibt die statistische Schwankung der Ladungsträger und dessen Einfluß auf den Rauschstrom eines stromdurchflossenen Widerstandes, wobei Ladungsträgerein- und -austritt aus dem Widerstand nicht berücksichtigt werden; dies muß nicht unbedingt so sein. Abbildung 36 zeigt die Ladungsträgerbewegung als Folge der thermischen Bewegung und als Folge des angelegten Feldes (n-Typ). Der in der Lebensdauer τ_m der Majoritätsträger durch Drift zurückgelegte Weg wird Schubweg s genannt. Für ihn gilt

$$s = \bar{v}\tau_m = \mu \frac{U_0}{L} \tau_m \,. \tag{5/25}$$

Darin bedeutet U_0 die an den Widerstand der Länge L angelegte Gleichspannung und $\bar{v}$ die dadurch verursachte mittlere Ladungsträgergeschwindigkeit. Der zugehörige Influenzstrom ist in Abb. 37 gezeichnet. Er hat zwei Anteile: Erstens Stromimpulse der mittleren Dauer τ_c mit dem Mittelwert Null und zweitens einen Stromimpuls der Dauer τ_m, der dem mittleren Influenzstrom in der Lebensdauer τ_m des Ladungsträgers entspricht (Driftanteil, in Abb. 37 gestrichelt gezeichnet). Die erste Komponente entspricht dem thermischen Rauschen, für welches unverändert die Beziehungen des Kapitels 3 gelten. Die zweite Komponente entspricht dem hier behandelten Rauschen stromdurchflossener Widerstände.

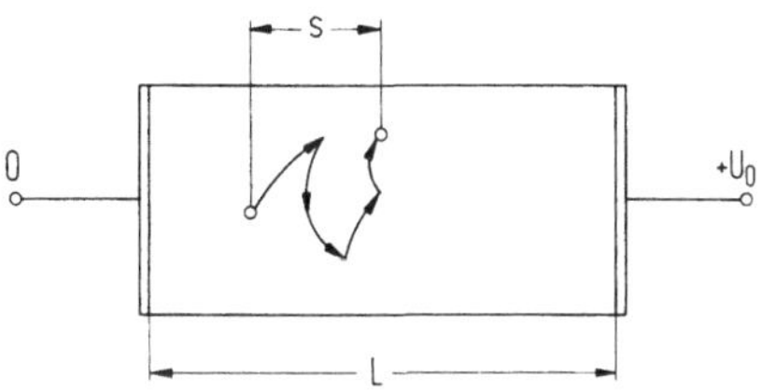

Abb. 36. Ladungsträgerbewegung in einem Halbleiter mit angelegter Spannung

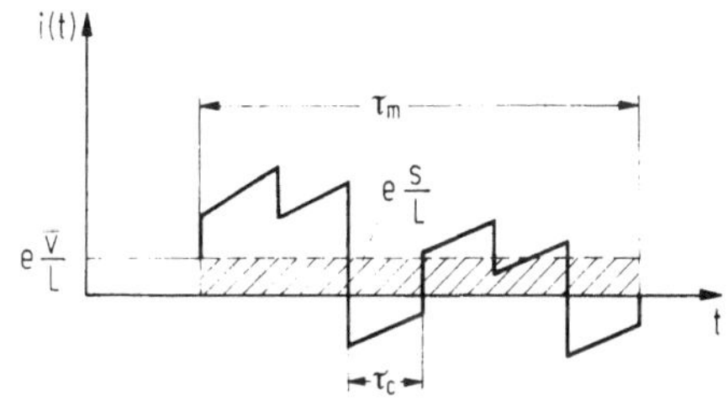

Abb. 37. Influenzstromimpulse für die Ladungsträgerbewegung von Abb. 36

Voraussetzung für die Aufteilung des Gesamtvorganges in diese beiden Rauschkomponenten ist die Annahme, daß die beiden zugehörigen Bewegungsabläufe voneinander statistisch unabhängig sind, so daß die zugeordneten Schwankungsquadrate des Influenzstromes addiert werden können.

Im allgemeinen wird der Schubweg s wesentlich kleiner als die Länge L des Widerstandes sein (Abb. 36). Der Influenzstrom $i = e\bar{v}/L$ (Abb. 37) fließt für die Dauer τ_m und transportiert somit die Ladung $q = i\tau_m$:

$$q = e\frac{\bar{v}}{L}\tau_m = e\frac{s}{L} \,. \tag{5/26}$$

Entscheidend für das Rauschen ist die Korrelation dieser Einzelimpulse. Nimmt man zunächst an, daß die Einzelimpulse verschiedener Ladungsträger statistisch unabhängig sind, so erhält man mit der Schrotstromformel für Frequenzen $f \ll 1/\tau_m$ das Rauschspektrum

$$W_{I_0} = 2qI_0 . \tag{5/27}$$

Darin bedeutet I_0 den durch U_0 verursachten Gleichstrom. Setzt man q nach Gl. (5/26) und s nach Gl. (5/25) ein, so erhält man

$$W_{I_0} = 2\left(e\frac{s}{L}\right)I_0 = 2e\mu\frac{U_0}{L^2}\tau_m I_0 .$$

Verknüpft man U_0 und I_0 über den Widerstand $R = L/Ae\mu n$ (mit A Widerstandsquerschnitt), so ergibt sich mit der Gesamtzahl $N_0 = ALn$ der freien Ladungsträger im Volumen AL (und $\Gamma^2 = 1$):

$$W_{I_0} = \frac{2\tau_m}{N_0} I_0^2 \Gamma^2 . \tag{5/28}$$

Dabei ist $N_0 = n_0 V$ die Elektronenanzahl in der Probe. In Gl. (5/28) ist ein Schwächungsfaktor Γ^2 eingeführt, der die Korrelation zwischen den Impulsen berücksichtigt. Der Vergleich mit Gl. (5/23) ergibt

$$\Gamma^2 = \frac{2(1-P_\beta)^2}{(2-P_\beta)^2} P_\beta \approx 2(1-P_\beta)^2 . \tag{5/29}$$

Diese Überlegungen unter Benutzung der Schrotstromformel zeigen, daß die Proportionalität zu I_0^2 in Gl. (5/28) eine Folge davon ist, daß die einzelnen Influenzstromimpulse Ladungen transportieren, die selbst proportional zu I_0 sind. Für $s \ll L$ ist die Ladung klein gegen die Elementarladung e, und das Rauschen ist kleiner als Schrotrauschen. Die Bedingung $s \ll L$ kann auch durch das Verhältnis von Trägerlebensdauer zur „Laufzeit" $\tau_t = L/\bar{v}$ durch die Probe ausgedrückt werden. Es gilt dabei $s/L = \tau_m/\tau_t$.

In Fotoleitern ist man bestrebt, die Ladungsträgerlebensdauer τ_m größer als die Laufzeit τ_t zwischen den Elektroden zu halten (formal $s > L$), um eine Verstärkung des Fotostromes zu erzielen. Dies wird z.B. dadurch erreicht, daß bei der paarweisen Ladungsträgererzeugung ein Partner nicht beweglich ist. Solange diese Ladung nicht neutralisiert ist, werden bewegliche Ladungsträger nachgeliefert, so daß die je Fotoprozeß im Stromkreis transportierte Ladung größer als die Elementarladung ist, was einem Gewinn aber auch höherem Rauschen im Außenkreis entspricht. Dies wird in Abschnitt 13.10 behandelt.

Abbildung 38 zeigt die Stromabhängigkeit des gesamten Rauschens eines stromdurchflossenen Widerstandes. Für $I_0 = 0$ ist das Stromschwankungsquadrat durch das thermische Rauschen bestimmt. Es interessiert der Gleichstromwert, von dem ab das Generations-Rekombinations-Rauschen größer ist als das thermische Rauschen. Bezeichnet man mit Γ^2 den „Schwächungsfaktor" des Generationsrauschens z.B. nach Gl. (5/29), so erhält man durch Gleichsetzen der Gln. (5/28) und (3/6) für die Grenze zwischen thermischem und

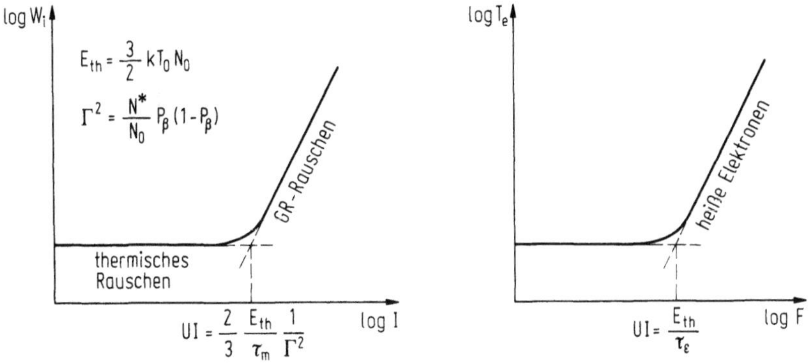

Abb. 38. Zunahme des Rauschens mit dem Probengleichstrom bzw. mit der angelegten Feldstärke. *Links:* Generations-Rekombinations-Rauschen; *rechts:* Rauschen heißer Elektronen

Generations-Rekombinationsrauschen (Abb. 38 links)

$$I_0 U_0 = \frac{1}{\Gamma^2} \frac{2}{3} \frac{E_{th}}{\tau_m} . \tag{5/30}$$

Darin bedeutet $I_0 U_0$ die in der Halbleiterprobe umgesetzte Gleichstromleistung, τ_m die Majoritätslebensdauer und E_{th} die im Elektronengas gespeicherte thermische Energie

$$E_{th} = \frac{3}{2} kTN_0 . \tag{5/31}$$

Dieses Ergebnis besagt, daß das Generations-Rekombinations-Rauschen dann gegen das thermische Rauschen zu überwiegen beginnt, wenn die in der Majoritätslebensdauer zugeführte elektrische Energie etwa gleich der (um den Schwächungsfaktor verringerten) im Elektronengas gespeicherten thermischen Energie ist.

Vergleicht man diese Zunahme des Rauschens mit dem Strom mit der Zunahme des Rauschens heißer Elektronen mit der elektrischen Feldstärke (Abb. 38 rechts), so ergibt sich im Prinzip die gleiche Erscheinung. Es gilt bei der kritischen Feldstärke mit Gl. (3/18) $UI = E_{th}/\tau_\varepsilon$ und man stellt folgendes fest: Für Frequenzen, die klein gegen die Relaxationszeit sind, ist die Zunahme des Rauschens mit steigendem Gleichstrom bzw. steigender Gleichspannung dann Generations-Rekombinations-Rauschen, wenn der Schwächungsfaktor $\Gamma^2 > \tau_\varepsilon/\tau_m$ ist. Da die Energierelaxationszeit in der Größenordnung von 10^{-11} s liegt, ist es sehr unwahrscheinlich, daß man bei tiefen Frequenzen das Rauschen heißer Elektronen beobachtet, sondern sehr viel wahrscheinlicher, daß Generations-Rekombinations-Rauschen beobachtet wird.

5.5 Generations-Rekombinations-Rauschen bei starker Abweichung vom thermischen Gleichgewicht

Die Beziehungen des Abschnittes 5.1 beschreiben die Schwankungen der Teilchenzahl in einem bestimmten Energieniveau, ausgedrückt durch die Besetzungsrate G und die Entleerungsrate R dieses Niveaus. Dabei wird nur vorausgesetzt, daß ein stationärer Zustand ($\partial/\partial t = 0$) existiert; es ist nicht erforderlich, daß thermisches Gleichgewicht herrscht [34].

Abbildung 39 zeigt einen allgemeinen Fall für Übergänge zwischen mehreren Niveaus. Bei thermischem Gleichgewicht wird wegen des Prinzips des detaillierten Gleichgewichtes (z.B. [12], S. 33) auch hier $G = R$ gelten. Bei Abweichung vom thermischen Gleichgewicht gilt $R = G$ allgemein nicht mehr,

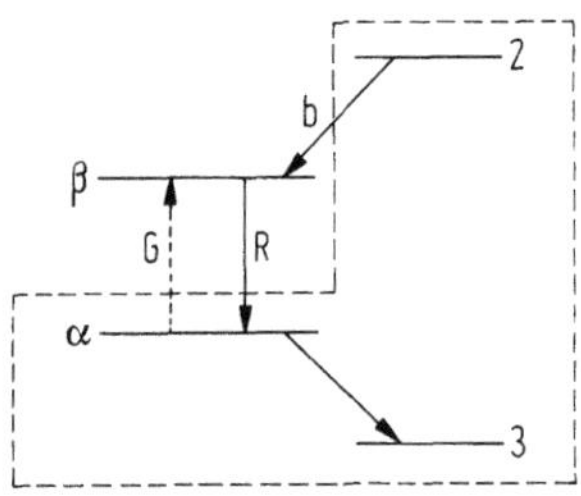

Abb. 39. Generations-Rekombinations-Vorgänge bei Abweichung vom thermischen Gleichgewicht

und man erhält beispielsweise die in Abb. 39 skizzierten Verhältnisse. Hier wird das Niveau β außer einer Besetzung aus Niveau 0 (gemäß G) auch auf dem Umweg über Niveau 2 besetzt (Besetzungsrate b). Für stationäre Verhältnisse ($\partial/\partial t = 0$) gilt damit

$$b = R - G. \qquad (5/32)$$

Das Niveau β wird also hier über zwei Vorgänge mit allgemein unterschiedlichen Raten besetzt und in diesem Beispiel durch einen Vorgang (R) entleert. Das die Besetzungsschwankungen des Niveaus β beschreibende Rauschspektrum ist dementsprechend kompliziert. Von Übergangsbereichen abgesehen,

Abb. 40. Rekombinationsvorgang in der Raumladungszone einer *pn*-Diode

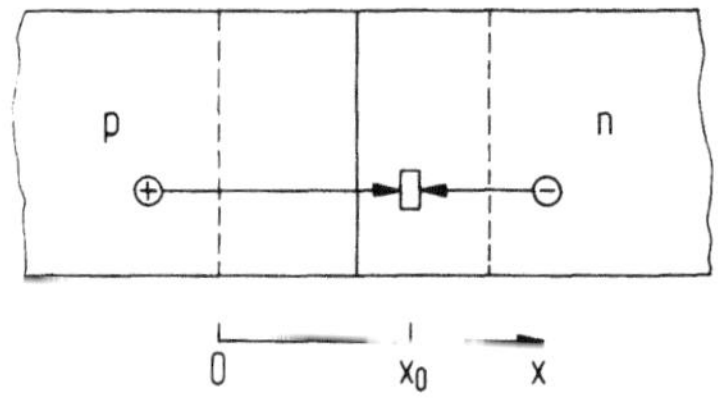

kann jedoch ein Prozeß nach Abb. 39 auf einfache Prozesse (wie in Abb. 33 gezeigt) zurückgeführt werden. Wir unterscheiden folgende zwei Grenzfälle:

(a) $b \ll R \approx G$. Hier herrscht nahezu thermisches Gleichgewicht und die Beziehungen von Abschnitt 5.3 für die Besetzungsdichten können benutzt werden, gegebenfalls unter Verwendung des Quasi-Fermi-Niveaus. Dieser Fall liegt beispielsweise beim Rauschen stromdurchflossener Widerstände vor (Abschnitt 5.4).

(b) $G \ll R \approx b$. Dieser Fall läßt sich ebenfalls auf den einfachen Zwei-Niveau-Fall zurückführen, wenn man die Niveaus α, 3 und 2 zu einem einzigen zusammenfaßt (gestrichelt in Abb. 39). Wenn das Niveau β räumlich von dem Niveau α oder dem Niveau 2 getrennt ist, so entspricht die Besetzungsrate b bzw. die „Entleerungsrate" R einem Konvektionsstrom, der als Beschreibungsparameter besonders geeignet ist. Ein Rauschprozeß dieser Art tritt auf bei der Rekombination in der Raumladungszone einer *pn*-Diode wie in Abb. 40 skizziert. Solche Ladungsschwankungen können sich beispielsweise in Sperrschicht-Feldeffekttransistoren auswirken. Im stationären Zustand gilt $G+b=R$, und man erhält den Rekombinationsstrom I_R

$$I_R = eR = e(G+b). \tag{5/33}$$

Damit schreiben sich Schwankungsquadrat und Leistungsspektrum gemäß Gl. (5/1)

$$\overline{\Delta N^2} = \frac{\tau_\varrho I_R}{e},$$

$$W_{N_0} = 4\frac{\tau_\varrho^2 I_R}{e}. \tag{5/34}$$

6 $1/f$-Rauschen

Sehr häufig findet man bei tiefen Frequenzen ein Leistungsspektrum, welches proportional $1/f$ ist und daher mit $1/f$-Rauschen bezeichnet wird. Naturgemäß kann dieses $1/f$-Rauschen, da sich die Bezeichnung nur auf das Spektrum und nicht auf den Mechanismus bezieht, von verschiedenen Effekten herrühren. Experimente und Änderungen der Herstellungsverfahren von Bauelementen zeigen, daß eine Vielfalt von Parametern jeweils das $1/f$-Rauschen bestimmt; so spielt z.B. die Beschaffenheit von Oberflächen und Grenzflächen eine große Rolle. Es wäre daher sinnlos zu fragen, welches die Ursache für das $1/f$-Rauschen sei, denn es gibt deren sicherlich viele [46, 38]. Dementsprechend gibt es auch viele Modelle zur Beschreibung des $1/f$-Rauschens [38, 263].

Nachdem in den vorhergehenden Kapiteln physikalische Rauschursachen beschrieben wurden, ist es an sich inkonsequent hier die spektrale Verteilung als Kennzeichnung für Rauschen zu wählen. Es sind aber doch eine Reihe von Eigenschaften, die gerade dieses $1/f$-Spektrum auszeichnen, die nun hier angesprochen werden sollen. Eine ausführliche Beschreibung der $1/f$-Spektren ist z.B. in [44], [243], [252] und [253] zu finden (z.T. unter dem Namen „Flicker noise").

6.1 Zusammenhang zwischen der Dauer eines Elementarvorganges und dem Rauschspektrum

Die das Rauschen verursachenden Elementarvorgänge (z.B. die Influenzstromimpulse beim Schrotrauschen(haben jeweils eine charakteristische Dauer τ. Bezeichnet man mit $T=1/f$ die Periodendauer der Frequenz, bei welcher das Rauschen beobachtet wird, so können aus dem Verhältnis τ/T folgende Aussagen über den spektralen Verlauf des Rauschens gemacht werden:

1. Für $\tau \ll T$ erhält man weißes Rauschen, $W(f) \sim f^0$. Für beispielsweise δ-Impulse erhält man weißes Rauschen bis $f \to \infty$.
2. Für $\tau \gg T$, also Rauschprozesse die im Vergleich zur Beobachtungsfrequenz sehr langsam sind, erhält man ein mit der Frequenz sehr stark abnehmendes Spektrum und zwar typisch $W(f) \sim 1/f^2$. Beispiele dafür sind das Spek-

trum des Generations-Rekombinations-Rauschens für $f \gg 1/\tau_Q$ (Gl. (2/8)) und die Maxima des Spektrums für das Schrotrauschen für $f \gg 1/\tau_t$ (Gl. (2/7), wobei die Oszillation des Spektrums nur eine Folge der Annahme gleich langer Rechteckimpulse ist, s. Abb. 31).

3. In dem Bereich von $\tau \approx T$ liegt die Abnahme des Spektrums zwischen den obengenannten Werten f^0 und f^{-2}, also etwa bei f^{-1}. Haben alle Elementarprozesse etwa die gleiche Zeitkonstante, so ist der Bereich $W(f) \sim 1/f$ sehr schmal; je breiter die Zeitkonstanten gestreut sind um so breiter ist der Bereich $W(f) \sim 1/f$.

Das im Abschnitt 6.4 beschriebene McWorther-Modell entspricht dieser Anschauung einer breiten Verteilung von Zeitkonstanten. Die Übertragung von weißem Rauschen (τ extrem kurz) über ein Netzwerk mit einem breiten Bereich von Zeitkonstanten (z.B. eine Leitung bestehend aus R und C) ergibt auch ein $1/f$-Spektrum. Diffusionsvorgänge, Wärmeleitung usw. entsprechen ebenfalls einem solchen Netzwerk. Es gibt also eine Reihe von Vorgängen in der Natur, für welche die Zeitkonstante nicht in engen Grenzen vorgegeben ist und dementsprechend häufig findet man Spektren proportional $1/f$ (auch außerhalb der Elektrotechnik).

Zwischen Rauschspektrum und Dauer τ des Elementarprozesses besteht also folgender Zusammenhang:

$$f \ll 1/\tau: \quad W(f) \sim f^0$$

$$f \gg 1/\tau: \quad W(f) \sim f^{-2}$$

$$f \approx 1/\tau: \quad W(f) \sim f^{-1}.$$

6.2 Energieinhalt von Rauschspektren

Die Leistung P in einem Frequenzintervall von f_1 bis f_2 ist gegeben durch

$$P = \int_{f_1}^{f_2} W(f)\,\mathrm{d}f .$$

Für ein $1/f$-Spektrum $W(f) = c/f$ erhält man

$$P = \int_{f_1}^{f_2} \frac{c}{f}\,\mathrm{d}f = c \ln(f_2/f_1). \tag{6/1}$$

Wählt man ein konstantes relatives Frequenzintervall von f_1 bis $f_2 = af_1$ so ergibt dies

$$P = c \ln a . \tag{6/2}$$

Die Leistung in einem bestimmten relativen Frequenzintervall (z.B. einer Oktave) ist also für $1/f$-Rauschen unabhängig von der Frequenz selbst, d.h. unabhängig von der Wahl der Zeitskala. Jedes (relative) Frequenzintervall liefert also zur Gesamtleistung den gleichen Beitrag. Man nennt dies Zeitskaleninvarianz.

Es wurde bereits darauf hingewiesen, daß aus energetischen Gründen weiße Rauschspektren eine obere Frequenzgrenze aufweisen müssen, da andernfalls die Gesamtleistung $\int W(f)\,df$ unendlich würde. Dies ist konsistent mit der Aussage, daß für beliebig hohe Frequenzen der Begriff der zeitlichen δ-Funktion nicht mehr haltbar ist, d.h. $\tau \ll T$ nicht mehr gelten kann.

Analog muß ein $1/f^2$-Spektrum eine untere Grenzfrequenz aufweisen, da sonst die Leistung für $f \to 0$ unendlich würde. Auch dies ist immer zu erwarten, da für $T \to \infty$ die Bedingung $\tau \gg T$ nicht mehr erfüllbar ist.

Das $1/f$-Spektrum hat nun die Besonderheit, daß es zwar sowohl für $f_1 \to 0$ als auch für $f_2 \to \infty$ eine unendliche Leistung ergibt aber die Leistung wächst von allen spektralen Verläufen am langsamsten mit f_2/f_1 an, da der Logarithmus für große Argumente die am langsamsten anwachsende Funktion ist. Das $1/f$-Spektrum ist also die energetisch günstigste Form zur Überdeckung eines großen Frequenzbereiches.

Stellt man sich ein System mit begrenztem Energieinhalt vor, in welchem nichtlineare Prozesse für eine Verteilung der Energie auf einen breiten Frequenzbereich sorgen, so ist die Wahrscheinlichkeit für die Bildung eines $1/f$-Spektrums groß.

Es ist interessant in diesem Zusammenhang ein Extrembeispiel quantitativ zu betrachten [252]. Nimmt man die Zeit, die Licht zum Durchlaufen einer Strecke von atomarem Ausmaß benötigt, als Maß für eine obere Frequenzgrenze f_2 und die Lebensdauer des Universums als Maß für eine untere, so liegen diese etwa um 40 Dekaden auseinander. Dies heißt aber, daß ein $1/f$-Spektrum, welches diese Grenzen aufweist nur 40mal die Energie benötigt, die in einer einzigen Dekade enthalten ist. Zumindest vom energetischen Standpunkt ist also beim $1/f$-Rauschen weder eine untere noch eine obere Frequenzgrenze ein Problem der Praxis.

Die Abb. 41 zeigt im doppellogarithmischen Maßstab ein $1/f$-Spektrum und ein weißes Spektrum. Man kann damit eine Übergangsfrequenz f_c („corner frequency") definieren, die als Maß für das $1/f$-Rauschen benutzt werden kann, wenn das weiße Rauschen definiert ist, z.B. thermisches Rauschen (oder Schrotrauschen).

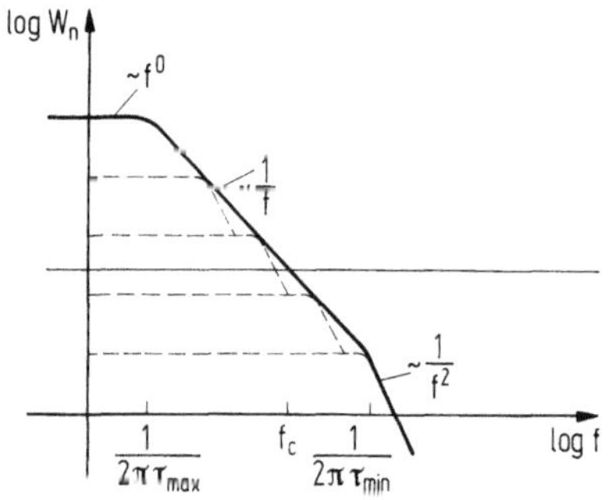

Abb. 41. Entstehung eines $1/f$-Rauschens durch Überlagerung von Generations-Rekombinations-Spektren verschiedener Grenzfrequenzen

Außerdem ist in Abb. 41 das Zustandekommen eines $1/f$-Spektrums durch Überlagerung von Generations-Rekombinations-Spektren mit unterschiedlichen charakteristischen Zeitkonstanten skizziert (s. Abschnitt 6.4).

6.3 Hooge-„Modell“ [47, 48]

Sehr häufig wird an stromdurchflossenen Widerständen ein $1/f$-Rauschen beobachtet. In Abschnitt 5.4 wurde gezeigt, wie die statistischen Schwankungen der Anzahl der freien Ladungsträger Schwankungen des Widerstandes und damit des Stromes bei eingeprägter Spannung bzw. der Spannung bei eingeprägtem Strom bewirken. Als Ergebnis der Störrechnung erhält man

$$\left.\frac{\overline{\Delta I^2}}{I_0^2}\right|_{\Delta U=0} = \left.\frac{\overline{\Delta U^2}}{U_s^2}\right|_{\Delta I=0} = \frac{\overline{\Delta R^2}}{R_0^2} = \frac{\overline{\Delta N^2}}{\bar{N}^2},$$

$$\left.\frac{W_i}{I_0^2}\right|_{\Delta U=0} = \left.\frac{W_u}{U_0^2}\right|_{\Delta I=0} = \frac{W_R}{R_0^2} = \frac{W_N}{\bar{N}^2}. \qquad (6/3)$$

Dabei ist N die Anzahl der freien Ladungsträger im Widerstand. Die Rauschspektren entsprechen dabei dem des Generations-Rekombinationsrauschens. Überlagern sich viele Zeitkonstanten so kann daraus wie in Abb. 41 skizziert ein $1/f$-Spektrum entstehen.

Betrachtet man die einzelnen Generationsvorgänge als voneinander unabhängig [256], so gilt gemäß der Poisson-Beziehung

$$\overline{\Delta N^2} = \bar{N}, \quad \frac{\overline{\Delta N^2}}{\bar{N}^2} = \frac{1}{N}.$$

Mit der Proportionalität zwischen Schwankungsquadrat $\overline{\Delta N^2}$ und Leistungsspektrum W_N (für gegebene Form von $W_N(f)$) erhält man damit für dieses $1/f$-Spektrum

$$\frac{W_N(f)}{\bar{N}^2} = \frac{\alpha}{\bar{N}f} = \left.\frac{W_i}{I_0^2}\right|_{\Delta U=0} = \left.\frac{W_u}{U_0^2}\right|_{\Delta I=0}. \qquad (6/4)$$

Hooge hat dieses Gesetz aufgrund empirischer Befunde postuliert. Für die Konstante α hat er dabei den Wert $\alpha = 2 \cdot 10^{-3}$ angegeben. Da experimentell die Strom- bzw. Spannungsschwankungen festgestellt werden, kann nicht gesagt werden, ob diese Folge einer Schwankung der Teilchenzahl oder Folgen einer anderen Schwankung z.B. der Beweglichkeit ist [257]. Versuche den Wert von α theoretisch zu begründen hatten bisher nur begrenzten Erfolg [254, 255] (s. auch [253, Abschnitt 11.2]); auch variieren die gemessenen Werte für α durchaus in weiten Grenzen, wie es ja verständlich ist, wenn unterschiedliche Prozesse maßgebend sind [263].

Die Proportionalität der relativen Schwankungen zu $1/N$ kann auch auf andere Weise begründet werden. Wie in Abschnitt 7.3 gezeigt wird, sind in homogenen Proben mit verteilten unkorrelierten Rauschquellen, die relativen

Strom- bzw. Spannungsschwankungen umgekehrt proportional zum Volumen V. Da bei gegebenen spezifischen Eigenschaften die Teilchenzahl proportional zum Volumen ist, bestätigt dies Gl. (6/4).

Charakteristisch für $1/f$-Rauschen scheint folgende Situation zu sein: Irgend eine Größe x (z.B. die Teilchenzahl in einem Widerstand) schwankt mit einem $1/f$-Spektrum. Diese Schwankungen sind im thermodynamischen Gleichgewicht nicht meßbar. Betreibt man jedoch eine solche Probe (z.B. dadurch, daß man eine Spannung an diesen Widerstand legt), so modulieren diese Schwankungen eine andere meßbare Größe (z.B. den Strom durch den Widerstand).

Ein anderes physikalisches Modell wird in [42] beschrieben. Hier wird die Wanderung (Diffusion) von Atomen oder Molekülen an einer Oberfläche als Ursache des $1/f$-Rauschens untersucht. Damit kann eine statistische Aktivierung von Rekombinationszentren an einer Oberfläche beschrieben werden, wodurch ein Rekombinationsstrom moduliert wird; die für die Rekombination maßgebenden Zeitkonstanten sind dann nicht mehr gleich den für das Rauschspektrum maßgebenden „Aktivierungszeitkonstanten". Anders ausgedrückt: Die für die Eckfrequenzen maßgebenden Zeitkonstanten τ_e sind zwar immer gleich den Relaxationszeitkonstanten der zugehörigen Ausgleichsvorgänge [31, 34], aber bei indirekten Rauschprozessen sind diese Zeitkonstanten ungleich den Relaxationszeitkonstanten der Ausgleichsvorgänge von Größen, die schließlich das Rauschen tragen [43].

Diese indirekte Wirkung von $1/f$-Schwankungen macht eine experimentelle Analyse von $1/f$-Rauschen zur Bestimmung der physikalischen Ursachen so schwierig. Der Wert von Gl. (6/4) liegt wohl darin, daß sie Aussagen macht, ohne die Kenntnis des physikalischen Mechanismus zu erfordern. Das Hooge-„Modell" ist also ein mathematisches Modell, welches eine Vielzahl von physikalischen Vorgängen beschreiben kann. Im Gegensatz dazu ist das im folgenden beschriebene McWorther Modell (Tunnelmodell) ein konkretes physikalisches Modell, welches als Beispiel einer quantitativen Behandlung kurz gebracht wird.

6.4 McWhorter-Modell [39]

Dieses Modell ist besonders den Verhältnissen in Feldeffekttransistoren angepaßt. Man erklärt das $1/f$-Rauschen aus einer Überlagerung von Spektren nach Art der Abb. 33 mit unterschiedlichen Eckfrequenzen wie in Abb. 41 skizziert.

Die Annahme von räumlich verteilten Rekombinationszentren in einer Oxidschicht führt zu einer Verteilung von Zeitkonstanten, weil der für die Besetzung der Zentren maßgebende Tunnelprozeß je nach zu durchtunnelnder Strecke verschiedene Zeitkonstanten aufweist (Tunnelmodell [39–41]). Diese schwankenden Ladungen im Oxid oder in der Grenzschicht Isolator – Halbleiter modulieren den Strom eines MOS-Transistors. Auch hier ist also die Wirkung der $1/f$-Schwankungen indirekt.

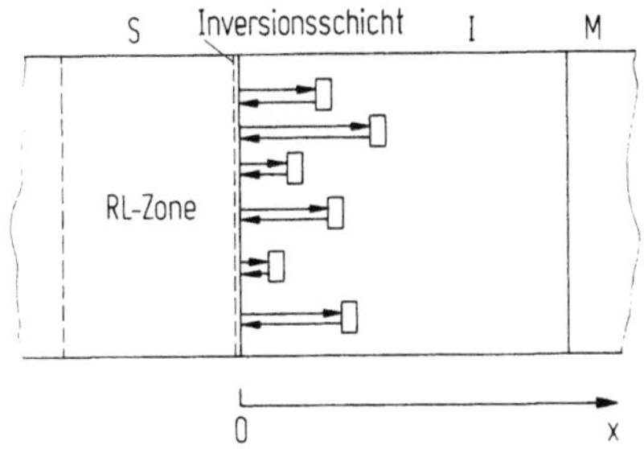

Abb. 42. MIS-Struktur mit Traps am halbleiterseitigen Rand der Isolatorschicht

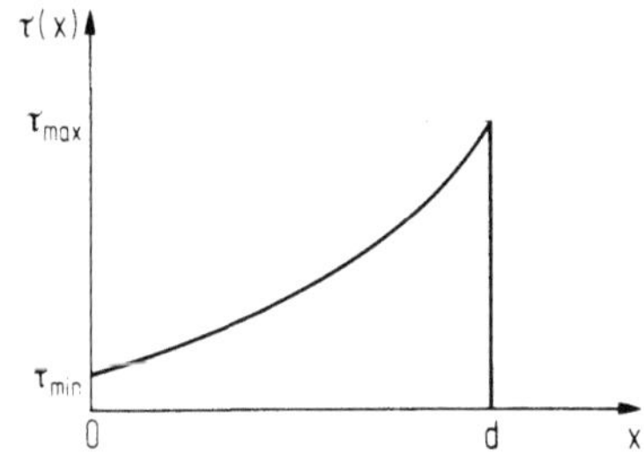

Abb. 43. Verteilung der Besetzungszeitkonstanten für eine Probe nach Abb. 42

Abbildung 42 zeigt eine MIS-Struktur, bei welcher in der Nähe der Grenzschicht Isolator – Halbleiter im Isolator Traps räumlich gleichmäßig verteilt angenommen werden. Diese Traps können z.B. als Folge der SiO-Zwischenschicht zwischen Si und SiO_2 auftreten [45]. Mit der Annahme, daß diese Traps aus der am Rand zwischen Isolator und Halbleiter existierenden Randschicht (Inversionsschicht) (z.B. [11]) durch Tunnelprozesse besetzt werden, erhält man die in Gl. (6/5) angegebene Verteilung der Zeitkonstanten τ. Die Tunnelwahrscheinlichkeit (z.B. [12, Abschnitt 8.1]) hängt exponentiell vom Abstand des Trapniveaus zur Randschicht ab, so daß diese Tunnelwahrscheinlichkeit als Kehrwert die entsprechende Zeitkonstante τ ergibt:

$$\tau(x) = \tau(0) \exp(x/x_0) \qquad (6/5)$$

Die sich daraus ergebende Verteilung der Zeitkonstanten reicht vom Minimalwert $\tau_{min} = \tau(0)$, gegeben durch den Einfangquerschnitt des Traps, direkt an der Grenzschicht Isolator – Halbleiter bis zu einem Maximalwert der Zeitkonstante für die am weitesten von der Grenzschicht entfernten Traps (Abb. 43) wobei angenommen wird, daß die Traps räumlich gleichmäßig verteilt sind. Die Randschicht an der Grenze Halbleiter – Isolator (Inversionsschicht) wird dabei als beliebig ergiebig angesehen.

Bezeichnet man mit $\overline{\Delta N^2}/V = \overline{\Delta n^2}$ die Teilchenschwankungen je Volumeneinheit so erhält man aus Gl. (5/1) für jedes x-Wert-Intervall

$$\frac{W_N^*(x)}{V} = 4\overline{\Delta n^2} \frac{\tau(x)}{1+\omega^2\tau^2} \,. \qquad (6/6),$$

Das Spektrum für den gesamten Prozeß, der sich aus den Einzelprozessen mit unterschiedlichen Zeitkonstanten zusammensetzt, erhält man durch entsprechende Summation über alle x-Werte

$$W = \int_0^d \frac{W_N^*(x)}{V} \mathrm{d}x \,. \qquad (6/7)$$

Das Spektrum W, ist das Leistungsspektrum der Teilchenschwankung je Flächeneinheit; es hat die Dimension $\mathrm{m}^{-2}\,\mathrm{Hz}^{-1}$.

Mit $dx = (x_0/\tau)\,d\tau$ aus Gl. (6/5) und der Annahme, daß Δn^2 konstant ist, erhält man

$$W(\omega) = 4\overline{\Delta n^2}\, x_0 \int_{\tau_{min}}^{\tau_{max}} \frac{1}{1+\omega^2\tau^2}\,d\tau =$$

$$4\overline{\Delta n^2}\, x_0 \frac{1}{\omega}\,(\arctan \omega\tau_{max} - \arctan \omega\tau_{min}). \qquad (6/8)$$

Mit den Grenzwerten $\arctan \xi = \xi$ für $\xi \ll 1$ und $\arctan \xi = \pi/2$ für $\xi \gg 1$ erhält man im Bereich $\omega\tau_{min} \ll 1 \ll \omega\tau_{max}$

$$W(\omega) = \frac{4\overline{\Delta n^2}\, x_0}{\omega}. \qquad (6/9)$$

Das Spektrum nach Gl. (6/9) ist in Abb. 41 wiedergegeben. Es hat in einem weiten Bereich einen $1/f$-Verlauf.

Ein ähnliches Modell kann für Sperrschicht-Feldeffekttransistoren angegeben werden, oder MOS-Transistoren mit Traps in der Raumladungszone. Die energetische Verteilung von Traps in der verbotenen Zone eines Halbleiters führt ebenfalls zu einem Spektrum von Zeitkonstanten. Es ergibt sich ein zu Gl. (6/9) analoges Ergebnis aus der exponentiellen Abhängigkeit der Lebensdauer von der Energie E der Traps im verbotenen Band als Folge der exponentiellen Abhängigkeit der Ladungsträgerdichten von der Energie [46, 19, S. 127]:

$$\tau(E) = \tau_0 \exp\left(\frac{-E}{E_0}\right) \qquad (6/10)$$

und anschließender Integration über die Energie.

Weitere Modellvorstellungen sind in [252] und [263] behandelt.

7 Übertragung von Rauschen über elektrische Netzwerke

Ein Signal durchläuft in einem nachrichtentechnischen System oder allgemein in einer Meßanordnung elektrische Netzwerke, in denen es gefiltert, verstärkt und ggf. in andere Frequenzbereiche umgesetzt wird. Das gleiche Schicksal erleidet Rauschen, welches am Eingang (z.B. an den Antennenbuchsen) angeboten wird. Zusätzlich entsteht in diesen Netzwerken Rauschen. Sofern es sich um passive Netzwerke handelt (Widerstände, Kondensatoren, Spulen usw., also Netzwerke, die sich bei fehlendem Signal im thermischen Gleichgewicht befinden), entsteht thermisches Rauschen, wie in Abschnitt 3.3 beschrieben, in den Wirkanteilen der Impedanzen. Sofern es sich um aktive Vierpole (also Verstärker, Mischer usw.) handelt, wird das Rauschen, wie in Kapitel 8 behandelt, durch besondere Rauschgeneratoren beschrieben. In diesem Kapitel werden die Vierpole als rauschfrei angenommen und lediglich die Rauschübertragungseigenschaften behandelt.

Von Interesse ist einmal die Übertragung von Rauschen über passive lineare Vierpole wegen der damit verbundenen Filterungen und zum anderen die Übertragung von Rauschen über nichtlineare Systeme wegen der damit verbundenen Änderung des Rauschspektrums (Transponierung in andere Frequenzbereiche). Diese beiden Fälle werden in den nächsten beiden Abschnitten behandelt. Die meisten Netzwerke können dadurch beschrieben werden, daß sie in die entsprechenden Blöcke (lineares passives rauschfreies Netzwerk usw.) in Verbindung mit den entsprechenden Rauschgeneratoren aufgeteilt werden.

Wie erwähnt kann das Rauschen eines thermisch rauschenden linearen Netzwerkes durch eine einzige Rauschquelle gemäß Gl. (3/12) beschrieben werden, obwohl die eigentlichen Rauschquellen räumlich verteilt sind. In den Abschnitten 7.3 und 7.4 werden Netzwerke mit räumlich verteilten Rauschquellen beschrieben und zwar in 7.3 homogene lineare Netzwerke und 7.4 inhomogene (eindimensionale) nicht lineare Netzwerke. In beiden Fällen ist es im wesentlichen eine Beschreibung der Übertragung des Rauschens von den inneren zu den äußeren Klemmen.

Aktive Bauelemente sind allgemein nicht im thermodynamischen Gleichgewicht; ihre verteilten Rauschquellen sind im Bauelement von Ort zu Ort verschieden, außerdem sind sie meist in einem nichtlinearen Betriebszustand. Für viele Fälle (z.B. bei der Behandlung des Gunn-Elementes) kann der Übertragungspfad von einer inneren Rauschquelle zu den äußeren Klemmen linearisiert werden, so daß ein einfacher Faktor (z.B. eine Impedanz als Verknüpfung einer äußeren Rauschspannung mit einem internen Rauschstromgenerator) diese Übertragung beschreibt. Für jeden Ort im Inneren des Bauelementes gibt es einen eigenen Faktor (z.B. Impedanz), so daß ein „Impedanzfeld" entsteht. Es bleibt dann nur noch die Aufgabe diese einzelnen Beiträge an den äußeren Klemmen geeignet zu addieren. Diese sog. „Impedanzfeldmethode" wird in Abschnitt 7.4 beschrieben.

7.1 Übertragung über lineare Netzwerke

Gibt man Rauschen an ein Filter, so werden nur die im Durchlaßbereich des Filters gelegenen Rauschkomponenten übertragen. Der Durchlaßbereich eines Filters wird im allgemeinen durch die sog. Übertragungsfunktion $\dot{U}(f)$ beschrieben (z.B. [49]). Diese ist als das Verhältnis von Ausgangsamplitude zu Eingangsamplitude definiert, kann also entweder dimensionslos sein oder die Dimension eines Leitwertes oder eines Widerstandes haben. Da die Beschreibungsgröße für das Rauschspektrum, das Leistungsspektrum, proportional dem Quadrat einer Rauschamplitude (Schwankungsquadrat) ist, ohne eine Phaseninformation zu beinhalten, wird das Rauschspektrum am Ausgang eines Netzwerkes proportional dem Quadrat des Betrages der Übertragungsfunktion sein. Wenn $W_e(f)$ das Leistungsspektrum am Eingang des Netzwerkes und $W_a(f)$ das Leistungsspektrum am Ausgang ist, so gilt

$$W_a(f) = |\dot{U}(f)|^2 W_e(f). \tag{7/1}$$

In Abschnitt 3.3 wurde von dieser Beziehung bereits Gebrauch gemacht. Zwei Beispiele sollen noch zur Erläuterung dienen:

(a) Filterung von weißem Rauschen über ein *RC*-Netzwerk (Abb. 44). Dies entspricht allgemein einer Situation, in der ein Speicher (Kapazität C bzw. Ladungsspeicherung im Trap beim Generations-Rekombinations-Rauschen) und ein Verlustmechanismus (Widerstand R bzw. Entleerungsrate) existieren. Die Übertragungsfunktion, definiert als das

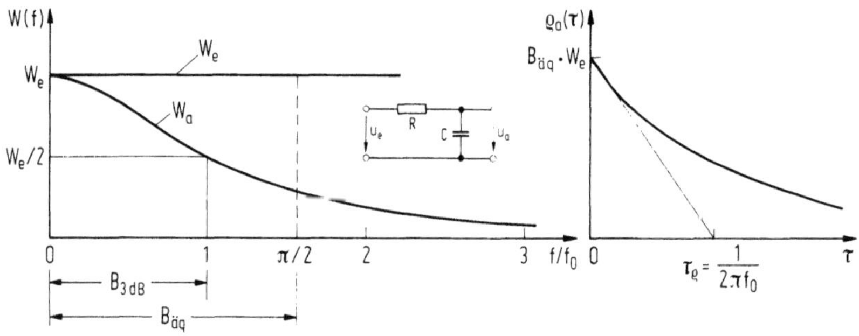

Abb. 44. Leistungsspektrum und Autokorrelationsfunktion von einem durch ein *RC*-Glied gefilterten weißen Rauschen

Verhältnis von Ausgangs- zu Eingangsspannung ist

$$\ddot{U}(f) = \frac{u_a}{u_e} = \frac{1}{1 + jf/f_0}, \quad f_0 = \frac{1}{2\pi RC}.$$

Für Leistungsspektrum und Autokorrelationsfunktion am Ausgang des Netzwerkes erhält man damit (Abschnitt 2.2)

$$W_a(f) = \frac{W_e}{1 + (f/f_0)^2},$$

$$\varrho(\tau) = W_e \frac{f_0 \pi}{2} \exp(-2\pi f_0 \tau). \tag{7/2}$$

(b) Als zweites Beispiel werde ein Parallelresonanzkreis gemäß Abb. 45 gewählt. Die Übertragungsfunktion, definiert als Klemmenspannung zu Klemmenstrom, lautet

$$\ddot{U}(f) = \frac{u}{i} = \frac{R}{1 + jQ \cdot 2\Delta f/f_0}, \text{ mit } \Delta f = f - f_0.$$

Damit erhält man für ein eingespeistes weißes Stromspektrum $W_i(f)$ folgendes Spektrum für die Rauschspannung am Zweipol

$$W_u(f) = W_i \frac{R^2}{1 + (2Q\Delta f/f_0)^2}. \tag{7/3}$$

In Gl. (2/9) ist die zu diesem Spektrum zugehörige AKF angegeben (Abb. 45). Man erkennt daraus, daß durch die Filterung des Rauschens eine Korrelation über Zeitabschnitte in der Größenordnung der reziproken Bandbreite herbeigeführt wird.

In den soeben gebrachten Überlegungen wurden Phaseneigenschaften nicht berücksichtigt. Meist ist dies auch nicht erforderlich. Wenn jedoch dieses Ausgangsspektrum zu einem anderen korrelierten Spektrum addiert wird, so

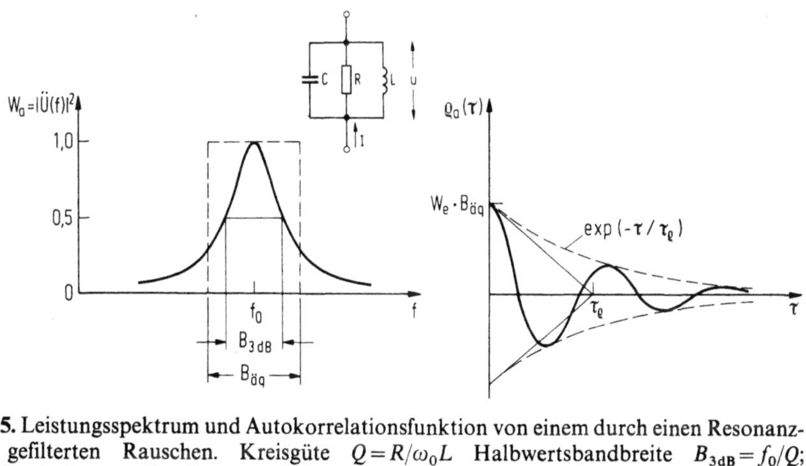

Abb. 45. Leistungsspektrum und Autokorrelationsfunktion von einem durch einen Resonanzkreis gefilterten Rauschen. Kreisgüte $Q = R/\omega_0 L$ Halbwertsbandbreite $B_{3dB} = f_0/Q$; rauschäquivalente Bandbreite $B_{äq} = B_{3dB} \cdot \pi/2$; Rauschzeitkonstante $\tau_\varrho = Q/2\pi f_0 = 1/2\pi B_{3dB}$

sind die Phasenverhältnisse von Bedeutung. Der einfachste und in der Praxis übliche Weg ist der, komplexe Zeiger im Sinne von Gl. (2/18) bis (2/21) zu benutzen (Schmalbandrauschen).

Wenn man ein Filter zum Filtern von Rauschen benützt, hat man in der Praxis häufig den Fall, daß das am Eingang angebotene Leistungsspektrum innerhalb des Durchlaßbereiches als konstant angenommen werden kann. In diesem Fall kann die am Ausgang einer Messung zugängliche Größe, nämlich das gesamte Rauschschwankungsquadrat, d.h. also das Integral über das Ausgangsleistungsspektrum, unabhängig von der Form der Übertragungskurve angegeben werden. Dazu wird, wie in Abb. 46 gezeigt, die Kurve $|\dot{U}(f)|^2$ durch ein flächengleiches Rechteck ersetzt. Die auf diese Weise definierte rauschäquivalente Bandbreite ist gegeben durch

$$B_{\text{äq}} = \frac{\int_0^\infty |\dot{U}(f)|^2 \mathrm{d}f}{|\dot{U}(f)|^2_{\max}} . \tag{7/4}$$

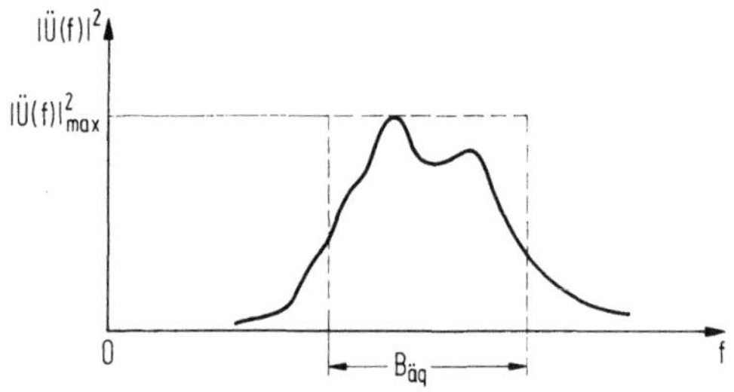

Abb. 46. Zur Definition der rauschäquivalenten Bandbreite

Für das Schwankungsquadrat $\overline{a^2}$ am Ausgang des Filters gilt damit

$$\overline{a^2} = W_{\mathrm{e}} |\dot{U}(f)|^2_{\max} B_{\text{äq}} . \tag{7/5}$$

Eine der Aufgaben der Rauschmeßtechnik ist es, durch Eichung die Größe $|\dot{U}(f)|^2_{\max} B_{\text{äq}}$ zu bestimmen (Kapitel 9). Gemessen wird ein Schwankungsquadrat; mit Hilfe von Gl. (7/5) wird dann das Leistungsspektrum ermittelt.

Wie die beiden nachfolgenden Beispiele zeigen, ist die äquivalente Rauschbandbreite nicht mit der sog. 3-dB-Bandbreite identisch:

(a) RC-Tiefpaß (Abb. 44):

$$B_{\text{äqu}} = \frac{\pi}{2} f_0 = \frac{1}{4RC} = \frac{\pi}{2} B_{3\mathrm{dB}} . \tag{7/6}$$

(b) Parallelschwingkreis (Abb. 45):
Mit $Q = R/2\pi f_0 L = R\sqrt{C/L}$ und $\Delta f = f - f_0$ gilt

$$\dot{U}(f) = \frac{u_{\mathrm{a}}}{i_{\mathrm{e}}} = \frac{R}{1 + jQ \cdot 2\Delta f / f_0} ,$$

$$|\dot{U}(f)|^2 \sim \frac{1}{1 + (2Q\Delta f / f_0)^2} , \tag{7/7}$$

$$B_{\text{äq}} = \frac{\pi}{2} \frac{f_0}{Q} = \frac{\pi}{2} B_{3\mathrm{dB}} . \tag{7/8}$$

7.2 Übertragung über nichtlineare Netzwerke

Die Übertragung von Rauschen über nichtlineare Netzwerke ist deshalb komplizierter, weil dabei entsprechende Mischprodukte auftreten. Ohne auf die Methoden der Berechnung dieser Rauschspektren einzugehen, deren wichtigste beispielsweise in [2, 3] und [50] angegeben sind, wird hier nur das unmittelbar einleuchtende Ergebnis gebracht. Es wird dabei angenommen, daß kein lineares Filter vorhanden ist. Abbidlung 47 zeigt rechts das als Rechteckspektrum angenommene Rauschspektrum am Eingang eines „quadratischen“ Detektors, bei welchem also die Ausgangsamplitude proportional dem Quadrat der Eingangsamplitude ist. Auf der linken Seite des Bildes ist das entsprechende Ausgangsleistungsspektrum angegeben.

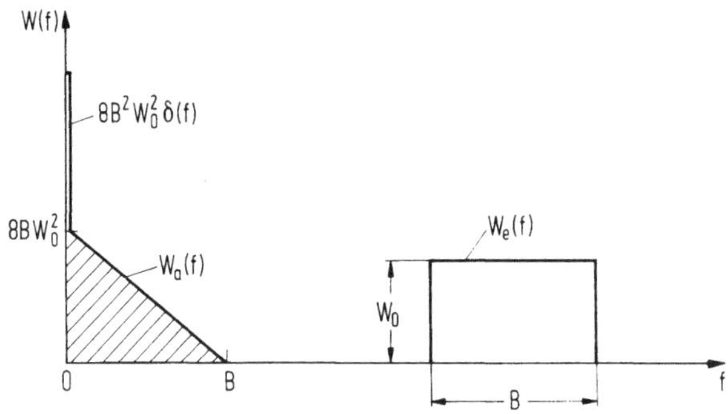

Abb. 47. Leistungsspektrum W_e am Eingang und W_a am Ausgang eines quadratischen Gleichrichters

Es entsteht einmal der durch die Gleichrichtung bedingte Gleichstrom (δ-Funktion bei $f=0$) und ein Dreiecksspektrum der Bandbreite B. Dieses kommt dadurch zustande, daß jede der spektralen Rauschkomponenten des Eingangsspektrums mit den übrigen Rauschkomponenten Mischprodukte bildet. Mischprodukte mit Differenzfrequenzen, die größer als B sind, können nicht entstehen. Mit abnehmender Frequenzdifferenz nimmt die Häufigkeit der entsprechenden Mischproduktbildung zu, und man erhält daher das linear mit abnehmender Frequenz zunehmende Dreiecksspektrum. Weist der Gleichrichter keine rein quadratische Kennlinie auf, so ist prinzipiell das Verhalten analog, das Spektrum jedoch nicht mehr streng dreiecksförmig.

In sehr vielen Fällen ist zusätzlich zum Rauschspektrum noch ein Signal vorhanden. Da in nichtlinearen Systemen das Überlagerungsprinzip nicht gilt, kann man diese Signal- und Rauschwirkung nicht getrennt betrachten. Abbildung 48 zeigt rechts das Eingangsspektrum, ein Signal T (Träger) bei der Frequenz f_0 und ein symmetrisch dazu gelegenes Rauschspektrum der Bandbreite B. Am Ausgang entsteht das links gezeichnete Spektrum, welches sich abgesehen vom Gleichstromanteil aus den Mischprodukten zwischen Rauschen und Signal zusammensetzt (Rechteckspektrum der Breite $B/2$) und

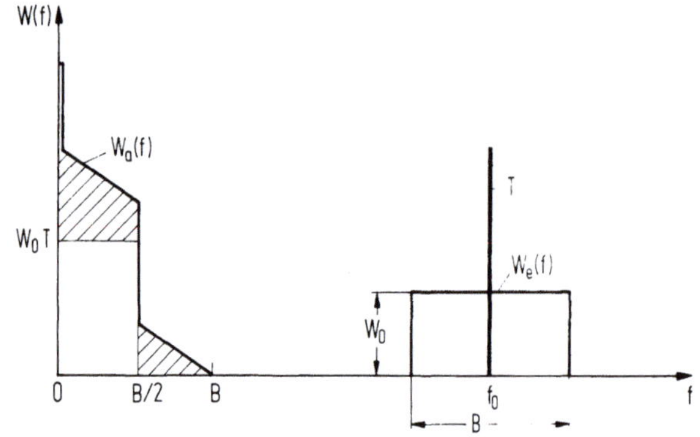

Abb. 48. Leistungsspektren wie in Abb. 47, jedoch mit zusätzlichem Träger T

den Mischprodukten zwischen den Rauschkomponenten selbst (schraffiert gezeichnetes Dreiecksspektrum der Breite B).

Je größer die Signalleistung am Eingang im Vergleich zu der innerhalb der Bandbreite B liegenden Rauschleistung am Eingang ist, um so mehr nähert sich das Ausgangsspektrum einem Rechteckspektrum an. In diesem, in der Praxis z.B. beim Heterodynempfang gegebenen Fall, verhält sich das Rauschen so wie ein normales Signal. In den meisten Fällen ist diese Betrachtungsweise zulässig und man kann dann (ebenso wie bei Signalen) mit komplexen Zeigern rechnen.

7.3 Geometrieabhängigkeit des Rauschens homogener Proben

Abbildung 49 zeigt eine homogene prismatische Probe, d.h. eine Probe mit einem von x unabhängigen Querschnitt der Fläche A. Es wird angenommen,

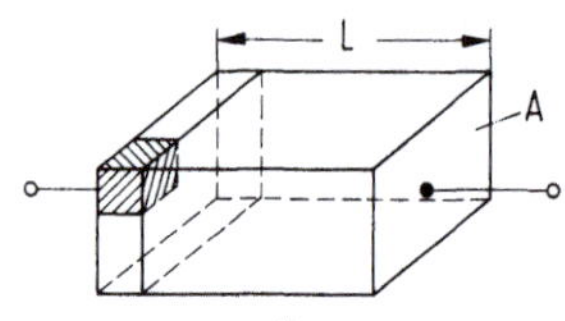

Abb. 49. Räumlich homogene Probe. $V = A \cdot L$

daß räumlich homogen verteilt unkorrelierte Rauschquellen existieren und es wird nach dem Zusammenhang zwischen den internen Rauschquellen (je Volumeneinheit) und den an den äußeren Klemmen wirksamen Rauschgrößen gesucht. Dabei kann das interne Rauschen die Folge eines direkten Rauschprozesses (z.B. thermisches Rauschen) oder Folge der Modulation einer eingeprägten Größe durch interne Schwankungen sein (z.B. $1/f$-Rauschen des Stromes als Folge von Schwankungen der Ladungsträgeranzahl).

Bezeichnet man mit W_{uA}^{L} das Leistungsspektrum der Spannungschwankungen u für Querschnitt A und Länge L und mit analogen Bezeichnungen die übrigen Größen so bestehen in homogenen Proben folgende einfache Zusammenhänge:

$$W_{uA}^{L} = L \cdot W_{uA}^{1}$$

$$W_{iA}^{L} = A \cdot W_{i1}^{L}$$

$$R_{A}^{L} = L \cdot R_{A}^{1}$$

$$R_{A}^{L} = \frac{1}{A} \cdot R_{1}^{L}$$

$$W_{um}^{n} = (R_{m}^{n})^{2} W_{im}^{n} \qquad (7/9)$$

Daraus ergibt sich folgender Zusammenhang zwischen den volumenspezifischen internen Größen und den Klemmenschwankungen:

$$W_{uA}^{L} = \frac{L}{A} W_{u1}^{1}$$

$$W_{iA}^{L} = \frac{A}{L} W_{i1}^{1}. \qquad (7/10)$$

Dabei ist W_{u1}^{1} die Spannungsschwankung je Volumeneinheit und (da diese flächenunabhängig ist) die Spannungsschwankung je Längeneinheit also die Feldstärkeschwankung W_{E}. Analog ist W_{i1}^{1} die Schwankung (Leistungsspektrum) der Stromdichte j. Beispielsweise gilt für thermisches Rauschen: $W_{i1}^{1} = W_{j} = 4kT\sigma$.

Wird der Probe an den Klemmen ein Gleichstrom eingeprägt ($\Delta I = 0$) und handelt es sich um einen Rauschmodulationseffekt (z.B. $1/f$-Rauschen), so erhält man

$$\left.\frac{W_{u}}{U_{0}^{2}}\right|_{\Delta I = 0} = \frac{1}{V} \left.\frac{W_{E}}{E_{0}^{2}}\right|_{\Delta j = 0} \qquad (7/11)$$

Analog gilt bei Spannungseinprägung:

$$\left.\frac{W_{i}}{I_{0}^{2}}\right|_{\Delta U = 0} = \frac{1}{V} \left.\frac{W_{j}}{j_{0}^{2}}\right|_{\Delta E = 0}. \qquad (7/12)$$

Man erkennt, daß für gegebene spezifische Eigenschaften der Probe die relativen Schwankungen proportional $1/V$ sind, also bei kleinen Proben mit zunehmender Verkleinerung der Strukturen an Bedeutung zunehmen. Daher ist beispielsweise das $1/f$-Rauschen kleiner Bauelemente meist besonders störend.

Analoge Verhältnisse erhält man für die Flächenabhängigkeit von Proben, die nur in zwei Dimensionen homogen sind. Abbildung 50 zeigt eine solche

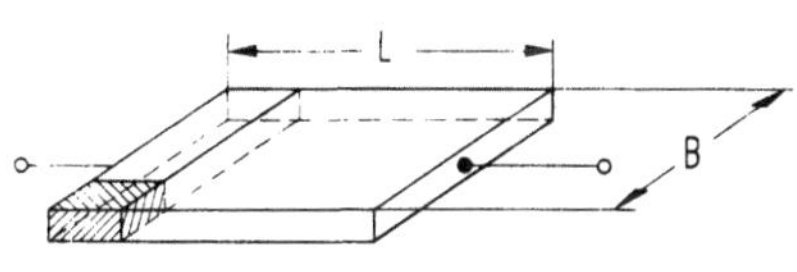

Abb. 50. Flächenhomogene Probe. $F = B \cdot L$

Probe und die Gln. (7/13) bis (7/15) beschreiben die Zusammenhänge

$$W_{\mathrm{uB}}^{\mathrm{L}}=\frac{L}{B}W_{\mathrm{u1}}^{1}, \quad W_{\mathrm{iB}}^{\mathrm{L}}=\frac{B}{L}W_{\mathrm{i1}}^{1}. \tag{7/13}$$

$$\left.\frac{W_{\mathrm{uB}}^{\mathrm{L}}}{U_0^2}\right|_{\Delta \mathrm{I}=0}=\frac{1}{F}\left.\frac{W_{\mathrm{E}}}{E_0^2}\right|_{\Delta \mathrm{j}=0}; \tag{7/14}$$

$$\left.\frac{W_{\mathrm{iB}}^{\mathrm{L}}}{I_0^2}\right|_{\Delta \mathrm{U}=0}=\frac{1}{F}\left.\frac{W_{\mathrm{j}}}{j_0^2}\right|_{\Delta \mathrm{E}=0}. \tag{7/15}$$

Ein besonderes Beispiel für den Einfluß des Rauschens eines Übertragungsnetzwerkes ist die Verschlechterung des Signal/Geräusch Verhältnisses durch Verluste der Antennenleitung. Gegeben sei eine Antenne, die über eine angepaßte Leitung der Länge L mit einem Empfänger verbunden ist. Die von der Antenne aufgenommene Rauschleistung wird durch die Antennentemperatur T_{A} beschrieben, d.h. $kT_{\mathrm{A}}\Delta f$ ist die an der Antenne verfügbare Rauschleistung. Diese Leistung wird durch die Leitung gedämpft, so daß an den Empfängerklemmen die Leistung

$$P_{\mathrm{Av}}=kT_{\mathrm{A}}\Delta f\exp(-2\alpha L) \tag{7/16}$$

verfügbar ist. Ein Leitungselement der Länge dx liefert selbst die verfügbare Rauschleistung

$$\mathrm{d}P_{\mathrm{Lv}}=kT_{\mathrm{L}}\Delta f\, 2\alpha \mathrm{d}x$$

(dies erhält man, wenn man für die Verlustwiderstände Rauschgeneratoren ansetzt). Diese Leistung wird durch den nachfolgenden Leitungsteil gedämpft. Summiert man über alle Leitungselemente dx, so ergibt sich

$$P_{\mathrm{Lv}}=kT_{\mathrm{L}}\Delta f\int_0^{\mathrm{L}} 2\alpha\exp(-2\alpha x)\mathrm{d}x=kT_{\mathrm{L}}\Delta f[1-\exp(-2\alpha L)]. \tag{7/17}$$

Addiert man beide Rauschanteile, so erhält man die verfügbare Rauschleistung $kT_{\mathrm{E}}\Delta f$ am Empfänger mit

$$T_{\mathrm{E}}=T_{\mathrm{A}}\exp(-2\alpha L)+T_{\mathrm{L}}[1-\exp(-2\alpha L)]. \tag{7/18}$$

Für verlustarme Leitungsstücke ($2\alpha L \ll 1$) erhält man näherungsweise

$$T_{\mathrm{E}}\approx T_{\mathrm{A}}(1-2\alpha L)+T_{\mathrm{L}}2\alpha L. \tag{7/19}$$

Satelliten-Mikrowellenantennen haben Rauschtemperaturen in der Größenordnung von 20 K; ein ungekühltes Leitungsstück erhöht nach Gl. (7/19) die Rauschtemperatur am Empfängereingang um 7 K je 0,1 dB Dämpfung.

7.4 Impedanzfeldmethode

Die Impedanzfeldmethode [17] dient der Verknüpfung der internen Rauschgrößen mit den Schwankungsgrößen an den Klemmen, wie in Abb. 51 skizziert.

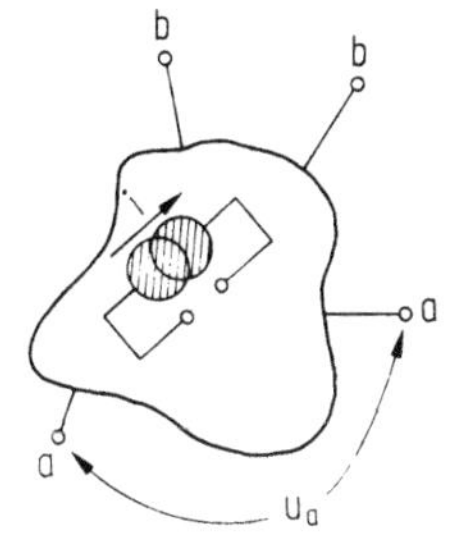

Abb. 51. Verknüpfung zwischen Klemmenspannung und internem Rauschgenerator

Dabei können die internen Rauschquellen räumlich verschieden und räumlich korreliert sein. Das Bauelement selbst kann nichtlineare Signaleigenschaften haben, nur die Verknüpfungen der Rauschgrößen sind linearisiert. Die Ergebnisse von Abschnitt 7.3 sind also als Sonderfälle enthalten. Allerdings wird die Impedanzfeldmethode hier nur eindimensional gebracht. Es werden die komplexen Größen zur Beschreibung des Rauschens gemäß Abschnitt 2.5 benutzt.

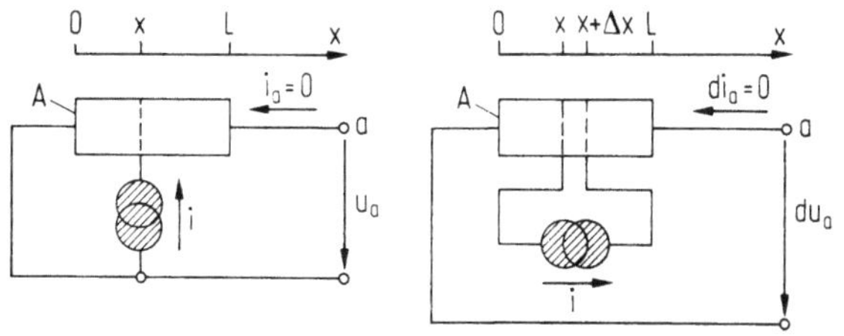

a **b**

Abb. 52. Eindimensionale Impedanzfeldmethode. Querschnitt der Probe gleich A.

Abbildung 52 zeigt diese eindimensionalen Verhältnisse für wechselstrommäßigen Leerlauf an den externen Klemmen ($i_a = 0$; $di_a = 0$). Man definiert die Impedanz $Z(x)$ als den Quotient aus Spannung u (zwischen x und 0) und eingeprägtem Strom i gemäß Bild 52a. In Bild 52b ist der Stromgenerator lokal zwischen x und $x + dx$ und man erhält einen internen Spannungsabfall du über dx.

$$du = iZ(x + dx) - iZ(x) = iz(x)\,dx\,.$$

Dabei ist $z(x) = dZ/dx$ die Ableitung von $Z(x)$, d.h. die Wechselstromimpedanz je Längeneinheit. Da wechselstrommäßig Leerlauf existiert, ist die differentielle Klemmenspannung du_a gleich der differentiellen internen Spannung du:

$$du_a = z(x)\,i(x)\,dx\,. \tag{7/20}$$

Die Gl. (7/20) verknüpft den internen Stromgenerator i am Element dx mit der Klemmenspannung du_a. Die Verknüpfungskonstante ist in diesem Falle die aus den Signaleigenschaften bekannte Wechselstromimpedanz je Längeneinheit $z(x)$. Da diese vom Ort abhängen kann, erhält man für jeden Ort x eine andere Impedanz, also ein Impedanzfeld. Der Querschnitt A der Probe wird dabei der eindimensionalen Annahme entsprechend konstant gehalten.

Verknüpft man (für Kurzschluß an den Klemmen) den (differentiellen) Ausgangsstrom mit einer internen Spannung, so erhält man ein Leitwertfeld und analog ein Stromübertragungsfeld bei Verknüpfung Strom-Strom und ein Spannungsübertragungsfeld bei Verknüpfung Spannung-Spannung.

Durch Summation über alle Elemente dx erhält man aus Gl. (7/20) die äußere Klemmenspannung

$$u_a = \int du_a = \int_0^L i(x) z(x) \, dx. \tag{7/21}$$

Da im allgemeinen die lokalen Rauschgeneratoren korreliert sein können, muß zuerst u_a nach Gl. (7/21) gebildet werden und dann erst $u_a u_a^*$ bzw. das Leistungsspektrum W_u. Man erhält

$$u_a^* = \int_0^L i^*(x') z^*(x') \, dx',$$

$$u_a u_a^* = \int_0^L dx \int_0^L i(x) i^*(x') z(x) z^*(x') \, dx'.$$

Man kann damit das Leistungsspektrum $W_u(f)$ an den Klemmen mit einer Leistungsspektrumfunktion $W_i(x, x', f)$ der internen Rauschquellen verknüpfen:

$$W_u(f) = \frac{u_a(f) u_a^*(f)}{\Delta f}, \tag{7/22}$$

$$W_i(x, x', f) = \frac{i(x,f) i^*(x'f)}{\Delta f}. \tag{7/23}$$

$$W_u(f) = \int_0^L dx \int_0^L W_i(x, x', f) z(x) z^*(x') \, dx'. \tag{7/24}$$

Die Gl. (7/24) ist das allgemeine Ergebnis der (eindimensionalen) Impedanzfeldmethode.

Für räumlich unkorrelierte interne Rauschgeneratoren kann diese Gl. wesentlich vereinfacht werden. Es ist dann jeder lokale Rauschgenerator nur mit sich selbst korreliert, was durch folgenden Ansatz beschrieben wird:

$$W_i(x, x', f) = w_i(x, f) \delta(x - x'). \tag{7/25}$$

Die Funktion $W_i(x, x', f)$ ist das Leistungsspektrum des Rauschkurzschlußstromes für ein Element am Ort x mit Querschnitt A und Länge dx und hat die Dimension A^2/Hz. Die Funktion $W_i(x, f)$ bezieht sich auf ein Element der Länge 1 und hat die Dimension $A^2 m/Hz$. Man erhält

$$W_u(f) = \int_0^L w_i(x, f) |z(x)|^2 dx. \tag{7/26}$$

Für das triviale Beispiel thermischen Rauschens in einem Widerstand gilt

$$z(x) = \frac{1}{\sigma A}; \quad w_{\mathrm{i}}(x) = 4kT\sigma A\,,$$

$$W_{\mathrm{u}} = 4kT\frac{L}{\sigma A} = 4kTR\,.$$

Im allgemeinen existieren mehrere externe Klemmenpaare und es interessiert dann die Korrelation zwischen den Spannungen an diesen Klemmenpaaren. Wenn der Index b für das zweite Klemmenpaar gilt, so erhält man für das Kreuzspektrum aus $u_{\mathrm{a}}u_{\mathrm{b}}^*$

$$W_{\mathrm{uab}}(f) = \int_0^L \mathrm{d}x \int_0^L W_{\mathrm{i}}(x, x', f)\, z_{\mathrm{a}}(x)\, z_{\mathrm{b}}^*(x')\, \mathrm{d}x'\,. \qquad (7/27)$$

Vom Ergebnis her ist die Langevin-Methode [258], [253] gleichwertig zur Impedanzfeldmethode. Der Vorteil der Impedanzfeldmethode liegt darin, daß hier zwischen Rauschquelle und Rauschübertragung sauber getrennt wird [260].

8 Kenngrößen rauschender linearer Vierpole

8.1 Ersatzschaltbilder

Das Rauschen interessiert insbesondere in Anfangsverstärkern, da in ihnen der Signalpegel klein ist. Solche Verstärker arbeiten wegen der kleinen Signale durchwegs im linearen Bereich, und es können die üblichen Kenngrößen für lineare rauschfreie Vierpole zur Beschreibung der Signaleigenschaften in

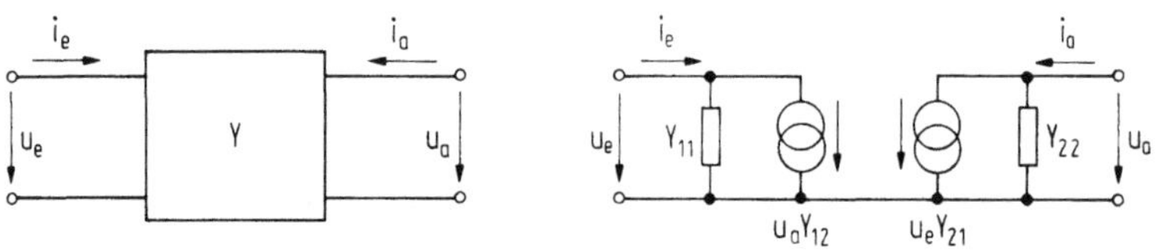

Abb. 53. Linearer Vierpol in Leitwertdarstellung

Matrizenform angegeben werden. Wir wählen hier z.B. die Y-Matrix. Abbildung 53 zeigt Strom- und Spannungspfeile für die Signalgrößen; die nachfolgende Aufstellung gibt für die Y-Darstellung die Verknüpfung zwischen Eingangs- und Ausgangsgrößen an zusammen mit der Bedeutung der entsprechenden Leitwerte Y_{ij}. Ebenfalls angegeben ist in Abb. 53 das der Y-Matrix entsprechende Ersatzschaltbild. Bezüglich der Umrechnung zwischen den verschiedenen Darstellungsarten linearer Vierpole wird z.B. auf [53] verwiesen:

$$i_e = Y_{11}u_e + Y_{12}u_a\,, \quad i_a = Y_{21}u_e + Y_{22}u_a \qquad (8/1)$$

(Y_{11}: Kurzschluß-Eingangsleitwert, Y_{12}: Kurzschluß-Rückwärtssteilheit, Y_{21}: Kurzschluß-Vorwärtssteilheit, Y_{22}: Kurzschluß-Ausgangsleitwert).

Die Gln. (8/1) verknüpfen die vier Signalgrößen u_e, u_a und i_e, i_a. Es sind jedoch nur zwei voneinander unabhängige Signalgrößen enthalten. Daher genügen auch zwei Rauschgeneratoren, um das Rauschen eines linearen Vierpols zu beschreiben [51].

Abbidung 54 zeigt die sechs möglichen Arten der Anordnung dieser Rauschgeneratoren, wobei im Vierpol die jeweils günstigste Matrix angegeben ist. Die Rauschgeneratoren werden gekennzeichnet durch je ein Leistungsspektrum bzw. je ein Schwankungsquadrat in der Bandbreite Δf. Diese Rauschge-

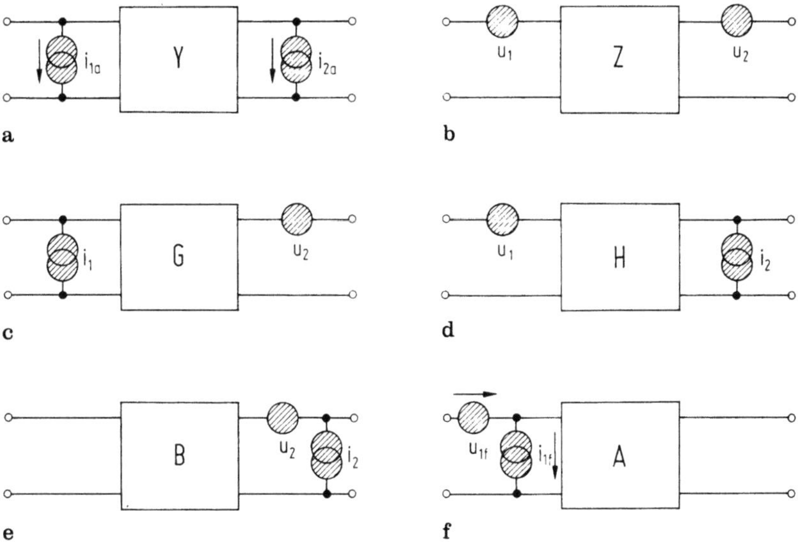

Abb. 54. Rauschersatzschaltbilder linearer Vierpole. Die inneren Vierpole sind rauschfrei, wie z.B. der Y-Vierpol nach Abb. 53

neratoren können korreliert sein, daher ist zusätzlich die Angabe des komplexen Kreuzspektrums bzw. des Kreuzkorrelationskoeffizienten γ_{12} zwischen den beiden Schwankungsgrößen a_1 und a_2 erforderlich:

$$\gamma_{12}=\frac{\overline{a_1 a_2^*}}{\sqrt{\overline{a_1^2}\;\overline{a_2^2}}}\,. \tag{8/2}$$

Für die Beschreibung des Rauschens eines linearen Vierpols (passiv oder aktiv) sind daher vier Kenngrößen (evtl. jeweils als Funktion der Frequenz) notwendig. Diese Kenngrößen sind z.B. die beiden Schwankungsquadrate der Generatoren und der komplexe Korrelationskoeffizient. Die Rauschgeneratoren der einzelnen Ersatzschaltbilder können gemäß der üblichen Vierpolregeln miteinander verknüpft werden. Will man beispielsweise die Rauschgeneratoren der Abb. 54f durch die der Abb. 54a ausdrücken, so erhält man

$$u_{1f}=-\frac{i_{2a}}{Y_{21}}; \quad i_{1f}=i_{1a}-i_{2a}Y_{11}/Y_{21}\,. \tag{8/3}$$

Die in Abb. 54 angegebenen vier Kenngrößen stellen aber nicht die einzige Beschreibungsmöglichkeit dar; es sind vielmehr entsprechende Linearkombinationen möglich. Eine in der Praxis häufig benutzte Kombination von Kenngrößen bezieht sich auf Abb. 54f und ersetzt den teilweise mit der Eingangsrauschspannung korrelierten Stromgenerator i_1 durch zwei Stromgeneratoren, wovon einer mit der Rauschspannung vollkommen unkorreliert ist (i_1'), und einen zweiten (i_1''), der mit dem Rauschspannungsgenerator voll korreliert ist (Abb. 55). Die volle Korrelation zwischen Eingangsrauschspan-

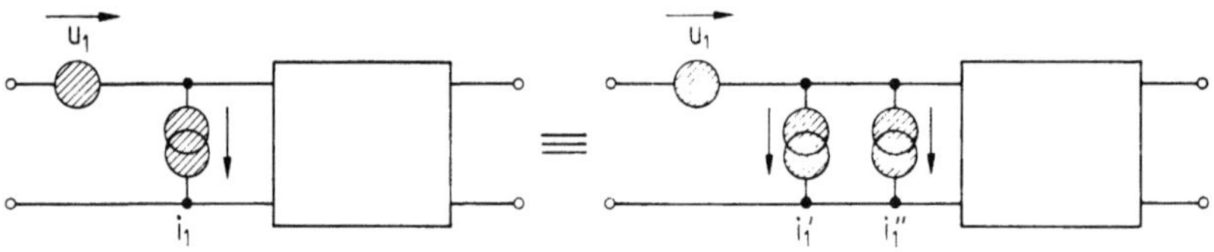

Abb. 55. Aufteilung eines mit u_1 teilkorrelierten Rauschgenerators i_1 in einen voll korrelierten (i_1'') und einen unkorrelierten (i_1')

nung u_1 und i_1'' kann durch einen (komplexen) Leitwert Y_{cor} beschrieben werden:

$$i_1'' = Y_{cor} u_1 ; \quad Y_{cor} = \gamma_{iu} \sqrt{\overline{i_1^2} / \overline{u_1^2}} . \tag{8/4a}$$

Für den unkorrelierten Anteil erhält man aus der Gleichsetzung nach Abb. 55

$$\overline{i_1'^2} = \overline{i_1^2} (1 - |\gamma_{iu}|^2) . \tag{8/4b}$$

Die vier Beschreibungsgrößen sind hier also $\overline{u_1^2}$, $\overline{i_1^2}$ und die beiden Werte des komplexen Leitwertes Y_{cor}. Es ist zu beachten, daß der Leitwert Y_{cor} nicht in das Ersatzschaltbild anstelle des Stromgenerators i_1'' eingetragen werden darf, da er nur die Verknüpfung zwischen u_1 und i_1'' beschreibt.

Bei der Beschreibung des Rauschens der Halbleiterbauelemente in den Kapiteln 10 bis 14 wird jeweils aus der physikalischen Wirkungsweise ein Ersatzschaltbild nach Abb. 54 oder 55 abgeleitet. Damit läßt sich das Verhalten des Bauelementes in der Schaltung behandeln; *beurteilen* läßt es sich damit schlecht. Zur Beurteilung des Rauschens eines Bauelementes in einer Schaltung (z.B. eines Transistorverstärkers) hat man vielmehr die im folgenden behandelten Kenngrößen Rauschzahl, Rauschtemperatur und Rauschmaß definiert, die unmittelbar als Maß für das im Betrieb erreichbare Signal-Geräusch-Verhältnis geeignet sind.

8.2 Rauschzahl

Die Rauschzahl ist eine einzige den Betrieb eines Vierpols (Verstärkers) bezüglich des Rauschens möglichst gut beschreibende Größe [52–54]. Abbildung 56 zeigt einen Verstärker mit Steuergenerator und Last.

Auf der Generatorseite wird angenommen, daß der Generatorwiderstand thermisch rauscht; dies wird durch den schraffiert gezeichneten Rauschgenerator berücksichtigt. An den Vierpol wird eine Signalleistung S_1 als Folge des Signalgenerators U_S und eine Rauschleistung N_1 als Folge des Rauschgenerators $\sqrt{\overline{u_G^2}}$ abgegeben. Man hat daher an den Eingangsklemmen des Vierpols ein Signal-Geräusch-Verhältnis $(S/N)_1$.

Der Vierpol gibt an die Impedanz Z_L die Leistungen S_2 bzw. N_2 ab, so daß am Ausgang des Verstärkervierpols das Signal-Geräusch-Verhältnis $(S/N)_2$ existiert. Ist der Verstärker selbst rauschfrei, so wird das Signal-Geräusch-

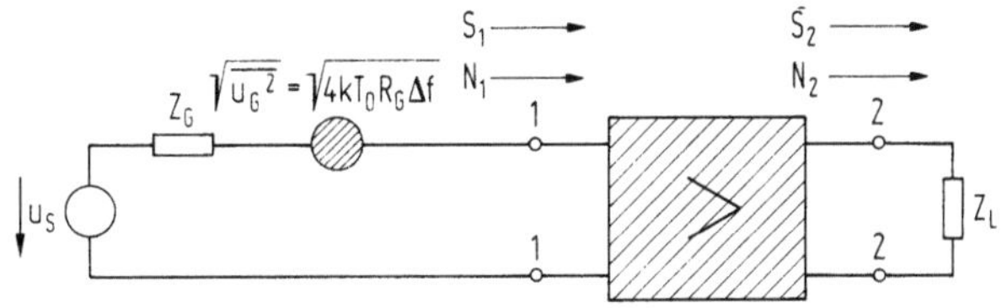

Abb. 56. Signal S und Rauschen N am Eingang und Ausgang eines linearen Vierpols

Verhältnis am Ausgang gleich diesem Verhältnis am Eingang sein, da Signal und Rauschen gleichermaßen verstärkt werden. Ein Maß für das Rauschen des Verstärkers ist also die Verschlechterung des Signal-Geräusch-Verhältnisses durch den Verstärker. Da das Rauschen des Verstärkers sicher unkorreliert zum Rauschen des Generators ist, kann sich das Signal-Geräusch-Verhältnis nur verschlechtern. Der Nutzen des Verstärkers vom Standpunkt des Rauschen liegt darin, daß der Signalpegel angehoben wird und man daher mit dem Signal über dem Rauschpegel der nachfolgenden Verstärker gelangen kann (Abschnitt 8.4). Es gilt allgemein für das Signal-Geräusch-Verhältnis und den Leistungsgewinn G

$$\left(\frac{S}{N}\right)_1 \geqq \left(\frac{S}{N}\right)_2$$

$$G = \frac{S_2}{S_1} . \tag{8/5}$$

Für die Definition der Rauschzahl wird angenommen, daß der Generatorwiderstand thermisch rauscht, wobei der Generatorwiderstand sich auf 290 K befindet. Die Rauschzahl F ist definiert als der Quotient aus Signal-Geräusch-Verhältnis am Eingang zu diesem Verhältnis am Ausgang. F wird häufig in Dezibel (dB) angegeben:

$$F = \frac{(S/N)_1}{(S/N)_2} = \frac{N_2}{GN_1} ,$$

$$F_{\mathrm{dB}} = 10 \log \frac{(S/N)_1}{(S/N)_2} . \tag{8/6}$$

Der ideale rauschfreie Verstärker hat die Rauschzahl $F=1$ bzw. $F_{\mathrm{dB}}=0\,\mathrm{dB}$.

Sämtliche hier angegebenen Größen können von der Frequenz abhängen. Man erhält eindeutige Verhältnisse, wenn man (für die Definition der Rauschzahl) eine Bandbreite wählt, die so klein ist, daß innerhalb dieser sämtliche Größen konstant sind. Die Rauschzahl ist dann eine Funktion der Frequenz. Man nennt sie „spektrale Rauschzahl“. Eine entsprechend gemittelte „Breitbandrauschzahl“ oder integrale Rauschzahl (z.B. [30]) wird weiter unten beschrieben.

Eine weitere Alternative zur Definition erhält man durch folgende Überlegung: Die Rauschausgangsleistung N_2 setzt sich zusammen aus der verstärkten

Eingangsrauschleistung und einer zusätzlichen im Verstärker erzeugten Rauschleistung N_z:

$$N_2 = N_1 G + N_z . \qquad (8/7)$$

Damit erhält man aus Gl. (8/6) für die Rauschzahl

$$F = \frac{GN_1 + N_z}{GN_1} = 1 + \frac{N_z}{GN_1} . \qquad (8/8)$$

Die Rauschzahl ist also auch definiert als das Verhältnis von Rauschleistung am Ausgang des realen Verstärkers zur Rauschleistung am Ausgang des idealen rauschfreien Verstärkers mit einem auf 290 K befindlichen Generatorwiderstand. Diese Definition enthält ebenso wie Gl. (8/12) nicht mehr das Signal. Die Messung der Rauschzahl (Kapitel 9) entspricht dieser Definition und läuft auf einen Leistungsvergleich von Rauschleistungen am Ausgang hinaus.

Aus Gl. (8/8) ergibt sich zwanglos die Definition für die zusätzliche Rauschzahl

$$F_z = F - 1 = \frac{N_z}{GN_1} . \qquad (8/9)$$

Sowohl Rauschzahl als auch Gewinn sind keine reinen Kenngrößen des Vierpols, sondern hängen auch von der Beschaltung des Vierpols ab. Man kann zeigen, daß die Rauschzahl F nicht von der Lastimpedanz abhängt, da sich deren Einfluß heraus kürzt. Davon wird bei der folgenden Berechnung der Rauschzahl Gebrauch gemacht; die Berechnung wird für Kurzschluß am Ausgang ausgeführt. Ist Z_1 der komplexe Eingangswiderstand des Vierpols, so gilt für die als Bezugsgröße gewählte Rauschleistung

$$N_1 = 4kT_0 R_G \Delta f \frac{R_1}{|Z_G + Z_1|^2} . \qquad (8/10)$$

Dabei wurden Generatorwiderstand und Eingangswiderstand des Vierpols komplex angenommen, R_1 ist der Realteil des Eingangswiderstandes und R_G der Realteil der Generatorimpedanz. Diese Rechnung gilt unter der Voraussetzung, daß die Bandbreite Δf so klein ist, daß die entsprechenden Impedanzen innerhalb dieser Bandbreite als konstant angenommen werden können.

Die Definition der Rauschzahl nach Gl. (8/6) unter Benutzung von Gl. (8/10) gilt für allgemeine Impedanzverhältnisse, also auch für den Fall, daß Eingang und Ausgang angepaßt sind. In diesem Fall sind die entsprechenden Signal- und Rauschleistungen die sog. verfügbaren Leistungen. Insbesondere ist die verfügbare Rauschleistung des Generators gemäß Gl. (3/3)

$$N_{1v} = kT_0 \Delta f . \qquad (8/11)$$

Der Gewinn des Verstärkers ist dann gleich dem verfügbaren Gewinn $G_v = S_{v2}/S_{v1}$. Setzt man diese Beziehungen in die Definition für die Rauschzahl ein, so erhält man Gl. (8/12), die eine Alternative zur Definition nach

Gl. (8/6) darstellt:

$$F = \frac{N_{v2}}{G_v k T_0 \Delta f}. \tag{8/12}$$

Die Rauschzahl ist der Quotient aus der am Verstärkerausgang verfügbaren Rauschleistung und der durch den angepaßten Verstärker verstärkten Rauschleistung $kT_0\Delta f G_v$.

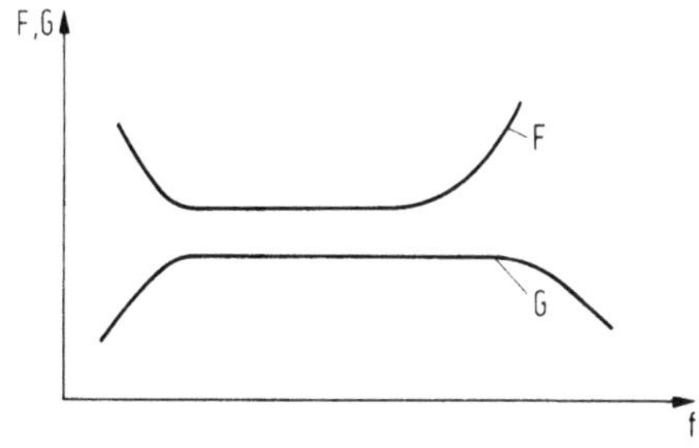

Abb. 57. Rauschzahl F und Gewinn G eines Verstärkers als Funktion der Frequenz f

Abbildung 57 zeigt ein Beispiel für den spektralen Verlauf der Rauschzahl F eines Verstärkers. Diese Rauschzahl ist im allgemeinen im Arbeitsbereich des Verstärkers am kleinsten und nimmt an den Bandrändern entsprechend zu. Wie Gl. (8/9) zeigt, entsteht eine Zunahme von F durch eine Abnahme des Gewinns; zusätzlich kann aber auch die im Verstärker entstehende Rauschleistung N_z frequenzabhängig sein.

Die Breitbandrauschzahl $\bar{F}$ kann gemäß

$$\bar{F} = \frac{\int F(f)G(f)\,\mathrm{d}f}{\int G(f)\,\mathrm{d}f} \tag{8/13}$$

definiert werden.

Ist ein „physikalisches“ Ersatzschaltbild nach Abschnitt 8.1 gegeben, so kann daraus mit Hilfe jeder der Definitionsgleichungen für die Rauschzahl diese bestimmt werden.

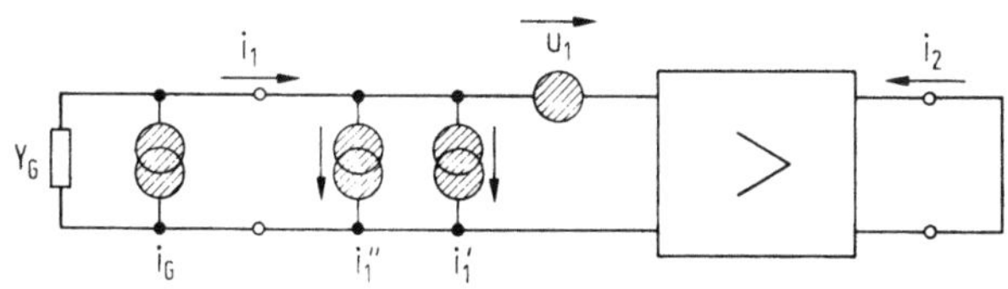

Abb. 58. Schaltbild zur Berechnung der Rauschzahl eines linearen Verstärkers. Generatorleitwert: $Y_G = G_G + jB_G$

Für beispielsweise das Ersatzschaltbild nach Abb. 58 erhält man

$$F = 1 + |Y_G + Y_{\mathrm{cor}}|^2 \frac{\overline{u_1^2}}{\overline{i_G^2}} + \frac{\overline{(i_1')^2}}{\overline{i_G^2}}. \tag{8/14}$$

Dabei ist

$$Y_{cor} = G_{cor} + jB_{cor} = i_1''/u_1 \,,$$

und $\overline{i_G^2}$ das Rauschstromquadrat des Generatorleitwertes bei $T = T_0 = 290\,\mathrm{K}$:

$$\overline{i_G^2} = 4kT_0 G_G \Delta f \,.$$

Benutzt man anstelle der Rauschgeneratoren u_1 bzw. i_1' als Maß dafür den „Rauschwiderstand“ R_N bzw. den „Rauschleitwert“ G_N

$$R_N = \overline{u_1^2} \frac{1}{4kT_0 \Delta f} \,,$$

$$G_N = \overline{(i_1')^2} \frac{1}{4kT_0 \Delta f} \,,$$

so schreibt sich Gl. (8/14)

$$F = 1 + |Y_G + Y_{cor}|^2 \frac{R_N}{G_G} + \frac{G_N}{G_G} = 1 + \frac{G_N}{G_G} + \frac{R_N}{G_G} (G_G + G_{cor})^2$$

$$+ \frac{R_N}{G_G} (B_G + B_{cor})^2 \,. \tag{8/14a}$$

Rauschabstimmung

Man erkennt aus Gl. (8/14), daß die Rauschzahl eine Funktion des komplexen Generatorleitwertes $G_G + jB_G$ ist. Der Imaginärteil B_G erscheint nur im letzten Klammerausdruck der Gl. (8/14a). Die dadurch beschriebene parabolische Abhängigkeit von B_G (Abb. 59a) wird im allgemeinen beobachtet. Bild 59b zeigt (im Vorgriff auf Kapitel 12) Meßergebnisse an einem FET-Verstärker. Der kleinste Wert der Rauschzahl tritt auf für

$$B_G + B_{cor} = 0, \; B_{Gopt} = -B_{cor} \,.$$

Man nennt diesen Wert der Rauschzahl die abgestimmte Rauschzahl F_{tun}:

$$F_{tun} = 1 + \frac{G_N}{G_G} + \frac{R_N}{G_G} (G_G + G_{cor})^2 \,. \tag{8/15}$$

Rauschminimum

Die verbleibende Abhängigkeit vom Realteil des Generatorleitwertes zeigt wegen der beiden Rauschgeneratoren einen proportional mit G_G steigenden Anteil (Folge des Rauschspannungsgenerators) und einen gemäß $1/G_G$ sinkenden Anteil (als Folge des Rauschstromgenerators). Abb. 60a zeigt diese Abhängigkeit. Den kleinsten Wert der Rauschzahl F_{min} erhält man aus

$$\frac{\partial F_{tun}}{\partial G_G} = 0 \,,$$

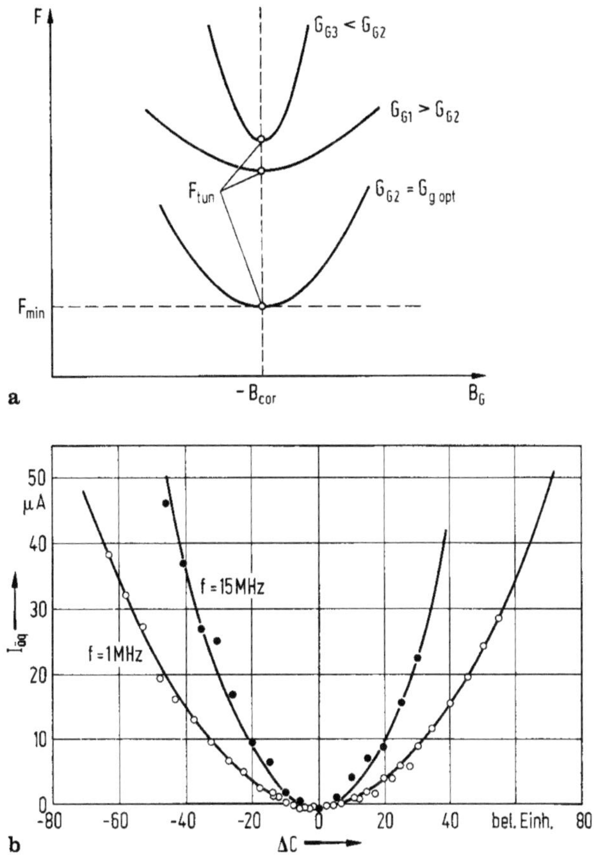

Abb. 59. Abhängigkeit der Rauschzahl vom Generator-Blindleitwert. **a)** nach Gl. (8/14a), **b)** für einen MOSFET-Verstärker nach [55]. Als Maß für die Zunahme der Rauschzahl dient der Gleichstrom der Rauschdiode gemäß Gl. (9/2). Für $f = 1$ MHz: $\Delta C = 2{,}55$ pF/Einheit; für $f = 15$ MHz: $\Delta C = 0{,}9$ pF/Einheit. $U_{DS} = 6$ V, $U_{GS} = 0$ V

wenn beide Anteile gleich groß sind, beim optimalen Generatorleitwert G_{Gopt}:

$$F_{min} = 1 + 2R_N G_{cor} + 2\sqrt{R_N G_N + R_N^2 G_{cor}^2}\,, \tag{8/16}$$

$$G_{Gopt} = \sqrt{\frac{G_N}{R_N} + G_{cor}^2}\,. \tag{8/17}$$

Für fehlenden *Realteil* des Korrelationsleitwertes ergibt sich das einfache Ergebnis

$$F_{min} = 1 + 2\sqrt{R_N G_N} = 1 + \frac{\sqrt{\overline{(i')^2} \cdot \overline{u^2}}}{4kT_0\Delta f}\,, \tag{8/16a}$$

$$G_{Gopt} = \sqrt{\frac{G_N}{R_N}} = \sqrt{\frac{\overline{(i')^2}}{\overline{u^2}}}\,. \tag{8/17a}$$

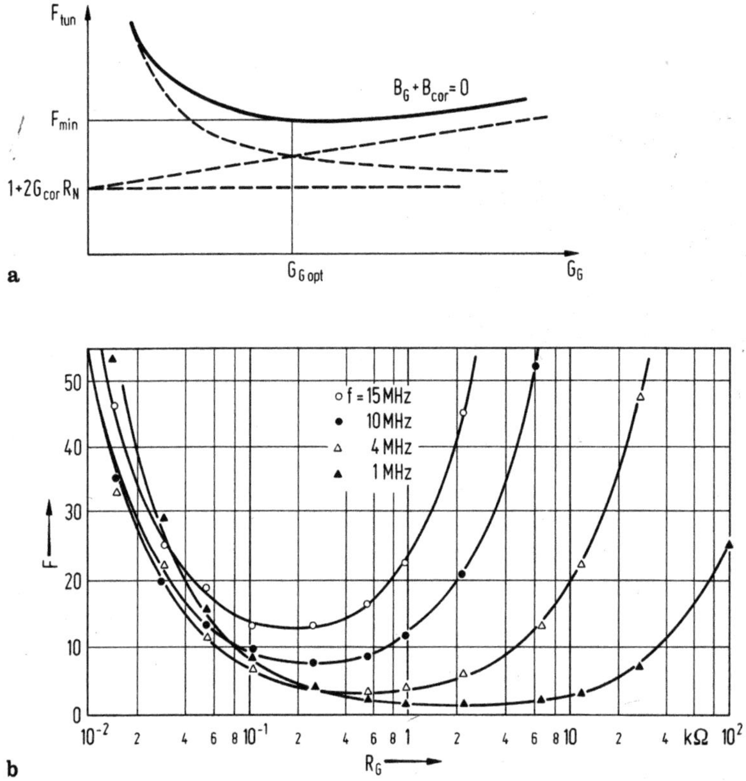

Abb. 60. Abhängigkeit der Rauschzahl vom Generator-Wirkleitwert. **a)** nach Gl. (8/14a), **b)** für einen MOSFET-Verstärker nach [55]. $I_D = 5{,}55$ mA, $U_{GS} = 0$ V, $U_{DS} \ldots$ Sättigung

Für fehlenden Real- *und* Imaginärteil der Korrelation ($Y_{cor} = 0$) ist zusätzlich $i_1' = i_1$ und man erhält

$$F_{min} = 1 + 2\sqrt{R_N G_N} = 1 + \frac{\sqrt{\overline{i_1^2}\,\overline{u_1^2}}}{4kT_0\Delta f}, \tag{8/16b}$$

$$G_{Gopt} = \sqrt{\frac{G_N}{R_N}} = \sqrt{\frac{\overline{i^2}}{\overline{u^2}}}. \tag{8/17b}$$

Man erkennt aus Gl. (8/14a), daß für $G_G \gg G_{Gopt}$ die Rauschzahl durch R_N, d.h. durch $\overline{u^2}$ bestimmt wird, während für $G_G \ll G_{Gopt}$ die Rauschzahl durch G_N d.h. durch $\overline{i^2}$ bestimmt ist. Damit können durch Messung der Rauschzahl in diesen beiden Grenzbereichen die beiden Rauschgeneratoren $\overline{u^2}$ und $\overline{i^2}$ bestimmt werden (sofern Y_{cor} zu vernachlässigen ist).

Mit Hilfe der Optimalwerte kann die Rauschzahl ebenfalls angegeben werden:

$$F = F_{\min} + R_N \frac{|Y_G - Y_{Gopt}|^2}{G_G} , \tag{8/18}$$

$$Y_{Gopt} = G_{Gopt} + jB_{Gopt} = \sqrt{\frac{G_N + G_{cor}^2 R_N}{R_N}} - jB_{cor} .$$

Diese Gleichung ist nützlich um die Zunahme der Rauschzahl bei Abweichung von der Optimalbedingung abzuschätzen.

Diese Darstellungen zeigen, daß hier anstelle der Beschreibung des Rauschens nach einem der Ersatzschaltbilder nach Abb. 54 das Rauschen durch eine von vier Parametern abhängige Funktion F beschrieben wird. Diese Parameter können entweder (R_N, G_N, G_{cor}, B_{cor}) oder ($F_{\min}$, G_{Gopt}, B_{Gopt}, R_N) sein. Die Rauschzahl kann, wie in Kapitel 9 gezeigt wird, relativ leicht gemessen werden. In der Praxis wird daher meist die Rauschzahl als Funktion des Generatorwiderstandes gemessen und daraus das Ersatzschaltbild bestimmt (s. z.B. Abschnitt 11.5).

8.3 Rauschtemperatur

In der Definition der Rauschzahl nach Gl. (8/9) tritt als die das Verstärkerrauschen kennzeichnende Größe die Rauschleistung N_z auf, die in der gegebenen Schaltung an den Lastwiderstand abgegeben wird. Man kann diese zusätzliche Rauschleistung auch auf den Eingang transformieren und durch eine entsprechende Erhöhung der Generatortemperatur beschreiben. Diese Temperaturer-

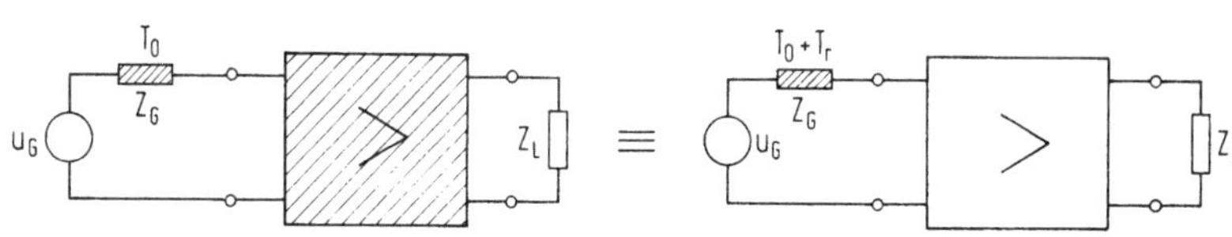

Abb. 61. Ersatzschaltbild zur Definition der Rauschtemperatur

höhung T_r ist als die Rauschtemperatur definiert. Sie ist die äquivalente Temperaturerhöhung des Generatorwiderstandes, wobei die Äquivalenz aus Abb. 61 ersichtlich ist. Wenn der reale Verstärker bei Anschluß eines Generatorwiderstandes auf Zimmertemperatur also die Rauschleistung N_2 an den Lastwiderstand abgibt, denkt man sich als Äquivalent den Rauschgenerator auf der Temperatur $T_0 + T_r$ in Verbindung mit einem rauschfreien Verstärker, der die gleiche Rauschleistung an den Lastwiderstand abgibt. Der Vergleich ergibt

$$F_z = F - 1 = \frac{T_r}{T_0} . \tag{8/19}$$

Gemäß ihrer Definition ist die Rauschtemperatur T_r unabhängig vom tatsächlichen Rauschen des Generatorwiderstandes; die das Verstärkerrauschen beschreibende Temperatur T_r wird zur Temperatur des Generatorwiderstandes hinzugezählt, egal wie groß diese ist. In der Definition der Rauschzahl ist jedoch die Festlegung der Generatorwiderstands-Temperatur auf T_0 enthalten (s. Gl. 8/6).

Ein idealer Verstärker hat also die Rauschtemperatur 0. Eine Rauschtemperatur von 290 K entspricht $F=2$ bzw. einer Rauschzahl von 3 dB und bedeutet, daß das Signal-Geräusch-Verhältnis sich um 3 dB verschlechtert, wenn dem Eingang des Verstärkers thermisches Rauschen mit Zimmertemperatur angeboten wird. Rauschzahlen bzw. Rauschtemperaturen für reale Verstärker sind für die jeweiligen Fälle in den Kapiteln 10 bis 12 angegeben.

8.4 Rauschmaß

In der bisherigen Betrachtungsweise wurde stillschweigend davon ausgegangen, daß der Signalpegel nach dem Verstärker genügend hoch ist, so daß das Rauschen evtl. folgender Verstärker keinen Einfluß hat. Dies ist jedoch nur bei sehr hoher Verstärkung der Fall. Hat man eine Kette von Verstärkern, wie in Abb. 62 gezeigt, so ist die Rauschzahl des „Verstärkers“ bestehend aus der gesamten Kettenschaltung gegeben durch [52]

$$F=1+(F_1-1)+\frac{F_2-1}{G_{1v}}+\frac{F_3-1}{G_{1v}G_{2v}}+\ldots \qquad (8/20)$$

Man erkennt daraus, daß das Rauschen der nachfolgenden Verstärker jeweils um den Gewinn des vorhergehenden Verstärkers verringert eingeht. Dies besagt, daß bei gleicher Rauschzahl F_1 des ersten Verstärkers derjenige Verstärker insgesamt bessere Rauscheigenschaften bringt, der eine höhere Verstärkung hat. Ein Maß für die Nützlichkeit eines Verstärkers im Hinblick auf Rauschfreiheit muß also nicht nur die Rauschzahl, sondern auch den Gewinn des entsprechenden Verstärkers beinhalten.

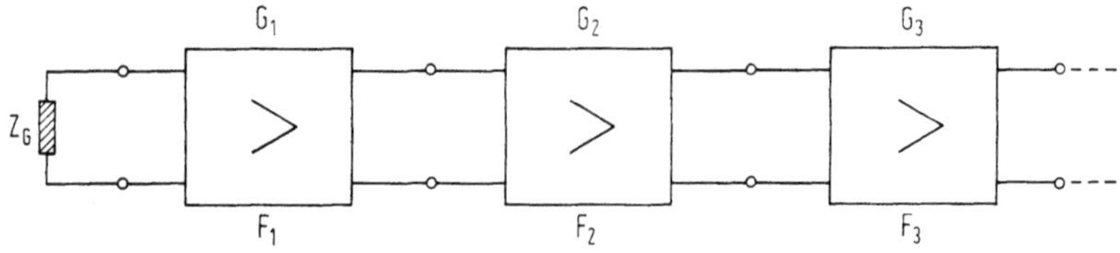

Abb. 62. Kaskadenschaltung von Verstärkern

Betrachtet man eine Kaskade von gleichen Verstärkern, so erhält man für die Rauschzahl der Gesamtanordnung

$$F=1+\frac{F_1-1}{1-1/G_{1v}}\equiv 1+M_1\,. \qquad (8/21)$$

Man bezeichnet den Bruch als Rauschmaß M, welches durch Haus [57] eingeführt wurde:

$$M = \frac{F-1}{1-1/G_v}. \qquad (8/22)$$

Hat man verschiedene Verstärker zur Auswahl, so erhält man die kleinste Gesamtrauschzahl, wenn der Verstärker mit dem kleinsten Rauschmaß am Anfang der Verstärkerkette liegt.

Der Ausdruck „Rauschmaß" wird außerdem in manchen Fällen zur Kennzeichnung des Rauschens von Zweipolen bzw. Oszillatoren herangezogen, worauf in Kapitel 14 eingegangen wird.

9 Rauschmeßtechnik

9.1 Meßprinzip

In der Praxis existiert die Aufgabe, die in Kapitel 8 beschriebenen Kenngrößen rauschender Verstärker zu messen. Beispielsweise soll die Rauschzahl in Abhängigkeit des Generatorwiderstandes bestimmt werden, um damit die Auswertung hinsichtlich anderer Kenngrößen zu ermöglichen. Allgemein wird man dabei versuchen, die Messung selbst möglichst ähnlich der Definition der entsprechenden Kenngrößen vorzunehmen.

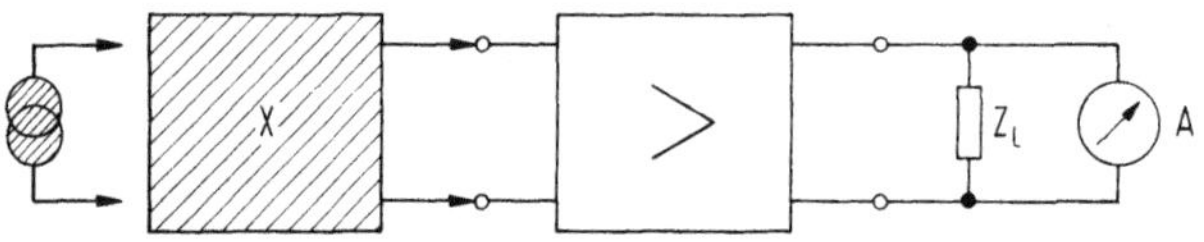

Abb. 63. Anordnung zum Messen des Rauschens eines Zweipols *X*

Abbildung 63 zeigt das Blockschema einer Rauschmeßanordnung. Man erkennt links das zu messende Objekt X, dessen Rauschstrom in einem Verstärker verstärkt und in einem Anzeigeinstrument A gemessen wird. Dieses Anzeigeinstrument soll ein Leistungs- oder Effektivwertmesser sein. Geeignet dazu ist beispielsweise ein Hitzdrahtinstrument, welches allerdings heute wegen seiner geringen Überlastbarkeit selten genommen wird. Handelsübliche Effektivwertmesser, welche im allgemeinen aus einem quadrierenden Glied und einem linear anzeigenden Instrument bestehen, sind dann für Rauschmessungen geeignet, wenn der sog. Crest-Faktor genügend groß ist, d.h. wenn der Effektivwert auch bei starker Abweichung von Sinusschwingungen genau angezeigt wird.

Bei bekannten Übertragungseigenschaften und bekanntem oder vernachlässigbarem Rauschen des Verstärkers kann damit das Rauschen des Meßobjektes unmittelbar bestimmt werden. Da jedoch diese Übertragungseigenschaften in der Praxis meist nicht genügend bekannt bzw. konstant sind, ist dieses Meßverfahren nicht sehr genau, und man ersetzt es dadurch, daß man anstelle des Meßobjektes (oder zusätzlich) einen geeichten Rauschgenerator benutzt. Bei *Ersatz* des Meßobjektes durch den Rauschgenerator wird dessen Rauschen solange verändert, bis am Anzeigeinstrument der gleiche Wert angezeigt wird, wie mit Meßobjekt; es ist dann das Rauschen des Meßobjektes gleich dem des Meßgenerators. Bei *Hinzuschalten* des Rauschgenerators wird die Rauschleistung des Rauschgenerators solange erhöht, bis die Leistungsanzeige den doppelten Wert erreicht; auch in diesem Fall ist wegen der fehlenden Korrelation zwischen Rauschen des Meßobjektes und Rauschen des Generators die Generatorrauschleistung gleich dem Rauschen des Meßobjektes, sofern das Rauschen des Verstärkers vernachlässigbar ist.

Obige Überlegungen setzen voraus, daß die Impedanzverhältnisse am Eingang des Verstärkers bei den entsprechenden Messungen unverändert bleiben. Dies bringt in der Praxis sehr große Schwierigkeiten, und es ist von Fall zu Fall der dadurch entstehende Fehler abzuschätzen. Ist beispielsweise der Rauschgenerator ein thermisch rauschender Widerstand, dessen Widerstandswert nicht von der Temperatur abhängt, so ist eine Messung beispielsweise dadurch möglich, daß die Temperatur dieses Widerstandes zunächst so weit abgesenkt wird, daß sein Rauschen vernachlässigbar ist; dann wird die Temperatur erhöht, bis eine verwertbare Änderung der Leistungsanzeige entsteht (z.B. Faktor 2). In der Praxis ist die Temperaturänderung sehr umständlich, und es werden häufig andere Rauschgeneratoren, z.B. Dioden benützt (Abschnitt 9.3).

Bei der oben beschriebenen Eichung wurde vorausgesetzt, daß der Meßverstärker selbst kein Rauschen beiträgt. Dies ist in der Praxis selten zu realisieren. Es ist vielmehr meist notwendig, dieses Rauschen des Verstärkers durch entsprechende Eichung zu bestimmen und in der Auswertung zu berücksichtigen. Eine besondere Methode, sehr geringes Rauschen zu messen, wird in Abschnitt 9.5 beschrieben.

Prinzipiell hat man die Möglichkeit, schmalbandige Rauschgeneratoren (z.B. Signalgeneratoren) oder breitbandige Rauschgeneratoren zu benutzen. Die Verwendung von Eichgeneratoren, deren spektrale Breite klein ist im Vergleich zur Bandbreite des Meßverstärkers, erfordern die Kenntnis der rauschäquivalenten Bandbreite des Meßverstärkers. Benutzt man – und dies ist der Normalfall – Rauschgeneratoren, die ein Spektrum abgeben, welches innerhalb der Meßbandbreite „weiß" ist, so kürzt sich bei der Auswertung die Bandbreite des Verstärkers heraus, und ihre Kenntnis ist nicht notwendig. Anders ausgedrückt: Man wählt meist eine Bandbreite des Meßverstärkers, die so klein ist, daß in ihr sowohl Rauschen des Meßobjektes als auch Rauschen des Rauschgenerators als „weiß" angesehen werden können. Ohne auf die Details des Meßaufbaues einzugehen, wird in Abschnitt 9.2 die Messung der Rauschzahl eines Verstärkers als eines der wichtigsten Beispiele beschrieben. Im übrigen wird auf die Literatur [9, S. 44], [50] und [242] verwiesen (siehe auch Schrifttum in [243]).

9.2 Messung der Rauschzahl

Die Meßanordnung ist in Abb. 64 skizziert. Als Rauschgenerator wird hier eine Hochvakuumdiode benutzt. Unter der meist erfüllten Annahme, daß der

Testverstärker X eine so große Verstärkung hat, daß der nachfolgende Meßverstärker keinen meßbaren Rauschbeitrag liefert, ist der Meßvorgang ziemlich einfach. Man führt zwei Messungen durch: Bei der ersten Messung liefere beispielsweise der Rauschgenerator keinen Beitrag. Die Anzeige ist dann bezogen auf das Klemmenpaar 2–2 gleich N_2 gemäß Abb. 56 bzw. Gl. (8/6). Stellt man bei der zweiten Messung den Rauschgenerator so ein, daß der Ausschlag verdoppelt ist, so ist bezogen auf die Klemmen 2–2 die Rauschleistungs gleich $2N_2 = N_2 + GN_{RG}$ und $N_{RG} = N_2/G$ damit bestimmt. N_1 ist definitionsgemäß die vom Generatorwiderstand abgegebene Rauschleistung, also ist damit nach Gl. (8/6) die Rauschzahl bestimmt.

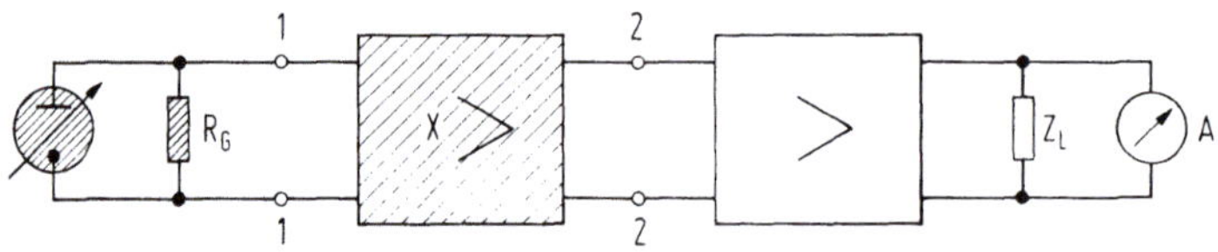

Abb. 64. Anordnung zur Messung der Rauschzahl eines Verstärkers X mit R_G auf der Temperatur T_0

Besonders einfach sind die Verhältnisse für Anpassung; in diesem Fall erfolgt die Auswertung nach Gl. (8/12).

9.3 Rauschquellen [244]

(a) Thermische Rauschquellen

Ein Widerstand gibt bei Anpassung die Rauschleistung $kT\Delta f$ ab, bei Fehlanpassung entsprechend dem Widerstandsverhältnis weniger (Gl. 3/2). Es sei nun Anpassung angenommen und der Eichwiderstand einmal auf einer sehr tiefen Temperatur (z.B. 4 K) und zum anderen auf einer höheren Temperatur (z.B. 300 K). Wenn an der Meßanordnung nach Abb. 64 dieser Rauschwiderstand ständig angeschlossen ist, so erhält man für die beiden Temperaturwerte zwei unterschiedliche Anzeigen: P_1 und P_2. Kennzeichnet man mit T_r die Rauschtemperatur des Meßobjektes, so gilt

$$P_1 = C(T_r + T_1), \quad P_2 = C(T_r + T_2).$$

Dabei beinhaltet die Konstante C die Übertragungseigenschaften des Meßverstärkers. Bezeichnet man das Verhältnis der beiden Anzeigen mit x, so erhält man für die Rauschtemperatur den nachstehend angegebenen Wert

$$\frac{P_2}{P_1} = \frac{T_r + T_2}{T_r + T_1} = x, \quad T_r = \frac{T_2 - xT_1}{x - 1}. \tag{9/1}$$

Für die im vorhergehenden Abschnitt angegebene Verdoppelung des Ausschlages ($x = 2$) und eine sehr kleine Temperatur T_1 erhält man hieraus die einfache

Beziehung $T_r = T_2$, die, wie im vorhergehenden Abschnitt angegeben, anzeigt, daß das Rauschen des Eichgenerators gleich dem, auf die Eingangsklemmen bezogenen Rauschen des Meßobjektes ist.

Dieses Meßverfahren ist geeignet für die Messung von Rauschtemperaturen in der Größenordnung der Zimmertemperatur. Die Messung ist wegen der erforderlichen Kühlung umständlich, aber im allgemeinen sehr genau.

(b) Diodenrauschquellen

Für die Praxis bequemer ist die Verwendung einer Hochvakuumdiode, die einen durch den Strom einstellbaren Schrotstromgenerator darstellt. Abbildung 65 zeigt das Ersatzschaltbild der Diode. Im wesentlichen stellt die Diode

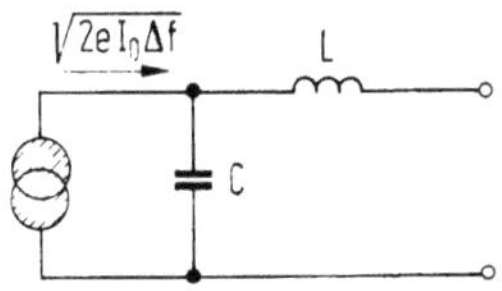

Abb. 65. Ersatzschaltbild einer Rauschdiode

als Last eine Kapazität dar; die Zuleitungsinduktivität wirkt sich nur bei sehr hohen Frequenzen aus. Der angegebene Rauschstrom gilt bis zu Frequenzen, die genügend kleiner als die reziproke Laufzeit der Ladungsträger sind; diese Grenze liegt meist bei einigen 100 MHz. Mit typischen Werten von $L = 10^{-8}$ H und $C = 2$ pF ([9, S. 46]) ist der durch Vernachlässigung des L-C-Gliedes entstehende Fehler etwa 14 % bei 300 MHz. Der Diodenstrom I_0 muß jeweils durch die Kathodentemperatur eingestellt werden, damit die Diode in Sättigung betrieben wird. Bei sehr tiefen Frequenzen (unter einigen 100 Hz) kann der Funkeleffekt ($1/f$-Rauschen) der Diode störend sein. Da der Funkeleffekt proportional zu I_0^2, der Schroteffekt aber proportional zu I_0 ist, kann überprüft werden, ob Funkelrauschen beteiligt ist [9].

Werden mit einer Anordnung nach Abb. 64 Messungen vorgenommen, so kann beispielsweise folgendermaßen vorgegangen werden:

Erste Messung: $I_0 = 0$. Am Ausgang erhält man den Ausschlag P_1.

Zweite Messung: Man wählt I_0 so, daß am Ausgang die Leistung $P_2 = 2P_1$ entsteht. In diesem Fall ist, falls parallel zur Diode ein Widerstand R_G liegt, der auf der Temperatur $T_0 = 290$ K ist, die Rauschzahl des Verstärkers mit Hilfe von Gl. (8/12) gegeben durch [50]

$$F = \frac{(2eI_0\Delta f R_G)/4 + kT_0\Delta f}{kT_0\Delta f} = 20\frac{I_0 R_G}{\text{Volt}} + 1\,. \tag{9/2}$$

(c) Gasentladungsrauschquellen

Insbesondere in der Mikrowellentechnik ist die Verwendung von Gasentladungsröhren als Rauschgeneratoren üblich. Abbildung 66 zeigt die Anordnung, bei welcher eine Gasentladungsröhre in einem Hohlleiter als Rauschquelle untergebracht ist und über ein geeichtes Dämpfungsglied der Dämpfung a mit dem zu messenden Objekt (einem Vierpol) verbunden ist. Die Gasentladungsrauschquelle ist zur besseren Anpassung schräg in den Hohlleiter eingebaut. Sie enthält ein Edelgas (z.B. Argon) mit einem Druck zwischen 13 und 18 mbar. Bei einem typischen Entladungsstrom zwischen 10 und 100 mA liegt die von den Betriebsparametern ziemlich unabhängige Rauschtemperatur einer Xe-Rauschquelle in der Größenordnung von $T_{Gas} = 10\,000$ K [50]. Da die Rauschtemperatur dieses Generators so gut wie nicht verändert werden kann, wird die an den Vierpol abgegebene Rauschleistung durch ein geeichtes Dämpfungsglied variiert, wobei zu beachten ist, daß dieses selbst

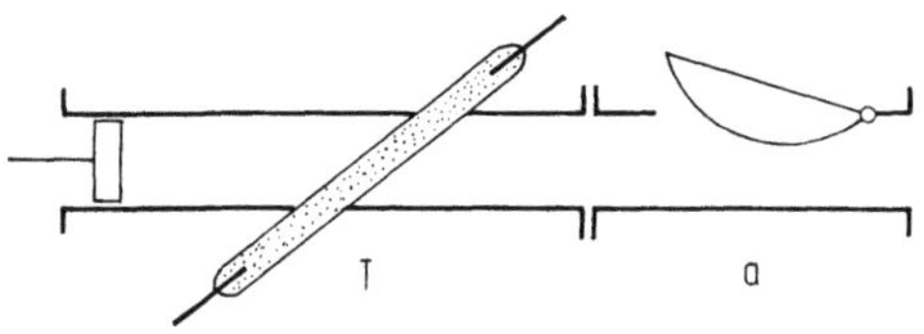

Abb. 66. Mikrowellen-Rauschgenerator (Gasentladungsröhre mit Dämpfungsglied)

thermisch rauscht. Die Rauschtemperatur des zu messenden Objektes erhält man aus

$$T_r = \frac{T_{Gas}}{a} + T_0\left(\frac{a-1}{a}\right). \qquad (9/3)$$

Dabei ist a die Leistungsdämpfung ($1 \leqq a \leqq a_{max}$), welche eingestellt werden muß, um die Rauschleistung am Verstärkerausgang gegenüber dem Wert bei abgeschaltetem Rauschgenerator zu verdoppeln. Geeignet ist dieses Verfahren zur Messung von Rauschtemperaturen, die genügend größer als die Zimmertemperatur sind.

9.4 Korrelationsmeßmethode

Besonders kleine Rauschleistungen können mit einer Anordnung nach Abb. 67 gemessen werden [9]. Die zu messende Rauschleistung wird dazu zunächst

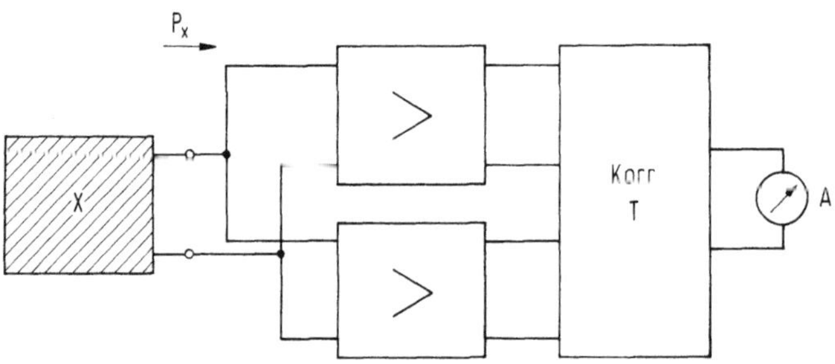

Abb. 67. Anordnung zum Messen kleinster Rauschleistungen

geteilt und zwei gleich aufgebauten, möglichst rauscharmen Verstärkern zugeführt. An den Ausgängen dieser Verstärker tritt dann das verstärkte Eingangsrauschen und das Eigenrauschen der Verstärker auf. Legt man diese Ausgänge an einen Korrelator (Multiplikator mit anschließender Mittelung), so ist sein Ausgangssignal proportional der zu messenden Rauschleistung, da nur dieser Rauschanteil in den beiden Kanälen korreliert ist. Das Rauschen der beiden Verstärker ist unkorreliert und gibt bei genügend langer zeitlicher Mittelung keinen Ausschlag.

Die Unterdrückung des Verstärkerrauschens beruht auf einer der Messung einer zeitlich konstanten Größe P_x angepaßten extrem kleinen effektiven Bandbreite von der Größenordnung des Kehrwertes der Mittelungszeit T. In der Praxis können mit dieser Methode Rauschleistungen gemessen werden, die um Größenordnungen kleiner sind als das auf die Eingangsklemmen bezogene Verstärkerrauschen des Meßverstärkers.

Für eine genauere Betrachtung der Unterdrückung des Rauschens der Meßverstärker ist folgendes zu beachten: Das Rauschen der Meßverstärker kann beschrieben werden durch je einen Spannungsgenerator u und einen Stromgenerator i am Eingang (z.B. wie in Abb. 54f). Diese Rauschgeneratoren erzeugen über die Impedanz des Meßobjektes eine korrelierte Komponente, so daß auch für unendlich lange Integrationszeit ($T \to \infty$, $B \to 0$) die Rauschunterdrückung nur endlich ist. Je nach den Verhältnissen u/i, im Vergleich zu der Impedanz des Meßobjektes und der Impedanz der Meßverstärker ist es dann günstiger die Meßverstärker parallel zum Meßobjekt X oder in Serie mit X zu schalten.

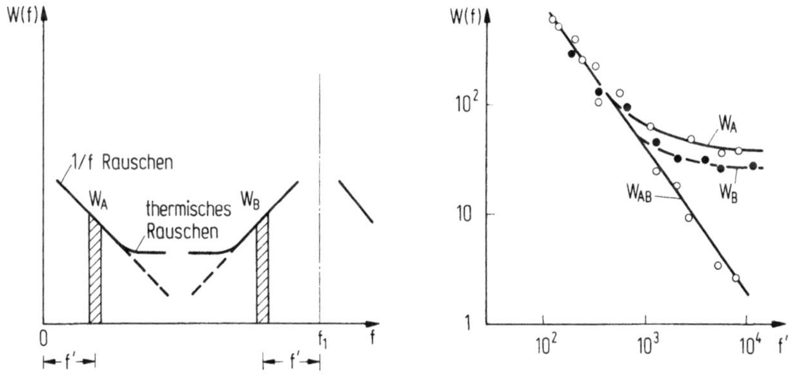

Abb. 68. Rauschspektren bei Modulation des Probenstromes bei der Frequenz f_1 nach [58]

Abbildung 68 zeigt ein auf analoge Weise gemessenes $1/f$-Rauschen [58, 59]. Hier wird dem durch die Probe fließenden Gleichstrom ein Wechselstrom der Frequenz f_1 überlagert, wobei das vom Strom durch die Probe abhängige Rauschen in die Umgebung von f_1 transformiert wird. Die Messung der Rauschspektren W_A *oder* W_B gibt das $1/f$-Rauschen nur im Bereich, in welchem es größer als das thermische Rauschen ist. Das Kreuzspektrum W_{AB}

hingegen unterdrückt das thermische Rauschen, da dieses bei den Frequenzen f und $f_1 - f$ unkorreliert ist, während die $1/f$-Komponenten wegen des Modulationseffektes korreliert sind und so in einem Bereich gemessen werden können, in welchem sie kleiner als thermisches Rauschen sind.

9.5 Messung der Korrelation

Der Korrelationskoeffizient kann mit Hilfe eines Korrelators gemäß Abschnitt 9.4 gemessen werden. Diese Messung entspricht (abgesehen von der Normierung) direkt der Definition nach Gl. (1/9). Wie in Gl. (1/8) angegeben, bestimmt der Korrelationskoeffizient die Addition von Rauschgrößen.

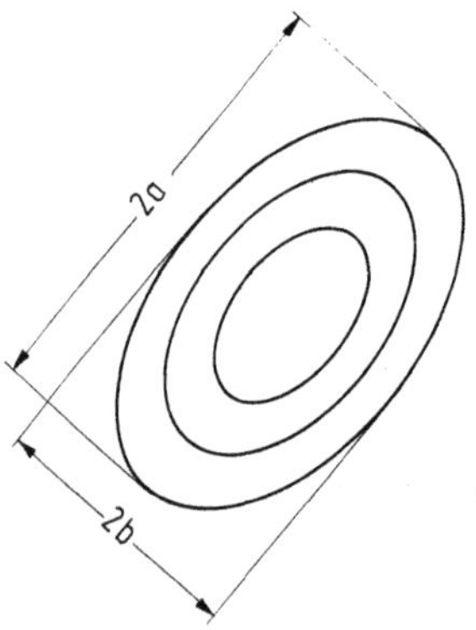

Abb. 69. Streudiagramm für $c_{12}=0{,}5$; Konturen gleicher Häufigkeit für zwei Rauschgrößen mit Gauß-Verteilung nach [60]

Man kann daher auch aus der Addition den Korrelationskoeffizienten bestimmen:

$$\overline{a_1 a_2} = c_{12}\sqrt{\overline{a_1^2}\,\overline{a_2^2}} = \frac{1}{4}\left(\overline{(a_1+a_2)^2} - \overline{(a_1-a_2)^2}\right). \qquad (9/4)$$

Die Korrelationsfunktion $\varrho_{12}(\tau)$ kann analog unter Zuhilfenahme eines Verzögerungsgliedes für ein schmales Frequenzband (Abschnitt 2.5) ermittelt werden; dies hat jedoch keine besondere praktische Bedeutung.

Für die Praxis sehr geeignet ist die Ermittlung des Korrelationskoeffizienten mit Hilfe des Streudiagramms (Abb. 3). Mit der Annahme bestimmter Wahrscheinlichkeitsverteilungen der beiden Rauschgrößen a_1 und a_2 (z.B. Gaußsche Verteilungen), läßt sich bei gegebener Korrelation leicht die Intensitätsverteilung (Helligkeit) am Oszillographenschirm ermitteln [60]. Kurven konstanter Intensität sind demnach Ellipsen (Abb. 69), aus deren Achsenverhältnis der Korrelationskoeffizient nach Gl. (9/5) bestimmt werden kann:

$$c_{12} = \frac{1-(b/a)^2}{1+(b/a)^2}. \qquad (9/5)$$

Für beispielsweise das in Abb. 3 gezeigte Streudiagramm ergibt sich damit $c_{12}=0{,}67$.

9.6 Erforderliche Mindestmeßzeit

Bei den Definitionen zeitlicher Mittelwerte, insbesondere auch bei der Definition des Schwankungsquadrates, läßt man den Zeitabschnitt T, über welchen gemittelt wird, gegen Unendlich gehen. In der Praxis mittelt ein Meßinstrument nur über einen Zeitabschnitt, der durch die Ansprechzeitkonstante des Instrumentes gegeben ist und typische Werte zwischen 0,1 und 1 s hat. Fränz [61] hat bereits sehr früh erkannt, daß die Meßgenauigkeit von Rauschmessungen von der Mittelungszeitkonstante τ_M und der Bandbreite B des zu messenden Rauschens bestimmt wird.

Zur Berechnung dieses Effektes betrachte man das Meßinstrument als eine Kombination aus Gleichrichter, Filter und trägheitslosem Anzeigeinstrument [62] (Abb. 70). Die Anzeigeträgheit wird dabei durch das Filter dargestellt, welches als RC-Glied mit der Zeitkonstante τ_M ausgebildet ist. Die Übertragungsfunktion dieses RC-Gliedes ist gegeben durch (Abschnitt 7.1)

$$|\ddot{U}(f)|^2 = \frac{1}{1+(2\pi f \tau_M)^2}\,. \tag{9/6}$$

Unter Bezug auf Abb. 47 stellt $W_e(f)$ das zu messende Rauschen dar, $W_a(f)$ ist das Spektrum nach dem (meist auch tatsächlich vorhandenem) Gleichrichter. Dieses Spektrum hat einen Gleichanteil $W_= = 8B^2W_0^2\delta(f)$ und einen Wechselanteil $W_\sim(f) = 8W_0^2(B-f)$, der die unerwünschten Schwankungen

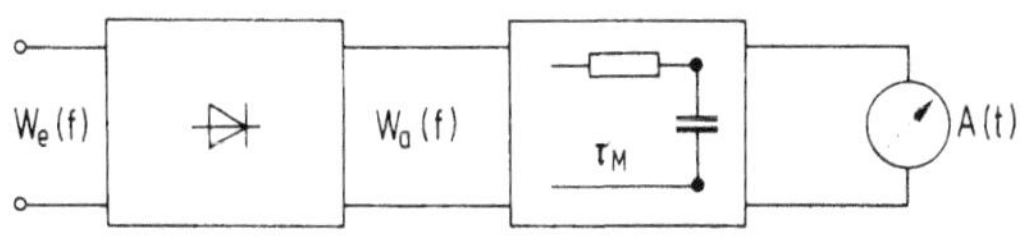

Abb. 70. Ersatzschaltbild für ein Rauschmeßgerät

des Anzeigeinstrumentes bewirkt. (Die Dimensionen der spektralen Leistungsdichten W_0, $W_=$ und $W_\sim$ sind unterschiedlich.) Der Gleichanteil des Spektrums liefert integriert den Mittelwert $\bar{A}$ der Anzeige:

$$\bar{A}^2 = \int_0^\infty W_=(f)\,\mathrm{d}f = 4B^2W_0^2\,, \quad \bar{A} = 2BW_0\,. \tag{9/7}$$

Wegen der endlichen Trägheit des Anzeigeinstrumentes wird der Wechselanteil reduziert (RC-Filter). Das Integral über diesen gefilterten Wechselanteil ist das Schwankungsquadrat $\overline{a^2}$ der Anzeige:

$$\overline{a^2} = \int_0^\infty |\ddot{U}(f)|^2 W_\sim(f)\,\mathrm{d}f\,. \tag{9/8}$$

Setzt man die Übertragungsfunktion nach Gl. (9/6) ein, so ergibt sich

$$\overline{a^2} = \frac{8B^2W_0^2}{2\pi B\tau_M}\left\{\arctan 2\pi B\tau_M - \frac{1}{2}\,\frac{\ln[1+(2\pi B\tau_M)^2]}{2\pi B\tau_M}\right\} \tag{9/9}$$

und mit der Näherung für große Werte von $B\tau_M$

$$\overline{a^2} = \frac{2BW_0^2}{\tau_M} . \qquad (9/10)$$

Das Anzeigeinstrument ist linear (der Gleichrichter ist bereits berücksichtigt), so daß die mittlere Abweichung $\sqrt{\overline{a^2}}$ interessiert. Diese bezogen auf den Mittelwert der Anzeige $\bar{A}$ ergibt die mittlere relative Abweichung vom Meßwert (für $B\tau_M \gg 1$):

$$\frac{\sqrt{\overline{a^2}}}{\bar{A}} = \frac{1}{\sqrt{2B\tau_M}} = \sqrt{\frac{N}{S}} . \qquad (9/11)$$

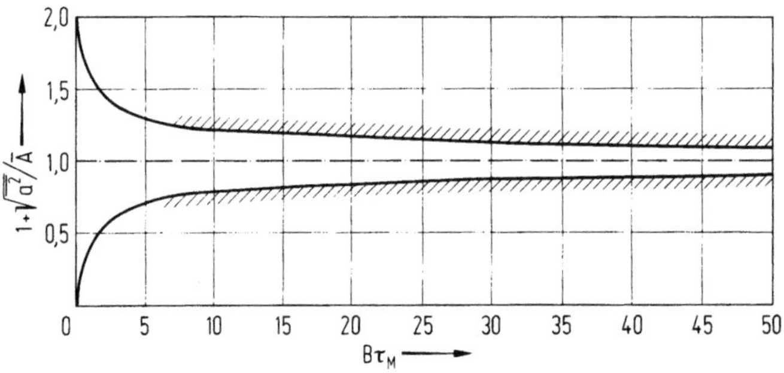

Abb. 71. Meßfehler (Schwankungsquadrat) als Funktion der normierten Meßbandbreite (Bandbreite-Integrationszeitkonstante-Produkt) nach [61, 62]

Die Beziehung $1 \pm \sqrt{\overline{a^2}}/\bar{A}$ ist in Abb. 71 aufgetragen; das Bild zeigt den Bereich, in welchem die Anzeigenadel im Mittel schwankt. Man erkennt daraus, daß für eine Meßgenauigkeit von einigen Prozent ein Produkt $B\tau_M > 100$ erforderlich ist. Für Rauschbandbreiten $B > 1$ kHz ist diese Bedingung für normale Meßinstrumente meist erfüllt. Für die Messung von Schmalbandrauschen (z.B. $B = 10$ Hz) ist im allgemeinen eine Erhöhung der Mittelungszeitkonstante τ_m (z.B. durch RC-Glieder) erforderlich ($\tau_M \geqq 10$ s für obiges Beispiel).

10 Dioden

Abbildung 72 zeigt die verschiedenen Stromflußmechanismen in der Raumladungszone einer Halbleiterdiode. Rechts ist jeweils der physikalische Vorgang gekennzeichnet, links ist angegeben, ob dieser Stromanteil bei Sperr- oder bei Flußpolung überwiegt. Die obersten vier Strompfeile kennzeichnen die in diffusionsbegrenzten *pn*-Dioden maßgebenden Stromflußmechanismen. Bei Sperrpolung fließt praktisch nur der Driftstrom (Komponenten 2 und 4), bei Flußpolung überwiegen die Diffusionsströme (1 und 3) und bei $U=0$ kompensieren sich jeweils Drift- und Diffusionsstrom, so daß (wegen des detaillierten Gleichgewichtes) sowohl der Löcherstrom als auch der Elektronenstrom Null ist. *pn*-Dioden, bei welchen diese vier Stromkomponenten maßgebend sind, haben eine Kennlinie gemäß (z.B. [12])

$$I=I_s\left[\exp\left(\frac{eU}{kT}\right)-1\right]. \tag{10/1}$$

Sie tritt auf, wenn Generation und Rekombination in der Raumladungszone vernachlässigbar sind. Dies ist der Fall, wenn im Halbleiter mit direktem Übergang das Verhältnis von Diffusionslänge L zur Weite l der Raumladungszone groß gegen 1 ist, bzw. im Halbleiter mit indirektem Übergang L/l groß gegen das Verhältnis N/n_i ist (mit N gleich Dotierungsdichte; s. z.B. [11]).

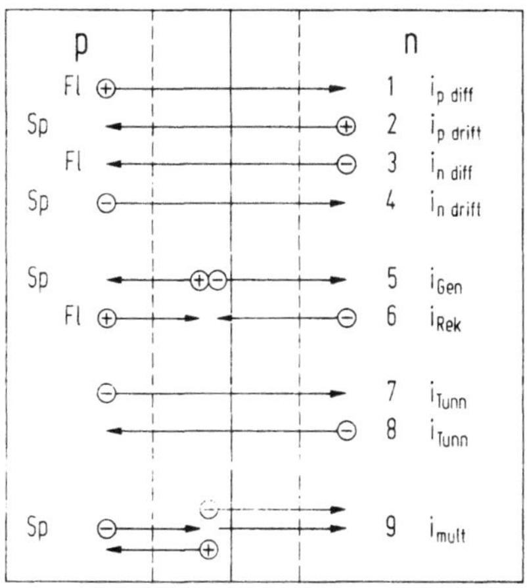

Abb. 72. Stromflußmechanismen in der Raumladungszone einer *pn*-Diode

In Dioden aus Halbleitermaterial mit indirektem Übergang, wie z.B. in Siliziumdioden, wird insbesondere bei Sperrpolung der mit 5 gekennzeichnete Generationsstrom maßgebend sein. In diesem Fall überwiegt die Trägergeneration in der Raumladungszone gegenüber der in den neutralen Zonen. Bei Flußpolung tritt an die Stelle der Generation die Rekombination (Komponente 6), bei $U=0$ halten sich Generation und Rekombination das Gleichgewicht. Die diesen Verhältnissen entsprechende Kennliniengleichung genügt Gl. (10/2) und unterscheidet sich gegenüber Gl. (10/1) durch den Faktor $n \approx 2$ im Exponenten:

$$I = I_s \left[\exp\left(\frac{eU}{nkT} \right) - 1 \right]. \tag{10/2}$$

Bei sehr hohen Dotierungen wird die Weite der Raumladungszone so klein, daß Ladungsträger sie durchtunneln können (Komponenten 7 und 8).

Bei hohen Sperrspannungen führt meist die lawinenartige Ladungsträgererzeugung in der Raumladungszone zum Durchbruch [12]. Diese Betriebsart ist für Fotodioden von Interesse und wird daher in Abschnitt 13.6 beschrieben. Dies ist deshalb zweckmäßig, weil als Maß für das Rauschen des Lawineneffektes eine Rauschzahl benutzt wird; diese erfordert die exakte Definition von Eingangssignal (Rate der optisch erzeugten Ladungsträger) und Ausgangssignal (von der Fotodiode abgegebener Strom).

Der Lawineneffekt wird auch in Impattdioden (Halbleiter-Mikrowellengeneratoren) benutzt (z.B. [11]); darauf wird in Kapitel 14 (Oszillatorrauschen) eingegangen. Ein anderer Mikrowellengenerator, die Gunn-Diode, wird in den Abschnitten 10.8 und 14.8 behandelt.

Alle Strommechanismen von 1 bis 8 verursachen als Folge der Ladungsträgerbewegung in der Raumladungszone Influenzstromimpulse in den Zuleitungen und damit Schrotrauschen. Dies ist meist der dominierende Rauschmechanismus in Dioden.

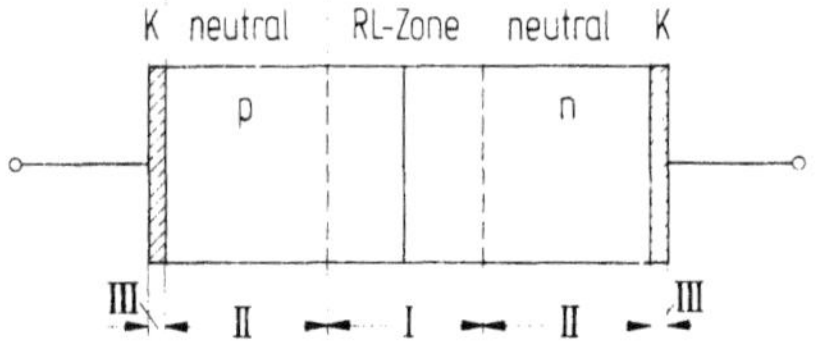

Abb. 73. Zoneneinteilung einer *pn*-Diode

Abbildung 73 zeigt schematisch die verschiedenen Bereiche einer *pn*-Diode. Bereich I (die Raumladungszone) wurde bereits beschrieben. Die neutralen Zonen (Bereich II) sind nahezu im thermischen Gleichgewicht. In ihnen entsteht thermisches Rauschen der sog. Bahnwiderstände. An den Kontakten (Zonen III) kann Kontaktrauschen auftreten, welches aber bei kleineren Kontaktwiderständen (hohe Dotierung, z.B. [11, 63]) nur einen geringen Spannungsabfall hervorruft und vernachlässigt werden kann.

In den Abschnitten 10.1 und 10.3 werden die verschiedenen Schrotstrommechanismen beschrieben; in erster Näherung entsteht in allen Fällen volles Schrotrauschen nach Gl. (4/1). Das Ersatzschaltbild von Dioden wird in Abschnitt 10.4 gebracht. In den Abschnitten 10.5 und 10.7 werden zwei typische Anwendungsfälle (Diodenmischer und parametrischer Verstärker) beschrieben.

10.1 Diffusionsbegrenzter Diodenstrom

Normalerweise ist der Strom einer in Flußrichtung gepolten *pn*-Diode begrenzt durch die Diffusion der injizierten Minoritätsträger in den neutralen Zonen. In der Raumladungszone fließen dann die mit 1 und 3 gekennzeichneten Ströme. Bei Sperrpolung überwiegen bei Germaniumdioden meist die in den neutralen Zonen erzeugten Ladungsträger, so daß die mit 2 und 4 gekennzeichneten Stromkomponenten fließen; bei Siliziumdioden hingegen überwiegt bei Sperrpolung meist die Generation in der Raumladungszone (Komponente 5). In Abschnitt 10.1 werden nur die Komponenten 1 bis 4 behandelt (Komponente 5: Abschnitt 10.2).

Jeder dieser Ströme ruft Schrotrauschen hervor; da die vier Stromkomponenten als unabhängig angenommen werden können, sind ihre entsprechenden Schwankungsquadrate (oder Leistungsspektren) zu addieren. Betrachten wir zunächst den einfachen Fall der Sperrpolung.

(*a*) *Sperrpolung*

In diesem Fall fließen bei genügend hoher Sperrspannung nur die Stromkomponenten 2 und 4, da die Potentialbarriere zwischen *p*- und *n*-Zone so groß ist, daß die thermische Energie der Ladungsträger nicht ausreicht, diese zu überwinden. Die beiden zugehörigen Gleichstromkomponenten I_2 und I_4 haben gleiches Vorzeichen und ergeben in ihrer (algebraischen) Summe den Sperrsättigungsstrom $|I_2|+|I_4|=I_2+I_4=I_s$. Für das Schrotrauschen dieser beiden Komponenten erhält man daher

$$\overline{i_{24}^2}=\overline{i_2^2}+\overline{i_4^2}=2e(|I_2|+|I_4|)\Delta f=2eI_s\Delta f\,. \tag{10/3}$$

Die Halbleiterdiode liefert also bei Sperrpolung normales Schrotrauschen des Diodenstromes.

(*b*) *Beliebige Spannung*

Da auch bei Flußpolung eine Potentialbarriere zwischen *p*- und *n*-Bereich bestehen bleibt (U_D-U liegt am *pn*-Übergang: z.B. [12, Kapitel 7]), fließen die Stromkomponenten I_2 und I_4 etwa unvermindert weiter. Der Gesamtstrom I setzt sich aus allen vier Komponenten zusammen, von denen jedoch die Komponenten 1 und 3 entgegengesetztes Vorzeichen haben wie 2 und 4. Es gilt also

$$I = I_1 - I_2 + I_3 - I_4 = I_1 + I_3 - I_s ,$$

$$|I_1| + |I_3| = I_1 + I_3 = I + I_s ,$$

$$\overline{i_{13}^2} = 2e(I + I_s)\Delta f .$$

Mit Gl. (10/3) erhält man daher für das ganze Schwankungsquadrat

$$\overline{i^2} = \overline{i_{13}^2} + \overline{i_{24}^2} = 2e(I + 2I_s)\Delta f . \tag{10/4}$$

Die Gl. (10/4) gilt allgemein, also auch für Sperrpolung; in diesem Fall ist $I = -I_s$ nach Gl. (10/1), und man erhält aus Gl. (10/4) die Gl. (10/3). Für

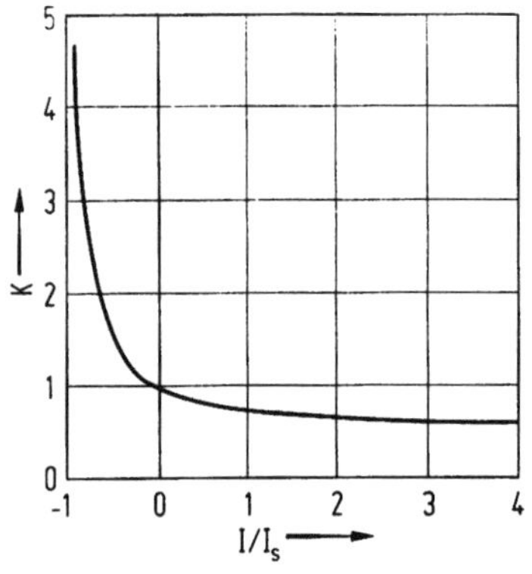

Abb. 74. Korrekturfaktor für „thermisches" Rauschen der Kleinsignalimpedanz einer *pn*-Diode

starke Flußpolung ist $I \gg I_s$, und man erhält $\overline{i^2} = 2eI\Delta f$. Für $U = 0$ erhält man nicht $\overline{i^2} = 0$, sondern (wegen $I = 0$)

$$\overline{i^2} = 4eI_s\Delta f . \tag{10/5}$$

Dieses Ergebnis erhält man deshalb, weil für $U = 0$ sich nur die Gleichströme kompensieren. Das Rauschen muß in diesem Fall gleich dem thermischen Rauschen sein. Bei vernachlässigbaren Bahnwiderständen ist der Kleinsignalleitwert einer *pn*-Diode gegeben durch (z.B. [12, Kapitel 7])

$$g_0 = \frac{\mathrm{d}I}{\mathrm{d}U} = \frac{e}{kT}(I + I_s). \tag{10/6}$$

Für $U = 0$ ist $g_0 = I_s e/kT$, und damit erhält man für Gl. (10/5)

$$\overline{i^2} = 4kTg_0\Delta f . \tag{10/7}$$

Vergleicht man generell das Schrotrauschen der *pn*-Diode mit dem thermischen Rauschen ihres Kleinsignalleitwertes, so erhält man formal aus den Gln. (10/4) und (10/6)

$$\overline{i^2} = K4kTg_0\Delta f$$

mit

$$K = \frac{1}{2}\left(1 + \frac{I_s}{I + I_s}\right). \tag{10/8}$$

Der Korrekturfaktor K ist in Abb. 74 als Funktion des Diodenstromes I aufgetragen. Man erkennt, daß er nur für $U=0$ den Wert 1 hat, die *pn*-Diode also gleiche Leistung abgibt wie ein entsprechender Widerstand; bei Sperrpolung rauscht die Diode mehr, bei Flußpolung weniger (d.h. sie „kühlt").

Zusammenfassend kann man sagen, daß die *pn*-Diode sowohl bei Fluß- als auch bei Sperrpolung Schrotrauschen des jeweiligen Gleichstromes abgibt. Nur in der Umgebung von $U=0$ gilt dies nicht; speziell bei $U=0$ rauscht die Diode wie der entsprechende Kleinsignalleitwert:

$$\begin{aligned} &U<0, \quad I=-I_s\text{: } W_i = 2eI_s\,, \\ &U>0, \quad I \gg I_s\text{: } W_i = 2eI\,, \\ &U=0, \quad I=0\text{: } W_i = 4kTg_0\,. \end{aligned} \tag{10/9}$$

Dieses Ergebnis gilt übrigens auch näherungsweise für Dioden mit Generation oder Rekombination in der Raumladungszone. Der an diesen Details nicht so interessierte Leser kann daher gleich zu Abschnitt 10.4 übergehen.

10.2 Dioden mit Generation-Rekombination in der Raumladungszone

Abbildung 75 zeigt schematisch eine thermische (oder optische) Trägergeneration am Ort x_0. Unter dem Einfluß des elektrischen Feldes (auch bei Flußpolung bleibt wegen der Diffusionsspannung noch eine Feldstärke in der eingezeichneten Richtung) driften daher die erzeugten Ladungsträger wie eingezeichnet. Jeder der Ladungsträger erzeugt einen Influenzstromimpuls (z.B. [11, Kapitel 7.2]). Die transportierte Ladung ist jeweils kleiner als die Elementarladung, da zwar der Influenzstrom (bei gesättigter Trägergeschwindigkeit) gleich groß ist wie im Fall der Stromkomponente 1 bis 4, die zurückgelegte Strecke und damit die Stromflußdauer jedoch kleiner ist. Transportiert beispielsweise das Elektron die Ladung $k_1 e$, so transportiert das Loch die Ladung $(1-k_1)e$; beide zusammen transportieren die Ladung e.

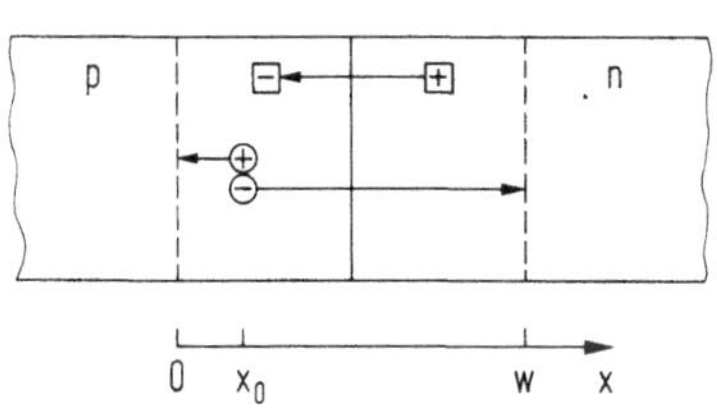

Abb. 75. Ladungsträgergeneration am Ort x_0 einer *pn*-Diode

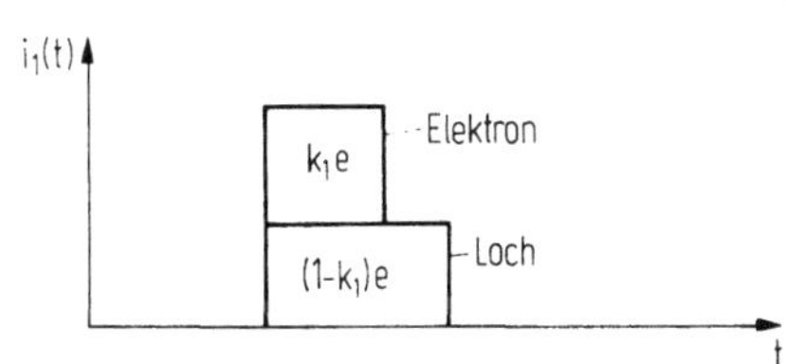

Abb. 76. Influenzstrom eines korreliert erzeugten Ladungsträgerpaares

Prinzipiell kann man nun zwei Fälle unterscheiden:

(*a*) *Korreliert erzeugtes Ladungsträgerpaar* (Abb. 76). Es entsteht dann ein Ladungsträgerimpuls der Ladung e. Dies ergibt für Frequenzen, die klein gegen den Kehrwert der längeren der beiden Laufzeiten sind, ein Leistungsspektrum

$$W_{i0} = 2eI_0 . \tag{10/10}$$

Die besondere Impulsform hat nur einen Einfluß auf den hochfrequenten Abfall des Leistungsspektrums.

(*b*) *Nicht korreliert erzeugtes Trägerpaar.* Dies ergibt unabhängige Impulse gemäß Abb. 77. Die Elektronen liefern einen Rauschanteil $W_{in} = 2(k_1 e) I_n$, der zum Rauschanteil der Löcher $W_{ip} = 2(1-k_1) eI_p$ zu addieren ist. Da Elektronen und Löcher mit gleicher Häufigkeit erzeugt werden und die transportierten Ladungen je Impuls $k_1 e$ bzw. $(1-k_1)e$ sind, gilt $I_n = k_1 I$ und $I_p = (1-k_1) I$. Damit erhält man durch Summation der beiden Spektren W_{in} und W_{ip} den „weißen" Anteil des Schrotspektrums für Trägererzeugung am Ort x_0. Die Größe k_1 ist abhängig vom Erzeugungsort; für Trägererzeugung in der ganzen Raumladungszone hat man daher entsprechend zu mitteln und erhält

$$W_{i0} = 2eI[\overline{k_1^2} + \overline{(1-k_1)^2}] = 2eI\Gamma^2 . \tag{10/11}$$

Je nach Annahme über den Generationsort erhält man verschiedene Werte für den Klammerausdruck Γ^2 [64–68]. Die einfachsten Verhältnisse für Fall (b) erhält man mit $k_1 = 1/2$. Dies entspricht einer Trägererzeugung in der Mitte (z.B. bei einer symmetrischen Heterodiode). Dann ergeben sich lauter unkorrelierte Impulse der Ladung $e/2$ und folglich nach Kapitel 4 oder mit

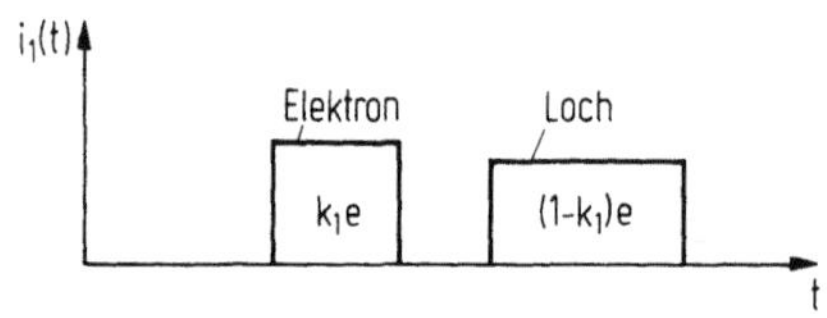

Abb. 77. Influenzstrom eines unkorreliert erzeugten Ladungsträgerpaares

Gl. (10/11) ein (weißes) Leistungsspektrum:

$$W_{i0} = 2\left(\frac{e}{2}\right) I = eI . \tag{10/12}$$

Für homogene Ladungserzeugung in der Raumladungszone erhält man gemäß Abb. 78 sowohl für $\overline{k_1^2}$ als auch für $\overline{(1-k_1)^2}$ den Wert 1/3 und damit nach Gl. (10/11)

$$W_{i0} = 2eI\frac{2}{3} . \tag{10/13}$$

Alle anderen Annahmen bezüglich der Generationsorte ergeben Korrekturfaktoren (Klammerausdruck in Gl. (10/11) zwischen 1/2 und 1.

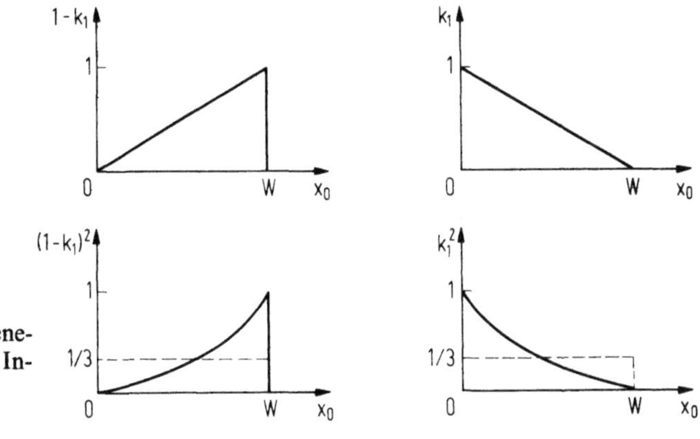

Abb. 78. Einfluß des Generationsortes x_0 auf den Influenzstrom

Experimentelle Ergebnisse ergeben für den Korrekturfaktor sowohl Werte von 1 [67] als auch solche von 2/3 [65]. Eine Unterscheidung zwischen den Fällen (a) und (b) sollte sich je nach Art der Rekombination ergeben; etwa: Band-Band-Generation in „direkten" Halbleitern: Fall (a). Rekombination über Traps für Frequenzen über der mittleren reziproken Aufenthaltsdauer der Ladungsträger in Traps: Fall (b).

Die eben angestellten Betrachtungen gelten für Sperrpolung, da nur der Generationsstrom berücksichtigt wurde. Für den Rekombinationsstrom bei Flußpolung (Komponente 6 in Abb. 68) gelten ganz analoge Überlegungen, und man erhält daher (in Analogie zu Gl. (10/4)) für Dioden mit Generation-Rekombination in der Raumladungszone

$$\overline{i^2} = 2e(I + 2I_s)\Gamma^2 \Delta f ,$$

$$\Gamma^2 = \overline{k_1^2} + \overline{(1-k_1)^2} . \qquad (10/14)$$

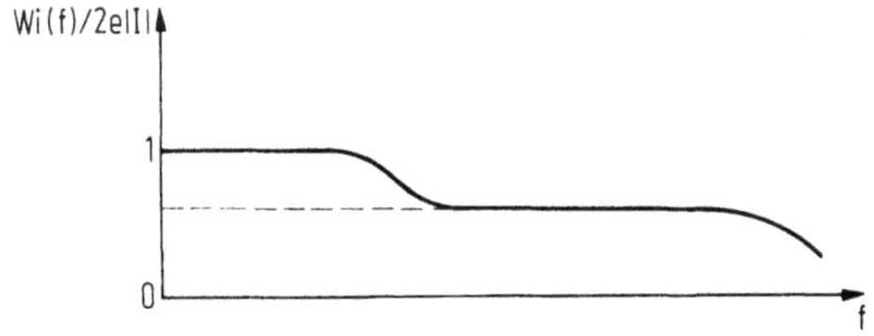

Abb. 79. Normiertes Leistungsspektrum eines (bezüglich hoher Frequenzen unkorreliert erzeugten) Generationsstromes

Lauritzen [64] hat diese Fragen ohne Trennung in die einzelnen Komponenten nach der Methode von Machlup [7] untersucht und erhält ein Spektrum gemäß Abb. 79. Dies zeigt, daß bei tiefen Frequenzen ungeschwächtes Schrotrauschen auftritt und im Bereich von der mittleren reziproken Aufenthaltsdauer in den Rekombinationszentren bis zur reziproken Laufzeit der Ladungsträger vermindertes Schrotrauschen. Dieses Ergebnis ist auch gemäß der Unterscheidung der Fälle (a) und (b) zu erwarten; für tiefe Frequenzen erfolgt die Paarerzeugung korreliert (Fall (a)), für hohe Frequenzen unkorreliert (Fall (b)).

Auch für Generations-Rekombinationsstrom-begrenzte Dioden muß für thermisches Gleichgewicht das Schrotstromrauschen gleich dem thermischen Rauschen des Kleinsignalleitwertes sein. Es läßt sich daher zwischen dem die Kleinsignalimpedanz kennzeichnenden Idealitätsfaktor n und dem Rausch-Schwächungsfaktor Γ^2 ein Zusammenhang angeben. Die Kleinsignalimpedanz für $U=0$ erhält man aus Gl. (10/2) zu

$$g_0 = \frac{I_s e}{nkT} .$$

Der Rauschstrom für $U=0(I=0)$ lautet nach Gl. (10/14)

$$\overline{i^2} = 4eI_s\Gamma^2\Delta f .$$

Da $\overline{i^2} = 4kTg_0\Delta f$ gelten muß, erhält man

$$\Gamma^2 = \frac{1}{n} . \tag{10/15}$$

Aus der Neigung der Kennlinie im Ursprung kann man also den Rauschschwächungsfaktor erhalten. Es ist zu beachten, daß beim Übergang zum Flußbereich der Generationsstromanteil im Vergleich zum Diffusionsstromanteil abnimmt und damit n und auch Γ^2 vom Arbeitspunkt abhängig sind.

10.3 Schottky-Dioden und Tunneldioden

Schottky-Dioden

Abbildung 80 zeigt das Bänderschema für eine Schottky-Diode mit n-Typ-Halbleiter (z.B. [11]) für $U=0$ und für Sperrpolung ($U<0$). Wenn man von einer geringen Absenkung der Potentialbarriere (Schottky-Effekt) absieht,

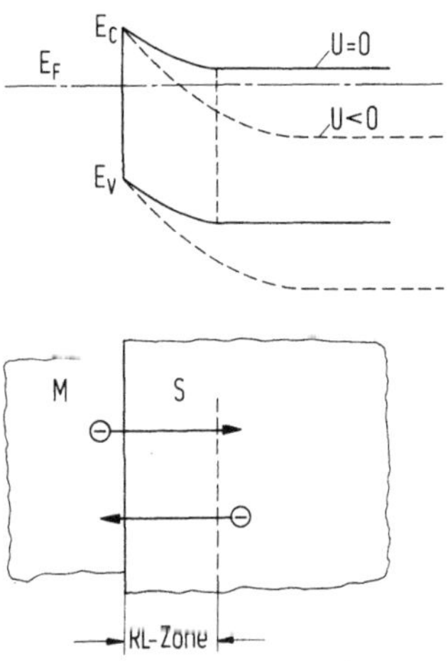

Abb. 80. Bänderschema und Ladungsträgertransport in einer Schottky-Diode

fließt bei Sperrpolung ein konstanter Sättigungsstrom, verursacht durch die Elektronen im Metall, die genügend Energie haben, die Potentialbarriere zu überwinden. Dieser Stromanteil gibt volles Schrotrauschen $2eI_s$.

Bei $U=0$ fließt dieser Strom unverändert; er wird kompensiert durch Elektronen, die vom Halbleiter her in der Lage sind, die Potentialbarriere zu überwinden; auch dieser Strom, der wegen der spannungsabhängigen Barrierenhöhe auf der Halbleiterseite proportional $\exp(eU/kT)$ ist, zeigt volles Schrotrauschen. Für $U=0$ erhält man daher $W_i=4eI_s=4kTg_0$, mit $g_0=\mathrm{d}I/\mathrm{d}U$ nach Gl. (10/1).

Für beliebige Spannung U ist der Elektronenstrom vom Halbleiter zum Metall (Teilchenströmung) gegeben durch $I+I_s$; das zugehörige Schrotrauschen ist $2e(I+I_s)$. Das gesamte Leistungsspektrum ist daher ebenso wie bei der *pn*-Diode

$$W_{i0}=2e(I+2I_s)=4kTg_0\frac{I+2I_s}{2(I+I_s)}\,. \qquad (10/16)$$

Tunneldioden

Auch hier fließen Elektronen sowohl vom *p*- in den *n*-Bereich als auch umgekehrt, wie im Bändermodell der Abb. 81 angedeutet ist (z.B. [11, Kapitel 1.9]). Für $U=0$ kompensieren sich diese beiden Ströme. Dies ist nur möglich, wenn $T>0$ ist, da nur dann auf gleichem Energieniveau sowohl Elektronen als

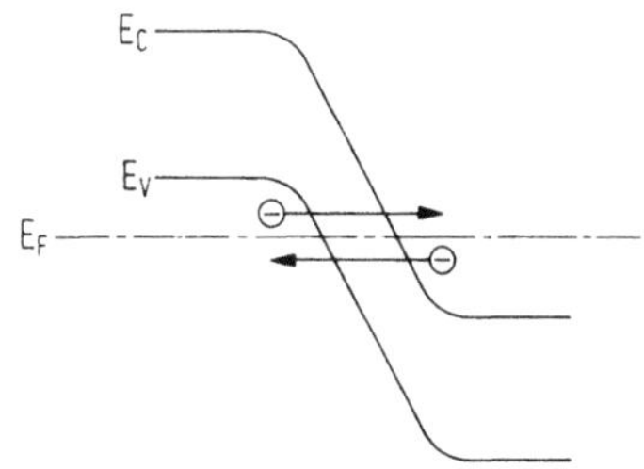

Abb. 81. Bänderschema einer Tunneldiode für $U=0$

auch freie Plätze existieren. Für $T\to 0$ gehen diese beiden Stromanteile zu Null und W_i ebenso. Für endliche Temperaturen gilt selbstverständlich hier wie für alle Dioden

$$W_{i0}=4kTg_0\,. \qquad (10/17)$$

Da bei Tunneldioden für $U\neq 0$ der Betrag des Stromes sehr stark zunimmt, dominiert sehr bald einer der beiden Stromanteile, und man hat

$$W_i=2e|I|\,. \qquad (10/18)$$

In Abschnitt 10.6 wird die Rauschzahl eines Tunneldiodenverstärkers berechnet.

10.4 Rauschersatzschaltbild

Der eigentliche *pn*-Übergang wird durch Schrotrauschen beschrieben. Die neutralen Zonen, gekennzeichnet durch einen sog. Bahnwiderstand *r*, weisen thermisches Rauschen auf und eventuell Rauschen stromdurchflossener Widerstände nach Abschnitt 5.4. Man erhält daher ein Ersatzschaltbild nach Abb. 82 mit den beiden Rauschgeneratoren 1 und 2. Gegebenenfalls ist für Dioden mit Generation-Rekombination in der Raumladungszone ein Schwächungsfaktor nach Gl. (10/14) zu berücksichtigen.

Bei hohen Frequenzen sind Kapazitäten und Zuleitungsinduktivitäten zu berücksichtigen. Außerdem treten bei hohen Frequenzen zusätzliche Verluste auf, die thermisch rauschen. In *pn*-Dioden ist dies z.B. der Rekombinationsverlust bei der Minoritätsträgerspeicherung. Die Kleinsignalimpedanz hat gemäß Gl. (10/19) (für eine p^+n-Diode) einen mit der Frequenz steigenden Imaginär- und Realanteil (z.B. [12, Kapitel 7.7])

$$Y = g + jb = g_0\sqrt{1 + j\omega\tau_p}\,. \qquad (10/19)$$

Van der Ziel [69] hat dafür einen Rauschgenerator

$$W_i = 4kT(g - g_0) \qquad (10/20)$$

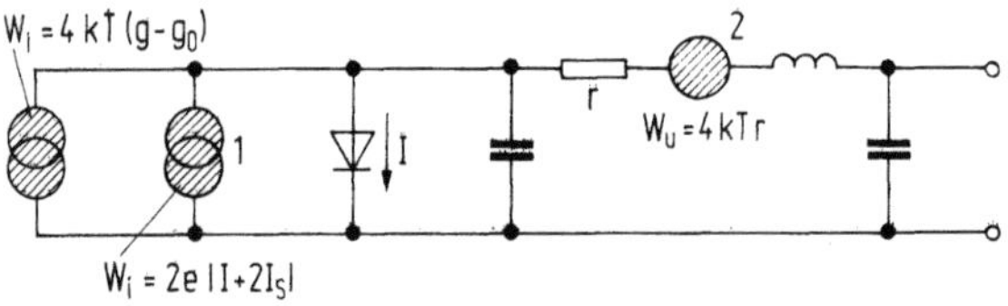

Abb. 82. Ersatzschaltbild für *pn*- und Schottky-Diode

eingeführt, der in Abb. 82 links eingezeichnet ist. Für $U = 0$ ist Gl. (10/20) unmittelbar zu verstehen, denn der thermische Rauschanteil $4kTg_0$ ist im Schrotrauschen enthalten und daher in Gl. (10/20) abzuziehen. Für $U \neq 0$ wird angenommen, daß die Verluste $g - g_0$ unverändert rauschen.

10.5 Rauschzahl eines Diodenmischers

Eine der Hauptanwendungen von *pn*-Dioden ist die Transponierung eines HF-Signals in einen ZF-Bereich (Mischung). Als Kenngröße wird hier die Rauschzahl *F* benützt, die ein Maß für die Verschlechterung des Signal-Geräusch-Verhältnisses ist. Es wird zunächst die Signalübertragung und anschließend das Rauschen besprochen.

(a) Signal (Z-Mischer mit eingeprägter sinusförmiger Pumpspannung [70])

Eingangssignal (Index 1) und Ausgangssignal (Index 2) sind so klein, daß der Mischer diesbezüglich linear ist. Die Amplitude des Ortsüberlagerers ist so groß, daß die Kennlinie nichtlinear ausgesteuert wird. Der Kleinsignalleitwert $g = \mathrm{d}I/\mathrm{d}U = g(U)$ wird damit zeitlich veränderlich. Mit $U(t) = U_0 + U_p \cos \omega_p t$ erhält man $g(t)$ wie in Abb. 83 gezeichnet.

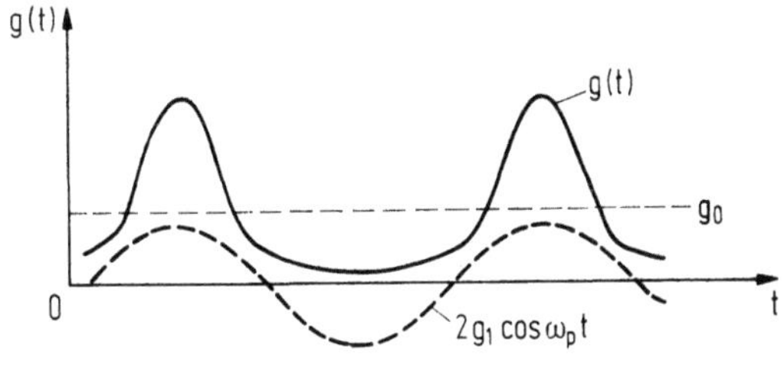

Abb. 83. Kleinsignalleitwert einer durch den Ortsüberlagerer ausgesteuerten *pn*-Diode

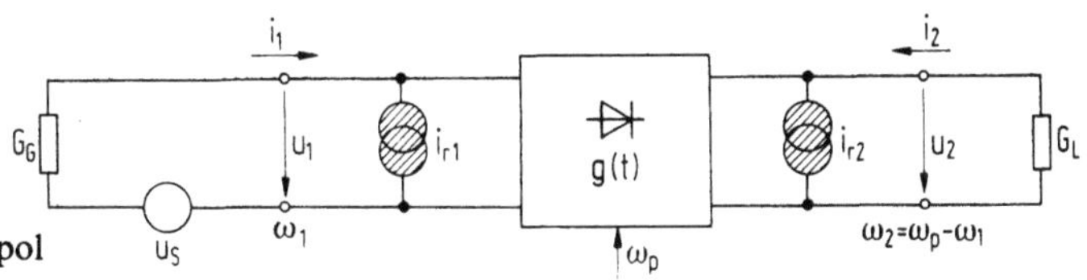

Abb. 84. Mischer-Vierpol

Diese Zeitfunktion kann man nach Fourier zerlegen und erhält

$$g(t) = g_0 + 2g_1 \cos \omega_p t + \dots \tag{10/21}$$

Für Eingangs- und Ausgangssignal erhält man einen linearen Vierpol [9, S. 147] gemäß Abb. 84:

$$i_1 = g_0 u_1 - g_1 u_2 + (i_{r1}); \quad i_2 = -g_1 u_1 + g_0 u_2 + (i_{r2}). \tag{10/22}$$

Auf die in Klammern angegebenen Rauschgeneratoren wird noch eingegangen. An die Last G_L wird die Leistung $P_2 = u_2^2 G_L$ abgegeben; der Signalgenerator hat eine verfügbare Leistung $P_{sv} = (1/4) u_s^2 G_G$ (u_2 und u_s sind Effektivwerte).

Definiert man als Gewinn G das Leistungsverhältnis P_2/P_{sv}, so erhält man dafür einen vom Generatorleitwert G_G und vom Lastleitwert G_L abhängigen Ausdruck. Dieser hat ein Maximum G_{max} für Anpassung am Eingang und Ausgang. Die Anpassungsbedingung lautet

$$G_G = G_L = g_0 \sqrt{1-\beta} \tag{10/23}$$

mit

$$\beta = \left(\frac{g_1}{g_0}\right)^2.$$

Der Gewinn ist dann gegeben durch Gl. (10/24) und in Abb. 85 als Funktion der Aussteuergröße β gezeichnet:

$$G_{max} = \frac{\beta}{(1 + \sqrt{1-\beta})^2}. \tag{10/24}$$

Für $\beta \to 1$ (impulsartige Aussteuerung) geht G_{max} gegen 1, die Anpassung wird jedoch sehr kritisch. Typische Werte in der Praxis sind $\beta \approx 0{,}7$, $G \approx -6$ dB.

(b) Rauschen

Das Rauschen der Diode wird beschrieben durch

$$\overline{i^2} = k_2 4kT\bar{g}\Delta f \,. \qquad (10/25)$$

Der Faktor k_2 wertet Schrotrauschen und Verluste. Für extrem verlustarme Dioden (z.B. Schottky-Dioden) ist $k_2 \approx 1/2$, wenn genügend in Flußrichtung ausgesteuert wird (Abb. 74). Überwiegen die Verluste, so ist $k_2 \approx 1$; außerdem ist dann im Leitwert g der aussteuerungsunabhängige Verlustwiderstand enthalten, so daß bei gleicher HF-Aussteuerung der Wert von β kleiner ist. Der Leitwert g hängt von der Aussteuerung ab und wird (wie beim Signal) als zeitabhängige Funktion betrachtet. Die Annahme, daß $g(t)$ und damit der Rauschstrom eine sich mit der Pumpfrequenz ändernde Größe ist (quasistationäre Betrachtung), bedingt eine zeitliche Mittelung von $g(t)$ und damit von $i^2(t)$, um den mittleren Rauschstrom zu erhalten. Dieser Annahme entsprechend ist in Gl. (10/25) der zeitliche Mittelwert $\overline{g(t)}$ enthalten. Diese Mittelung ergibt [9, S. 151]

$$\overline{g(t)} = g_0\left(1 + \frac{\beta}{(1+\sqrt{1-\beta})^2} - \frac{2\beta}{1+\sqrt{1-\beta}}\right). \qquad (10/26)$$

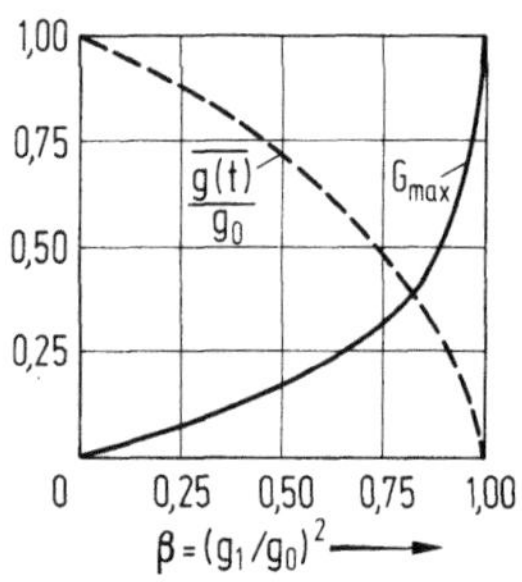

Abb. 85. Mischgewinn und gemittelter Kleinsignalleitwert in Abhängigkeit von der Aussteuerung

Diese Funktion ist ebenfalls in Abb. 85 eingetragen. Der Rauschgenerator gibt Rauschen sowohl bei der Eingangsfrequenz als auch bei der Ausgangsfrequenz ab. Im Ersatzschaltbild ist daher am Eingang und am Ausgang ein entsprechender Rauschgenerator anzubringen (i_{r1} und i_{r2} in Abb. 84); in den Gln. (10/22) sind dies die beiden in Klammern angegebenen Stromquellen, für die Werte gemäß Gl. (10/25) einzusetzen sind.

Als Ergebnis erhält man eine Rauschzahl, die unter anderem von G_G abhängt:

$$F = 1 + \frac{k_2}{\beta}\frac{g_0}{G_G}\left[\left(\frac{G_G}{g_0}+1\right)^2 + \beta - 2\beta\left(\frac{G_G}{g_0}+1\right)\right]. \qquad (10/27)$$

Sie hat ein Minimum für den Wert von G_G, für welchen der Gewinn G ein Maximum hat, also für Anpassung:

$$F_{min} = 1 + k_2\left(\frac{1}{G_{max}} - 1\right) = 1 + 2k_2 \frac{(1-\beta) + \sqrt{1-\beta}}{\beta}. \tag{10/28}$$

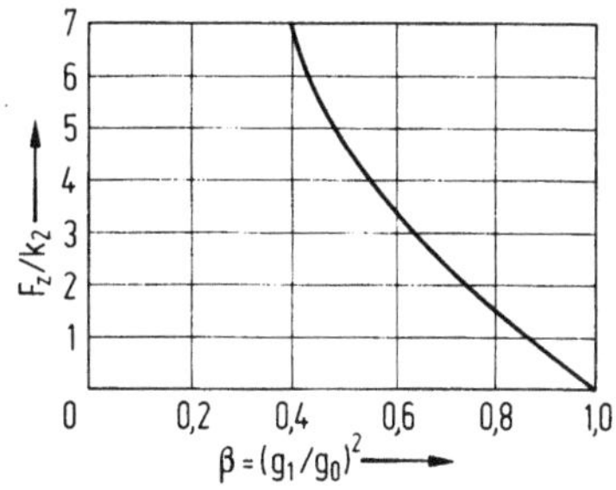

Abb. 86. Zusätzliche Rauschzahl eines Mischers in Abhängigkeit von der Aussteuerung

Die zusätzliche Rauschzahl $F_z = F - 1$ ist in Abb. 86 als Funktion der Aussteuerung β gezeichnet. Für den typischen Wert $\beta \approx 2/3$ erhält man $F_z \approx 3k_2$. Mit $k_2 = 1$ (Diode auf Zimmertemperatur mit starken Verlusten) ergibt dies $F \approx 6$ dB. In Punktkontaktdioden ist die örtliche Temperatur $T > T_0$ und die Rauschzahl größer. Für Schottky-Dioden-Mischer können die Verluste so klein gemacht werden, daß $k_2 \approx 1/2$ und $F \approx 3$ dB erzielt werden kann. Noch deutlicher zeigt das Rauschmaß M die Abhängigkeit vom Diodenfaktor k_2. Man erhält rein formal

$$M_{min} = k_2. \tag{10/29}$$

Abbildung 94 zeigt u.a. eine Übersicht über realisierte Rauschzahlen von Mischern.

10.6 Tunneldiodenverstärker

Tunneldioden haben eine Kennlinie wie in Abb. 87 gezeichnet. Im Arbeitspunkt A weisen sie einen negativen differentiellen Leitwert $-g_D$ auf. Wird ein Generatorleitwert $G_G > g_D$ angeschlossen, so ist die Schaltung stabil (Abschnitt 15.1) und hat einen (verfügbaren) Gewinn (der negative

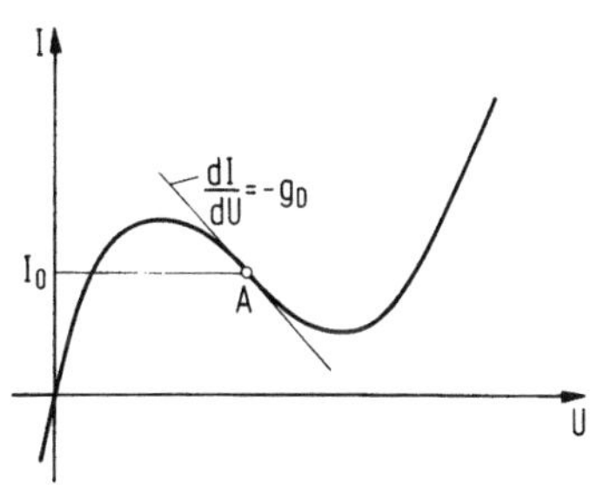

Abb. 87. I-U-Kennlinie einer Tunneldiode mit Arbeitspunkt A

Widerstand reflektiert mehr Leistung als er aufnimmt)

$$G_v = \frac{G_G}{G_G - g_D}\,. \tag{10/30}$$

Abbildung 88 zeigt das Rauschersatzschaltbild eines Tunneldiodenverstärkers [9, S. 40]. Als Rauschquellen sind Schrotrauschen für die Diode und thermisches Rauschen für den Generator angenommen. Das Rauschspannungsquadrat an den Klemmen (proportional der Rauschleistung) ist

$$\overline{u^2} = \frac{4kT_0G_G\Delta f + 2eI_0\Delta f}{(G_G - g_D)^2}\,.$$

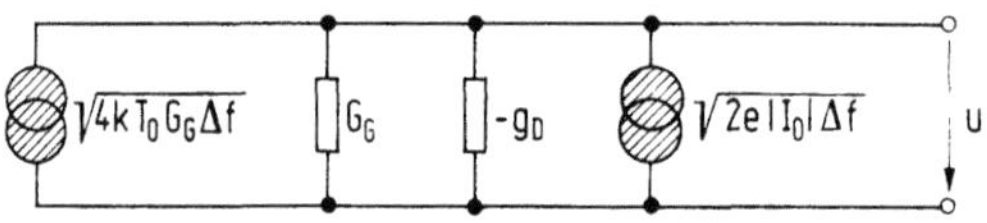

Abb. 88. Rauschersatzschaltbild eines Tunneldiodenverstärkers

Ohne Diodenrauschen hätte man den Ausdruck

$$\overline{u_0^2} = \frac{4kT_0G_G\Delta f}{(G_G - g_D)^2}\,.$$

Die Rauschzahl ist definitionsgemäß (nach Gl. (8/8)) gegeben durch

$$F = \frac{\overline{u^2}}{\overline{u_0^2}} = 1 + \frac{eI_0}{2kT_0G_G}\,. \tag{10/31}$$

Diese Gleichung ließe erwarten, daß G_G möglichst groß sein sollte. Für $G_G \to \infty$ wird aber der Gewinn 1. Dies ist ein sehr gutes Beispiel dafür, daß das Rauschmaß besser als Maß zur Optimierung geeignet ist als die Rauschzahl. Für M gilt nämlich

$$M = \frac{F-1}{1-1/G_v} = \frac{eI_0}{2kT_0g_D}\,, \tag{10/32}$$

was zeigt, daß I_0/g_D das geeignete Gütemaß für Tunneldioden ist. Realisierte Rauschzahlen sind in Abb. 94 angegeben.

10.7 Parametrische Verstärker

In parametrischen Verstärkern ist das Rauschen untypisch für Dioden. Die Verstärkung beruht auf einer spannungsabhängigen Kapazität und damit nach Aussteuerung durch eine Pumpspannung auf der zeitlichen Variation der Kapazität. Dabei wird die Diode in Sperrichtung betrieben, und nur der (insbesondere bei GaAs-Dioden) extrem kleine Sperrstrom zeigt Schrotrauschen. Bestimmend für die Rauschzahl sind meist die Verluste in der Schaltung, an denen allerdings die Diode beteiligt ist.

Das Verstärkungsprinzip, beruhend auf der zeitlichen Variation eines Blindwiderstandes (z.B. [71, 72]), ist an sich rauschfrei; weder ein Sperrstrom noch Verluste sind dazu nötig. Aus diesem Grund sind die mit parametrischen Verstärkern erzielbaren Rauschzahlen kleiner als alle anderen mit Halbleiterbauelementen erzielbaren und vergleichbar mit denen von Masern (z.B. [73] u. Abschn. 15.4). Behandelt wird hier nur der eigentliche parametrische Verstärker, für welchen die Ausgangsfrequenz gleich der Eingangsfrequenz ist. Für andere verwandte Methoden (Aufwärtsmischer, photoparametrische Verstärker) siehe [9, 72, 74–76].

Bei Aussteuerung durch eine Pumpspannung der Frequenz ω_p erhält man für kleine Amplituden von Signalschwingung (ω_s) und Idler-Schwingung ($\omega_i = \omega_p - \omega_s$) eine zeitabhängige Kapazität $C(t)$, die in Analogie zu $g(t)$ (Abschnitt 10.5) nach Fourier zerlegt werden kann:

$$C(t) = C_0 + 2C_1 \cos \omega_p t + \dots \qquad (10/33)$$

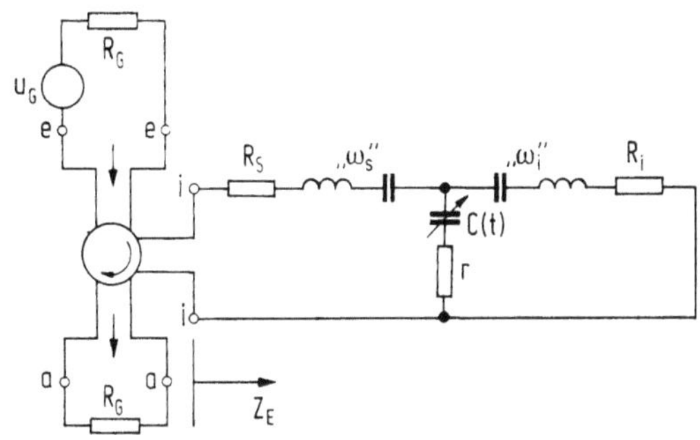

Abb. 89. Schaltung eines parametrischen Verstärkers

Abbildung 89 zeigt das Ersatzschaltbild eines parametrischen Verstärkers; einfallende und reflektierte (verstärkte) Wellen werden durch einen Zirkulator getrennt. Der zu beurteilende Verstärkervierpol liegt zwischen den Klemmen $e-e$ (Eingang) und $a-a$ (Ausgang). Für die Verstärkung maßgebend ist die an den Klemmen $i-i$ nach rechts meßbare Impedanz Z_E. Die Verstärkung ist gegeben durch den Reflexionsfaktor (z.B. [72, S. 69]).

$$G = \left| \frac{Z_E - R_G}{Z_E + R_G} \right|^2 . \qquad (10/34)$$

Die Verknüpfung zwischen Idler-Schwingung und Signalschwingung in der Diode ist gegeben durch (der Stern kennzeichnet die konjugiert komplexe Größe)

$$i_s = j\omega_s C_0 u_s - j\omega_s C_1 u_i^*, \quad i_i = -j\omega_i C_1 u_s^* + j\omega_i C_0 u_i . \qquad (10/35)$$

Abbildung 90 zeigt das für die Rauschberechnung benutzte Ersatzschaltbild mit den thermischen Rauschquellen in den jeweiligen Frequenzbereichen. Berechnet man damit die Rauschleistung an der Last einmal mit allen Rauschquellen und zum anderen mit dem Generatorwiderstand als einzige Rauschquelle, so erhält man (wenn alle Kreise abgestimmt sind) mit der

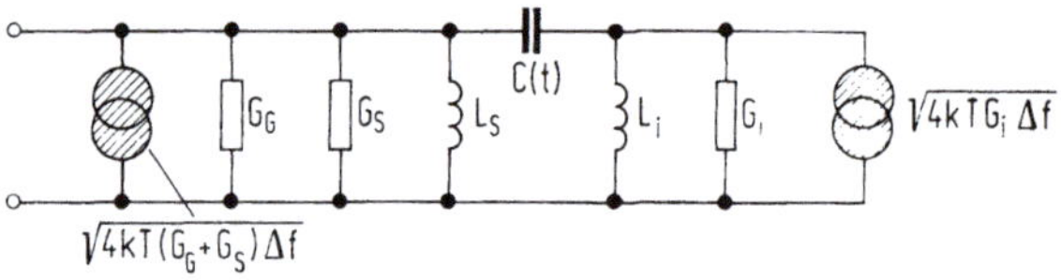

Abb. 90. Rauschersatzschaltbild eines parametrischen Verstärkers

Definitionsgleichung (8/8) für die Rauschzahl [9, S. 164]

$$F=1+\frac{G_S}{G_G}+\frac{\omega_s^2 C_1^2}{G_G G_i}\,. \tag{10/36}$$

Der Ausdruck $-\omega_i\omega_s C_1^2/G_i$ ist der negative an die Eingangsklemmen transformierte Idler-Leitwert; er ist in einem guten Verstärker etwa gleich dem Lastleitwert G_G, so daß Gl. (10/36) in folgende einfache Beziehung übergeht:

$$F\approx 1+\frac{\omega_s}{\omega_i}\,. \tag{10/37}$$

Für eine kleine Rauschzahl soll also die Pumpfrequenz $\omega_p=\omega_s+\omega_i$ möglichst hoch sein, und damit bei der (dann hohen) Idler-Frequenz die Verluste klein sind, muß die Grenzfrequenz der Varaktordiode (gegeben durch Bahnwiderstand und Diodenkapazität) möglichst hoch sein. Experimentelle Werte sind in Abb. 94 eingetragen.

10.8 Gunn-Elemente

Gunn-Elemente sind Halbleiterdioden, die aufgrund der $v(E)$-Charakteristik des Materials einen negative Widerstand aufweisen und auf diese Weise Signalverstärkung (Reflexionsverstärker) oder Schwingungserzeugung ermöglichen [250]. Auf Gunn-Oszillatoren wird kurz in Abschnitt 14.8 eingegangen. Hier wird das Rauschen des Gunn-Element-Verstärkers kurz besprochen.

Wenn man von den Kontakten absieht, handelt es sich bei den Gunn-Elementen um homogen dotierte Halbleiterelemente (z.B. aus GaAs), die bei hohen Feldstärken betrieben werden (z.B. 6 kV cm^{-1}). Der Hauptrauscheffekt ist „thermisches Rauschen". Bei der Rechnung sind allerdings zwei wesentliche Unterschiede gegenüber normalen Widerständen zu beachten:

(a) Wegen der hohen Feldstärke ist das Schwankungsquadrat der Geschwindigkeit der Ladungsträger größer als es der thermischen Bewegung (bezogen auf die Temperatur des Halbleiters) entspricht, und man hat anstelle der Halbleitertemperatur die „Elektronentemperatur" T_e in den Beziehungen für das thermische Rauschen zu benutzen (Abschnitt 3.6).

(b) Wegen des Betriebes bei Feldstärken, in welchen man in den fallenden Ast der $v(E)$-Charakteristik kommt, wird die Wirkung des thermischen Rauschens eines Elementes dx (Abb. 91) bezogen auf die Kontaktklemmen verstärkt.

Will man beispielsweise die Leerlaufspannung du an den Klemmen berechnen, so ist sie, hervorgerufen durch den thermischen Rauschstrom $i(x)$,

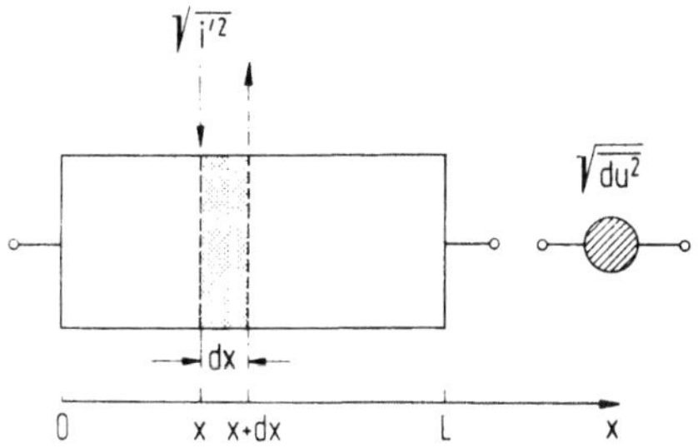

Abb. 91. Leerlaufspannung als Folge des Rauschens heißer Elektronen im Element dx eines Gunn-Elementes

der über das Element dx fließt, proportional diesem Rauschstrom (da Rauschstörungen im allgemeinen so kleine Amplituden haben, daß sie miteinander linear verknüpft werden können). In diesem Fall ist der Proportionalitätsfaktor eine Impedanz $\mathrm{d}Z(x) = z(x)\,\mathrm{d}x$. Im allgemeinen erhält man für jeden Wert x eine andere Impedanz, die zusätzlich noch vom Betriebszustand des gesamten Gunn-Elementes abhängt. Shockley [17] nennt diese Impedanzfunktion das Impedanzfeld, siehe Abschnitt 7.4. Dieser Teil der Berechnung ist eine normale Kleinsignalrechnung und beschreibt nur die jeweilige Transformation der Wirkung von elementaren Rauschvorgängen. (Eine von diesem Standpunkt analoge Betrachtung liegt vor bei der Berechnung der Rauschzahl einer Lawinenfotodiode, Abschnitt 15.3.)

Für den Rauschstrom i an der Stelle x und dessen Verknüpfung mit der Leerlaufspannung u gilt mit Gl. (3/23)

$$\overline{i^2} = 4e^2 \frac{n_0 A}{\mathrm{d}x} D \Delta f \,.$$

$$\overline{\mathrm{d}u^2} = \overline{i^2} |\mathrm{d}Z|^2 \,. \tag{10/38}$$

Als Ergebnis einer derartigen Rechnung [26, 28] erhält man nach Integration über x eine Leerlaufspannung $\overline{u^2}$ in Serie mit dem Gunn-Element. Aus dieser Leerlaufspannung kann die Rauschzahl bzw. das Rauschmaß eines Gunn-Element-Verstärkers gemäß Gl. (10/31) bestimmt werden. Abbildung 92 zeigt das so berechnete Rauschmaß als Funktion des n_0L-Produktes für unterschiedliche Betriebsfeldstärken. In dieser Rechnung ist die Diffusion (der Signalladungen) vernachlässigt. Wird dies zusätzlich berücksichtigt, so zeigt sich, daß bei abnehmendem n_0L-Produkt auch bei optimaler Betriebsfeldstärke das Rauschmaß wieder ansteigt [77]. Abbildung 93 zeigt je eine gerechnete Kurve für die Materialien GaAs und InP. Es ist daraus ersichtlich, daß GaAs-Gunn-Element-Verstärker minimale Rauschmaße von etwa 6 dB haben sollten. InP-Gunn-Element-Verstärker sollten Rauschmaße ermöglichen, die etwa halb so groß sind.

In [78] ist der Einfluß des Dotierungsverlaufes auf das Rauschen untersucht; demnach sind homogen dotierte Elemente am günstigsten.

Harth [79] hat ein Näherungsverfahren für die Benutzung der Impdeanzfeldmethode angegeben, mit dem sich folgendes Rauschmaß ergibt:

$$M \approx \frac{eD}{kT_0 \mu_0} \frac{|R_\mathrm{N}|}{R_0} \,. \tag{10/39}$$

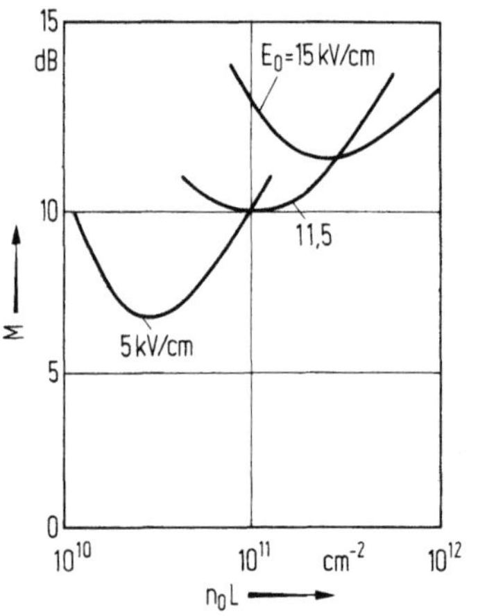

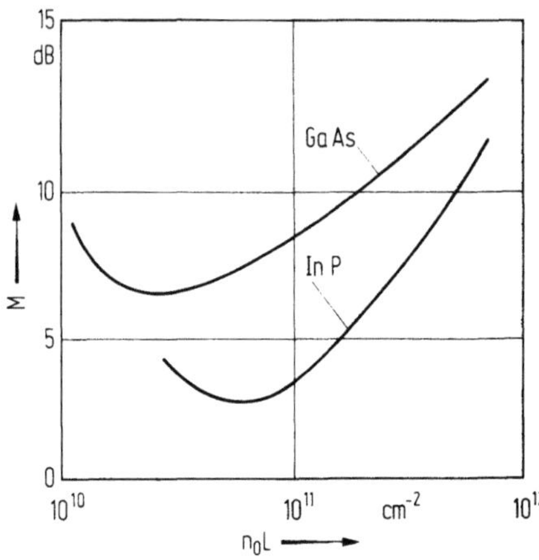

Abb. 92. Berechnetes Rauschmaß für GaAs-Gunn-Element als Funktion des Produktes aus Ladungsträgerkonzentration und Länge nach [26]

Abb. 93. Berechnetes Rauschmaß für GaAs- und InP-Gunn-Element für die jeweils optimale Betriebsfeldstärke unter Berücksichtigung der Ladungsträgerdiffusion nach [77]

Darin bedeutet $|R_N|$ den Betrag des negativen Widerstandes, R_0 ist der Widerstand des Gunn-Elementes bei kleinen Betriebsfeldstärken, μ_0 und D sind die ebenfalls für kleine Feldstärken geltenden Werte für Beweglichkeit und Diffusionskonstante.

10.9 Vergleich von Rauschzahlen

Abbildung 94 zeigt realisierte Werte von Rauschzahlen für verschiedene Hochfrequenzverstärker.

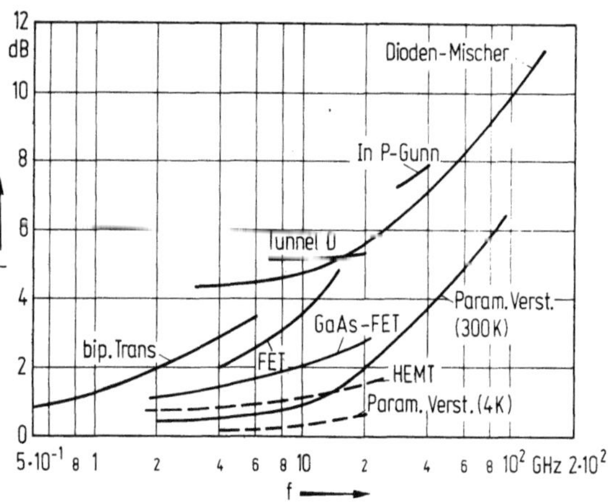

Abb. 94. Vergleich der erzielten Rauschzahlen verschiedener Hochfrequenzverstärker. Diodenmischer: [80, 81]; Tunneldiodenverstärker: [82, 83]; parametrische Verstärker: [84, 85]; Gunn-Dioden: [86]; bipolare Transistoren: [87, 88]; Feldeffekttransistoren: [89, 90, 264]

11 Bipolare Transistoren

Ein bipolarer Transistor besteht funktionsmäßig aus zwei sich beeinflussenden *pn*-Dioden (z.B. [11, 91]). Demgemäß sind auch die Rauscheffekte die gleichen wie in *pn*-Dioden, d.h. Schrotrauschen ist der dominierende Effekt; die Verlustwiderstände rauschen thermisch. Bei tiefen Frequenzen kann das Generations-Rekombinations-Rauschen zu einem $1/f$-Rauschen führen. Als erstes wird daher das Schrotrauschen behandelt.

11.1 Schrotrauschen [9, 92–94]

Abbildung 95 zeigt schematisch den Stromfluß in einem *npn*- Transistor im aktiven Arbeitsbereich. Die Transistorstromkomponente 1 stellt den Hauptanteil dar. Ein Teil der vom Emitter in die Basis injizierten Elektronen rekombiniert in der Basis (Anteil 2). Der zweite Flußstromanteil der Emitter-Basis-Diode besteht aus Löchern, die von der *p*-Basis in den Emitter injiziert werden (Anteil 3). Wie von der Diode her bekannt, spielt für das Rauschen auch der bei Flußpolung noch vorhandene Driftstrom (gleich dem Sperrsättigungsstrom) eine Rolle. Dieser besteht hier einmal aus den im Emitter thermisch erzeugten Löchern und zum anderen aus den in der Basis erzeugten Elektronen (Anteile 4 und 5). Die Stromkomponenten 1 bis 5 entsprechen daher den vier Anteilen in der Diode (Abb. 72, Komponenten 1 bis 4), wobei die Komponenten 1 und 2 der Abb. 95 der Komponente 1 in der

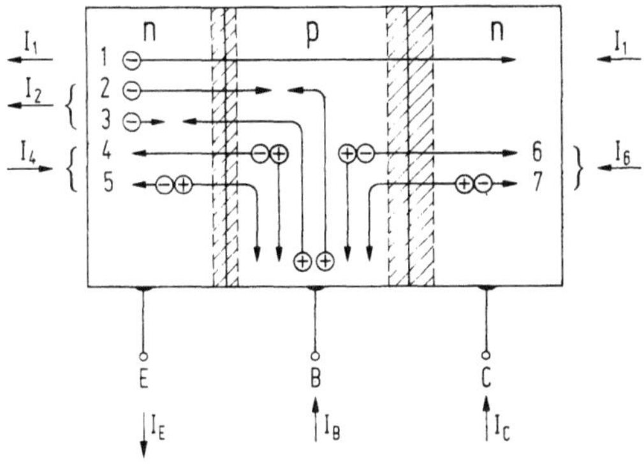

Abb. 95. Stromflußmechanismen in einem *npn*-Transistor. Die Stromkomponenten I_1 bis I_6 fließen durch die jeweiligen *pn*-Übergänge. Beachte: Der Strompfeil von I_E ist so gezeichnet, daß I_E positiv ist (ebenso wie I_B und I_C)

Diode entsprechen. Die Basis-Kollektor-Diode ist in Sperrichtung gepolt, so daß hier nur die Driftanteile fließen, weshalb hier nur die Komponenten 6 und 7 zusätzlich zur Komponente 1 zu berücksichtigen sind. Bezogen auf die Raumladungszone der Basis-Kollektor-Sperrschicht ist auch der Anteil 1 ein Driftstrom.

Ebenso wie bei der Diode können auch hier Stromkomponenten zusammengefaßt werden, die gleiche Stromflußrichtung haben. Beim Transistor sind dies die Komponenten 2 und 3 (Strom I_2), 4 und 5 (I_4) sowie 6 und 7 (I_6). Die in Abb. 95 eingetragenen Stromkomponenten I_1 bis I_6 sind jeweils die Gleichstromkomponenten; so wie die Pfeile eingetragen sind, sind alle Komponenten positiv. Der Zusammenhang zwischen diesen Komponenten und den üblichen Klemmenströmen kann aus der Abbildung entnommen werden, wobei die Strompfeile so eingetragen sind, daß jeweils alle Klemmenströme im normalen Betriebszustand positive Werte annehmen:

$$I_{\mathrm{E}}=I_1+I_2-I_4\,, \quad I_{\mathrm{C}}=I_1+I_6\,, \quad I_{\mathrm{B}}=I_2-I_4-I_6\,. \tag{11/1}$$

In der Literatur [9, S. 93 ff.] üblich sind auch folgende Bezeichnungen (hier für *npn*- Transistor):

$$\begin{aligned} &I_{\mathrm{BE}}=I_4\,, \quad I_{\mathrm{BC}}=I_6\,,\\ &I_{\mathrm{C}}=\alpha_{\mathrm{dc}}(I_{\mathrm{E}}+I_{\mathrm{BE}})+I_{\mathrm{BC}}=\alpha_{\mathrm{dc}}I_{\mathrm{E}}+I_{\mathrm{C0}}\\ &I_{\mathrm{C0}}=\alpha_{\mathrm{dc}}I_{\mathrm{BE}}+I_{\mathrm{BC}}\,. \end{aligned} \tag{11/2}$$

Der Strom I_{BE} ist der Emitterstrom, wenn beide Dioden in Sperrichtung gepolt sind, I_{BC} ist der Kollektorstrom, wenn beide Dioden in Sperrichtung gepolt sind, und I_{C0} ist der Kollektorstrom, wenn die Kollektor-Basis-Diode in Sperrichtung gepolt ist und der Emitterstrom Null ist (I_{CB0} in [91]). In Gl. (11/2) bedeutet α_{dc} die Gleichstromverstärkung in Basisschaltung, die mit der NF-Kleinsignalstromverstärkung α_0 wie folgt verknüpft ist

$$\alpha_0=\alpha_{\mathrm{dc}}+\frac{\partial\alpha_{\mathrm{dc}}}{\partial I_{\mathrm{E}}}I_{\mathrm{E}}\,.$$

Jeder Gleichstromkomponente I_1 bis I_6 entspricht ein Schrotstromgenerator; diese Schrotstromgeneratoren sind untereinander unkorreliert. Besondere Beachtung erfordert die Stromkomponente I_1, da dieser Wechselstrom durch die Basis-Kollektor-Sperrschicht dem Wechselstrom durch die Emitter-Basis-Sperrschicht nacheilt. Dieser Tatsache kann Rechnung getragen werden durch zwei Rauschgeneratoren i_1' und i_1'', wobei der Phasenunterschied zwischen den beiden Strömen durch den Faktor α/α_0 berücksichtigt wird (α und α_0 sind die Kleinsignalstromverstärkungen in Basisschaltung für die Arbeitsfrequenz und die Frequenz Null). Die Benutzung von α setzt die Betrachtung eines schmalen Frequenzbandes voraus; die weitere Rechnung wird daher (am einfachsten) in der Nomenklatur des Schmalbandrauschens vorgenommen (Abschnitt 2.5).

Mit diesen Überlegungen erhält man die in Abb. 96 in das Kleinsignalersatzschaltbild des Transistors eingetragenen Rauschgeneratoren mit nachste-

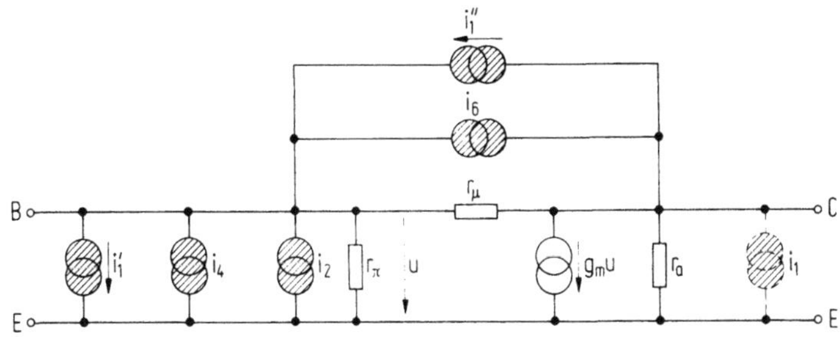

Abb. 96. Schrotstromgeneratoren in einem bipolaren Transistor

henden Rauschströmen bzw. Schwankungsquadraten:

$$i_1' = \sqrt{2eI_1\Delta f}\,\exp j(\omega t + \varphi_1),$$

$$i_1'' = \frac{\alpha}{\alpha_0}\sqrt{2eI_1\Delta f}\,\exp j(\omega t + \varphi_1),$$

$$\overline{i_2^2} = 2eI_2\Delta f\,, \quad \overline{i_4^2} = 2eI_4\Delta f\,, \quad \overline{i_6^2} = 2eI_6\Delta f\,. \tag{11/3}$$

Für die Rauschgeneratoren i_1' und i_1'' sind in Abb. 96 Strompfeile eingetragen, die so gewählt sind, wie es der Gleichstromkomponenten I_1 entspricht. Für die Rauschgeneratoren i_2, i_4 und i_6 sind Strompfeile nicht erforderlich, da es sich um unkorrelierte Komponenten handelt und die Angabe des Schwankungsquadrates genügt. Für tiefe Frequenzen wird $\alpha/\alpha_0 = 1$, und man kann die beiden Stromgeneratoren i_1' und i_1'' durch den in Abb. 96 gestrichelt eingetragenen Generator i_1 ersetzen mit

$$\overline{i_1^2} = 2eI_1\Delta f\,. \tag{11/4}$$

Für die weiteren Anwendungen wird das Ersatzschaltbild nach Abb. 96 in eine der Formen der Abb. 54 gebracht. Am zweckmäßigsten sind die Formen *a* und *f*. Nachstehend werden für Basisschaltung die Ersatzschaltbilder *a* (2 Rauschstromgeneratoren) und *f* (Strom- und Spannungsgenerator) sowie für Emitterschaltung das Ersatzschaltbild *a* abgeleitet.

(*a*) *Basisschaltung mit Rauschstromgenerator am Eingang und Ausgang*

In diesem Fall hat man einfach die Generatoren zwischen Emitter-Basis und Basis-Kollektor zusammenzufassen. Man erhält Abb. 97a, wobei auch das

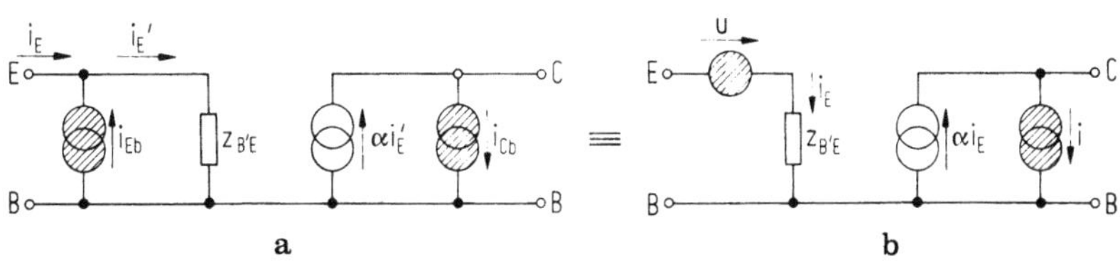

Abb. 97. Schrotstrom-Rauschersatzschaltbilder für Basisschaltung

Kleinsignalersatzschaltbild für das Signal entsprechend zu wählen ist (z.B. Abb. 2/31 in [11]); der Basisbahnwiderstand ist zunächst vernachlässigt. Für die Rauschgeneratoren i_{Eb} und i_{Cb} erhält man durch Addition der jeweils unkorrelierten Komponenten

$$\overline{i_{Eb}^2} = 2e(I_1 + I_2 + I_4)\Delta f = 2e(I_E + 2I_{BE})\Delta f ,$$

$$\overline{i_{Cb}^2} = 2e(I_1 + I_6)\Delta f = 2eI_C\Delta f . \tag{11/5}$$

Die Einführung des Rauschstromgenerators i_{Eb} macht es notwendig, zwischen dem steuernden (durch $z_{B'E}$ fließenden) Strom i'_E und dem Klemmenstrom I_E (bzw. dem Wechselanteil i_E) zu unterscheiden.

Wegen der in beiden Komponenten enthaltenen gemeinsamen Stromkomponente i_1 sind die Rauschgeneratoren i_{Eb} und i_{Cb} stark korreliert. Am einfachsten errechnet man die Korrelation mit Hilfe der Schmalbandbeziehungen Gl. (2/18). Dazu sind die Rauschströme i_{Eb} und i_{Cb} entsprechend darzustellen. Man erhält die Ströme i_{Eb} und i_{Cb} durch Addition der einzelnen Stromkomponenten mit Abb. 96 und Gl. (11/3):

$$i_{Eb} = \sqrt{2e\Delta f}\,\{\sqrt{I_1}\exp j(\omega t + \varphi_1) + \sqrt{I_2}\exp j(\omega t + \varphi_2)$$

$$+ \sqrt{I_4}\exp j(\omega t + \varphi_4)\},$$

$$i_{Cb} = \sqrt{2e\Delta f}\left\{\sqrt{I_1}\frac{\alpha}{\alpha_0}\exp j(\omega t + \varphi_1) + \sqrt{I_6}\exp j(\omega t + \varphi_6)\right\}. \tag{11/6}$$

Bei der Bildung von $i_{Eb}i^*_{Eb}$ bzw. $i_{Eb}i^*_{Cb}$ entstehen die Ausdrücke $\exp j(\omega t + \varphi_i)\exp(-j)(\omega t + \varphi_k)$, die für $i = k$ den Wert 1 haben und für $i \neq k$ den Wert Null haben, da hier die Komponenten mit ungleichen Indizes unkorreliert sind. Damit erhält man selbstverständlich die Gln. (11/5) und für die Korrelation

$$\overline{i_{Eb}i_{Cb}} = \overline{i_{Eb}i^*_{Cb}} = 2e\Delta f I_1 \frac{\alpha^*}{\alpha_0} = 2e\alpha_{dc}(I_E + I_{BE})\frac{\alpha^*}{\alpha_0}\Delta f ,$$

$$\gamma_{EC} = \frac{\overline{i_{Eb}i^*_{Cb}}}{\sqrt{\overline{i^2_{Eb}}\;\overline{i^2_{Cb}}}} \approx \frac{\sqrt{\alpha_{dc}}}{\alpha_0}\alpha^* \approx \alpha^* . \tag{11/7}$$

Dies heißt: Der Korrelationskoeffizient ist dem Betrag nach ungefähr 1, hat aber einen mit der Betriebsfrequenz zunehmenden Winkel.

Diese Korrelation zwischen den beiden Rauschstromgeneratoren bewirkt folgendes: Bei Kurzschluß am Eingang fließt als Folge von i_{Eb} kein Steuerstrom über $z_{B'E}$ ($i'_E = 0$) und folglich fließt am Ausgang der Rauschstrom i_{Cb}. Bei Leerlauf am Eingang fließt der Rauschstrom i_{Eb} über $z_{B'E}$ ($i'_E = i_{Eb}$) und es entsteht im Ausgang ein Strom $-\alpha i'_E = -\alpha i_{Eb}$, der wegen der Korrelation zwischen i_{Cb} und i_{Eb} bewirkt, daß der Ausgangsrauschstrom $\overline{(i_{Cb} - \alpha i_{Eb})^2}$ wesentlich kleiner als $\overline{i_{Cb^2}}$ ist.

(b) Basisschaltung mit Strom- und Spannungsgenerator

Abbildung 97b zeigt ein zu Abb. 97a äquivalentes Ersatzschaltbild. Wenn Schmalband-Rauschgrößen benutzt werden, kann die Äquivalenz genauso wie für Signalgrößen berechnet werden.

Als frequenzabhängige Größe wird dabei die Stromverstärkung α benutzt (z.B. [11, Abschnitt 2.6.7]).

$$\alpha = \frac{\alpha_0}{1 + jf/f_\alpha}, \quad |\alpha|^2 = \frac{\alpha_0^2}{1 + (f/f_\alpha)^2}.$$

Der komplexe Emitterwiderstand $z_{\mathrm{B'E}}$ ist mit seinem Realteil [9]

$$r_{\mathrm{B'E}} = \frac{kT}{e|I_\mathrm{E}|} \frac{\alpha_0}{\alpha_{\mathrm{dc}}}$$

wie folgt verknüpft [11]:

$$z_{\mathrm{B'E}} = r_{\mathrm{B'E}} \alpha/\alpha_0 .$$

Damit erhält man folgende Ausdrücke für u, i und u^*i:

$$u = z_{\mathrm{B'E}} i_{\mathrm{Eb}},$$

$$\overline{u^2} = \overline{i_{\mathrm{EB}}^2} |z_{\mathrm{B'E}}|^2 \approx 2eI_\mathrm{E} \Delta f \left(\frac{kT}{eI_\mathrm{E}} \cdot \frac{|\alpha|}{\alpha_{\mathrm{dc}}} \right)^2 = 2kTr_{\mathrm{B'E}} \Delta f \frac{|\alpha|^2}{\alpha_0 \alpha_{\mathrm{dc}}}$$

$$i = i_{\mathrm{Cb}} - \alpha i_{\mathrm{Eb}}, \tag{11/8}$$

$$\overline{i^2} = 2eI_\mathrm{E} \left[\alpha_{\mathrm{dc}} - \frac{2\alpha_{\mathrm{dc}}}{\alpha_0} |\alpha|^2 + |\alpha|^2 \right] \Delta f + 2eI_{\mathrm{C0}} \Delta f =$$

$$\approx 2eI_\mathrm{E} \frac{\alpha_{\mathrm{dc}}[1 - \alpha_{\mathrm{dc}} + f^2/f_\alpha^2]}{1 + f^2/f_\alpha^2} \Delta f + 2eI_{\mathrm{C0}} \Delta f . \tag{11/9}$$

$$\overline{u^*i} = 2kT \Delta f |\alpha|^2 \left[\frac{1}{\alpha_0} - \frac{1}{\alpha_{\mathrm{dc}}} \right]. \tag{11/10}$$

Die Rauschspannung u kann mit Hilfe von Gl. (11/10) auch in einen unkorrelierten (u'') und einen korrelierten Anteil (u') zerlegt werden

$$\overline{u^2} = \overline{u'^2} + \overline{u''^2}, \quad \overline{u'^*i} = \overline{u^*i}, \quad \overline{u''^*i} = 0 .$$

Für $\alpha_{\mathrm{dc}} = \alpha_0$ verschwindet nach Gl. (11/10) die Korrelation und es gilt

$$u' = 0, \quad u'' = u .$$

Daß Schrotrauschen der Hauptrauscheffekt in bipolaren Transistoren ist, zeigt der Vergleich von Messungen mit obigen Gleichungen. Dazu zunächst die entsprechenden Näherungen für niedrige (mittlere) Frequenzen: Für $f \ll f_\alpha$ erhält man aus Gl. (11/9) unter gleichzeitiger Vernachlässigung des Termes mit I_{C0} (gerechtfertigt für Siliziumtransistoren, die wegen des großen Bandabstandes sehr kleine Sperrsättigungsströme haben)

$$\overline{i^2} = 2e\alpha_{dc}(1-\alpha_{dc})I_E\Delta f\,. \tag{11/11}$$

Benutzt man bei einer Rauschmessung am Eingang eine gesättigte Hochvakuumdiode, so ist der Eingangswiderstand sehr groß, und der Einfluß von u ist vernachlässigbar. Man erhält daher für den äquivalenten Rauschstrom einfach den Ausdruck $I_{äq} = \alpha_{dc}(1-\alpha_{dc})I_E$, der in Abb. 98 als Funktion von I_E mit Meßpunkten verglichen wird. In Abb. 99 ist der Vergleich über einen breiten

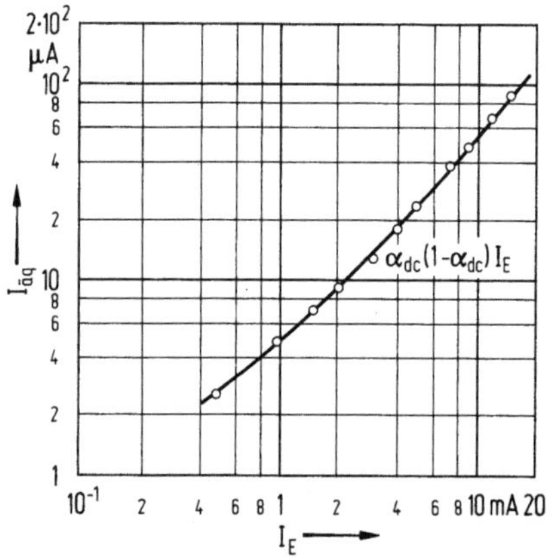

Abb. 98. Äquivalenter Diodenstrom am Eingang des Transistors 2N 930 in Basisschaltung für 550 kHz als Funktion des Emitterstromes nach [95]

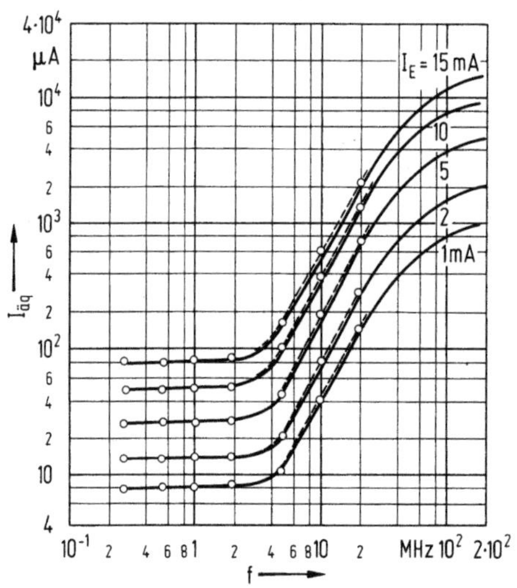

Abb. 99. Äquivalenter Diodenstrom am Eingang des Transistors 2N1 566 in Basisschaltung als Funktion der Frequenz ($f_\alpha = 50$ MHz) nach [95]

Frequenzbereich mit Gl. (11/9) vorgenommen (I_{C0}-Term vernachlässigt). In beiden Fällen ist die Übereinstimmung vorzüglich.

(c) *Emitterschaltung mit zwei Rauschstromgeneratoren*

Die Abb. 96 stellt bezüglich der Signalgrößen bereits das Ersatzschaltbild für Emitterschaltung dar. Der Rauschgenerator i_6 liegt weder parallel zum

Abb. 100. Schrotstrom-Rauschersatzschaltbild für Emitterschaltung

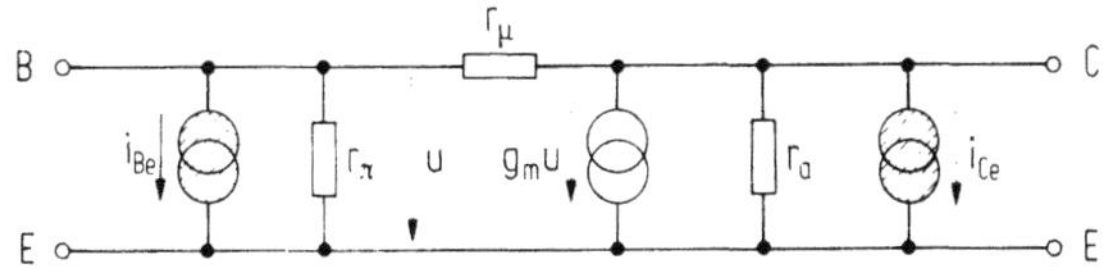

Eingang noch zum Ausgang. Er ist in dieser Form ungeeignet zu weiteren Berechnungen und wird daher äquivalent durch zwei (voll korrelierte) Generatoren parallel zu Eingang und Ausgang repräsentiert. Für $f \ll f_\alpha$ und damit $\alpha = \alpha_0$ genügt der Generator i_1 zwischen Emitter- und Kollektoranschluß; damit wird im folgenden weitergerechnet (für höhere Frequenzen sind die Generatoren i_1' und i_1'' mit Gl. (11/3) zu verwenden).

Faßt man alle Stromgeneratoren am Eingang und am Ausgang zusammen, so erhält man das Rauschersatzschaltbild nach Abb. 100 mit den beiden Rauschgeneratoren

$$\overline{i_{Ce}^2} = 2e(|I_1| + |I_6|)\Delta f\,, \quad \overline{i_{Be}^2} = 2e(|I_2| + |I_4| + |I_6|)\Delta f\,. \tag{11/12}$$

Sie sind wegen des gemeinsamen Stromanteils I_6 teilkorreliert. Da jedoch $|I_6| \ll |I_1|$ gilt, ist diese Korrelation so klein, daß sie vernachlässigt werden kann.

Die Summe der Ströme $|I_1|$ und $|I_6|$ ist gleich dem Kollektorstrom $|I_C|$. Der Basisstrom ist die algebraische Summe der Anteile 2 bis 7, d.h.

$$|I_B| = |I_2| - |I_4| - |I_6|\,. \tag{11/13}$$

Polt man beide *pn*-Übergänge in Sperrichtung, so fließt über die Basis ein Strom $I_{B\,\mathrm{sperr}}$, der aus den Anteilen 4 bis 7 besteht; es gilt also

$$|I_{B\,\mathrm{sperr}}| = |I_4| + |I_6| = I_{BE} + I_{BC}\,. \tag{11/14}$$

Die Stromkomponente $|I_2|$ ist also mit den Gln. (11/13) und (11/14) gleich $|I_B| + |I_{B\,\mathrm{sperr}}|$, und man erhält für die Summe der Beträge der Anteile 2 bis 7

$$|I_2| + |I_4| + |I_6| = |I_B| + |2I_{B\,\mathrm{sperr}}| = |I_B'|\,. \tag{11/15}$$

Der Strom $|I_B'|$ ist in Siliziumtransistoren etwa gleich dem Strom I_B, da der Sperrstrom $I_{B\,\mathrm{sperr}}$ vernachlässigbar gegen I_B ist. Mit Gl. (11/15) erhält man für die beiden Rauschgeneratoren

$$\overline{i_{Ce}^2} = 2e|I_c|\Delta f\,,$$

$$\overline{i_{Be}^2} = 2e|I_B'|\Delta f\,, \quad |I_B'| = |I_B| + |2I_{B\,\mathrm{sperr}}|\,. \tag{11/16}$$

Am Ausgang hat man daher einen Schrotstromgenerator mit dem Kollektorstrom $|I_c|$ anzubringen, am Eingang einen mit dem (gegebenenfalls um $2I_{B\,\mathrm{sperr}}$ erweiterten) Basisstrom $|I_B|$.

11.2 Thermisches Rauschen des Basisbahnwiderstandes und Ersatzschaltbild

Vergleicht man das Kleinsignal-Ersatzschaltbild nach Abb. 100 mit dem üblichen Hybrid-π-Ersatzschaltbild des Transistors (z.B. [11, Abschnitt

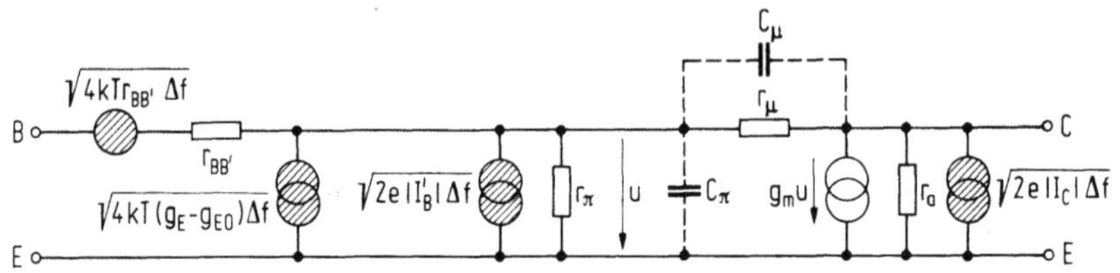

Abb. 101. Rauschersatzschaltbild eines bipolaren Transistors

2.6.5]), so erkennt man, daß der Basisbahnwiderstand fehlt. Führt man diesen mit dem entsprechenden Rauschgenerator zusätzlich ein, so ergibt sich das Rauschersatzschaltbild nach Abb. 101, in welches zusätzlich noch die Kapazitäten eingezeichnet sind. Damit lassen sich die wesentlichen Rauscheigenschaften beschreiben.

11.3 Generations-Rekombinations-Rauschen ($1/f$-Rauschen)

Als Ursache des $1/f$-Rauschens („flicker noise") wird die Rekombination von Ladungsträgern (über Shockley-Read-Hall-Zentren, [33, 96]) in der Raumladungszone der vorwärts gepolten Emitter-Basis-Diode und an der Oberfläche in deren Nähe angesehen [97]. Wie in Abschnitt 5.2 ausgeführt, entspricht die Eckfrequenz des zugehörigen Rauschspektrums der Lebensdauer τ des zugehörigen Rekombinationsvorganges [98]. Diese Lebensdauer hängt u.a. stark von der energetischen Lage der Traps ab; es ergibt sich eine Verteilung der Zeitkonstanten von Zehntel- bis Mikrosekunden [97], so daß ein $1/f$-Rauschspektrum entsteht (Kapitel 6).

Die durch Generations-Rekombinations-Prozesse hervorgerufenen Ladungsschwankungen bewirken Schwankungen der Spannung zwischen Emitter und Basis. Ein Rauschstromgenerator parallel zu diesem *pn*-Übergang muß daher einen Rauschstrom proportional dem Kleinsignalleitwert dieses *pn*-Überganges liefern. Man erhält daher für den in Abb. 102 eingetragenen Rauschgenerator den Ansatz

$$\overline{i_{GR}^2} \sim \frac{1}{f} g_\pi^2 \Delta f .$$

Als Proportionalitätskonstante wurde in [97] ein Ausdruck gewählt, der zu einem äquivalenten Rauschwiderstand führt; man erhält

$$\overline{i_{GR}^2} = 4kT \frac{\varrho_0}{f} g_\pi^2 \Delta f . \qquad (11/17)$$

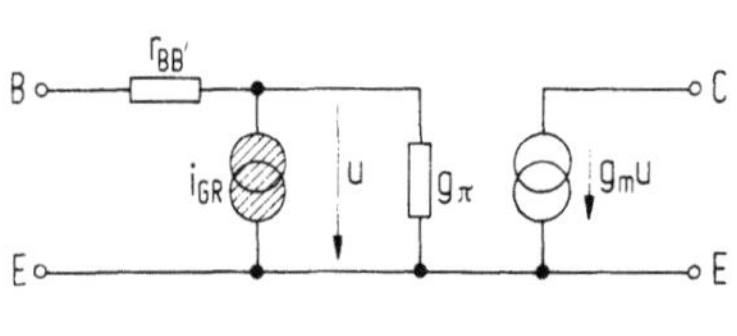

Abb. 102. Rauschersatzschaltbild für das $1/f$-Rauschen

Der Ausdruck ϱ_0 hat die Dimension Ohm Hertz und ist eine Kenngröße für das $1/f$-Rauschen eines gegebenen Transistors. Die Abhängigkeit des $1/f$-Rauschens von den Betriebsparametern wird durch

$$g_\pi = g_m/h_{fe} = \frac{e|I_C|}{kT} \frac{1}{h_{fe}}$$

beschrieben. Nimmt man für h_{fe} die Stromabhängigkeit $h_{fe} \sim I_C^{1/3}$ an [97], so ergibt sich für $\sqrt{\overline{i_{GR}^2}}$ eine Proportionalität zu $I_C^{2/3}$, die experimentell gut bestätigt wurde. Für ϱ_0 wurden Werte zwischen 10^6 und $10^8\,\Omega\,\text{Hz}$ gemessen [97].

Von Bedeutung ist das Generations-Rekombinations-Rauschen auch bei tiefen Betriebstemperaturen [99], die jedoch für den bipolaren Transistor (im Gegensatz zum Feldeffekttransistor) keinen besonderen Nutzen bringen.

11.4 Rauschtemperatur eines Transistorverstärkers in Emitterschaltung

Wenn auch in Kapitel 8 bereits die allgemeine Abhängigkeit der Rauschzahl vom Generatorwiderstand beschrieben worden ist, Gl. (8/14), so ist doch das Rauschersatzschaltbild des Bipolar-Transistors (Abb. 101) nicht in der für diese Beschreibung geeigneten Form (Abb. 55). Im Gegensatz zum Feldeffekttransistor (Kapitel 12) ist es hier günstiger die Rauschzahl (bzw. die Rauschtemperatur) direkt aus den Definitionsgleichungen zu berechnen, da andernfalls (bei Umwandlung in ein Rauschersatzschaltbild nach Abb. 55) die Zuordnung zu den einzelnen physikalischen Rauschursachen verdeckt würde. Der Zusammenhang zwischen Rauschzahl und Rauschtemperatur ist durch Gl. (8/19) gegeben.

Um die wesentlichen Zusammenhänge zwischen den einzelnen Betriebs- und Transistorparametern und der Rauschtemperatur T_r bzw. der Rauschzahl F aufzuzeigen, wird die Rauschtemperatur eines in Emitterschaltung betriebenen Transistors zunächst für mittlere Frequenzen (Vernachlässigung der Blindleitwerte) und unter Vernachlässigung der Rückwirkung (Basisweitenmodulation) berechnet. Abbildung 103 zeigt das entsprechend vereinfachte Ersatzschaltbild mit dem Generatorwiderstand. Da die Rauschtemperatur ebenso wie die Rauschzahl nicht vom Lastwiderstand abhängt, kann man die Berechnung am einfachsten für Kurzschluß vornehmen.

Man berechnet einmal (a) das Rauschstromquadrat am Ausgang für die gesamte Schaltung mit dem Generatorwiderstand auf Zimmertemperatur T_0

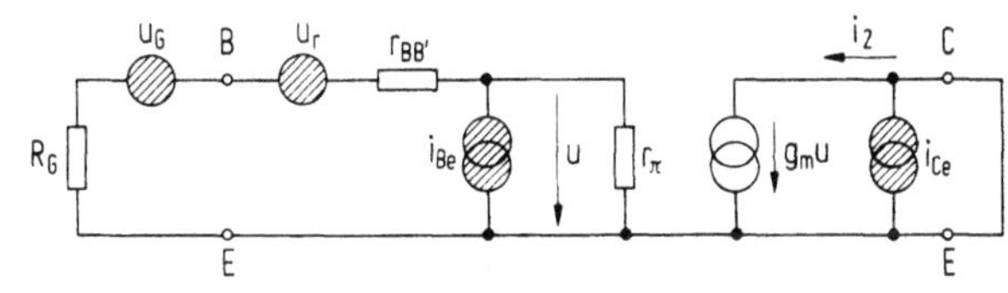

Abb. 103. Vereinfachtes Rauschersatzschaltbild eines bipolaren Transistors

und setzt dies gleich (b) dem Rauschstromquadrat am Ausgang für den rauschfreien Transistor mit dem Generatorwiderstand auf der Temperatur $T_0 + T_r$:

(a)
$$\overline{i_2^2} = \overline{i_{Ce}^2} + g_m^2 \overline{i_{Be}^2} \frac{r_\pi^2 (R_G + r_{BB'})^2}{(r_\pi + R_G + r_{BB'})^2} + g_m^2 (\overline{u_r^2} + \overline{u_G^2}) \frac{r_\pi^2}{(r_\pi + R_G + r_{BB'})^2}, \qquad (11/18)$$

mit

$$\overline{i_{Ce}^2} = 2e|I_c|\Delta f, \quad \overline{i_{Be}^2} = 2e|I'_B|\Delta f, \quad \overline{u_r^2} = 4kTr_{BB'}\Delta f,$$

$$\overline{u_G^2} = 4kT_0 R_G \Delta f.$$

(b)
$$\overline{i_2^2} = g_m^2 \overline{u_G^2} \frac{r_\pi^2}{(r_\pi + R_G + r_{BB'})^2}, \qquad (11/19)$$

mit

$$\overline{u_G^2} = 4k(T_0 + T_r) R_G \Delta f.$$

Durch Gleichsetzen der beiden Werte für $\overline{i_2^2}$ erhält man die Rauschtemperatur mit folgenden Ausdrücken für die Steilheit g_m, die Kleinsignal-Stromverstärkung β_0 und die statische (rauschkorrigierte) Stromverstärkung B':

$$g_m = \frac{|I_c|}{kT} e,$$

$$B' = \frac{|I_c|}{|I'_B|},$$

$$r_\pi = \frac{1}{\delta g_m} = \frac{\beta_0}{g_m}. \qquad (11/20)$$

$$\frac{T_r}{T_0} = \underbrace{\frac{r_{BB'}}{R_G}}_{r_{BB'}} + \underbrace{\frac{R_G g_m}{2} \frac{1}{B'}}_{I_{B'}} + \underbrace{\frac{1}{2 g_m R_G} + \frac{1}{\beta_0}}_{I_c} \qquad (11.21)$$

Dabei wurde in den Nenner-Klammerausdrücken $r_{BB'}$ gegen $r_\pi + R_G$ vernachlässigt. Der erste Ausdruck in Gl. (11/21) entspricht dem thermischen Rauschen des Basisbahnwiderstandes, der zweite dem Schrotrauschen des (korrigierten) Basisstromes und der dritte dem Schrotrauschen des Kollektorstromes. Wie allgemein zu erwarten, erhält man eine parabolische Abhängigkeit von R_G mit einem Minimalwert bei $R_{G\,opt}$ gemäß Abb. 104. Der Ausdruck für $R_{G\,opt}$ lautet

$$R_{G\,opt} = \frac{\sqrt{B'}}{g_m} \sqrt{1 + 2 r_{BB'} g_m} \approx \frac{\sqrt{B'}}{g_m}. \qquad (11/22)$$

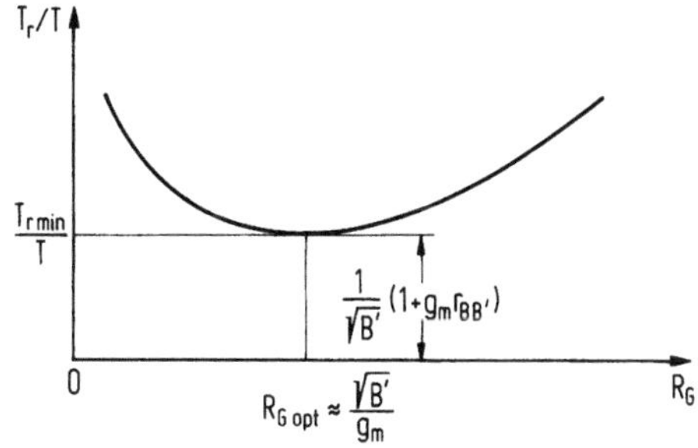

Abb. 104. Rauschtemperatur T_r als Funktion des Generatorwiderstandes

Die dabei erzielbare Rauschtemperatur $T_{r\,min}$ ist

$$\frac{T_{r\,min}}{T} = \frac{1}{\sqrt{B'}}\,(1+g_m r_{BB'})\,. \qquad (11/23)$$

Dabei wurde $1/\beta_0$ gegen $1/\sqrt{B'}$ wegen $B' \approx \beta_0$ vernachlässigt. Der kleinste Wert für $T_{r\,min}$ wird erreicht für $r_{BB'} \ll 1/g_m$:

$$\frac{T_{r\,min\,0}}{T} = \frac{1}{\sqrt{B'}}\,. \qquad (11/23a)$$

Gleichung (11/23a) besagt, daß ein bipolarer Transistor eine Rauschtemperatur aufweisen kann, die weit unter seiner Betriebstemperatur liegt. Die Temperaturabhängigkeit in Gl. (11/23a) kommt nicht vom hier vernachlässigten thermischen Rauschen des Basisbahnwiderstandes, sondern von der Steilheit g_m gemäß Gl. (11/20). Für beispielsweise $B' \approx 100$ ist die minimale Rauschtemperatur $T_{r\,min\,0} \approx 30\,\mathrm{K}$.

Untersucht man die Rauschtemperatur für allgemeine Werte von R_G, so erhält man aus Gl. (11/21) das Diagramm der Abb. 105. Als Abszisse ist der normierte Generatorwiderstand, als Ordinate der normierte Kollektorstrom (normierte Steilheit) aufgetragen. Gestrichelt ist die Bedingung (11/22) für

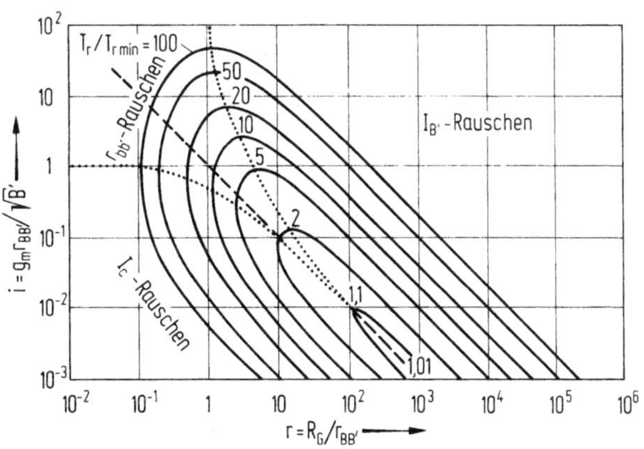

Abb. 105. Berechnete Konturen konstanter Rauschtemperatur eines Transistorverstärkers in Emitterschaltung nach Gl. (11/21) [100]. $T_{r\,min} = T/10$, $B' = 100$

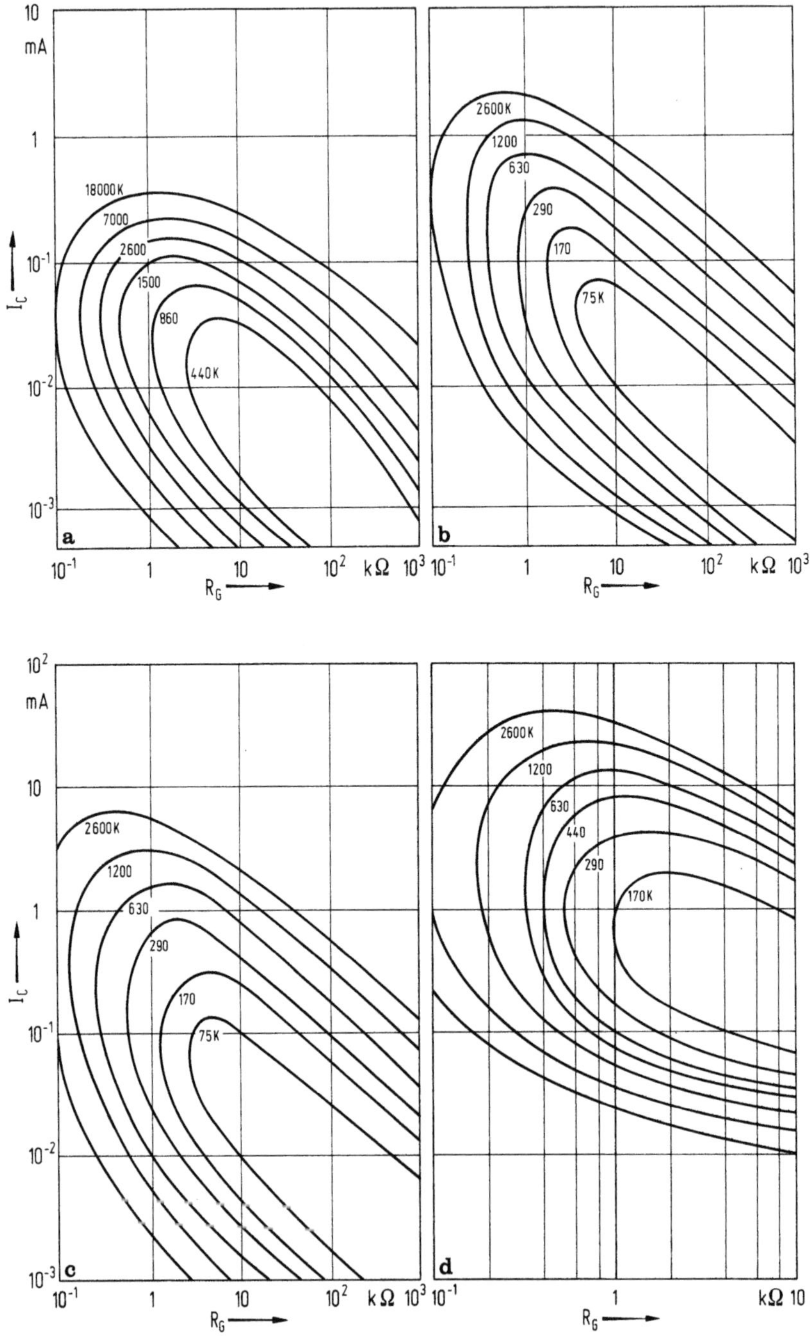

Abb. 106. Gemessene Konturen konstanter Rauschtemperatur (in K) eines Transistorverstärkers in Emitterschaltung nach [100]. **a** $f = 100$ Hz, $\Delta f = 20$ Hz; **b** $f = 1$ kHz, $\Delta f = 200$ Hz; **c** $f = 10$ kHz, $\Delta f = 2$ kHz; **d** $f = 1$ MHz, $\Delta f = 2$ kHz

den optimalen Generatorwiderstand eingetragen. Bereiche, in welchen jeweils eine der drei Rauschursachen dominiert, sind ebenfalls gekennzeichnet. An den Grenzen zwischen diesen Bereichen (punktierte Linien) sind die jeweils benachbarten Rauschursachen gleich wirksam für die Rauschtemperatur. In Abb. 106 sind zum Vergleich Meßkurven angegeben.

Die Frequenzabhängigkeit von $T_{r\,\min}$ kann mit Hilfe von $B'(f) \approx \beta(f)$ beschrieben werden. Da jedoch die Grenzfrequenz für Emitterschaltung f_β wesentlich kleiner ist als die Grenzfrequenz für Basischaltung (z.B. [11, Abschnitt 2.6.7]) wird auf die Frequenzabhängigkeit der Rauschzahl (Rauschtemperatur) im nächsten Abschnitt eingegangen.

11.5 Rauschzahl eines Transistorverstärkers in Basisschaltung

Mit dem Ersatzschaltbild nach Abb. 97b kann nach Hinzunahme des Basisbahnwiderstandes mit seinem Rauschgenerator das zur Berechnung der Rauschzahl geeignete Ersatzschaltbild (Abb. 107) gezeichnet werden. Dabei wird der Eingangsrauschspannungs-Generator in einen korrelierten Anteil u' und einen unkorrelierten u'' zerlegt. Der Ausgangsstrom i_2 bestimmt die an den Lastwiderstand R_L abgegebene Rauschleistung $\overline{i_2^2}R_L$. Man erhält die Rauschzahl aus dem Verhältnis von $\overline{i_2^2}$ unter Berücksichtigung aller Rauschgeneratoren zu $\overline{i_2^2}$ als Folge des Generatorrauschens allein (Gl. (8/8)). Analog zu Abschnitt 10.1 kann auch die Rauschtemperatur bestimmt werden; der Zusammenhang zwischen F und T_r ist durch Gl. (8/19) gegeben.

Für den Ausgangsrauschstrom $i_2 = -\alpha i_E + i$ erhält man mit Abb. 107 und Berücksichtigung der Tatsache, daß Generatorrauschen, Bahnwiderstandsrauschen und Schrotrauschen nicht korreliert sind,

$$\overline{|i-\alpha i_E|^2} = \frac{4kT(R_G + r_{BB'})\Delta f}{|Z_G + r_{BB'} + Z_{B'E}|^2}|\alpha|^2 + \overline{\left| i + \frac{u\alpha}{Z_G + r_{BB'} + Z_{B'E}} \right|^2} . \tag{11/24}$$

Van der Ziel [9, S. 138] führt für die weitere Rechnung die Abkürzungen R_{Nb}, G_{Nb} und Z_{cor} als Maße für die Rauschgeneratoren der Abb. 107 ein:

$$\overline{u''^2} = 4kTR_{Nb}\Delta f\,, \quad \overline{i^2} = 4kTG_{Nb}\Delta f\,,$$

$$\overline{ui^*} = \overline{u'i^*} = Z_{cor}\frac{\overline{i^2}}{\alpha} = (R_{cor} + jX_{cor})\frac{\overline{i^2}}{\alpha} . \tag{11/25}$$

Damit ergibt sich für die Rauschzahl

$$F = 1 + \frac{r_{BB'} + R_{Nb}}{R_G} + \frac{G_{Nb}}{R_G}|Z_G + r_{BB'} + z_{B'E} + Z_{cor}|^2$$

$$= A + \frac{B}{R_G} + CR_G + C\frac{(X_G + x_{B'E} + X_{cor})^2}{R_G} . \tag{11/26}$$

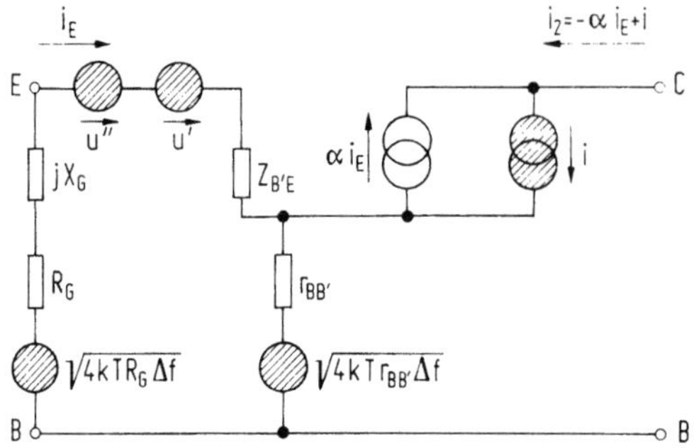

Abb. 107. Rauschersatzschaltbild für Basisschaltung. Der Rauschspannungsgenerator u am Eingang ist in eine zu i unkorrelierte Komponente u'' und eine voll korrelierte Komponente u' aufgeteilt. Für Gl. (11.24) gilt $u=\sqrt{(u')^2+(u'')^2}$

Die Konstanten A, B, C sind in Analogie zu Gl. (8/14a) gewählt:

$$A=1+2G_{Nb}(r_{BB'}+r_{B'E}+R_{cor}),$$
$$B=r_{BB'}+R_{Nb}+G_{Nb}(r_{BB'}+r_{B'E}+R_{cor})^2,$$
$$C=G_{Nb}. \tag{11/27}$$

Die kleinste Rauschzahl in bezug auf X_G erhält man für Rauschabstimmung ($F=F_t$)

$$X_G+x_{B'E}+X_{cor}=0. \tag{11/28}$$

Die abgestimmte Rauschzahl F_t ist in Abhängigkeit vom Generatorwiderstand R_G gemäß Abschnitt 8.2 eine Hyperbel. Durch Messung von $F_t(R_G)$ können die Konstanten A, B und C und damit die Rauschkenngrößen G_{Nb}, R_{Nb} und R_{cor} wie folgt bestimmt werden:

$$r_{BB'}+r_{B'E}+R_{cor}=\frac{A-1}{2C},$$
$$r_{BB'}+R_{Nb}=B-\frac{(A-1)^2}{4C},$$
$$G_{Nb}=C. \tag{11/29}$$

Abbildung 108 zeigt eine Meßkurve dieser Art mit den Werten für A, B und C.

Für den optimalen Generatorwiderstand $R_{G\,opt}=\sqrt{B/C}$ erhält man die minimale Rauschzahl

$$F_{min}=A+2\sqrt{BC}. \tag{11/30}$$

Setzt man nun in die Gl. (11/25) die entsprechenden Beziehungen aus Abschnitt 11.1 bzw. 11.2 ein, so kann durch den Vergleich mit den meßtechnisch bestimmten Kennwerten die Theorie überprüft werden.

Aus Gl. (11/8) erhält man wegen $|u''|\gg|u'|$ mit Gl. (11/25) $R_{Nb}\approx r_{B'E}/2$ und damit für Zimmertemperatur

$$\frac{R_{Nb}}{\Omega}=\frac{13}{I_E/mA}. \tag{11/31}$$

Abb. 108. $F_t R_G$ als Funktion des Generatorwiderstandes R_G. Vergleich zwischen Meßpunkten und der berechneten Kurve $F_t R_G = B + AR_g + CR_G^2$ mit $B = 134\,\Omega$, $A = 1{,}35$, $C = 12{,}3 \cdot 10^{-4}$ S für den Transistor 2N1 564 bei 550 kHz und $I_E = 1$ mA nach [95]

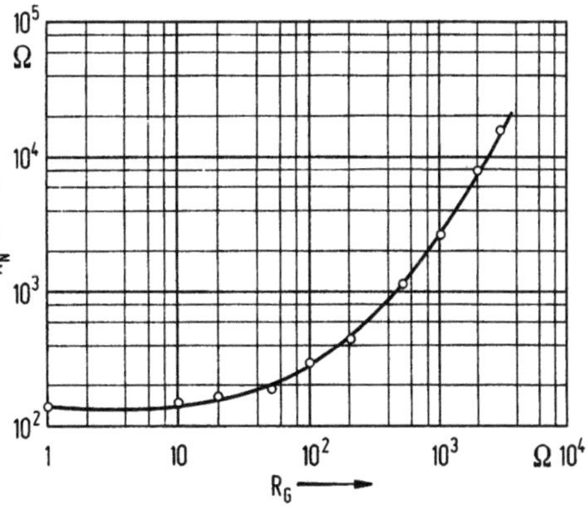

Abb. 109. Rauschkennwiderstand R_{NE} nach Gl. (11/29) des Transistors 2N 2996 in Basisschaltung als Funktion des Emitterstromes für $f = 4$ MHz, $U_{CB} = -6$ V nach [101]

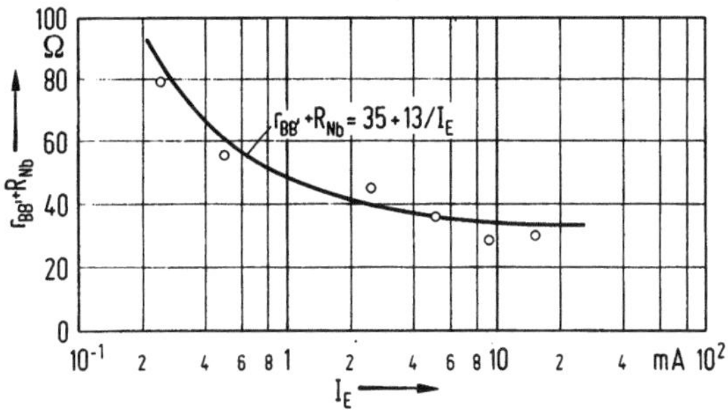

Abbildung 109 zeigt Meßpunkte für $B - (A-1)^2/4C$ und eine angepaßte Kurve für $r_{BB'} + R_{Nb}$; Gl. (11/31) wird damit gut bestätigt.

Aus den Gln. (11/9) und (11/25) erhält man unter Vernachlässigung des Kollektorreststromes I_{C0} (gerechtfertigt für Siliziumtransistoren)

$$G_{Nb} = \frac{\alpha_{dc}}{\alpha_0^2} \frac{1 - \alpha_{dc} + f^2/f_\alpha^2}{2r_{B'E}} \approx \frac{1 - \alpha_{dc} + f^2/f_\alpha^2}{2r_{B'E}} . \qquad (11/32)$$

Setzt man die Gln. (11/31) und (11/32) in Gl. (11/27) ein und vernachlässigt den Einfluß von R_{cor}, so erhält man mit Gl. (11/30) und $\alpha_{dc} = \alpha_f$:

$$F_{min} = 1 + \left(1 - \alpha_f + \frac{f^2}{f_\alpha^2}\right)\left(1 + \frac{r_{BB'}}{r_{B'E}}\right) \qquad (11/33)$$
$$+ \sqrt{\left(1 - \alpha_f + \frac{f^2}{f_\alpha^2}\right)\left(1 + 2\frac{r_{BB'}}{r_{B'E}}\right) + \left(1 - \alpha_f + \frac{f^2}{f_\alpha^2}\right)^2 \left(1 + \frac{r_{BB'}}{r_{B'E}}\right)^2} .$$

Aus Gl. (11/33) kann man Näherungsausdrücke für tiefe und hohe Frequenzen gewinnen:

Für $f^2/f_\alpha^2 \ll 1 - \alpha_f$ gilt

$$F_{min} = 1 + \sqrt{(1 - \alpha_f)\left(1 + \frac{2r_{BB'}}{r_{B'E}}\right)} . \qquad (11/34)$$

Für $f^2/f_\alpha^2 \gg 1-\alpha_f$ gilt

$$F_{\min}=1+\left(1+\frac{r_{BB'}}{r_{B'E}}\right)\frac{f^2}{f_\alpha^2}+\sqrt{\left(1+\frac{2r_{BB'}}{r_{B'E}}\right)\frac{f^2}{f_\alpha^2}+\left(1+\frac{r_{BB'}}{r_{B'E}}\right)^2\frac{f^4}{f_\alpha^4}}\,. \tag{11/35}$$

Nach Gl. (11/35) steigt $F_{\min}$ für hohe Frequenzen proportional f^2.

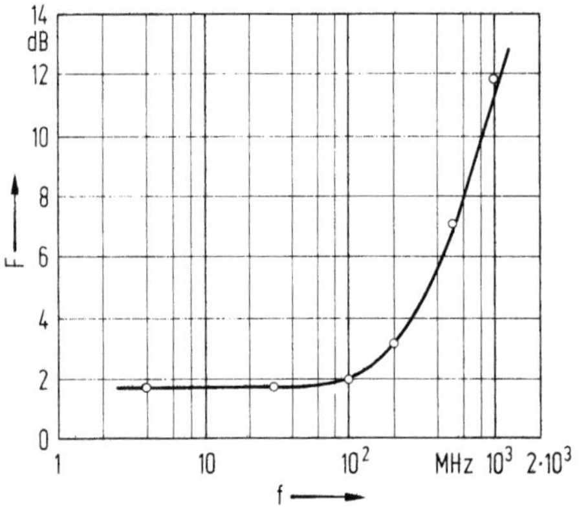

Abb. 110. Minimale Rauschzahl für den Transistor 2N 2996 in Basisschaltung als Funktion der Frequenz für $I_E = 1{,}5$ mA, $U_{CE} = -6$ V nach [101]. $f_\alpha = 740$ MHz, $r_{BB'}/R_{NE} = 2$, $1-\alpha_0 = 0{,}01$

Abbildung 110 zeigt gemessene Kurven für $F_{\min}(f)$ und eine nach Gl. (11/33) angepaßte Kurve. Die Beziehungen für $F_{\min}$ zeigen, daß in Übereinstimmung mit der Optimierung der Signaleigenschaften $r_{BB'}$ möglichst klein, $(1-\alpha_f)$ möglichst klein und f_α möglichst groß sein sollen. Abbildung 110 zeigt außerdem, daß bei der Grenzfrequenz f_α das Rauschen schon weit über dem NF-Wert des Rauschens liegt.

Die Grenzfrequenz f_α ist abhängig vom Betriebsstrom des Transistors (z.B. [91]). Für geringe Ströme steigt f_α mit dem Strom, da die Steilheit sinkt, ohne daß die dann im Vergleich zur Basiskapazität dominierende Sperrschicht-

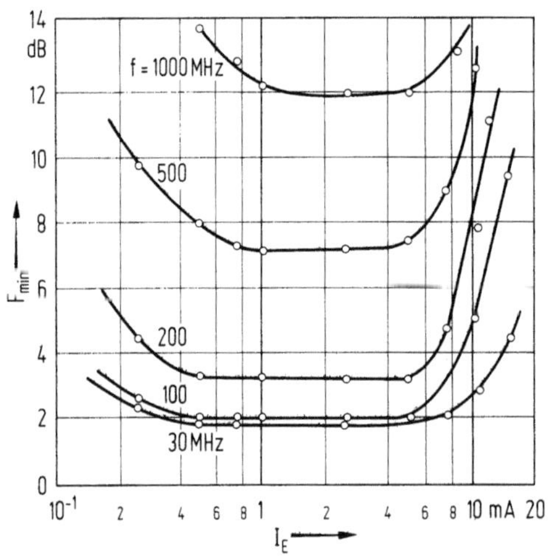

Abb. 111. Minimale Rauschzahl des Transistors 2N 2996 in Basisschaltung als Funktion des Emitterstromes für $U_{CB} = -6$ V nach [101]

kapazität sinkt; für mittlere Ströme ist die Grenzfrequenz als Quotient der Steilheit und der Basiskapazität konstant, und für hohe Ströme sinkt f_α mit dem Strom, weil der Strom in der Basis-Kollektor-Diode raumladungsbegrenzt wird. Abbildung 111 zeigt $F_{min}(I_E)$ für verschiedene Frequenzen; die Abhängigeit von I_E kann über $f_\alpha(I_E)$ erklärt werden [101].

Bezüglich der Korrelationskennwerte R_{cor} und X_{cor} besteht zwischen Meßwerten und theoretischen Werten eine Diskrepanz, zu der in [9, S. 143] kurz Stellung genommen wird.

Für die Dimensionierung von HF- und Mikrowellenverstärkern sehr nützlich ist die Angabe der Rauschtemperatur (Rauschzahl) als Funktion des komplexen Generatorleitwertes [102–106]. Man erhält in der komplexen

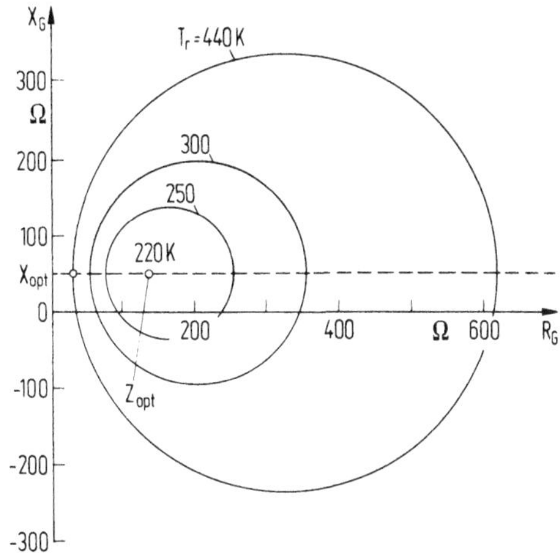

Abb. 112. Kreise konstanter Rauschtemperatur in der komplexen Generator-Widerstandsebene für den Transistor AFY 17 nach [104] $f = 100$ MHz, $I_E = 2$ mA, $U_{CE} = -10$ V

Generatorleitwertebene für $T_r = \text{const.}$ Kreise (Abb. 112) in Übereinstimmung mit Gl. (11/26) bzw. (8/14).

11.6 Burst-Rauschen

In manchen Transistoren (und evtl. auch Dioden) springt der Betriebsstrom spontan zwischen zwei (oder mehreren) diskreten Werten wie in Abb. 113 gezeigt; man nennt dies Burst-Rauschen. Das Auftreten dieser Störung (z.B. an 10 % einer Charge) hängt sehr stark vom Herstellungsprozeß und insbesondere von der Oberflächenbehandlung ab. Als Erklärung dient im allgemeinen das von Hsu [107, 108] angegebene Modell, nach dem eine statistisch schwankende Ladung über einen „Schalter" einen Nebenschlußwiderstand zum *pn*-Übergang ein- bzw. ausschaltet. Abbildung 114 zeigt als Balken eingezeichnet mögliche Nebenschlußwiderstände, die beispielsweise durch Metallausscheidungen in der Raumladungszone (z.B. Emitter-Basis) gebildet werden. Als „Schalter" kann dabei die Potentialbarriere der durch Metallausscheidung und

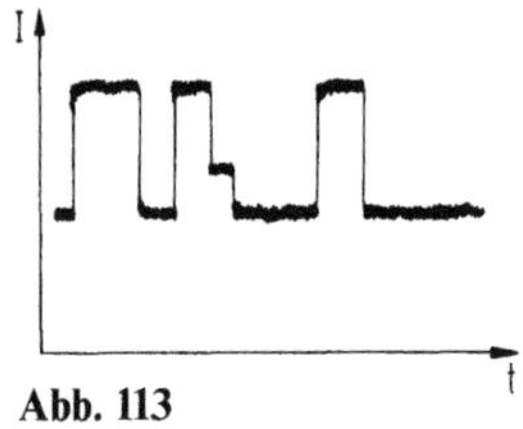

Abb. 113

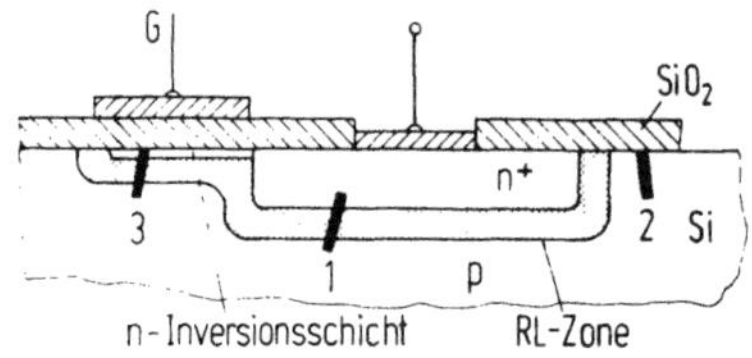

Abb. 114

Abb. 113. Strom eines Transistors mit Burst-Rauschen

Abb. 114. Metallausscheidungen als Ursache für Burst-Rauschen. Ausscheidung am Ort 2 unwirksam; Ausscheidung am Ort 3 nur wirksam, wenn eine Inversionsschicht existiert

Halbleiter gebildeten Schottky-Diode dienen. Eine statistisch schwankende Ladung (z.B. in einer Fangstelle in unmittelbarer Nähe dieser Potentialbarriere) steuert diese Potentialbarriere zwischen zwei (oder mehreren) Werten gemäß den Ladungszuständen der Fangstelle (Abb. 115).

In Abb. 114 links (Balken 3) ist gezeigt, wie u.U. eine Inversionsschicht an der Grenze Halbleiter – Isolator den Bereich, in welchem sich Oberflächenstö-

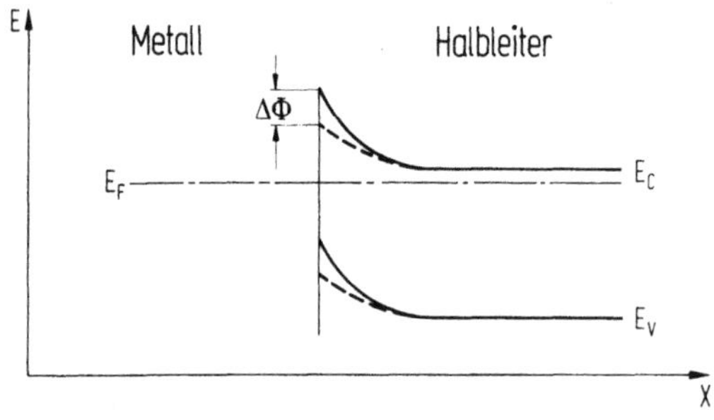

Abb. 115. Sprung der Potentialschwelle zwischen Metall und Halbleiter um $\Delta\Phi$

rungen auswirken können, drastisch erweitert. Die Inversionsschicht kann auch ohne die hier gezeichnete Metallelektrode G als Folge von Ladungen am Isolator vorhanden sein (Balken 2). Das Modell von Hsu wurde in [108] auf dieses feldinduzierte Burst-Rauschen erweitert; mit einer Elektrode G (Abb. 114) konnte das Burst-Rauschen konform mit den gegebenen Modellvorstellungen beeinflußt werden.

Es ist verständlich, daß dieser Rauscheffekt nicht durch die üblichen Kenngrößen wie Rauschzahl usw. erfaßt werden kann, weshalb er auch hier am Ende des Kapitels behandelt wurde. Literaturhinweise siehe [243].

12 Feldeffekttransistoren

12.1 Qualitative Beschreibung

Feldeffekttransistoren (FET) sind gesteuerte Widerstände (z.B. [11, 109]). Daher wird das thermische Rauschen dieser „Widerstände", der Kanäle, eine dominierende Rolle spielen.

Da es sich beim FET um ein ladungsgesteuertes Bauelement handelt (die Ladung am Gate steuert den Kanalleitwert), werden Ladungsschwankungen in der Steuerzone besonders wirksam sein (Generations-Rekombinations-Rauschen) und evtl. auch zu einem $1/f$-Rauschen führen.

Je nach Ausführungsform des FET können noch weitere Rauscheffekte auftreten, etwa Schrotrauschen des Sperrstromes beim Sperrschicht-FET (J-FET) und thermisches Rauschen parasitärer Widerstände.

Tabelle 1 zeigt in Verbindung mit Abb. 116 eine Übersicht über den Ort des Auftretens der Rauscheffekte, wobei die Ziffern in der Abbildung den numerierten Rauscheffekten zugeordnet sind.

FET zählen zu den Verstärkerelementen mit dem geringsten Rauschen. Verstärker mit Rauschzahlen von 1,5 dB ($T_r \approx 100$ K bei Frequenzen bis zu einigen GHz sind heute im Handel erhältlich (Abb. 94). Dazu kommt eine besondere Eigenschaft, welche sie grundsätzlich vom bipolaren Transistor unterscheidet. Beim bipolaren Transistor beruht die Signalverstärkung auf der

Tabelle 1. Rauscheffekte bei Feldeffekttransistoren

Effekt	J-FET	MOS-FET	MES-FET
1 Thermisches Rauschen	Kanal	Kanal	Kanal
2 Diffusionsrauschen (heiße Elektronen)	–	–	Kanal
3 Schrotrauschen	Sperrstrom Gate-Kanal	–	Sperrschicht Gate-Kanal
4 Gen.-Rek.-Rauschen (Ladungssteuerung) $1/f$-Rauschen	RL-Zone	Isolator RL-Zone Grenzschicht HL-Isolator	RL-Zone
5 Thermisches Rauschen parasitärer Widerstände	Bahnwiderstand	Bahnwiderstand	Bahnwiderstand

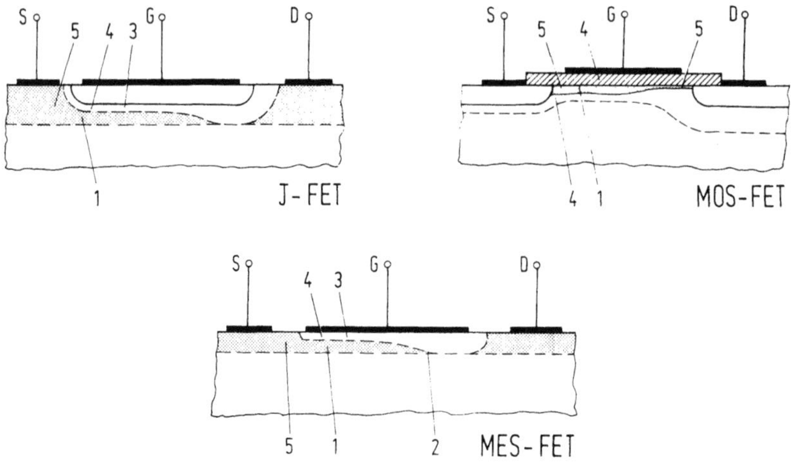

Abb. 116. Zuordnung der Rauscheffekte nach Tabelle 1 zu den verschiedenen Zonen von Feldeffekttransistoren

Diffusion der Ladungsträger in der Basis, also auf einem Effekt, der nur bei endlicher Temperatur existiert. (Wenn auch durch Dotierungsgradienten ein Driftfeld aufgebaut werden kann, so nimmt die Signalverstärkung mit abnehmender Temperatur ab.) Im Gegensatz dazu ist im FET, insbesondere beim MOS-FET, die Wirkungsweise nicht von einem thermischen Effekt abhängig; wegen der Zunahme der Beweglichkeit werden sogar durch Kühlung die Signaleigenschaften verbessert, wobei gleichzeitig der Hauptrauscheffekt, das thermische Rauschen des Kanals, reduziert wird. Rauschtemperaturen von etwa 50 K für ca. 100 K Betriebstemperatur werden angegeben [110]. Gekühlte FET-Verstärker sind also in ihren Daten vergleichbar mit parametrischen Verstärkern; sie sind jedoch weniger aufwendig im Betrieb.

Wenn bei Kühlung der dominierende Rauscheffekt (thermisches Kanalrauschen) zurückgeht, werden die sonst sekundären Rauscheffekte maßgebend. Insbesondere wird die Elektronentemperatur nicht mehr gleich der Gittertemperatur sein (heiße Elektronen für thermisches Kanalrauschen).

Allen FET gemeinsam ist das thermische Kanalrauschen, welches daher als erstes beschrieben wird. Auf die übrigen Effekte wird bei den jeweiligen Ausführungsformen eingegangen.

12.2 Thermisches Kanalrauschen

Solange sämtliche Spannungen am Feldeffekttransistor klein sind, ist der Gleichstromwiderstand des Kanals gleich dem Wechselstromwiderstand; der gesamte FET ist so nahe am thermischen Gleichgewicht, daß die normale Formel für thermisches Rauschen des Kanalleitwertes Anwendung finden kann.

In dem daran anschließenden Triodenbereich des Transistors ist der Wechselstromleitwert nicht gleich dem Gleichstromleitwert, und es ist zunächst unklar, welcher Leitwert für die Beschreibung des thermischen Rauschens benutzt werden soll. In der Ableitung der Kennliniengleichungen (z.B. [11]) wurde vorausgesetzt, daß auch in diesem Bereich das Ohmsche Gesetz für jedes Volumenelement gilt, obwohl der Zusammenhang zwischen Ausgangsspannung und Ausgangsstrom nicht mehr linear ist. Es ist daher naheliegend, auch hier für jedes Volumenelement thermisches Rauschen anzunehmen. Da jedoch dieses Rauschen auf den Steuermechanismus des FET wirkt, entsteht ein „Korrekturfaktor" für das thermische Rauschen des „Kanalleitwertes". Die auf diese Weise erzielten Ergebnisse [111] Van der Ziels gelten zunächst für den nicht gesättigten Bereich. Die experimentellen Ergebnisse [112] zeigen jedoch, daß damit auch das Rauschen im normalen Verstärkungsbereich des Transistors, dem Sättigungsbereich hinreichend genau beschrieben wird.

Die FET weisen eine Vielfalt von technischen Ausführungsformen auf. Diese kann man in zwei Gruppen unterteilen: Sperrschicht-FET (inklusive MES-FET) und MIS-FET. In der ersten Gruppe wird der Kanalleitwert dadurch gesteuert, daß der Rand des leitenden Bereiches gesteuert wird. Eine Berechnung des thermischen Kanalrauschens für diesen Fall wurde von Van der Ziel [111] vorgenommen. Im zweiten Fall, dem MIS-Transistor (meist als MOS-Transistor gebaut), wird eine Steuerung der Ladungsdichte an der Grenzfläche zwischen Halbleiter und Isolator vorgenommen. Für diese Situation wurde das Rauschen von Jordan und Jordan [113] berechnet.

In beiden Fällen wird die Ladung, die für die Leitfähigkeit verantwortlich ist, gesteuert und von geringen Unterschieden abgesehen, beschreibt die einfache Theorie der Ladungssteuerung (z.B. [11, Abschnitt 3.7]) die Verhältnisse hinreichend genau. Dies gilt nicht nur bezüglich der Signaleigenschaften, sondern auch bezüglich des Rauschens. Es wird daher hier nur diese einfache Theorie des thermischen Kanalrauschens [114, 119] behandelt. Als Ergebnis erhält man im normalen Arbeitsbereich des Transistors einen Stromgenerator parallel zum Kanal (also zwischen Source und Drain) mit einem Schwankungsquadrat $\overline{i_D^2}$, welches dem thermischen Rauschen von $2g_m/3$ entspricht (g_m: Steilheit).

In den genannten Arbeiten wird der Kanalstrom als konstant angenommen. Diese Annahme ist nur erfüllt, solange der kapazitive Strom zum Gate genügend klein ist. Bei höheren Frequenzen spielt jedoch der Gatestrom eine wesentliche Rolle, und es werden daher über die Kanal-Gate-Kapazität auch Rauschschwankungen vom Kanal zum Gate übertragen. Dies zieht zwei Konsequenzen nach sich: Einmal steigt $\overline{i_D^2}$ mit der Frequenz an, und zum anderen entsteht ein Gatestrom $\overline{i_G^2}$, der ebenfalls mit der Frequenz steigt. Dieser vom thermischen Kanalrauschen herrührende Gatestrom wird induziertes Gaterauschen genannt und ist zum thermischen Rauschen des Kanals korreliert. Van der Ziel [115] hat dieses induzierte Gaterauschen mit der Annahme des räumlich konstanten Kanalstromes berechnet und festgestellt, daß das Schwankungsquadrat des Gatestromes proportional mit dem Quadrat der

Frequenz wächst. Diese Form der Berücksichtigung von Hochfrequenzeffekten ist allerdings inkonsistent, da bei Annahme eines endlichen Gatestromes der Kanalstrom über seine Länge nicht mehr konstant sein kann. Eine Verbesserung in dieser Hinsicht bringt das sog. Zweitransistormodell, bei welchem das thermische Kanalrauschen eines infinitesimalen Abschnittes am Ort x_0 als Spannungsgenerator zwischen dem Transistorteil vor x_0 und dem Transistorteil nach x_0 berücksichtigt wird (Abb. 117). Zur Erfassung des gesamten thermischen Kanalrauschens wird dann über sämtliche infinitesimale Kanalabschnitte summiert, wobei selbstverständlich angenommen wird, daß die einzelnen Kanalabschnitte zueinander unkorreliert rauschen [119]. Die beste Rauschtheorie in dieser Hinsicht benutzt ein System von homogenen *RC*-Gliedern (*R*: Kanal, *C*: Kapazität zum Gate) und wurde von Klaassen [117] für den Sperrschicht-FET und von Shoji [118] für den MOS-Transistor aufgestellt.

(a) Thermisches Kanalrauschen – Rauschen im Drainstrom

Betrachten wir zunächst den mittleren Frequenzbereich, der einerseits genügend weit unter der Grenzfrequenz des Transistors liegt, andererseits aber genügend hoch, um das $1/f$-Rauschen ausschließen zu können; dies bedeutet für die meisten Transistoren den Bereich von etwa 10 kHz bis gut 10 MHz. Abbildung 117 zeigt einen MOS-FET mit einem Kanalbereich der Länge dx. Dieses Widerstandselement dR rauscht thermisch, d.h. die Rauschspannung du über den Kanalbereich zwischen x_0 und $x_0 + \mathrm{d}x$ hat das Schwankungsquadrat

$$\overline{\mathrm{d}u^2} = 4kT\mathrm{d}R\Delta f\,, \tag{12/1a}$$

$$\mathrm{d}u = \sqrt{4kT\mathrm{d}R\Delta f}\,\exp j(\omega t + \varphi)\,. \tag{12/1b}$$

Dies ist die einzige elementare Rauschformel in Abschnitt 12.2; der Rest ist „Kleinsignalrechnung“. Um spätere Berechnungen der Korrelation zu erleichtern, ist auch die Schmalbandrauschformel angegeben.

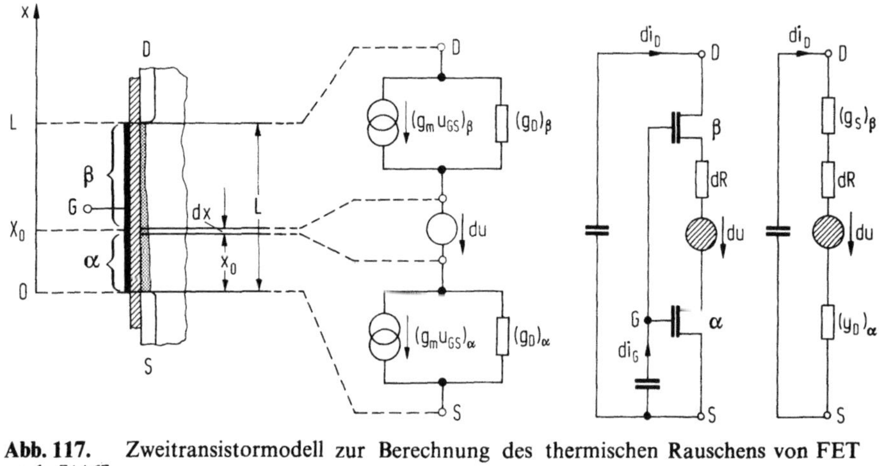

Abb. 117. Zweitransistormodell zur Berechnung des thermischen Rauschens von FET nach [116]

Zur Berechnung des Ersatzrauschgenerators an den Ausgangsklemmen des Transistors hat man nun den Drainstrom als Folge der Rauschspannung du auszurechnen, nachdem d$R(x_0)$ zunächst durch äußere Transistorgrößen (U_{DS} und U_{GS}) sowie die Variable x_0 ausgedrückt wird.

Entscheidend dabei ist die Tatsache, daß sowohl vor als auch nach dem Kanalelement dR aktive Bereiche des Transistors liegen. Am einfachsten berücksichtigt man dies mit Hilfe des sog. Zweitransistormodells, wie in Abb. 117 rechts gezeichnet. Anschließend werden die den einzelnen Kanalelementen entsprechenden Schwankungsquadrate des Drainstromes summiert (da das thermische Rauschen der einzelnen Kanalabschnitte zueinander unkorreliert ist).

Zunächst werden unter Bezug auf [11] die Ausgangsgleichungen für die beiden Transistorteile α und β angeschrieben, wobei ggf. U_G durch $U_{GS}-U_E$ zu ersetzen ist, um den Einfluß einer festen Ladung zu berücksichtigen:

$$I=\frac{C_G}{L}\mu(U_G-U)\frac{dU}{dx}. \tag{12/2}$$

Dabei ist U die Spannung zwischen Kanal am Ort x_0 und Source. Unter der Annahme, daß $I(x)=\text{const.}$ (d.h. Beschränkung auf mäßig hohe Frequenzen), erhält man für Transistor α:

$$\begin{aligned}
I &=\frac{C_G}{L}\mu\left(U_G U-\frac{U^2}{2}\right)\frac{1}{x_0},\\
g_{D\alpha} &=\frac{\partial I}{\partial U}=\frac{C_G}{L}\mu(U_G-U)\frac{1}{x_0},\\
g_{m\alpha} &=\frac{\partial I}{\partial U_G}=\frac{C_G}{L}\mu U\frac{1}{x_0};
\end{aligned} \tag{12/3}$$

Für Transistor β:

$$\begin{aligned}
I &=\frac{C_G}{L}\mu\left[U_G(U_{DS}-U)-\frac{U_{DS}^2}{2}+\frac{U^2}{2}\right]\frac{1}{L-x_0},\\
g_{D\beta} &=\frac{C_G}{L}\mu(U_G-U_{DS})\frac{1}{L-x_0},\\
g_{m\beta} &=\frac{C_G}{L}\mu(U_{DS}-U)\frac{1}{L-x_0}.
\end{aligned} \tag{12/4}$$

Für den ganzen Transistor gilt

$$\begin{aligned}
I &=\frac{C_G}{L^2}\mu\left(U_G U_{DS}-\frac{U_{DS}^2}{2}\right),\\
g_D &=\frac{C_G}{L^2}\mu(U_G U_{DS}),\\
g_m &=\frac{C_G}{L^2}\mu U_{DS}.
\end{aligned} \tag{12/5a}$$

Die Sättigung ist erreicht für $U_{DS} = U_G$; dort ist die Steilheit am größten und man erhält:

$$g_{max} = g_D + g_m = \frac{C_G}{L^2} \mu U_G . \qquad (12/5b)$$

Wie aus Abb. 117 zu erkennen ist, liegen die beiden FET-Abschnitte in Serie mit dem Spannungsgenerator du. Der Transistor α stellt einen Lastleitwert $g_{D\alpha} = \partial I/\partial U$ dar, Gl. (12/3).

Für den Transistor β gilt nach Gl. (12/4):

$$\frac{\partial I}{-\partial U} = \frac{C_G}{L} \mu (U_G - U) \frac{1}{L - x_0} = g_{D\beta} + g_{m\beta} .$$

Daher stellt der Transistor β einen Lastleitwert $(g_D + g_m)_\beta$ dar. Der Leitwert $-\partial I/\partial U$ kann auch verstanden werden als Leitwert $g_{S\beta}$ des Transistors β für Steuerung an der Source-Seite und wechselstrommäßigen Kurzschluß zwischen Gate und Drain. Damit erhält man den Drainstrom di_D (Kurzschlußstrom) als Folge der Spannung du:

$$\mathrm{d}i_D = \frac{1}{\dfrac{1}{g_{D\alpha}} + \dfrac{1}{(g_D + g_m)_\beta}} \mathrm{d}u . \qquad (12/6)$$

Mit den Kleinsignalleitwerten nach (12/3) und (12/4) ergibt dies:

$$\mathrm{d}i_D = \frac{C_G}{L^2} \mu (U_G - U) \mathrm{d}u . \qquad (12/7)$$

Als nächstes wird $\overline{\mathrm{d}u^2}$ berechnet. Den Widerstand dR erhält man aus Gl. (12/2):

$$\mathrm{d}R = \frac{\mathrm{d}U}{I} = \frac{L}{C_G \mu} \frac{1}{U_G - U} \mathrm{d}x , \qquad (12/8)$$

$$\overline{\mathrm{d}u^2} = 4kT\Delta f \mathrm{d}R = 4kT\Delta f \frac{L}{C_G \mu} \frac{1}{U_G - U} \mathrm{d}x . \qquad (12/9)$$

Gl. (12/7) quadriert und (12/9) eingesetzt liefert das Schwankungsquadrat des Drainstromes als Folge des thermischen Rauschens des Kanalabschnittes (bzw. analog den entsprechenden Ausdruck für das Schmalbandrauschen):

$$\overline{\mathrm{d}i_D^2} = \frac{C_G \mu}{L^3} (U_G - U) 4kT\Delta f \mathrm{d}x , \qquad (12/10a)$$

$$\mathrm{d}i_D = \sqrt{4kT\Delta f} \frac{\sqrt{C_G \mu}}{L^{3/2}} \sqrt{U_G - U} \exp[j(\omega t + \varphi)] \sqrt{\mathrm{d}x} . \qquad (12/10b)$$

Um das gesamte Schwankungsquadrat des Drainstromes zu erhalten, ist über die einzelnen Kanalabschnitte zu summieren. Dazu kann entweder $U(x)$ mit Hilfe der ersten der Gln. (12/3) in (12/10) eingesetzt werden oder einfacher mit Hilfe von Gl. (12/2) ein Wechsel der Variablen vorgenommen werden:

$$dx = \frac{dx}{dU} dU = \frac{C_G \mu}{LI} (U_G - U) dU .$$

Die Integration liefert mit g_{max} nach Gl. (12/5b)

$$\overline{i_D^2} = 4kT\Delta f g_{max} f_1(\eta),$$

$$f_1(\eta) = \frac{1+\eta^2/3-\eta}{1-\eta/2}\,; \quad \eta = U_{DS}/U_G = \frac{U_{DS}}{U_{GS}-U_E}\,. \qquad (12/11)$$

Die Funktion $f_1(\eta)$ ist in Abb. 118 gezeichnet [119]:

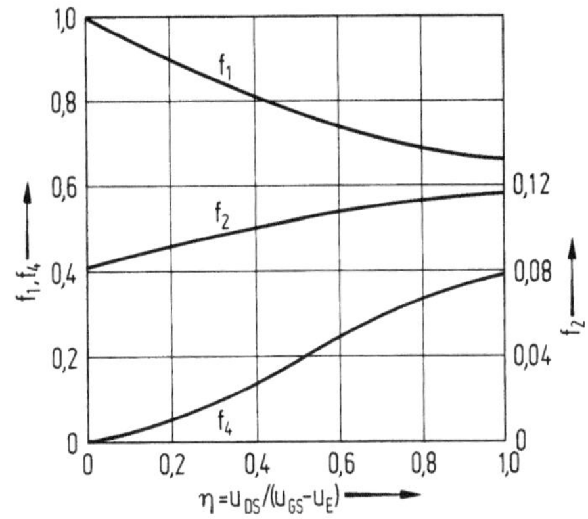

Abb. 118. Rauschwertfaktoren für die Gln. (12/11), (12/15) und (12/17) als Funktionen der normierten Drainspannung η nach [119]. Sättigungsbetrieb: $\eta = 1$

Für Sättigung ($\eta = 1$) ist $f_1(\eta) = 2/3$, $g_{max} = g_m$, und es gilt

$$\overline{i_D^2} = \frac{2}{3} \cdot 4kTg_m\Delta f\,. \qquad (12/12)$$

Für thermisches Gleichgewicht ($U_{DS} = 0$) ist $g_D = g_{max}$, $f(\eta) = 1$, und es rauscht, wie zu erwarten, der Kleinsignalwert wie ein normaler Widerstand. (U_G steht hier für $U_{GS} - U_E$ und wird daher nicht notwendigerweise Null.) Das Ergebnis (Gl. (12/12)) ist also sehr einfach und beschreibt das Rauschen des FET im mittleren Frequenzbereich.

(*b*) *Induziertes Gate-Rauschen* [119]

Abbildung 119 zeigt den Potentialverlauf im Kanal für den ungestörten Fall (voll ausgezogene Kurve) und für eine thermische Spannung mit dem Augenblickswert d*u* (gestrichelte Kurve). Dieser als Folge von d*u* gestörte Potentialverlauf hat zwei Konsequenzen: Einmal ändert sich die Ladung im Kanal gemäß der geänderten Potentialdifferenz an jedem „Kondensatorabschnitt", und zum zweiten ändert sich der Kanalstrom als Folge der geänderten Ladung und der geänderten Feldstärke. Die Stromänderung wurde im vorhergehenden Abschnitt nach dem Ladungssteuerungsmodell berechnet. Die

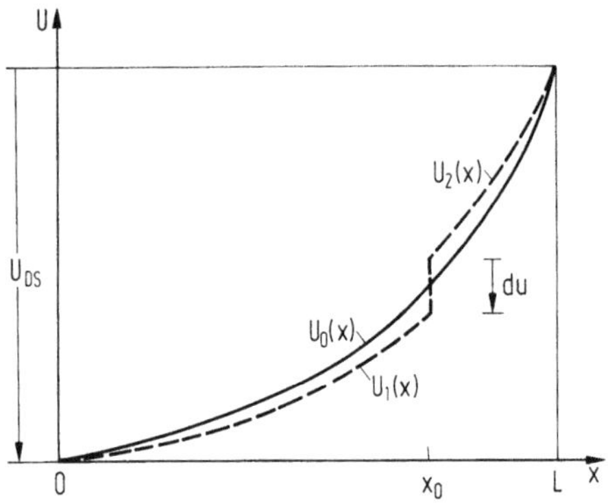

Abb. 119. Potentialverlauf im Kanal mit Rauschspannung du an der Stelle x_0. Beachte die Vorzeichen der Spannungen U_{DS} und du im Vergleich zu den Vorzeichen der Potentiale U, $U_0(x)$, $U_1(x)$ und $U_2(x)$

Änderung der Kanalladung ist begleitet von einer entgegengesetzt gleich großen Änderung dq der Ladung auf der Gateelektrode. Bei einer Kreisfrequenz ω führt dies zu einem kapazitiven Gatestrom d$i_G = j\omega$dq. Es entsteht also ein Schwankungsquadrat des Gatestromes proportional ω^2.

Da in der folgenden Rechnung i_D als konstant über die Kanallänge angenommen wird, gilt die Rechnung nur solange, als der induzierte Gatestrom klein gegen den Drainwechselstrom ist. Andernfalls muß sich der Kanalstrom längs seines Weges ändern. Die sich daraus ergebende Gültigkeitsgrenze wird noch diskutiert. Die Rauschkomponente des Drainstromes und des Gatestromes haben beide die gleiche physikalische Ursache (nämlich das thermische Kanalrauschen); sie werden daher korreliert sein, und zwar wird wegen der 90°-Phasenverschiebung zwischen den Stromelementen di_D und di_G der Korrelationskoeffizient imaginär sein. Da die Wirkung der Spannung du auf i_D und i_G nicht gleich ist (die Feldstärke ändert sich in den beiden Abschnitten der Abb. 119 mit gleichem Vorzeichen, die Ladung ändert sich mit ungleichem Vorzeichen), ergibt sich nach Summation über den Kanal ein Korrelationskoeffizient der dem Betrag nach kleiner als 1 ist. Die entsprechende Rechnung wird im folgenden ausgeführt.

Ist $\varrho(x)$ die Ladung am Gate je Längeneinheit und kennzeichnet der Index 0 den ungestörten Fall, so ist die „Rauschladung“

$$\mathrm{d}\varrho(x) = \varrho(x) - \varrho_0(x) = \frac{C_G}{L}[U_0(x) - U_1(x)] \quad \text{für} \quad 0 < x < x_0,$$
$$= \frac{C_G}{L}[U_0(x) - U_2(x)] \quad \text{für} \quad x_0 < x < L.$$

Die gesamte Wechselladung dq als Folge der Rauschspannung du ist

$$\mathrm{d}q = \int_0^L [\mathrm{d}\varrho(x)]\mathrm{d}x = \frac{C_G}{L}\left[\int_0^L U_0(x)\mathrm{d}x - \int_0^{x_0} U_1(x)\mathrm{d}x - \int_{x_0}^L U_2(x)\mathrm{d}x\right]$$

Mit Hilfe von Gl. (12/2) kann wieder ein Wechsel der Variablen vorgenommen werden, wobei zu beachten ist, daß zum gestörten Potential $U_1(x)$ bzw.

$U_2(x)$ der Strom $I_0+\mathrm{d}i$ gehört. Es ergibt sich

$$\mathrm{d}q=\left(\frac{C_G}{L}\right)^2\mu\left[\int_0^{U_D}\frac{(U_G-U_0)}{I_0}U_0\,\mathrm{d}U_0 - \int_0^{U_1(x_0)}\frac{(U_G-U_1)U_1}{I_0+\mathrm{d}i}\mathrm{d}U_1-\int_{U_2(x_0)}^{U_D}\frac{(U_G-U_2)U_2}{I_0+\mathrm{d}i}\mathrm{d}U_2\right].$$

Für die Integration ist $I_0+\mathrm{d}i$ voraussetzungsgemäß konstant. Der Zusammenhang zwischen $U_2(x_0)$ und $U_1(x_0)$ an der Stelle x_0 ist gegeben durch

$$U_2(x_0)-U_1(x_0)=\mathrm{d}u\,.$$

Da alle Rauschgrößen klein im Vergleich zu den Gleichgrößen sind, können die Gleichungen linearisiert werden; d.h. es gilt

$$\frac{1}{I_0+\mathrm{d}i}\approx\frac{1}{I_0}\left(1-\frac{\mathrm{d}i}{I_0}\right);$$

Störglieder höherer Ordnung ($\mathrm{d}u\cdot\mathrm{d}i$ oder $\mathrm{d}u^2$) werden vernachlässigt. Als Ergebnis erhält man nach Substitution von $\mathrm{d}u$ durch $\mathrm{d}i$ nach Gl. (12/7)

$$\mathrm{d}q=\frac{1}{I_0}\{Q_0-C_GU_0(x_0)\}\mathrm{d}i_D\,,$$

$$Q_0=\left(\frac{C_G}{L}\right)^2\mu\frac{1}{I_0}\left\{U_G\frac{U_{DS}^2}{2}-\frac{U_{DS}^3}{3}\right\}. \qquad (12/13)$$

Man erkennt aus dieser Gleichung, daß der Drainstrom $\mathrm{d}i_D$ als Folge der Rauschspannung $\mathrm{d}u$ mit der Gateladung $\mathrm{d}q$ als Folge dieser Rauschspannung voll korreliert ist. Quadriert man Gl. (12/13) und setzt für $\overline{\mathrm{d}i_D^2}$ den Wert nach Gl. (12/10a) ein, so erhält man nach Wechsel der Variablen mit Hilfe von Gl. (12/2) das Schwankungsquadrat der Gateladung nach Summation über alle (unkorreliert rauschenden) Kanalabschnitte $\mathrm{d}x$:

$$\begin{aligned}\overline{q^2}\quad &=4kT\Delta f\left(\frac{C_G}{L}\right)^4\frac{\mu^2}{I_0^3}\int_0^{U_{DS}}(U_G-U)^2\left(\frac{Q_0}{C_G}-U\right)^2\mathrm{d}U\\ &=4kT\Delta f\frac{C_G^2}{g_{max}}f_2(\eta),\end{aligned} \qquad (12/14)$$

$$\begin{aligned}f_2(\eta)=\frac{1}{(1-\frac{1}{2}\eta)^3}\Bigg[&\frac{(\frac{1}{2}-\frac{1}{3}\eta)^2}{(1-\frac{1}{2}\eta)^2}(1-\eta+\frac{1}{3}\eta^2)\\ &-\frac{(\frac{1}{2}-\frac{1}{3}\eta)}{(1-\frac{1}{2}\eta)}(1-\frac{4}{3}\eta+\frac{1}{2}\eta^2)\\ &+(\frac{1}{3}-\frac{1}{2}\eta+\frac{1}{5}\eta^2)\Bigg].\end{aligned}$$

Das Schwankungsquadrat des induzierten Gatestromes erhält man nach Multiplikation mit ω^2 zu

$$\overline{i_G^2}=4kT\Delta f\frac{\omega^2C_G^2}{g_{\max}}f_2(\eta). \tag{12/15}$$

Die Funktion $f_2(\eta)$ ist in Abb. 118 gezeichnet. Für Sättigung $(\eta=1)$ ist $f_2(\eta)=0{,}12$, und damit

$$\overline{i_G^2}\approx\frac{kT}{2}\Delta f\frac{\omega^2C_G^2}{g_{\max}}. \tag{12/16}$$

Abbildung 120 zeigt das einfache Kleinsignal-Ersatzschaltbild des FET mit den beiden Rauschgeneratoren i_D und i_G. Für einfache Rauschabschätzungen ist dies hinreichend.

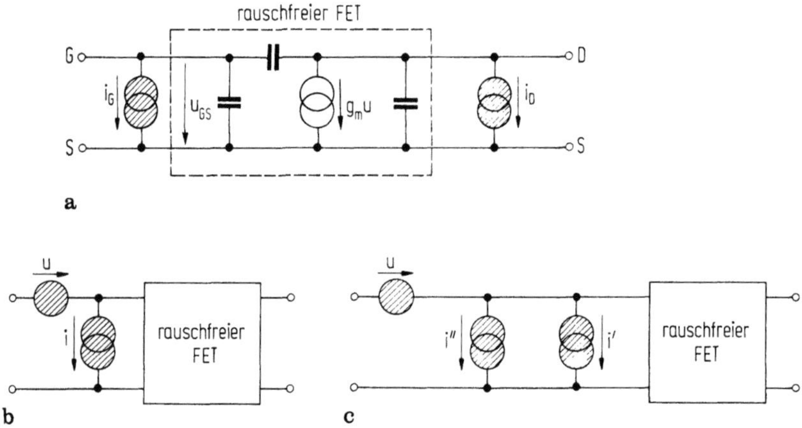

Abb. 120. Einfache Rauschersatzschaltbilder für FET

Zur Berechnung der Korrelation zwischen i_D und i_G muß man Gleichungen benutzen, in welchen noch die Amplituden und nicht die Schwankungsquadrate enthalten sind. Man hat

$$i_D i_G^* = i_D(-j\omega q) = -j\omega i_D q$$

zu bilden, d.h. Gl. (12/13) mit di_D nach Gl. (12/10b) zu multiplizieren und anschließend nach Wechsel der Variablen über die (unkorreliert rauschenden) Kanalabschnitte zu summieren und erhält nach Multiplikation mit $j\omega$

$$i_D i_G^* = 4kT\Delta f j\omega C_G f_3(\eta),$$

$$f_3(\eta)=\frac{1}{(1-\frac{1}{2}\eta)^2}\left[\frac{(\frac{1}{2}-\frac{1}{3}\eta)}{(1-\frac{1}{2}\eta)}(1-\eta+\tfrac{1}{3}\eta^2)\right.$$
$$\left.-(\tfrac{1}{2})-\tfrac{2}{3}\eta+\tfrac{1}{4}\eta^2)\right].$$

Mit den Gln. (12/11) und (12/15) erhält man schließlich den Korrelationskoeffizienten

$$\gamma_{DG} = \frac{\overline{i_D i_G^*}}{\sqrt{\overline{i_D^2}\,\overline{i_G^2}}} = -jf_4(\eta),$$

$$f_4(\eta) = \frac{f_3(\eta)}{\sqrt{f_1(\eta) f_2(\eta)}} . \qquad (12/17)$$

Die Funktion $f_4(\eta)$ ist in Abb. 118 gezeichnet.Für Sättigng ist $f_4(\eta) = 0{,}39$, und der Korrelationskeffizient ist

$$\gamma_{DG} \approx -0{,}4j . \qquad (12/18)$$

Das Ergebnis ist also wie erwartet ein mit ω^2 steigendes Schwankungsquadrat des Gatestromes und eine rein imaginäre Korrelation.

Das negative Vorzeichen in Gl. (12/18) ist eine Folge der Definition von γ_{DG} nach Gl. (2/21). In der Literatur (z.B. [253]) ist γ_{DG} oft konjugiert komplex definiert; diese Wahl der Definition hat natürlich keinen Einfluß auf die später daraus berechnete Rauschzahl, wenn nur konsequent eine Definition beibehalten wird.

Nimmt man als Gültigkeitsgrenze hinsichtlich der Annahme $i_D(x) = \text{const.}$ einigermaßen großzügig die Bedingung $\overline{i_D^2} = \overline{i_G^2}$, so erhält man mit den Gln. (12/11) und (12/15) den Gültigkeitsbereich

$$\omega^2 \leqq \frac{g_m^2}{C_g^2} \frac{f_1(\eta)}{f_2(\eta)} .$$

Beachtet man, daß die Grenzfrequenz des Transistors (nach diesem einfachen Modell) durch $\omega_{gr} = g_m/C_G$ gegeben ist (bzw. wegen $C_1 > C_G$ noch kleiner ist, (z.B. [11] Abschnitt 3.10) so gilt:

$$\omega \leqq \omega_{gr} \sqrt{\frac{f_1(\eta)}{f_2(\eta)}} .$$

Der Ausdruck $f_1(\eta)/f_2(\eta)$ ist immer größer als 5 und speziell bei Sättigung gleich 5,6; man erkennt, daß die angegebenen Gleichungen im normalen Arbeitsbereich des Transistors Gültigkeit haben.

Der induzierte Gatestrom wirkt sich besonders bei einem hohen externen Gatewiderstand aus. Ist beispielsweise $|Z_G|$ der Betrag der am Eingang (Sourceschaltung) liegenden Impedanz, dann ist für

$$|Z_G| > g_m^{-1} \sqrt{\frac{\overline{i_D^2}}{\overline{i_G^2}}} = \frac{2{,}4}{\omega C}$$

der Einfluß des induzierten Gatestromes größer als der des Drainstromes (die Korrelation ist für diese Abschätzung vernachlässigt; Transistorbetrieb bei Sättigung). Es ist zweckmäßig diese Abschätzung mit der Beziehung für den optimalen Generatorwiderstand R_{Gopt} zu vergleichen (Gl. (8/18) bzw. Gl. (12/28)). Man erkennt, daß (wie zu erwarten) beim optimalen Generatorwiderstand der Einfluß beider Rauschquellen etwa gleich ist. (Der Unterschied im Zahlenwert ist eine Folge der unterschiedlichen Zahlenwerte im Ausdruck für $\overline{i_{\mathrm{G}}^2}$ und der unterschiedlichen Berücksichtigung bzw. Vernachlässigung der Korrelation.)

Eine entsprechende Verfeinerung der Theorie wurde von Klaasen [117] bzw. Klaasen und Prins [120] vorgenommen. Klaasen läßt die Annahme eines über die Kanallänge konstanten Drainstromes fallen und behandelt den FET als eine aus RC-Gliedern bestehende Leitung. Dabei „entsteht" wegen des induzierten Gatestromes ein wachsender Kanalstromanteil, der seinerseits wieder einen Gatestrom hervorruft. Diese Stromanteile sind „in Phase", so daß dafür ein Realteil des Korrelationskoeffizienten entsteht. Das Ergebnis der Rechnung lautet nach Klaasen für Sättigungsbetrieb ($\eta=1$, $g_{\max}=g_{\mathrm{m}}$)

$$\overline{i_{\mathrm{D}}^2}=4kT\Delta f g_{\max}\left[\frac{2}{3}+0{,}1\left(\frac{\omega C}{g_{\max}}\right)^2\right],$$

$$\overline{i_{\mathrm{G}}^2}=4kT\Delta f g_{\max} 0{,}3\left(\frac{\omega C}{g_{\max}}\right)^2,$$

$$\gamma_{\mathrm{DG}}=0{,}13\frac{\omega C}{g_{\max}}-0{,}35j,$$

$$\frac{\omega C}{g_{\max}}\approx\frac{\omega}{\omega_{\mathrm{gr}}}. \qquad (12/19)$$

Die hier angebrachten Verfeinerungen spielen nur in der Nähe der Grenzfrequenz ω_{gr} eine Rolle und sind daher nicht sehr wesentlich. Die nachstehend für Sättigungsbetrieb zusammengefaßten Ergebnisse der einfachen Theorie [119], Gln. (12/12), (12/16) und (12/18), liefern daher fast ebenso gute Ergebnisse bezüglich der Rauschzahl. Dabei wird allerdings (inkonsistenterweise) für $\overline{i_{\mathrm{G}}^2}$ der Wert nach der genaueren Theorie (Faktor 0,3 in Gl. (12/19) anstelle von 0,12 nach Gl. (12/15)) gewählt, da dies eine Verbesserung der Ergebnisse ohne Mehraufwand bringt. Außerdem wird $g_{\max}=g_{\mathrm{m}}$ geschrieben, da der Transistor meist im „Sättigungsbereich" arbeitet (z.B. [11, Abschnitt 3.8]). (Für den Triodenbereich muß $g_{\max}$ stehen bleiben!).

(*c*) *Ersatzschaltbilder*

Abbildung 120a zeigt das Ersatzschaltbild mit zwei korrelierten Stromgeneratoren. Äquivalent können am Eingang teilkorrelierte Spannungs- und Stromgeneratoren (Abb. 54f) oder gemäß Abb. 55 und Gln. (8/4a) und (8/4b) voll- und unkorrelierte Spannungs- und Stromgeneratoren Verwendung finden (Abb. 120b und c). Die zugehörigen Ausdrücke für die Rauschgeneratoren sind nachstehend (für die einfachere Theorie nach [119]) für Sättigungsbetrieb angegeben.

Für Abb. 120a:

$$\overline{i_{\mathrm{D}}^2} \approx 4kT\Delta f g_{\mathrm{m}} \cdot \frac{2}{3},$$

$$\overline{i_{\mathrm{G}}^2} \approx 4kT\Delta f g_{\mathrm{m}} \cdot 0{,}3\left(\frac{\omega}{\omega_{\mathrm{gr}}}\right)^2,$$

$$\gamma_{\mathrm{DG}} \approx -0{,}4j. \qquad (12/20)$$

Für Abb. 120b:

$$\overline{u^2} = \frac{4kT\Delta f}{g_{\mathrm{m}}} \cdot \frac{2}{3},$$

$$\overline{i^2} \approx 4kT\Delta f g_{\mathrm{m}} \cdot 0{,}6\left(\frac{\omega}{\omega_{\mathrm{gr}}}\right)^2,$$

$$\gamma_{\mathrm{ui}} \approx -0{,}76j. \qquad (12/21)$$

Für Abb. 120c:

$$\overline{u^2} = \frac{4kT\Delta f}{g_{\mathrm{m}}} \cdot \frac{2}{3},$$

$$\overline{i'^2} = 0{,}84 \qquad \overline{i_{\mathrm{G}}^2} \approx 4kT\Delta f g_{\mathrm{m}} \cdot 0{,}25\left(\frac{\omega}{\omega_{\mathrm{gr}}}\right)^2,$$

$$i'' = Y_{\mathrm{cor}} u,$$

$$Y_{\mathrm{cor}} \approx 0{,}72 j g_{\mathrm{m}} \frac{\omega}{\omega_{\mathrm{gr}}}. \qquad (12/22)$$

Bezüglich eines Vergleiches der theoretischen Ergebnisse mit dem Experiment wird auf Abschnitt 12.6 verwiesen, da dieser meist auf der Basis gemessener *Rauschzahlen* vorgenommen wird. Die bisherigen Überlegungen bezogen sich (mit Ausnahme der nur für den Sättigungsbereich angegebenen Ergebnisse von Klaasen) auf das Ladungssteuerungsmodell und thermisches Kanalrauschen; sie beschreiben daher in erster Näherung das Rauschen aller FET. Im folgenden wird auf die einzelnen Arten von Transistoren etwas näher eingegangen.

12.3 Sperrschicht-FET

Für den Sperrschicht-FET wurde die Wirkung des thermischen Kanalrauschens von Van der Ziel [111] berechnet. Das Ergebnis ist etwas komplizierter, als es sich nach dem Modell der Ladungssteuerung ergibt, da auch mehr

Parameter (z.B. Kanaldotierung) vorhanden sind. Im Sättigungsbereich jedoch erhält man das gleiche Ergebnis, nämlich die Gl. (12/19).

Wenn HF-Verluste das Verhalten des Transistors wesentlich bestimmen, ist die Angabe des Rauschens mit Hilfe der Y-Vierpol-Parameter nützlich [112] (bezüglich der Bestimmung der Y-Parameter siehe z.B. [116, S. 178]):

$$\overline{i_D^2} = 4kTg_m\left[\frac{2}{3} + \frac{\mathrm{Re}(Y_{12})}{g_m}\right]\Delta f$$

$$\overline{i_G^2} = 4kT\,\mathrm{Re}(Y_{11})\Delta f \tag{12/23}$$

(s. Abb. 53 bezüglich der Bedeutung von Y_{12} und Y_{11}).

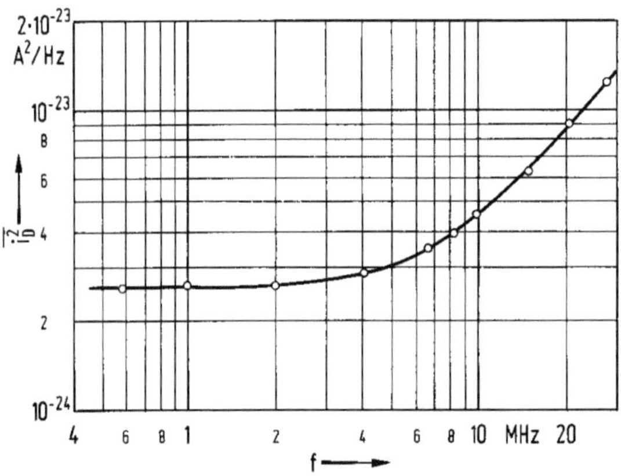

Abb. 121. Drainrauschstrom als Funktion der Frequenz für $U_{GS}=0$ nach [112]

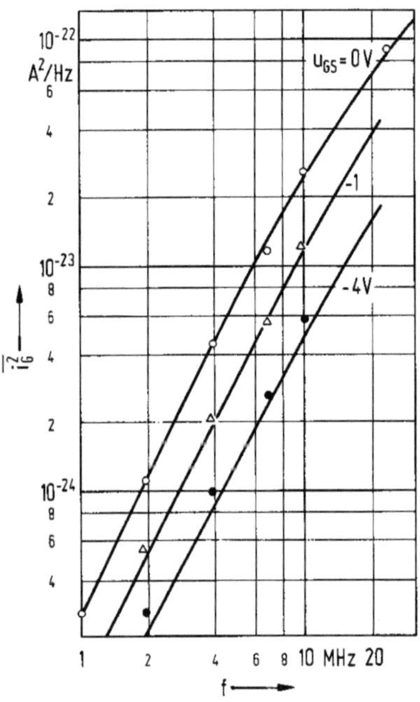

Abb. 122. Gate-Rauschstrom als Funktion der Frequenz nach [112]

In Abb. 121 und 122 sind Meßergebnisse für $\overline{i_D^2}$ und $\overline{i_G^2}$ mit den theoretischen Ausdrücken nach Gl. (12/23) unter Verwendung gemessener Werte für Y_{12} und Y_{11} verglichen und zeigen die gute Übereinstimmung.

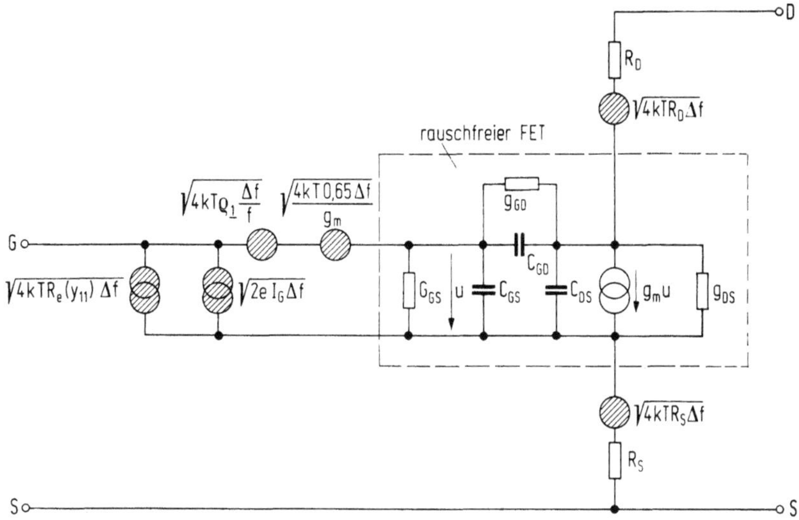

Abb. 123. Rauschersatzschaltbild für Sperrschicht-Feldeffekttransistor

Abbildung 123 zeigt das Rauschersatzschaltbild eines J-FET. Hier wurde der Rauschgenerator für $\overline{i_D^2}$ am Ausgang ersetzt durch einen Rauschgenerator $\overline{u_G^2} = \overline{i_D^2}/g_m^2$ am Eingang. Die Verwendung von zwei Rauschgeneratoren am Eingang ermöglicht eine sehr einfache meßtechnische Deutung. Bei Kurzschluß am Eingang ist nur der Spannungsgenerator wirksam, bei Leerlauf der Stromgenerator. Außerdem ist am Eingang ein Rauschgenerator für das Schrotrauschen des Sperrsättigungsstromes I_G der Gate-Kanal-Sperrschicht angegeben.

Falls in den Source- und Drainzonen parasitäre Widerstände R_S bzw. R_D vorhanden sind, kann deren Rauschen durch die beiden Rauschspannungsgeneratoren in Serie mit R_S und R_D beschrieben werden. die Berücksichtigung dieser Rauschgeneratoren ergibt in manchen Fällen verbesserte Übereinstimmung mit Meßergebnissen [111]. Im allgemeinen versucht man jedoch, diese parasitären Widerstände möglichst zu vermeiden.

Das Generations-Rekombinations-Rauschen äußert sich im Sperrschicht-FET auf zwei Weisen. Einmal modulieren die statistischen Schwankungen der räumlich festen Ladungen im Kanal den Kanalleitwert und damit den Drainstrom. Zum anderen (und dies ist meist der größere dieser beiden Effekte) bewirkt die statistische Schwankung des Ladungszustandes von Rekombinationszentren in der Raumladungszone eine Rauschsteuerung des Kanalstromes i_D. Diese Effekte sind wegen $u_G = i_D/g_m$ darstellbar durch einen Rauschspannungsgenerator am Eingang. Es sind besonders die Ladungszustände von Rekombinationszentren etwa in der energetischen Lage des Fermi-

Niveaus (bzw. des Quasi-Fermi-Niveaus), die eine Rolle spielen, da dann die statistischen Umladungen am häufigsten sind (Abb. 12 und [121, S. 449]). Kandiah [245] konnte auf diese Weise sogar einzelne Rekombinationszentren lokalisieren.

Das Rauschspektrum von Rekombinationszentren mit einer festen (mittleren) Lebensdauer τ weist ein Spektrum proportional $(1+\omega^2\tau^2)^{-1}$ auf. Allein schon als Folge der unterschiedlichen Lage in der Raumladungszone wird ein Spektrum von Zeitkonstanten zu erwarten sein, welches zu einem $1/f$-Spektrum führen kann (Kapitel 6). Da im allgemeinen Dichte und energetische Lage der Traps nicht hinreichend bekannt sind, wird dieser Effekt phänomenologisch durch einen Kennwert ϱ_1 beschrieben ([97], [116, S. 326]). Für weitere Arbeiten siehe [122, 123].

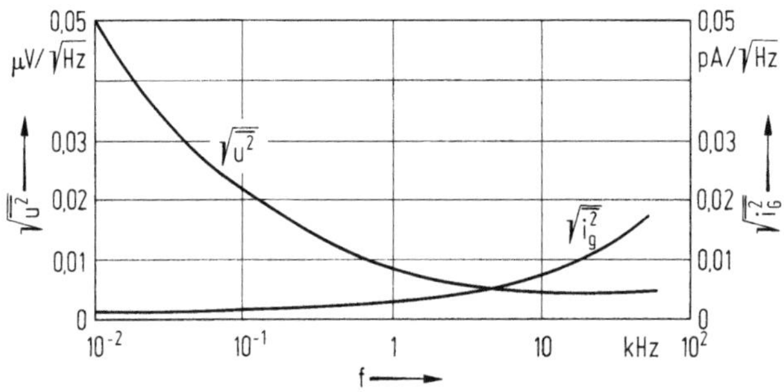

Abb. 124. Äquivalente Eingangsrauschgeneratoren des Si-Sperrschicht-Feldeffekttransistors 2N 3685 als Funktion der Frequenz für $U_{GS}=0$ V, $U_{DS}=5$ V nach [116]

Abbildung 124 zeigt die typischen Frequenzgänge für die am Eingang zusammengefaßten Strom- bzw. Spannungsgeneratoren. Man erkennt das $1/f$-Rauschen in der Rauschspannung und die Zunahme des induzierten Gatestromes mit der Frequenz. Abbildung 125 zeigt das $1/f$-Spektrum der Rauschspannung und für einen zusätzlich mit Gold dotierten Transistor das typische Generations-Rekombinations-Spektrum.

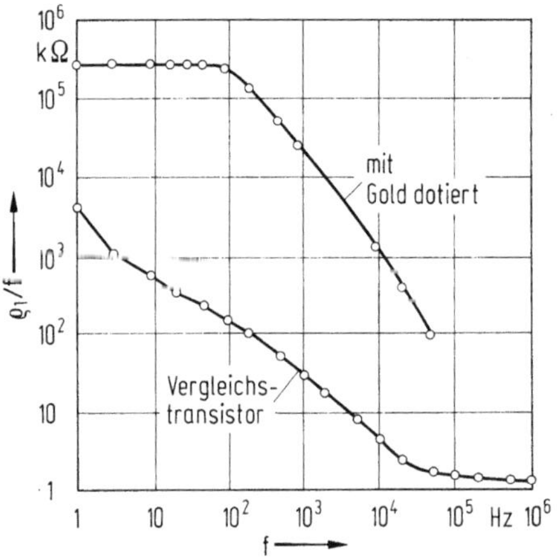

Abb. 125. Gemessenes Rauschspektrum eines mit Gold dotierten Feldeffekttransistors nach [123]

12.4 MOS-FET

Der MOS-Transistor weist im Gegensatz zum J-FET keinen Sperrstrom auf und es fehlt daher auch das diesbezügliche Schrotrauschen ($I_G = 0$ in Abb. 123). Es kommen jedoch zwei Effekte (Einfluß des Substrates und der Traps im Oxid) hinzu, die nachstehend kurz beschrieben werden.

Wie aus Abb. 116 ersichtlich, ist beim MOS-Transistor (Inversionsbetrieb) eine Raumladungszone zwischen Kanal und neutralem Substrat. Das Substrat wirkt daher wie eine zweite Steuerelektrode und beeinflußt so das Signalverhalten und die Wirkung des thermischen Kanalrauschens [124]. Wenn die Steuerwirkung der Gateelektrode wesentlich wirksamer ist als die Steuerwirkung des Substrates, wird das Substrat keinen nennenswerten Einfluß ausüben; dies ist der Fall wenn die Oxiddicke klein ist und (oder) die Substratdotierung klein (große Weite der Raumladungszone). Abbildung 126 zeigt die Zunahme des Drainrauschstromes mit der Substratdotierung, berechnet mit dem Zweitransistormodell [116], Abb. 127 den Einfluß der Oxiddicke (Parameter).

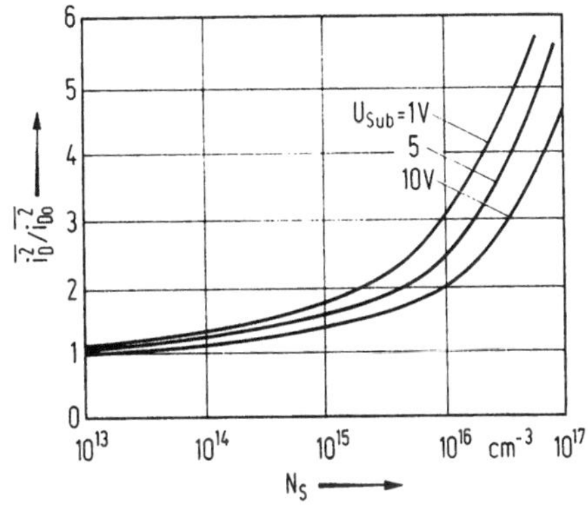

Abb. 126. Normierter Rauschstrom $\overline{i_D^2}/\overline{i_{D0}^2}$ als Funktion der Substratdotierung für MOS-Transistoren mit unterschiedlicher Substratspannung U_{Sub} und einer Oxiddicke $d = 0{,}2\,\mu m$ nach [116]. Ohne Substrateinfluß hat der Drain-Rauschstrom den Wert $\overline{i_{D0}^2}$

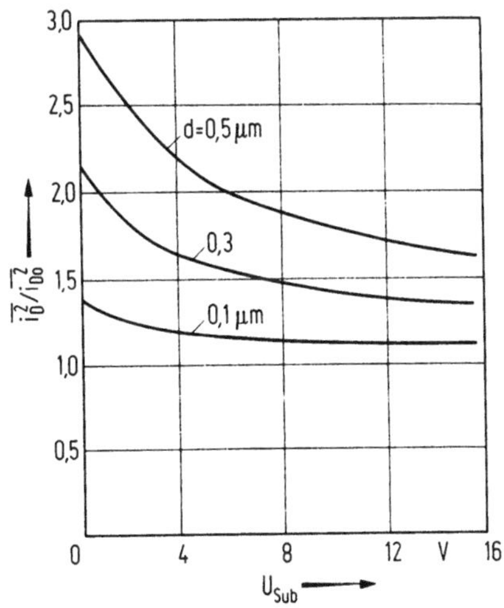

Abb. 127. Normierter Rauschstrom $\overline{i_D^2}/\overline{i_{D0}^2}$ als Funktion der Substratspannung für unterschiedliche Oxiddicken; Substratdotierung $N_S = 10^{15}\,cm^{-3}$ nach [116]

Der zweite Unterschied des MOS-Transistors gegenüber dem Sperrschicht-FET liegt in der möglichen Ladungsspeicherung im Oxid bzw. an der Grenzschicht Oxid – Halbleiter [116, S. 343 ff., 125]. Hier ist wegen der Verteilung der Tunnelwahrscheinlichkeiten für unterschiedlich tief im Oxid liegende Fangstellen ein Zeitkonstantenspektrum zwanglos zu erwarten (Kapitel 6), und man erhält für einen begrenzten Frequenzbereich ein $1/f$-Spektrum, welches aber auch hier für die Praxis phänomenologisch beschrieben wird, so daß im wesentlichen das Ersatzschaltbild nach Abb. 123 beibehalten werden kann.

12.5 MES-FET

Feldeffekt-Transistoren mit Schottky-Gate stehen heute an der Spitze in bezug auf ungekühlte rauscharme Verstärker im Mikrowellengebiet. Wegen der einfachen technologischen Schritte kann hier das hinsichtlich der Majoritätsträgereigenschaften besser als Silizium geeignete GaAs Verwendung finden (GaAs-MES-FET). Rauschzahlen von 0,7 dB bei 4 GHz und 1,9 dB bei 12 GHz wurden erreicht [126, 127, 130, 134, 264]. Besonders gute Ergebnisse erzielt man, wenn durch eine Heterostruktur der Kanal in eine undotierte Zone mit sehr guter Beweglichkeit gelegt wird (HEMT-*H*igh *E*lectron *M*obility *T*ransistor, s. z.B. [11, Abschnitt 3.6]). Damit lassen sich Rauschzahlen von 1,3 dB bei 18 GHz erreichen [251].

Da es sich hier wegen des Betriebes bei sehr hohen Frequenzen um extrem kurze Kanallängen (0,5 bis 2 μm) handelt, treten einige Besonderheiten hinsichtlich des Rauschens auf. Unter dem Gate existieren in longitudinaler Richtung (Source-Drain) Feldstärken bis zu etwa 30 kV/cm, d.h. man ist weit im Bereich der „gesättigten" Geschwindigkeit. Da dieser Hochfeldbereich bis an das sourceseitige Ende des Gates reicht, ist der Einfluß des damit verbundenen „Diffusionsrauschens" (Abschnitt 3.6) sehr stark. Es handelt sich hier um heiße Elektronen, die nicht mit dem Gitter im Gleichgewicht stehen. Da die maßgebenden Abmessungen bereits in der Größenordnung der freien Weglänge liegen, ist die Benutzung von Größen wie „Beweglichkeit", Sättigungsgeschwindigkeit usw. ohnehin nicht sehr sinnvoll; außerdem führt bei GaAs die hohe Feldstärke zu Streuungen der Elektronen in das zweite Leitungsbandminimum [24].

In [128 – 130] wird der Einfluß dieses „Diffusionsrauschens" im Hochfeldbereich berücksichtigt. Als Ergebnis erhält man bei Vernachlässigung des Rauschens der parasitären Widerstände bei Source und Drain für die Rauschgeneratoren am Eingang (Abb. 120c)

$$\overline{u^2} = 4kTK_r\left(\frac{1+\omega^2 C_G^2 R_i^2}{g_m}\right),$$

$$\overline{i'^2} = 4kTK_g\frac{\omega^2 C_G^2}{g_m},$$

$$i'' = Y_{cor}u, \; Z_{cor} = \frac{K_c}{Y_{11}}. \qquad (12/24)$$

R_i ist der interne Verlustwiderstand der Zuleitung zum Gate, Y_{11} der Eingangsleitwert des Transistors. Die Koeffizienten K_r, K_g und K_c hängen sehr stark vom Verhältnis des Drainstromes I_D zum Drainsättigungsstrom I_{Ds} (bei Gatespannung Null) ab; Abb. 128 zeigt eine typische Abhängigkeit. Berechnet man mit diesem Ergebnis die Rauschzahl, so erhält man die in Abb. 129 strichpunktiert gezeichnete Kurve, die ein Minimum bei etwa $I_D/I_{Ds}=0{,}15$ aufweist. Zum Vergleich ist gestrichelt die Rauschzahl (für optimalen Generatorwiderstand) bei Vernachlässigung des Hochfelddiffusionsrauschens gezeichnet. Die zusätzliche Berücksichtigung des Rauschens der parasitären Widerstände in den Source- und Drainzuleitungen ergibt die vollgezeichnete Kurve, die sehr gut mit Meßpunkten übereinstimmt. Die kleine Rauschzahl von ca. 1,8 dB ist hier die Folge der sehr starken Korrelation ($c \approx j$) zwischen den beiden Rauschgeneratoren.

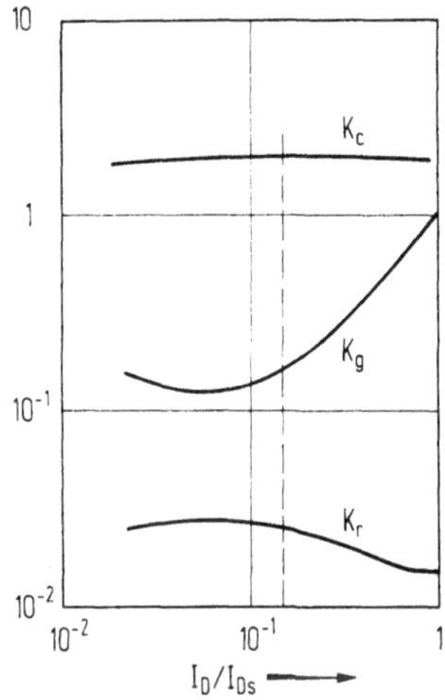

Abb. 128. Rauschkennfaktoren für MES-FET nach [130]. $L=1\,\mu$m; $N=8\cdot10^{16}\,$cm^{-3}; $U_{DS}=3\,$V. Gestrichelte Gerade: Werte für das Optimum in Abb. 129

Hewitt et al. [131] geben eine halbempirische Formel für die optimale Rauschzahl in Abhängigkeit von technologischen Daten an:

$$F=1+KfL^{5/6}\left(\frac{N}{a}\right)^{1/6}\left[\frac{3{,}3W^2\varrho}{hL}+\frac{1{,}8L_{SG}}{Na_1}+\left(\frac{0{,}18\,R_c}{Na_2}\right)^{1/2}\right]^{1/2}. \tag{12/25}$$

Der erste Ausdruck in der Klammer berücksichtigt die Gateverluste, der zweite den Verlustwiderstand zwischen Sourcekontakt und aktivem Kanal und der dritte den Kontaktwiderstand selbst. Die Symbole haben folgende Bedeutung:

L: Kanallänge in µm,
L_{SG}: Abstand Source Gate in µm,
W: Gatebreite in mm,
N: Kanaldotierung ($\approx 10^{16}\,$cm^{-3}),
a: Kanaldicke unter dem Gate in µm
a_1: mittlere Kanaldicke zwischen Source und Gate in µm,
a_2: Kanaldicke unter dem Sourcekontakt in µm,

h: Dicke des Gatekontaktes in μm.
ϱ: spezifischer Widerstand des Gatemetalls ($\approx 10^{-6}\,\Omega$cm),
R_c: spezifischer Kontaktwiderstand des Sourcekontaktes ($\approx 10^{-6}\,\Omega\text{cm}^2$),
K: Rauschkoeffizient (0,033 bis 0,036) für „gute" Epitaxieschichten.

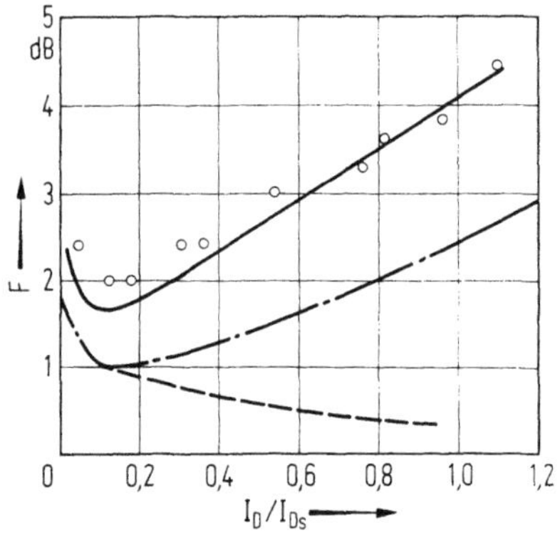

Abb. 129. Minimale Rauschzahl eines 4-GHz-MES-FET als Funktion des normierten Drain-Stromes für $L = 2\,\mu$m, $U_{DS} = 3$ V. *Gestrichelte Kurve:* thermisches Kanalrauschen ohne Diffusionsrauschen (Rauschen heißer Elektronen); *strichpunktierte Kurve:* mit Diffusionsrauschen; *volle Kurve:* zusätzlich mit thermischem Rauschen der parasitären Widerstände. Zum Vergleich Meßpunkte [130]

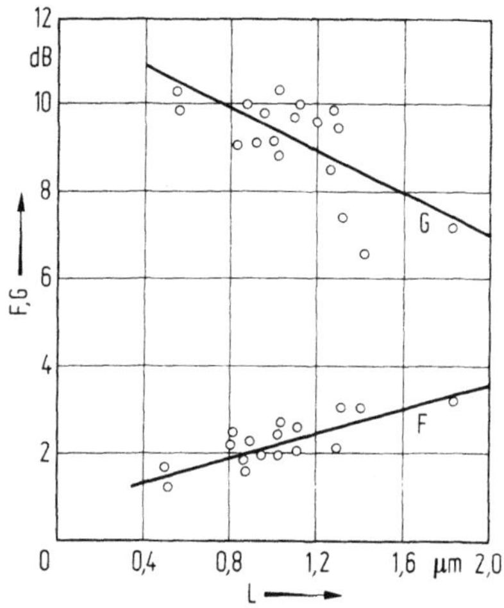

Abb. 130. Verstärkung *G* und Rauschzahl *F* als Funktion der Gatelänge *L* für MES-FET. Meßpunkte nach [132], Kurve für *F* nach Gl. (12/25)

Abbildung 130 zeigt Rauschzahlen für 8 GHz gerechnet nach Gl. (12/25) und im Vergleich dazu gemessene Werte als Funktion der Gatelänge *L* [132]. Für Gatelängen von 0,45 μm erhält man Rauschzahlen von 1,5 dB bei 10 dB Verstärkung.

12.6 Rauschzahl eines FET-Verstärkers

Mit dem Ersatzschaltbild nach Abb. 120b erhält man bei Vernachlässigung der Korrelation für die Rauschzahl eines FET-Verstärkers in Sourceschaltung

$$F = 1 + \frac{\overline{u^2} + \overline{i^2} R_G^2}{4kTR_G\Delta f}. \qquad (12/26)$$

Mit den Werten für u^2 und i^2 nach (12/21) eingesetzt ergibt dies

$$F=1+\frac{1}{g_m R_G}\left[\frac{2}{3}+0{,}6(g_m R_g)^2\left(\frac{\omega}{\omega_{gr}}\right)^2\right]. \qquad (12/27)$$

Für den optimalen Generatorwiderstand

$$R_{Gopt}=\sqrt{\frac{\overline{u^2}}{\overline{i^2}}}\approx\frac{1}{g_m}\frac{\omega_{gr}}{\omega}\approx\frac{1}{\omega C} \qquad (12/28)$$

erhält man

$$F_{min}=1+\frac{\overline{u^2}}{2kTR_G\Delta f}=1+\frac{4}{3}\frac{1}{g_m R_{Gopt}}\approx 1+1{,}33\frac{\omega}{\omega_{gr}} \qquad (12/29)$$

Dieses sehr einfache Ergebnis ergibt bereits gute Übereinstimmung mit dem Experiment. Aus Gl. (12/28) erkennt man, daß der Generatorwiderstand mit zunehmender Frequenz abnehmen soll (Abb. 60). Ein Vergleich mit dem bipolaren Transistor zeigt (Gl. (11/22)), daß für $\omega \ll \omega_{gr}$ der optimale FET-Generatorwiderstand wesentlich größer ist als der für bipolare Transistoren; für Frequenzen nahe der Grenzfrequenz erhält man für beide Transistorarten etwa gleiche optimale Generatorwiderstände. Gleichung (12/29) zeigt, daß für $\omega \ll \omega_{gr}$ die Rauschzahl gegen den Idealwert 1 tendiert und (bei jeweils optimalem Generatorwiderstand) proportional der Frequenz zunimmt; bei festgehaltenem Generatorwiderstand nimmt die Rauschzahl proportional ω^2 zu (Gl. (12/27)).

Berücksichtigt man die Korrelation, so erhält man mit dem Ersatzschaltbild nach Abb. 120c und den zugehörigen Gln. (12/22) für Sättigungsbetrieb für die Rauschkenngrößen G_N, R_N und Y_{cor} die Ausdrücke

$$G_N=\frac{T}{T_0}g_m 0{,}25\left(\frac{\omega}{\omega_{gr}}\right)^2,$$

$$R_N=\frac{T}{T_0}\frac{1}{g_m}\frac{2}{3},$$

$$Y_{cor}=0{,}72 j g_m\frac{\omega}{\omega_{gr}}. \qquad (12/30)$$

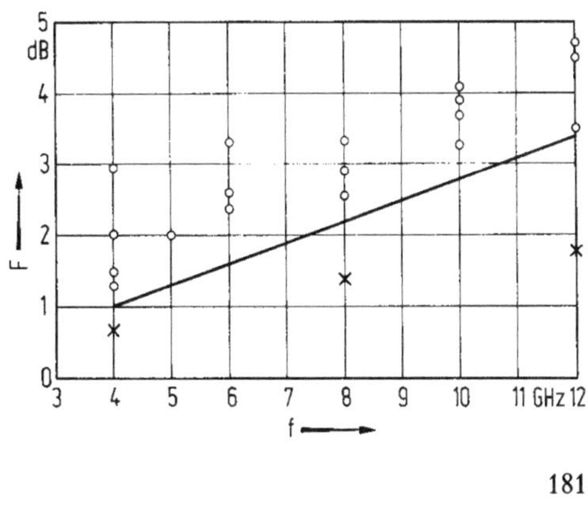

Abb. 131. Rauschzahlen von GaAs-MES-FET als Funktion der Frequenz. Theoretische Kurve nach Gl. (12/25) für 1 µm Kanallänge. Meßpunkte ○ nach [130], Meßpunkte × nach [264] für 0,5 µm Kanallänge

Für den optimalen Generatorleitwert erhält man mit Gl. (8/17a):

$$G_{\mathrm{Gopt}} = g_{\mathrm{m}} \frac{\omega}{\omega_{\mathrm{gr}}} , \qquad (12/31)$$

also wegen der rein imaginären Korrelation den gleichen Wert, wie nach Gl. (12/28). Die imaginäre Korrelation sollte lediglich einen Unterschied zwischen Rauschabstimmung und Signalabstimmung geben.

Abbildung 131. zeigt einen Überblick über erreichte Werte.

12.7 Betrieb bei tiefen Temperaturen

Wie bereits eingangs erwähnt, leiden bei Kühlung die Signaleigenschaften des FET nicht, andererseits reduziert sich der Hauptrauscheffekt, das thermische Kanalrauschen [133]. Abbildung 132 zeigt Gewinn und minimale Rauschzahl, (Rauschtemperatur) als Funktion der Betriebstemperatur [134]. Man erkennt, daß für diesen 12-GHz-GaAs-MES-FET bei Kühlung auf ca. 80 K die Rauschzahl von 3,5 auf 0,8 dB sinkt, während der Gewinn sogar noch geringfügig ansteigt (Ansteigen der Beweglichkeit). Die FET zählen also nicht nur bei Zimmertemperatur zu den besonders rauscharmen Verstärkern (Abb. 94, 131), sondern verbessern diese Eigenschaften noch bei Kühlung.

Der *high electron mobility transistor* (HEMT) zeichnet sich dadurch aus, daß der Kanal zwischen Source und Drain in einer undotierten GaAs-Schicht läuft. Mit dem MOS-Transistor hat er gemeinsam, daß die Ladungsträger des Kanals durch eine Potentialbarriere daran gehindert werden zum Gate zu gelangen. Beim Si-MOS Transistor ist es die Barriere beim Übergang von Si zum SiO_2, da SiO_2 einen wesentlich höheren Bandabstand aufweist. Im Gegensatz zum Si-MOS-Transistor wird hier die Barriere zwischen GaAs und GaAlAs (welches einen größeren Bandabstand hat) benutzt. Diese Grenzfläche ist wegen der Gitteranpassung zwischen GaAs und GaAlAs nahezu ideal, so daß an dieser Grenzfläche kaum Rekombinations- bzw. Streuzentren existieren. Deshalb ist hier im Gegensatz zu Si-SiO_2 die Oberflächenbeweglichkeit sehr hoch (HEMT).

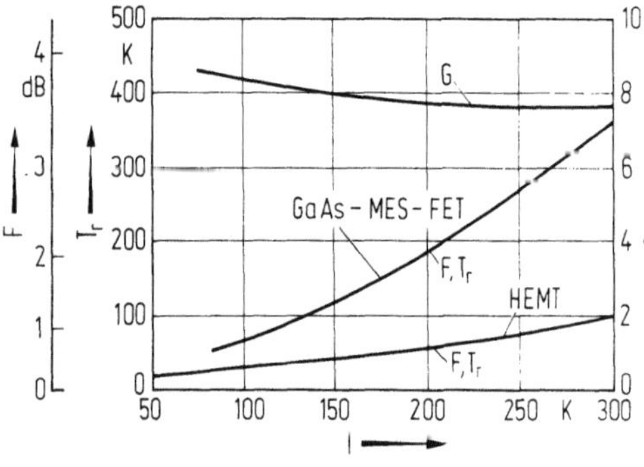

Abb. 132. Temperaturabhängigkeit der Verstärkung G und der minimalen Rauschzahl F eines GaAs-MES-FET für 12 GHz. Generatorwiderstand und Gatespannung jeweils optimiert [134]. Rauschtemperatur für einen HEMT nach [262]

Diese Vorteile ergeben bereits bei Zimmertemperatur extrem gute Signaleigenschaften. Besonders zum Tragen kommen diese Unterschiede bei Kühlung. Da Störstellen und Oberflächenstreuung praktisch eliminiert sind, bleibt nur die thermische Gitterstreuung die mit Kühlung geringer wird. Da gleichzeitig der dominierende Rauscheffekt, das thermische Kanalrauschen, durch Kühlung reduziert wird, ergeben sich hervorragende Eigenschaften (Abb. 132). Abb. 94 zeigt im Vergleich verschiedene Mikrowellenverstärker. Man erkennt, daß der HEMT Rauschtemperaturen ermöglicht, die vergleichbar mit dem Maser sind. In Abb. 131 ist zusätzlich die Frequenzabhängigkeit der Rauschtemperatur für gekühlten Betrieb eingetragen. Die derzeit beste Rauschtemperatur hat eine Steigung von 0,65 K/GHz [262].

12.8 Ladungsverschiebungselemente

Ladungsverschiebungselemente („charge transfer devices“: CTD, „charge coupled devices“: CCD [135]) sind im Aufbau ihrer Einzelzellen sehr ähnlich dem FET, weshalb sie hier behandelt werden. In ihrer Funktion unterscheiden sie sich drastisch vom FET; insbesondere sind es keine Verstärker, so daß die Rauschkenngrößen wie Rauschzahl usw. nicht anwendbar sind.

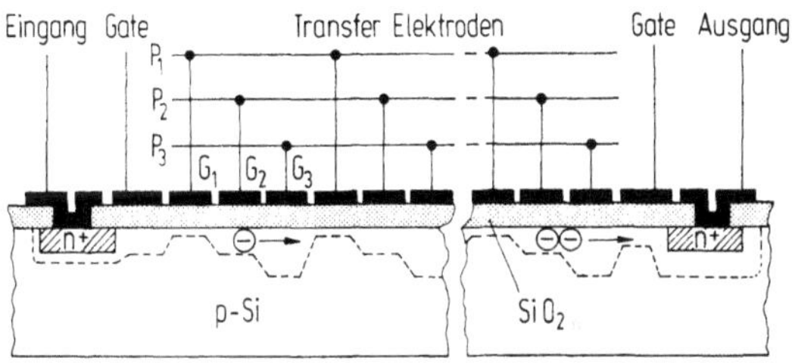

Abb. 133. 3-Phasen-Oberflächen-CCD

Abbildung 133 zeigt im Schnitt ein 3-Phasen-CCD. Die Elektroden G_1, G_2, G_3 liegen, durch SiO_2 isoliert, über dem homogenen Halbleiter Silizium. Gestrichelt gezeichnet ist in ihm die Grenze der Raumladungszone für drei unterschiedliche Potentiale an den Elektroden. An der Grenzschicht Isolator–Halbleiter sei das Potential so stark geändert, daß sich eine Inversionsschicht bilden kann (z.B.: [11, Abschnitt 3.13]), sofern Ladungsträger thermisch erzeugt werden oder anderweitig hingelangen. In diesem Sinne kann die gestrichelte Kurve auch als Kurve der potentiellen Energie an der Grenzfläche aufgefaßt werden, in dessen Mulden („Potentialtöpfen“) sich Ladungen aufhalten können.

Da hier die Ladungen an der Oberfläche des Halbleiters gespeichert werden, spricht man (im Gegensatz zum „bulk“-CCD) vom Oberflächen-CCD (SCCD). Im Betrieb eines CCD werden die Potentiale an den Elektroden G_1, G_2, G_3 so geändert, daß die Potentialtöpfe nach rechts wandern und damit Ladungspakete, die bei einem Eingangselement injiziert werden, nach rechts zu einem Ausgang wandern. Diese Funktion entspricht einem Schieberegister. Werden Ladungen von Fotodetektoren unter die einzelnen Elektroden injiziert, so entspricht der Betrieb der Abtastung einer Fotodetektormatrix [135].

Damit die Ladungen in der gewünschten Richtung transportiert werden, sind (bei Verwendung symmetrischer Elektroden) mindestens drei Elektroden erforderlich, die auf unterschiedliches Potential gelegt werden können.

Damit während der Zeit, in welcher eine Signalladung unter einer Elektrode gespeichert ist, die thermische Generation noch keine nennenswerte Ladung erzeugt, muß die das Fortschreiten der Potentialmulden bestimmende Taktfrequenz f_T genügend hoch sein. Für ein CCD mit p Phasen ist diese Speicherzeit gleich $1/(f_T p)$.

Diese einfache Funktionsbeschreibung zeigt bereits, daß das Element (selbstverständlich) nicht im thermischen Gleichgewicht arbeitet und daß in den einzelnen Zonen abwechselnd verschiedene Ausgleichsvorgänge ablaufen, also quasistationäre Näherungen die Situation nicht beschreiben.

Die Signalinformation ist also in der aus dem letzten Element austretenden Ladung enthalten; demgemäß interessiert auch die statistische Schwankung dieser Ladung. Diese Ladungsschwankungen haben eine Reihe von Ursachen, nämlich:

(a) Schwankungen beim Eingabevorgang;
(b) die thermische Generation (Dunkelstrom) erzeugt eine geringe statistisch schwankende Ladung;
(c) bei der Ladungsverschiebung wird zwar im Mittel immer die gleiche Ladung weitergeschoben (wenn gleiche Ladungspakete eingegeben werden), aber im Einzelfall wird einmal mehr, einmal weniger transportiert (Transferrauschen);
(d) Rauschen beim Ausleseprozeß.

Die Rauschvorgänge (a) und (d) (Eingabe und Ausgabe) sind im wesentlichen FET- Rauschvorgänge; über den thermisch rauschenden Kanal eines FET wird bei einem „reset“-Vorgang eine Kapazität aufgeladen. Bei kurzen CCD-Ketten kann dieser Rauscheffekt dominierend sein. Es gibt jedoch schaltungstechnische Maßnahmen (durch „Messung“ dieser Rauschgröße und Bildung der Differenz zur verrauschten Signalgröße) diese Rauschkomponente zu kompensieren [135, S. 55], [136].

Das Dunkelstromrauschen ist bei guten Elementen sehr klein, da die Verschiebefrequenz f_T (Taktfrequenz) so hoch gewählt werden muß, daß bei fehlender Eingabeladung die im Mittel in einer Arbeitsperiode thermisch erzeugte Ladung klein gegen die zu erwartende Signalladung ist.

Das Transferrauschen ist CCD-spezifisch und soll im folgenden beschrieben werden. Dazu wird ein Oberflächen-CCD (wie in Abb. 133) mit Gleichladungsvorgabe („bias charge“, „fat zero“: z.B. [135]) betrachtet. Die Gleichladungsvorgabe dient folgendem Zweck: Beim Einbringen der Signalladung werden die im Element befindlichen Fangstellen mit Ladungen gefüllt; beim Weiterschieben können sie sich nur teilweise entleeren, so wie es den

Emissionszeitkonstanten entspricht. Um zu vermeiden, daß diese Ladungen von dem Signal aufgebracht werden müssen und zu Signalverzerrungen führen, wird ständig eine geringe Ladungsmenge je Periode eingegeben.

Dieser Lade- und Entladevorgang der Fangstellen (Traps), die insbesondere an der Grenzfläche Si-SiO_2 vorhanden sind, ist Hauptursache des Transferrauschens. Zur quantitativen Beschreibung wird folgendes Modell benutzt ([135, S. 111 ff.], [137]):

(a) Es werden Oberflächenzustände angenommen, deren Dichte N_{ss} unabhängig von der energetischen Lage ist, wie in Abb. 134 gezeigt (die Dimension von N_{ss} ist $m^{-2} J^{-1}$).
(b) Bei jedem Ladezyklus werden sämtliche Fangstellen geladen.
(c) Die Emissionszeitkonstante hängt exponentiell von der energetischen Lage im verbotenen Band ab.

Die letzte Annahme entspricht dem Shockley-Read-Hall-Modell [33, 96] und bedeutet hier folgendes: Fangstellen ganz nahe am erlaubten Band emittieren ihre Ladungsträger sehr schnell, so daß diese Traps *immer* entleert werden und daher nicht zum Rauschen beitragen. Fangstellen in Bandmitte hingegen haben so geringe Emissionsraten (lange Emissionszeitkonstanten), daß sie in der zur Entleerung zur Verfügung stehenden Zeit $\tau_T/p = 1/(f_T p)$ *nie* entleert werden. Dazwischen existiert ein Bereich von Fangstellen mit Zeitkonstanten der Größenordnung τ_T/p, die gerade gegen Ende der Entladungsdauer beginnen, ihre Ladung zu emittieren. Diese Ladungen verursachen statistische Ladungsschwankungen, da bei Beendigung des Entladungszeitraumes ein Teil entladen sein wird und ein Teil nicht. Da es sich hier um Zustände handelt, die entweder

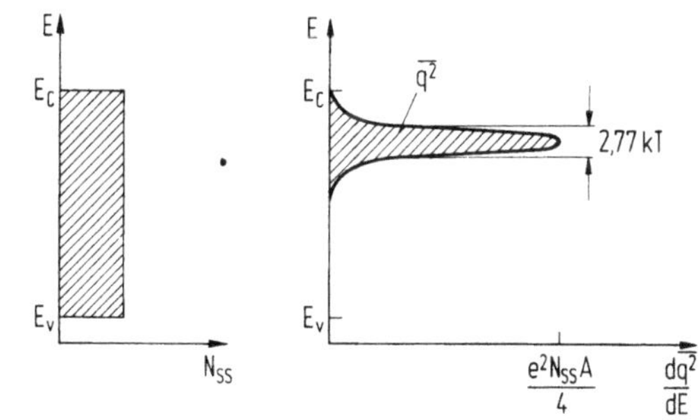

Abb. 134. Fangstellendichte N_{ss} und Schwankungsquadrat der Ladung als Funktion der Energie im verbotenen Band

besetzt sein können oder nicht, ist das Schwankungsquadrat gegeben durch die Binomialverteilung gemäß Gl. (1/42), die das größte Schwankungsquadrat für $P_1 \approx 1/2$ hat, also dann, wenn im Mittel die Hälfte der Zustände (noch) besetzt ist. Man kann sich hier vorteilhaft ein Ensemble von Zellen vorstellen, für die dann der Ensemblemittelwert (Scharmittel) gebildet wird.

Diese Rechnung im einzelnen ergibt: Die Emissionsrate für Elektronen aus Traps lautet [33, 135]

$$\tau_e^{-1} = \sigma v_{th} N_c \exp\left(-\frac{E}{kT}\right). \tag{12/32}$$

Darin ist σ der (hier energieunabhängig angenommene) Wirkungsquerschnitt, v_{th} die mittlere thermische Geschwindigkeit der Ladungsträger, N_c die äquivalente Zustandsdichte des Leitungsbandes und E der Energieabstand des betrachteten Trapniveaus von der Leitungsbandkante. Die Änderung der Anzahl besetzter Oberflächenzustände N_{ss}^- ist gegeben durch

$$\frac{\mathrm{d}N_{ss}^-(t)}{\mathrm{d}t} = -\frac{1}{\tau_e} N_{ss}^-(t) \tag{12/33}$$

mit der Lösung

$$N_{ss}^-(t) = N_{ss}^-(0) \exp\left(-\frac{t}{\tau_e}\right). \tag{12/34}$$

Wenn zur Zeit $t=0$ alle Zustände besetzt sind ($N_{ss}^-(0) = N_{ss}$), so ist die Wahrscheinlichkeit P_1, zur Zeit $\tau = \tau_T/p$ das Elektron noch im Trap zu finden, gegeben durch

$$P_1 = \frac{N_{ss}^-(\tau)}{N_{ss}} = \exp\left(\frac{-\tau}{\tau_e}\right). \tag{12/35}$$

Für das Schwankungsquadrat der Besetzung von $N_{ss}A\mathrm{d}E$ unabhängigen Traps in der Fläche A (gleich Elektrodenfläche) im Energieintervall $\mathrm{d}E$ erhält man mit der Binomialverteilung von Gl. (1/42)

$$P_1(1-P_1)N_{ss}A\mathrm{d}E. \tag{12/36}$$

Mit Gl. (12/35) und nach Multiplikation mit e^2 (Quadrat der Elementarladung) erhält man das Schwankungsquadrat $\overline{\mathrm{d}q^2}$ der Ladung

$$\overline{\mathrm{d}q^2} = e^2 A N_{ss} \left[1 - \exp\left(\frac{-\tau}{\tau_e}\right)\right] \exp\left(\frac{-\tau}{\tau_e}\right) \mathrm{d}E. \tag{12/37}$$

In Abb. 134 ist dieses Schwankungsquadrat $\overline{\mathrm{d}q^2}$ je Energieintervall $\mathrm{d}E$ als Funktion der Energie für eine gegebene Entleerungszeitspanne $\tau = \tau_T/p$ eingezeichnet. Wie erwähnt, ergeben nur die Fangstellen ein nennenswertes Schwankungsquadrat $\overline{\mathrm{d}q^2}$, deren Emissionskonstante τ_e in der Größenordnung der zur Verfügung stehenden Entladungszeit τ_T/p liegen, d.h. deren Energie den nach Gl. (12/33) zugehörigen Wert haben. Für $P=1/2$ (Maximum der Kurve $\overline{\mathrm{d}q^2}/\mathrm{d}E$) hat $\overline{\mathrm{d}q^2}$ gemäß Gl. (12/36) den Wert $(e^2 N_{ss} A/4)\mathrm{d}E$.

Das Schwankungsquadrat $\overline{q^2}$ für die Traps aller energetischen Lagen erhält man durch Integration über die Energie E:

$$\overline{q^2} = e^2 A N_{ss} \int_0^{E_g/2} \left[1 - \exp\left(\frac{-\tau}{\tau_e}\right)\right] \exp\left(\frac{-\tau}{\tau_e}\right) \mathrm{d}E. \tag{12/38}$$

Wegen der Annahme einer energieunabhängigen Trapdichte und mit der Annahme, daß die Emissionszeitkonstante für Bandmitte $\tau_e(E_g/2)$ groß gegen die zur Entleerung zur Verfügung stehende Zeit τ ist, ist das Ergebnis unabhängig von τ (z.B. [135, S. 103]):

$$\overline{q^2} = e^2 A N_{ss} kT \ln 2 . \qquad (12/39)$$

Diese Gleichung zeigt in Verbindung mit Abb. 134 daß die energetische Breite der wirksamen Traps gleich $4kT \ln 2 = 2{,}77kT$ ist.

Will man nun das Signal-Geräusch-Verhältnis am Ausgang des CCD bestimmen, so hat man folgendes zu beachten: Wird beim Weiterschieben der Ladung z.B. einmal etwas mehr Ladung transportiert, so ist genau diese Ladung beim nächsten Paket als Defizit vorhanden; zwischen aufeinanderfolgenden Ladungsschwankungen existiert also eine starke Korrelation ($c = -1$), wie dies in Abb. 135 skizziert ist. Hier ist die Ladung als Funktion

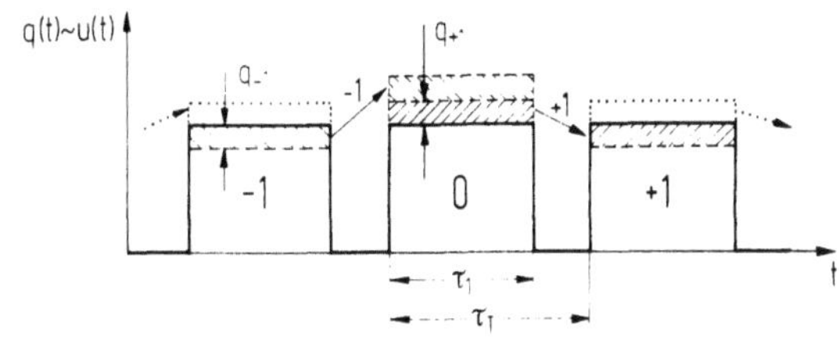

Abb. 135. Ladung am (bzw. unter dem) Gate des Ausgangs-FET als Funktion der Zeit als Folge der Ladungsschwankung unter einer einzigen Elektrode

der Zeit aufgetragen; benutzt man zum Auslesen einen FET, so entspricht dies dem Verlauf der Spannung am (bzw. unter dem) Gate und damit dem Drainstrom. Dabei ist τ_1 die Zeitdauer, über welche die Ladung am (bzw. unter dem) Gate liegt (z.B. $3/4\tau_T$) und τ_T die bereits erwähnte Taktperiode. Die durchgezogene Linie zeigt die Signalladung und die gestrichelte die Änderung durch Rauschen. Der Pfeil ($+1$) kennzeichnet eine Rauschladung, die beim Impuls Null als Folge nicht vollständiger Entleerung der Traps entsteht und mit umgekehrten Vorzeichen beim nächsten Impuls ($+1$) auftritt. Der Pfeil (-1) kennzeichnet die Ladung, die vom vorhergehenden Impuls übriggeblieben ist. Ungleiche Schraffur kennzeichnet nichtkorrelierte Ladung. Abbildung 135 zeigt also den zeitlichen Verlauf der Ladung am Ausgang des CCD unter der Annahme, daß nur unter einer Elektrode Oberflächenzustände existieren, die zu Ladungsschwankungen führen.

Das zugehörige Rauschspektrum wird wegen der Korrelation ($c = -1$) zwischen aufeinanderfolgenden Impulsen bei der halben Taktfrequenz $f_T/2$ seinen größten Wert haben, für kleinere Frequenzen mitteln sich die Schwankungen zum Teil aus.

Zur Berechnung dieses Spektrums kann man entweder die Autokorrelationsfunktion bilden, welche die in Abb. 136 gezeichnete Form hat, oder man benutzt ein Ersatzschaltbild, welches Ladungstransport und mittleren Ladungsverlust berücksichtigt [138]. Die Autokorrelationsfunktion ist gemäß folgender Überlegungen gebildet [139]: Jeder Einzelimpuls am Ausgang hat ein Schwankungsquadrat $\overline{q_{-1}^2}$ aufgrund der Ladungen, die vom vorhergehenden Puls geblieben sind und (unkorreliert dazu) ein Schwankungsquadrat $\overline{q_{+1}^2}$ aufgrund der Ladungen, die für den nächsten Puls bleiben, so daß das gesamte

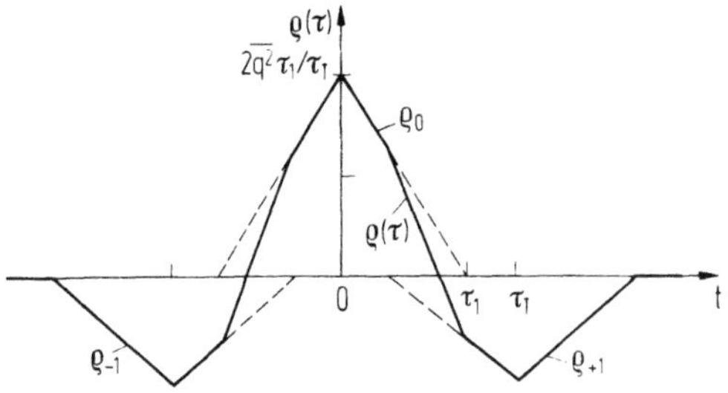

Abb. 136. Autokorrelationsfunktion zur Zeitfunktion nach Abb. 135

Schwankungsquadrat für die Ladung je Puls gleich $\overline{q_{-1}^2} + \overline{q_{+1}^2} = \overline{2q^2}$ ist. Um das Schwankungsquadrat der der Spannung am Ausgang entsprechenden Ladung zu erhalten, ist noch mit der relativen Zeitdauer τ_1/τ_T des Ausleseprozesses zu multiplizieren.

Die Rechteckfunktion (die nicht mit dem Rauschprozeß selbst zu tun hat, sondern nur durch den Auslesevorgang bestimmt ist) hat als zugehörige Autokorrelationsfunktion das gezeichnete Dreieck (Abb. 8). Die zu $\overline{q_{-1}^2}$ gehörende Ladung ist voll mit dem vorhergehenden Impuls korreliert ($c = -1$), die zu $\overline{q_{+1}^2}$ gehörende voll zum nachfolgenden. Dadurch entstehen die beiden negativen, jeweils um die Taktzeit τ_T verschobenen Anteile der Autokorrelationsfunktion. Mit der Annahme, daß bei jedem Ladevorgang alle Traps geladen werden, entsteht keine Korrelation zu weiter vor- bzw. zurückliegenden Pulsen. Durch Fourier-Transformation (unter Verwendung des Verschiebungssatzes, z.B. [140]) erhält man das Spektrum

$$W(f) = W_1(f)\left(1 - \cos 2\pi \frac{\tau_T}{\tau_1}\right). \qquad (12/40)$$

Der Klammerausdruck beschreibt den Einfluß der Korrelation zwischen den Impulsen.

$$W_1(f) = 4\overline{q^2}\,\frac{\tau_1^2}{\tau_T}\,\frac{\sin^2(\pi f \tau_1)}{(\pi f \tau_1)^2} \qquad (12/41)$$

ist das Spektrum des Einzelimpulses, wobei der Ausdruck $(\sin x/x)^2$ von der Rechteckform der Einzelimpulse herrührt. Mit Gl. (12/39) kann damit das Rauschspektrum der „Ladungen" am Ausgang eines CCD mit n Elektroden berechnet werden, wobei Gl. (12/40) mit n zu multiplizieren ist, da die Rauschbeiträge unter verschiedenen Elektroden unkorreliert sind:

$$W_n(f) = 4e^2 n A N_{ss} kT \ln 2 \frac{\tau_1^2}{\tau_T}\left(1 - \cos 2\pi \frac{f}{f_T}\right)\frac{\sin^2(\pi f \tau_1)}{(\pi f \tau_1)^2}. \qquad (12/42)$$

Abbildung 137 zeigt das daraus berechnete Spektrum und im Vergleich dazu das gemessene. Wie zu erwarten ist das Rauschen für $f \approx f_T/2$ am größten und verschwindet für $f \to 0$ wegen der erwähnten Mittelung über viele Pulse.

Hinsichtlich einer Rauschoptimierung ist zu beachten, daß viele der hier benutzten Parameter (z.B. Auslesezeit τ_1) auch das Signal beeinflussen, d.h.

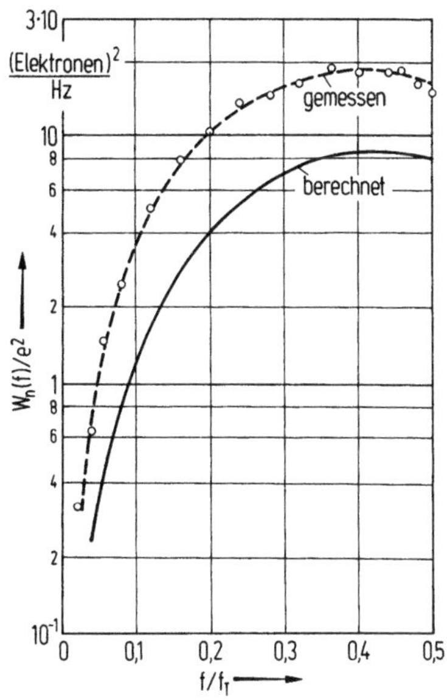

Abb. 137. Leistungsspektrum des Ausgangsrauschens eines CCD-Elementes als Funktion der normierten Frequenz für $\tau_1/\tau_T = 3/4$. Gemessener Verlauf nach [139] für $n = 4 \cdot 125$, $N_{ss} = 1{,}2 \cdot 10^{10}\,\text{cm}^{-2}\,\text{eV}^{-1}$, $A = 7 \times 100\,\mu\text{m}^2$, $f_T = 250\,\text{kHz}$, $T = 300\,\text{K}$. Der N_{ss}-Wert wurde unabhängig ermittelt (z.B. [142])

die Optimierung hat im Hinblick auf das Signal-Geräusch-Verhältnis zu erfolgen. Die Signalabtastung („square topped scanning“: z.B. [141, S. 522]) ergibt für das Spektrum der Signalleistung W_S am Ausgang als Funktion der Eingangssignalladung q_S

$$W_S = \left(\frac{\tau_1}{\tau_T}\right)^2 q_S^2 \frac{\sin^2(\pi f \tau_1)}{(\pi f \tau_1)^2}\,. \qquad (12/43)$$

Mit Gl. (12/42) erhält man damit das Signal-Geräusch-Verhältnis am Ausgang zu

$$\frac{S}{N} = f_T \frac{q_S^2}{e Q_{ss}^* [1 - \cos(2\pi f/f_T)] \Delta f}\,,$$

$$Q_{ss}^* = enAN_{ss} 4kT \ln 2\,. \qquad (12/44)$$

Dabei ist Q_{ss}^* die Ladung der für Umladung infrage kommenden Oberflächenzustände. Für ein hohes Signal-Geräusch-Verhältnis ist daher eine hohe Abtastfrequenz nützlich [139]; dies ist im wesentlichen ein Gewinn, der dadurch zustande kommt, daß bei gegebener Signalfrequenz eine hohe Abtastfrequenz eine größere Anzahl von Einzelimpulsen konstanten Signal-Geräusch-Verhältnisses ergibt, die bezüglich des Signals phasenrichtig, bezüglich des Rauschens quadratisch zu addieren sind („Integration“).

Für digitale Signalverarbeitung kann, wie im Anhang 15.2 gezeigt wird, aus dem Signal-Geräusch-Verhältnis die Fehlerrate bestimmt werden.

Der Einfluß von Verschiebungsverlusten ε (Bruchteil der im Mittel zurückbleibt) hat auf das Rauschspektrum in erster Näherung keinen Einfluß, wenn die Gesamtverluste $n\varepsilon$ klein gegen 1 sind [138].

13 Empfang optischer Signale

Durch die Entwicklung geeigneter optischer Sender wie Lumineszenzdioden und Laser hat die Optoelektronik einen enormen Zuwachs an Bedeutung erlebt. Ein Beispiel dafür ist die optische Nachrichtenübertragung. Naturgemäß versucht man daher, auch den Empfang optischer Signale hinsichtlich des Rauschens zu optimieren [143–145, 197].

Im optischen Frequenzbereich tritt wegen der Quantisierung der elektromagnetischen Strahlung eine zusätzliche „Rauschquelle“, das Quantenrauschen, auf. Dies ergibt eine untere Grenze für die zu empfangende Signalleistung. Man kann (mit gewissem Vorbehalt, [150]) eine spektrale Rauschleistungsdichte für den optischen Frequenzbereich angeben (Bose-Einstein-Statistik [193, 157]):

$$W(v) = hv + \frac{hv}{\exp(hv/kT) - 1}.$$

Darin bedeutet v die Frequenz der optischen Strahlung (v wurde gewählt, um gegen die Frequenz f der Modulation der Lichtstrahlung unterscheiden zu

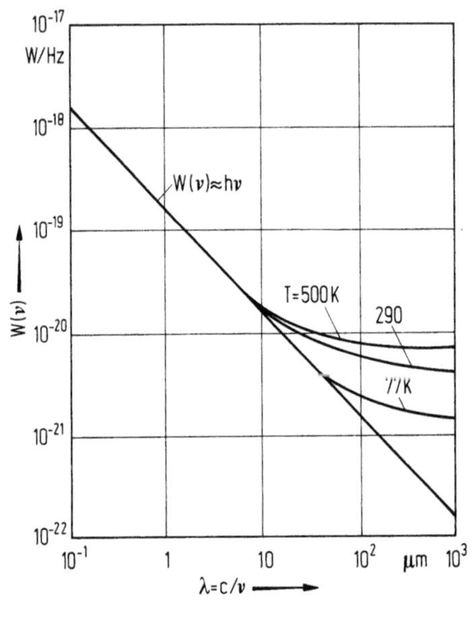

Abb. 138. Spektrale Leistungsdichte eines idealen optischen Empfängers als Funktion der Wellenlänge. Strahlungsfeldtemperatur als Parameter [157]

können), und h ist das Plancksche Wirkungsquant. Abbildung 138 zeigt diese Strahlungsleistung als Funktion der Wellenlänge der optischen Strahlung. Man erkennt, daß für Wellenlängen größer als 10 µm $W(v) \approx kT$ gilt, d.h. thermisches Rauschen dominiert, während für den sichtbaren und nahen Infrarotbereich diese „Rauschleistung" pro Hertz Bandbreite gleich hv ist (Poisson-Statistik).

In den Abschnitten 13.1 und 13.2 wird zunächst das Signalverhalten optischer Empfänger kurz behandelt. Der am häufigsten benutzte Lichtdetektor ist die *pn*-Fotodiode, anhand derer zunächst die Signal- und die Rauscheigenschaften beschrieben werden. Der Photowiderstand wird in den Abschnitten 13.10 und 13.11 behandelt. Detektoren für sehr energiereiche Strahlung (Teilchenzähler) sind zu speziell, um hier behandelt zu werden (z.B. [146]).

13.1 *pn*-Fotodiode

Abbildung 139 zeigt eine *pn*-Fotodiode. Die in den Halbleiter eintretenden Photonen erzeugen in der Raumladungszone oder in den angrenzenden neutralen Bereichen Ladungsträger, die in der in Sperrichtung gepolten *pn*-Diode zu einem Fotostrom führen (z.B. [11]).

Eine für diesen Detektionsvorgang maßgebende Größe ist der sog. Quantenwirkungsgrad η, der definiert ist als das Verhältnis der Anzahl der erzeugten Elektron-Loch-Paare zur Anzahl der auf die Detektorfläche auftreffenden Photonen. Je nachdem, ob man Reflexionsverluste miteinbezieht oder nicht, spricht man von einem externen oder internen Quantenwirkungsgrad; hier wird der externe Quantenwirkungsgrad benützt.

Die Anzahl der pro Zeiteinheit auf einen Detektor fallenden Photonen ist gegeben durch P/hv, wobei P die auf die Detektorfläche auffallende optische Strahlungsleistung ist. Die Anzahl der pro Zeiteinheit durch die Fotodiode fließenden Elektronen I/e ist gleich dem Produkt aus Quantenwirkungsgrad und Anzahl der auftreffenden Photonen (I: Fotostrom). Es gilt also

$$I = e\frac{P}{hv}\eta = sP. \tag{13/1}$$

Man kann daraus eine Empfindlichkeit s des Fotodetektors in AW^{-1} angeben, die nach Einsetzen der entsprechenden Konstanten außer von der

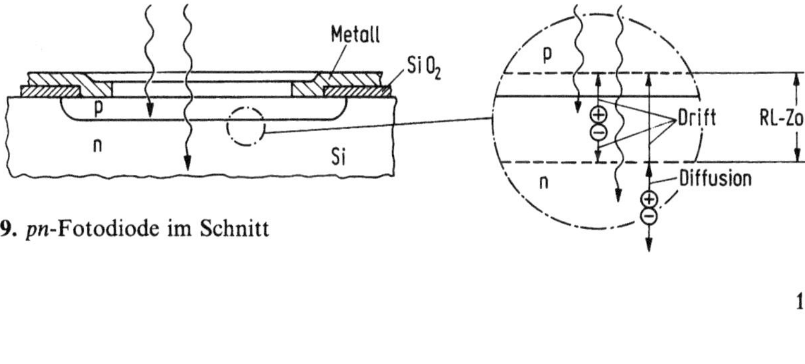

Abb. 139. *pn*-Fotodiode im Schnitt

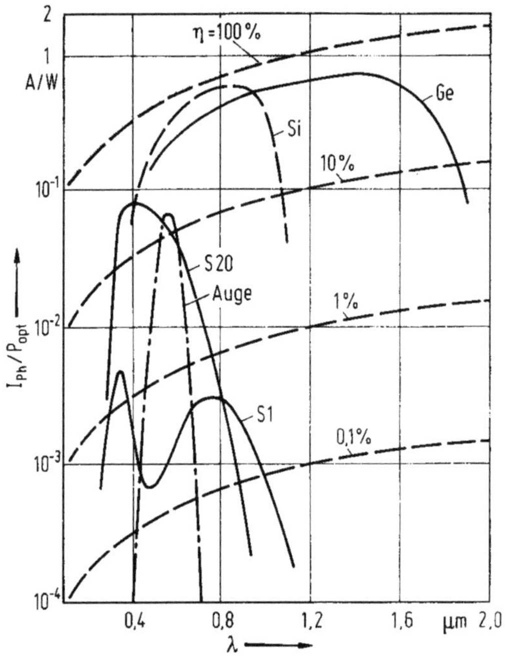

Abb. 140. Fotoempfindlichkeit verschiedener Detektoren. Augenkurve [172], Fotomultiplier mit S 1 und S 20 Kathode [173], Si-Diode [174], Ge-Diode [175]

Wellenlänge (λ in μm) nur mehr vom Quantenwirkungsgrad abhängig ist:

$$s = \frac{I}{P} = \frac{e}{h\nu}\eta = \frac{e}{hc}\lambda\eta = \frac{\lambda}{1{,}24}\eta\,. \tag{13/2}$$

Abbildung 140 zeigt für die Umgebung des sichtbaren Spektralbereiches diese Empfindlichkeit in Abhängigkeit von der Wellenlänge mit dem Quantenwirkungsgrad als Parameter. Eingetragen sind außerdem typische Charakteristiken für Silizium- und Germanium-Fotodioden. Für die Empfindlichkeitskurve des Auges kann der Quantenwirkungsgrad als Maßstab angesehen werden, d.h. ein gesundes Auge kann im grünen Spektralbereich nahezu jedes einzelne Photon wahrnehmen.

Wie Gl. (13/1) zeigt, ist der Fotostrom proportional der optischen Leistung. Die Fotodiode, die im allgemeinen mit einer Sperrvorspannung und einem entsprechenden Arbeitswiderstand arbeitet (Abb. 141), wandelt also

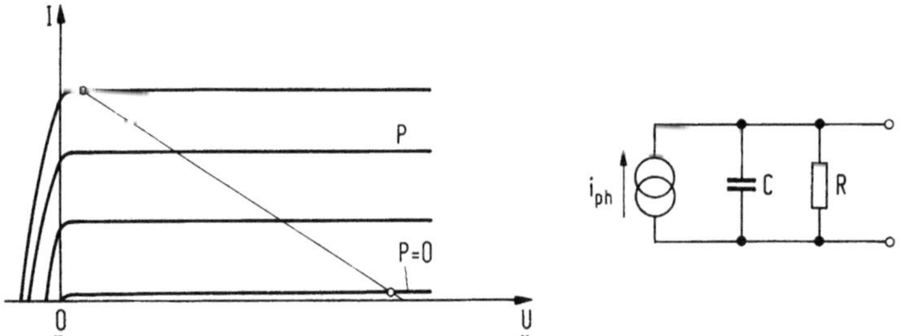

Abb. 141. Kennlinienfeld und Kleinsignal-Ersatzschaltbild einer Fotodiode

eine Lichtleistung in einen Fotostrom um. Über den Spannungsabfall am Lastwiderstand kann eine entsprechende Spannung abgegriffen werden.

Das Kennlinienfeld der Fotodiode, wie in Abb. 141 gezeigt, kann durch eine Diodenkennlinie mit einem parallel dazu geschalteten Stromgenerator nach Gl. (13/1) beschrieben werden. Für kleine Signale erhält man ein Ersatzschaltbild gemäß Abb. 141 rechts (z.B. [11]).

Zusätzlich zu diesem Fotostrom fließt noch ein durch thermische Trägergeneration verursachter „Dunkelstrom", der, wie später gezeigt wird, ebenfalls Einfluß auf das Signal-Geräusch-Verhältnis hat.

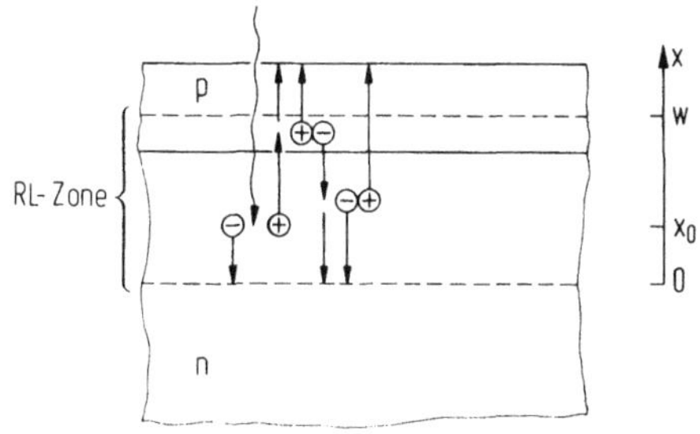

Abb. 142. Trägermultiplikation in der Lawinenfotodiode

Fotoempfänger mit internem Gewinn bieten meist einen Vorteil hinsichtlich ihres Rauschverhaltens. Der heute eingesetzte Halbleiterdetektor mit internem Gewinn ist die Lawinendiode, bei der, wie Abb. 142 zeigt, die in der Raumladungszone durch Lichteinstrahlung erzeugten Elektron-Loch-Paare ihrerseits durch Stoßionisation weitere Elektronen-Loch-Paare erzeugen, so daß ein um den Faktor M größerer Fotostrom entsteht:

$$I = e\frac{P}{h\nu}\eta M\,. \tag{13/3}$$

Der Multiplikationsfaktor ist typisch in der Größenordnung von 100 [196].

13.2 Betriebsarten optischer Detektoren

Man kann im wesentlichen zwischen zwei Betriebsarten unterscheiden: Direktempfang und Heterodynempfang.

(*a*) *Direktempfang*

Abbildung 143 zeigt den Direktempfang. Ist die Lichtstrahlung mit irgendeiner Information moduliert, so tritt diese Information am Lastwiderstand R demoduliert auf. Für verzerrungsfreie Wiedergabe muß also die Licht*leistung* linear moduliert sein [13]. Liegt eine teilweise modulierte Lichtstrahlung vor,

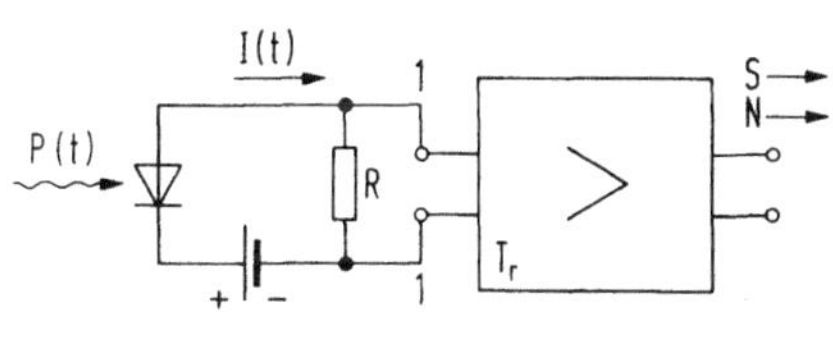

Abb. 143. Direktempfang

so erhält man am Lastwiderstand R die Signalleistung W_S:

$$\begin{aligned} P(t) &= P_0 + P_S \cos \omega t\,, \\ I(t) &= I_0 + i_S \cos \omega t\,, \\ W_S &= \frac{1}{2} i_S^2 R \end{aligned} \tag{13/4}$$

mit

$$I_0 = \frac{\eta e}{\eta \nu} P_0\,, \quad i_S = \frac{\eta e}{h\nu} P_S\,.$$

Um eine möglichst hohe Signalleistung zu erhalten, wird man also einen möglichst großen Lastwiderstand wählen und ist dabei durch die Durchbruchspannung der Diode und die maximal zu empfangende Lichtleistung begrenzt. Dies gilt häufig als Optimierung bei niederen Frequenzen. Bei hohen Frequenzen ergibt der Lastwiderstand in Verbindung mit der Sperrschichtkapazität C (Abb. 141) eine RC-Zeikonstante, welche den zulässigen Wert für den Widerstand begrenzt, wenn ein Spannungsverstärker ohne Entzerrung des Frequenzganges nachgeschaltet wird [147]. In diesem Fall muß R folgender Ungleichung genügen, wenn für eine Bandbreite B der Spannungsabfall nicht mehr als 3 dB betragen darf:

$$R \leqq \frac{1}{4BC}\,. \tag{13/5}$$

Dies muß jedoch nicht der idealen Kombination von Fotodiode und Verstärker entsprechen; vielmehr ist häufig eine „Stromverstärkung" günstiger [148, 149], (Abschnitt 13.9).

Außer dieser Grenzfrequenz als Folge der RC-Zeitkonstante bestimmt noch die Trägerlaufzeit in der Raumladungszone und bei starkem Anteil der Absorption in den neutralen Zonen die Diffusion aus diesen eine entscheidende Rolle.

Der Direktempfang ist besonders einfach, aber im Signal-Geräusch-Verhältnis dem Heterodynempfang unterlegen, der allerdings eine kohärente Strahlung voraussetzt.

(*b*) *Überlagerungsempfang* [145, 151, 198]

Abbildung 144 zeigt das Prinzip des optischen Überlagerungsempfangs. Es wird hier beispielsweise auf der Oberfläche einer Fotodiode das zu empfangende Signal mit dem Lichtsignal eines sog. Ortsüberlagerers gemischt, d.h. nach dem Sprachgebrauch der Optik zur Interferenz gebracht. Wenn die Frequenzen der beiden Signale sich unterscheiden, dann wird das Interferenzmuster sich mit der Differenz dieser Frequenzen ändern. Wenn die beiden Strahlen so auf die Fotodiode treffen, daß ihre Oberfläche eine Fläche konstanter Phase für beide Strahlungen ist, so erscheint die Interferenz als eine im Rhythmus der Differenzfrequenz variable Lichteinstrahlung, und der Fotostrom wird daher diese Differenzfrequenz, die sog. Zwischenfrequenz, enthalten. Würde diese

Phasenbedingung nicht erfüllt sein, so würde das Interferenzmuster lediglich über die Detektorfläche wandern und die Amplitude der Zwischenfrequenz im Strom des Detektors sehr klein bzw. Null sein. Die Anlage als Antenne gesehen hat eine sehr hohe Richtwirkung und ist demgemäß bezüglich Störungen im Ausbreitungsmedium (z.B. Turbulenzen) entsprechend empfindlich [194].

Signalwelle und Welle des Ortsüberlagererers werden in dem hier gebrachten Beispiel mit Hilfe eines teildurchlässigen oder selektiv durchlässigen Spiegels S überlagert. Bezogen auf die relative Frequenzstabilität zwischen Signal und Ortsüberlagerer werden hohe Anforderungen gestellt, die im allgemeinen nur zu erfüllen sind, wenn ein entsprechendes Regelsystem vorgesehen ist. Im

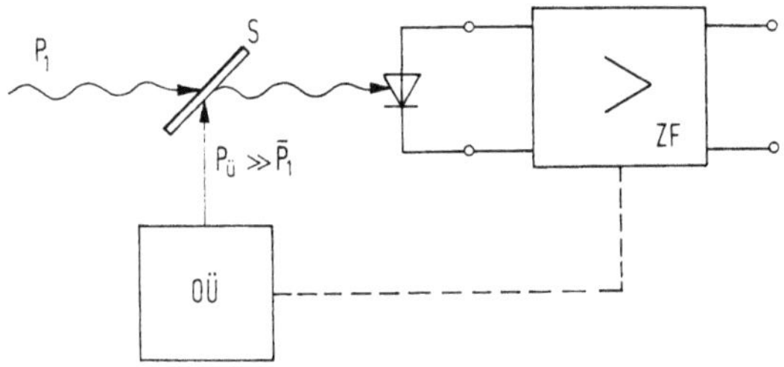

Abb. 144.
Optischer Überlagerungsempfang

Beispiel der Abb. 144 wird der Wert der Zwischenfrequenz zur Nachregelung des Ortsüberlagerers herangezogen. Es ist verständlich, daß dieses Empfangsprinzip erst seit Erfindung des Lasers technisch bedeutsam werden konnte.

Da beim Überlagerungsempfang das Zwischenfrequenzsignal ein volles Abbild der optischen Schwingung (inklusive Phaseninformation) ist, muß für eine unverzerrte Übertragung hier im Gegensatz zum Direktempfang die Feldstärke des Lichtsignals (nicht seine Leistung) moduliert sein. Mit einem Lichtsignal der Amplitude A_1 erhält man folgende Zwischenfrequenz-Stromamplitude:

$$A_1 = A_0 + \hat{A}_S \sin \omega t\,,$$

$$\hat{i}_{ZF} = \frac{\eta e}{h\nu}\sqrt{2P_Ü}\,A_1\,. \qquad (13/6a)$$

Der Fotostrom ist also proportional der Amplitude $\sqrt{2P_Ü}$ des Ortsüberlagerers.

Für 100 % Modulation der Feldstärke ($\hat{A}_S = A_0$), kann der Modulationsanteil $\hat{i}_S$ der Zwischenfrequenzamplitude auch durch die mittlere Lichtleistung P_0 der Signalstrahlung ausgedrückt werden. Wegen der sinusförmigen Modulation der Feldstärke ist diese mittlere Leistung um den Faktor 3/2 größer als die Leistung $A_0^2/2$ der unmodulierten Strahlung:

$$\hat{i}_S = \frac{\eta e}{h\nu} M_Ü P_0\,,$$

$$M_Ü = 2\sqrt{\frac{2}{3}\frac{P_Ü}{P_0}}\,. \qquad (13/6b)$$

Wie der Vergleich mit Gl. (13/4) zeigt, ist $M_{Ü}$ der äquivalente Gewinn des Überlagerungsempfanges. In [195] und [144] ist eine davon etwas abweichende Definition des Gewinnes gegeben.

Gerechtfertigt wird der hohe Aufwand des Überlagerungsprinzips durch eine äquivalente hohe Verstärkung „vor“ der Diode, die es damit prinzipiell ermöglicht, das Ausgangssignal der Fotodiode so groß zu machen, daß es genügend weit über dem Rauschen des nachfolgenden Zwischenfrequenzverstärkers liegt.

Die für das Schrotrauschen maßgebende Gleichstromkomponente $\bar{I}$ des Fotostromes ist wegen der Annahme einer gegen das ankommende Signal starken Ortsüberlagerungsstrahlung gegeben durch

$$\bar{I} = \frac{e\eta}{h\nu} P_{Ü} . \tag{13/7}$$

Die folgenden Abschnitte 13.3 bis 13.11 betreffen das Rauschen für Direktempfang. Das Rauschen für Überlagerungsempfang ist in Abschnitt 13.12 behandelt.

13.3 Rauschquellen in Fotodetektoren

Abbildung 145 zeigt schematisch den fotoelektrischen Effekt. Eine vom Lichtsender kommende Lichtleistung $P(t)$ enthält einen Gleichanteil P_0 und einen Signalanteil P_S. Beide Anteile rufen die entsprechenden Ströme im Lastkreis der Fotodiode hervor $(I_0 + i_S)$. Außer der vom Lichtsender kommenden Strahlung kann noch eine sog. Hintergrundstrahlung P_b auftreten, die ebenfalls einen (unerwünschten) Strom I_b hervorruft (b: background). Außerdem wird, wie erwähnt, ein sog. Dunkelstrom I_d fließen. Alle diese Ströme rufen einen Schrotstrom i_{sch} hervor, der durch den gesamten Gleichstrom $\bar{I}$ der Diode gegeben ist.

Das Signal-Geräusch-Verhältnis ist nun je nach dem speziellen Anwendungsfall zu definieren. Will man die auf dem ankommenden Lichtsignal vorhandene Modulation feststellen, so ist gemäß Abb. 145 der Strom i_S das Signal und der Schrotstrom das Rauschen. Will man die mittlere Strahlungsintensität eines bestimmten Objektes messen, so ist I_0 das „Signal“, und die Ströme I_b und I_d werden als Störgrößen (jedoch nicht als Rauschen im üblichen Sinn) bezeichnet. Meist wird dann ein Lichtzerhacker vor der

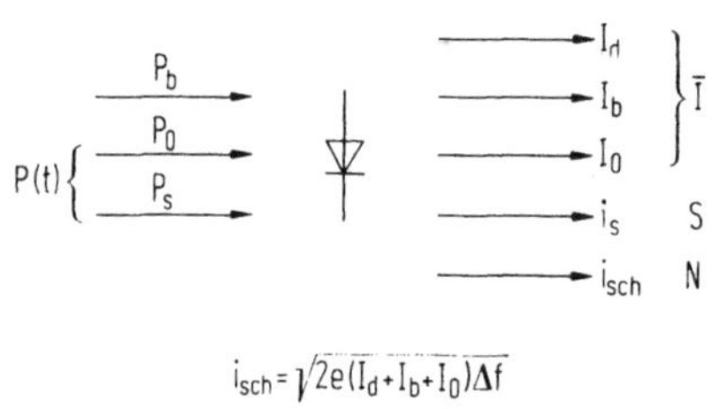

Abb. 145. Zusammenhang zwischen Lichtleistung und Fotostrom. P_b Hintergrundlicht; P_0: Gleichanteil des optischen Signales; P_s: Wechselanteil des optischen Signales; I_d: Dunkelstrom; I_b: Strom als Folge des Hintergrundlichtes; I_0: Strom als Folge von P_0; i_s: Strom als Folge von P_s; i_{sch}: Schrotstrom

Fotodiode benutzt, so daß rechteckig moduliertes Licht (P_0 und P_b) auf die Fotodiode trifft.

Die Abb. 146 zeigt schematisch die Entwicklung des Signal-Geräusch-Verhältnisses in der Diode. Bereits der ankommende Photonenstrom weist statistische Schwankungen, das sog. Quantenrauschen, auf [150, 13, 193]. Das Signal wird wegen des nicht hundertprozentigen Quantenwirkungsgrades reduziert, und man hat nach dem fotoelektrischen Effekt das um den Quantenwirkungsgrad reduzierte Signal und das Schrotrauschen von Fotostrom, Dunkelstrom und evtl. Hintergrundstrom.

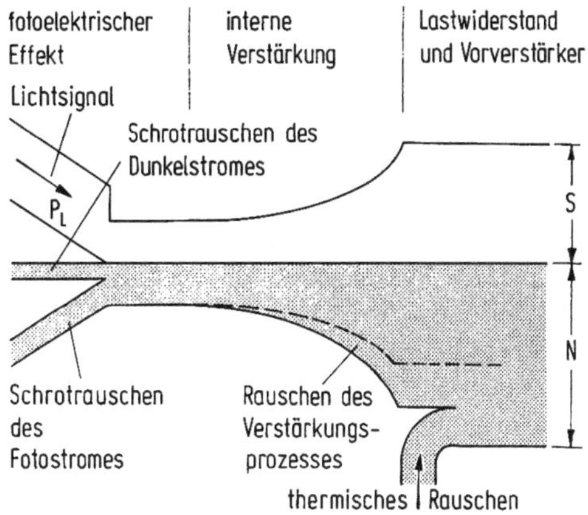

Abb. 146. Schematisches Pegeldiagramm für Signal und Rauschen in einer Fotodiode [143]

Nach dieser Umwandlung eines Strahlungssignals in einen elektrischen Strom kann dieser Fotostrom intern in der Diode (z.B. durch Lawinenmultiplikation) verstärkt werden. Dieser Verstärkungsprozeß selbst wird wegen der Statistik der Ladungsträgermultiplikation durch Stoßionisation ein zusätzliches Rauschen hervorrufen (Unterschied zwischen gestrichelter und voll gezeichneter Kurve). Es wird also auf jeden Fall das Signal-Geräusch-Verhältnis nach dem Verstärkungsprozeß kleiner als dieses Verhältnis vor dem Verstärkungsprozeß sein. Man hat aber, und das ist wesentlich, damit einen höheren Signalpegel erreicht.

Dieses Ausgangssignal der Fotodiode gelangt an einen Lastwiderstand, der thermisch rauscht. Durch geeignete „Korrektur" der Temperatur dieses Lastwiderstandes ($T + T_r$) kann das Rauschen des nachfolgenden Verstärkers ebenfalls berücksichtigt werden. Außerdem rauschen die Verlustwiderstände der Diode thermisch. Für die folgenden Betrachtungen werden sämtliche Rauschursachen nach dem internen Verstärkungsprozeß im thermischen Rauschen des Lastwiderstandes zusammengefaßt.

Im Folgenden werden die einzelnen Rauschprozesse, nämlich das Schrotrauschen, das thermische Rauschen und das Rauschen des Verstärkungsprozesses, beschrieben. Anschließend wird auf die für die Beurteilung optischer Detektoren maßgebenden Kennwerte wie „noise equivalent power" (NEP) usw. eingegangen und der Unterschied zwischen Direkt- und Überlagerungsempfang behandelt.

13.4 Schrotrauschen der Fotodiode, Quantenrauschen

Wie Abb. 145 zeigt, tritt Schrotrauschen als Folge des Dunkelstromes I_d und als Folge des Fotostromes von Hintergrundlicht und Signal auf. Im bestmöglichen Fall sind die mit dem Signal nicht verbundenen Ströme I_d und I_b zu vernachlässigen im Vergleich zum Strom I_0. Dieser Fall wird zunächst behandelt.

Der Signalstrom erzeugt an einem Lastwiderstand R (Abb. 141) eine Signalleistung

$$S=\frac{1}{2}i_S^2R. \qquad (13/8)$$

Das Leistungsspektrum des dem Signal-Gleichlicht P_0 zugeordneten Schrotstromes ist

$$W_i=2eI_0.$$

Die damit verbundene Rauschleistung in der Bandbreite Δf (Videobandbreite) ist

$$N=\overline{i^2}R=2eI_0\Delta fR. \qquad (13/9)$$

Dies ergibt mit Gl. (13/4) für 100 %ig moduliertes Licht ($P_0=\hat{P}_S$) ein Signal-Geräusch-Verhältnis

$$\frac{S}{N}=\frac{\eta}{4h\nu\Delta f}P_0. \qquad (13/10)$$

Die zur Erzielung eines geforderten Signal-Geräusch-Verhältnisses erforderliche Lichtleistung (Mittelwert gleich Scheitelwert der Wechselleistung einer 100%ig modulierten Strahlung) ist daher

$$P_{min}=\frac{4h\nu\Delta f}{\eta}\frac{S}{N}. \qquad (13/11)$$

Die mindestens erforderliche Lichtleistung ist also hier proportional dem Signal-Geräusch-Verhältnis und der Bandbreite. Ein idealer Detektor, ein „Quantenzähler" mit einem Quantenwirkungsgrad $\eta=1$, benötigt für $S/N=1$ die Leistung

$$P_{min0}=4h\nu\Delta f. \qquad (13/12)$$

Dies ist die durch das Schrotrauschen des Detektors bedingte Empfindlichkeitsgrenze eines optischen Detektors bei Direktempfang.

Wegen der Unschärferelation existiert eine untere Grenze für die Meßgenauigkeit optischer Signale. Die dieser Grenze zugeordnete Rauschleistung ist ([13, 150], Abb. 134).

$$P_{grenz}=h\nu\Delta\nu.$$

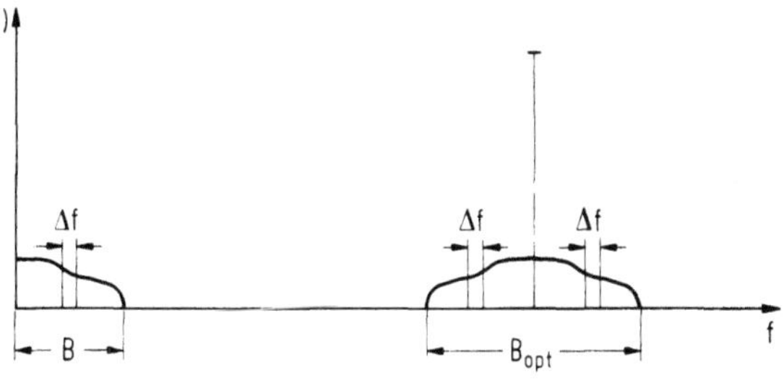

Abb. 147. Videobandbreite B und optische Bandbreite B_{opt}

Dabei ist $\Delta\nu$ die Bandbreite im optischen Bereich, die, wie Abb. 147 zeigt, gleich $2\Delta f$ ist. Der durch das Schrotrauschen des Signalstromes begrenzte Direktempfänger kommt also bis auf den Faktor 2 (die Phase wird hier nicht ausgewertet) an die durch die Unschärferelation gegebene Grenze.

Betrachtet man einen Detektor, bei dem der Dunkelstrom (z.B. wegen eines kleinen Bandabstandes) größer ist als der durch das Signallicht verursachte Gleichstrom, so erhält man mit $W_i = 2eI_d$ nachstehende Gleichung für P_{min}, auf die wir später noch zurückkommen:

$$P_{min} = \frac{2h\nu}{\eta}\sqrt{\frac{I_d}{e}}\sqrt{\frac{S}{N}\Delta f}\,. \tag{13/13}$$

Hier ist die mindestens erforderliche Lichtleistung proportional der Wurzel aus $\Delta f\, S/N$. Eine analoge Gleichung erhält man für Detektoren, deren Empfindlichkeit durch Hintergrundlicht-Rauschen begrenzt ist.

13.5 Thermisches Rauschen, Verstärkerrauschen

Wie bereits erwähnt, erzeugt der Lastwiderstand thermisches Rauschen. Wie in Abschnitt 8.3 gezeigt, kann das Rauschen eines Verstärkers durch eine Erhöhung der Rauschtemperatur des Generatorwiderstandes beschrieben werden. Im hier vorliegenden Fall ist der Generatorwiderstand des auf den Detektor folgenden Verstärkers der Lastwiderstand der Fotodiode. Man kann also diese Rauschquellen in einer äquivalenten Rauschtemperatur $T_ä = T + T_r$ des Lastwiderstandes der Fotodiode zusammenfassen und damit formal beschreiben. Damit ist das Rauschstromquadrat am Eingang des nun rauschfrei zu denkenden Vorverstärkers (Klemmen 1 – 1 in Abb. 143) gegeben durch

$$W_i = \frac{4kT_ä}{R}\,.$$

Die Rauschleistung am Widerstand R ist gleich $W_i \Delta f\, R$, und man erhält mit der Signalleistung nach den Gln. (13/8) bzw. (13/4) und 100 % Modulationsgrad ($P_S = P_0$) das Signal-Geräusch-Verhältnis

$$\frac{S}{N} = \left(\frac{e\eta P_0}{h\nu}\right)^2 \frac{R}{8kT_ä\Delta f}\,. \tag{13/14}$$

Man erkennt, daß dieses hier im Gegensatz zu Gl. (13/10) vom Lastwiderstand R abhängt. Insbesondere ist zu beachtetn, daß bei hohen Frequenzen wegen der unvermeidlichen Kapazitäten nur kleine Lastwiderstände realisiert werden können (Abschnitt 13.2 und 13.9).

Die erforderliche Lichtleistung für ein gefordertes Signal-Geräusch-Verhältnis ist

$$P_{\min} = \frac{h\nu}{e\eta}\sqrt{\frac{8kT_{ä}}{R}}\sqrt{\frac{S}{N}\Delta f}\,. \tag{13/15}$$

Diese Mindestlichtleistung ist (wie beim „dunkelstrombegrenzten" Detektor) proportional der Wurzel aus $\Delta f\, S/N$.

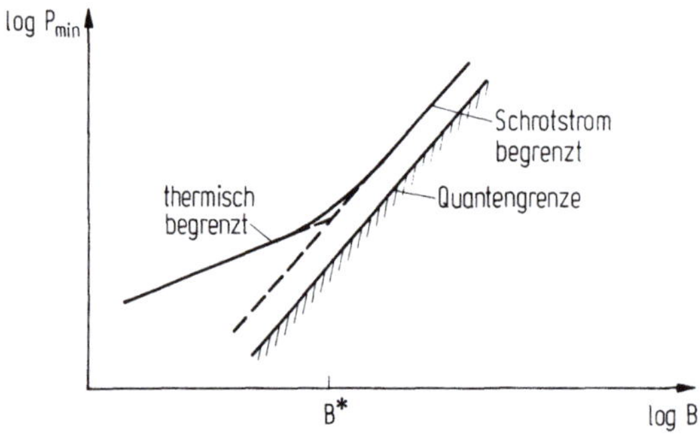

Abb. 148. Abhängigkeit der minimalen optischen Empfangsleistung von der Bandbreite

Benutzt man Breitbandverstärker mit einem Frequenzbereich von 0 bis B, so ergeben die Gln. (13/10) bis (13/15) mit $\Delta f = B$ die zugeordneten „integralen" $P_{\min}$-Werte. Abbildung 148 zeigt die Abhängigkeit der erforderlichen Lichtleistung von der Bandbreite im doppellogarithmischen Maßstab für das Signal-Geräusch-Verhältnis 1. Man erkennt aus dieser Darstellung, daß ab einer gewissen Bandbreite B^* das vom Signal verursachte Schrotrauschen eine höhere minimale Lichtleistung ergibt als das thermische Rauschen, d.h. der Detektor ist für $B > B^*$ durch das vom Signal induzierte Schrotrauschen begrenzt. Dies ist wesentlich, da häufig gemessene Werte für $P_{\min}$ in W Hz^{-1} oder W Hz$^{-1/2}$ angegeben werden. Wie Abb. 148 zeigt, ist dies jedoch nur dann sinnvoll, wenn kontrolliert wird, ob man in dem entsprechenden Bereich liegt, und wenn außerdem angegeben wird, wie groß die für den Wechsel der Bereiche maßgebende Bandbreite B^* ist.

Analog können aus den Gln. (13/10) bis (13/15) „spektrale" Werte für S/N bzw. $P_{\min}$ bestimmt werden, wenn die Frequenzabhängigkeit der darin benutzten Parameter berücksichtigt wird und Δf genügend klein ist.

13.6 Fotodioden mit internem Gewinn

Werden Fotodioden mit internem Gewinn benutzt, so wird gemäß Abschnitt 13.1 der Signalpegel an ihrem Ausgang angehoben. Wenn das thermische Rauschen des Lastwiderstandes bzw. das Rauschen des nachfolgenden Vorverstärkers das Signal-Geräusch-Verhältnis bestimmt, so wird eine interne Verstärkung von Vorteil sein, wenn nicht das durch den Verstärkungsprozeß selbst bedingte Rauschen zu groß ist. Zur Beurteilung dieser Situation dient ebenso wie bei einem normalen Verstärker die Rauschzahl F.

Abbildung 142 zeigt schematisch eine Lawinenfotodiode mit einer Stromverstärkung M [143].

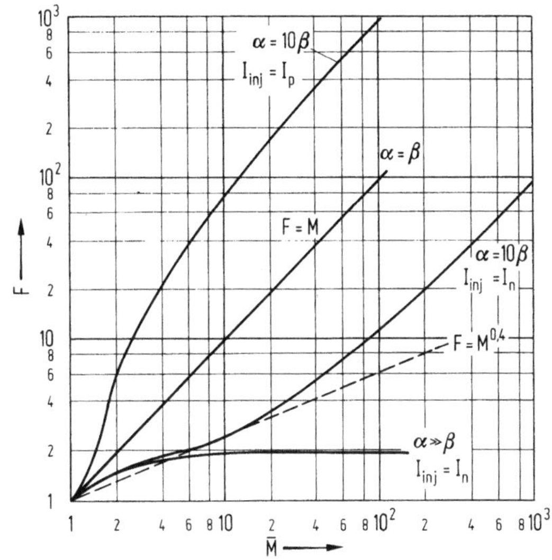

Abb. 149. Rauschzahl der Lawinenmultiplikation als Funktion der Verstärkung $\bar{M}$

Der Verstärkermechanismus hebt den Pegel des Signals und des Schrotrauschens um den Faktor M^2 an. Zusätzlich wird der Verstärkungsmechanismus selbst noch Schwankungen aufweisen, die sich in einer Verschlechterung des Signal-Geräusch-Verhältnisses äußern. Als Maß dafür dient die Rauschzahl, welche im Anhang 15.3 für einen Sonderfall berechnet ist. In bezug auf das Signal-Geräusch-Verhältnis wirkt sich die Verstärkung so aus, daß die Signalleistung am Lastwiderstand R um den Faktor M^2 größer ist, während die Rauschleistung um den Faktor M^2F größer ist als ohne Verstärkung. Als Ergebnis erhält man die in Abb. 149 gezeigte Rauschzahl $F(M)$ mit dem Näherungsausdruck [144]

$$F = M^{\xi}.$$

Der Exponent ξ hängt ab vom Verhältnis der Ionisationskoeffizienten für Elektronen und Löcher. Für gleiche Ionisationskoeffizienten (Germanium) erhält man $\xi = 1$, für das bei Silizium geltende Verhältnis der Ionisationskoeffizienten erhält man $\xi \approx 0{,}4$, wenn Elektronen in die Lawinenzone injiziert werden; für sehr ungleiche Ionisationskoeffizienten nähert sich die Rauschzahl für hohe Verstärkung dem Grenzwert $F = 2$.

Für die optimale Dimensionierung einer Lawinenfotodiode vom Standpunkt des Rauschens ist daher zu versuchen, einen möglichst großen α/β-Wert zu erzielen und Absorption der Ladungsträger in einer Zone erfolgen zu lassen, aus der die stark ionisierenden Ladungsträger injiziert werden. Eine nach diesen Gesichtspunkten entwickelte Fotodiode ist in [155] beschrieben und hat bei einer Verstärkung $M=100$ den Wert $F=6\,\mathrm{dB}$; die Meßpunkte entsprechen ziemlich gut der gerechneten Kurve für $\alpha/\beta \approx 25$.

Die Abhängigkeit der Rauschzahl von der Lichtwellenlänge, d.h. vom Ort der Generation, ist in [156] untersucht und zeigt experimentell und theoretisch für die auf der n^+-Seite beleuchteten n^+p-Dioden eine Zunahme der Rauschzahl mit zunehmender Wellenlänge.

13.7 Rauschersatzschaltbilder der Fotodiode

Abbildung 150 zeigt das Ersatzschaltbild für die rauschende Fotodiode. Rauschgeneratoren sind schraffiert dargestellt, Signalgeneratoren als normale

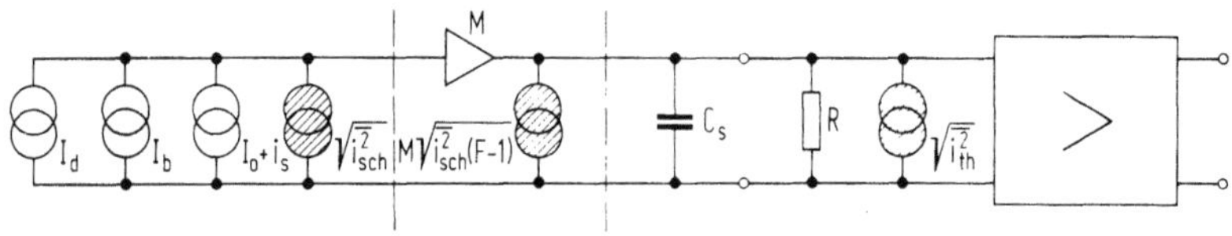

Abb. 150. Rauschersatzschaltbild eines Fotoempfängers mit Lawinenfotodiode

Stromgeneratoren. Auf der linken Seite sind die Stromgeneratoren, die dem fotoelektrischen Effekt entsprechen, angegeben. In der Mitte zwischen den gestrichelten Linien sind die der internen Verstärkung zugeordneten Ersatzschaltbildgrößen und rechts die dem thermischen Rauschen des Lastwiderstandes (und evtl. der Verlustwiderstände der Diode) sowie des nachfolgenden Verstärkers zugeordneten Ersatzschaltbildgrößen dargestellt. Für Fotodioden ohne interne Verstärkung ist der Teil zwischen den gestrichelten Linien wegzulassen. Mit Hilfe dieses Ersatzschaltbildes kann das Signal-Geräusch-Verhältnis für Fotodioden berechnet werden.

13.8 Signal-Geräusch-Verhältnis optischer Detektoren

Mit der in Gl. (13/1) definierten Empfindlichkeit s der Fotodiode ist die am Lastwiderstand auftretende Signalleistung

$$S=\frac{1}{2}\hat{i}_S^2 R=\frac{1}{2}s^2\hat{P}_S^2 R\,.$$

Mit einem Leistungsspektrum $W_i(f)$ für den durch den Lastwiderstand fließenden Rauschstrom erhält man

$$N=W_i \Delta f R\,,$$

$$\frac{S}{N}=\frac{1}{2}\frac{s^2\hat{P}_S^2}{W_i\Delta f}\,. \qquad (13/16)$$

Im allgemeinen wird dieses Signal-Geräusch-Verhältnis eine Funktion der Frequenz sein, da sowohl die Empfindlichkeit s als auch das Rauschspektrum frequenzabhängig sein können (spektrale Werte: Abschnitt 13.5). Für die integralen Werte ist anstelle von $W_i \Delta f$ das Integral über $W_i(f)\mathrm{d}f$ zu verwenden.

Mit den entsprechenden Werten für die Rauschspektren der verschiedenen Effekte (Abb. 150) erhält man

$$\frac{S}{N} = \frac{\frac{1}{2}\left(\frac{\eta e}{h\nu}\hat{P}_S\right)^2}{\left[\frac{2e^2\eta}{h\nu}(P_0+P_b)+2eI_d\right]F\Delta f+\frac{4k(T+T_r)\Delta f}{M^2R}}. \qquad (13/17)$$

Für einen festen Modulationsgrad (z.B. $P_0 = P_S$) kann Gl. (13/17) nach der Lichtleistung P_S aufgelöst werden; es ist das die Leistung P_{min}, die notwendig ist, um das Signal-Geräusch-Verhältnis S/N zu erzielen. Als Abkürzungen werden die Lichtleistungen P_{Si}, P_{du}, P_{bg} und P_{th} benutzt. Das sind die erforderlichen Lichtleistungen, wenn jeweils nur der angesprochene Effekt dominiert, und zwar für P_{Si} das Schrotrauschen des Signalstromes, für P_{du} das Schrotrauschen des Dunkelstromes, für P_{bg} das Schrotrauschen des Hintergrundlichtstromes und für P_{th} das thermische Rauschen des Lastwiderstandes (einschließlich Verstärkerrauschen):

$$\begin{aligned}
P_{min} &= \frac{P_{Si}}{2}\left(1+\sqrt{1+4\frac{P_{du}^2+P_{bg}^2+P_{th}^2}{P_{Si}^2}}\right),\\
P_{Si} &= \frac{4h\nu F}{\eta}\frac{S}{N}\Delta f,\\
P_{du} &= \frac{2h\nu}{\eta}\sqrt{\frac{I_d}{e}F\frac{S}{N}\Delta f},\\
P_{bg} &= \frac{2h\nu}{\eta}\sqrt{\frac{\eta P_b}{h\nu}F\frac{S}{N}\Delta f},\\
P_{th} &= \frac{h\nu}{e\eta}\frac{1}{M}\sqrt{\frac{8k(T+T_r)}{R}\frac{S}{N}\Delta f}.
\end{aligned} \qquad (13/18)$$

Abbildung 151 zeigt die Abhängigkeit der Lichtleistung P_{min} von der geforderten Detektorbandbreite B in Analogie zu Abb. 148 für eine Siliziumdiode ($F = M^{0,4}$).

Sind Bandbreite und Signal-Geräusch-Verhältnis vorgegeben, so existiert eine optimale Verstärkung M^*. Diese ist gerade so groß, daß der nach interner Verstärkung an den Lastwiderstand gelangende Rauschanteil den gleichen Betrag hat wie das auf diese Klemmen bezogene Rauschen der nachfolgenden Elemente. Für $M < M^*$ verschlechtert sich P_{min} proportional zu $1/M$, da dann das von der internen Verstärkung unabhängige thermische Rauschen über-

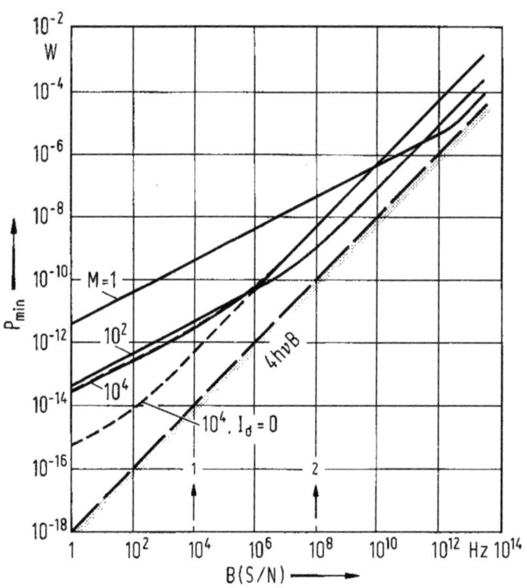

Abb. 151. Minimale optische Empfangsleistung als Funktion des Produktes $B(S/N)$ für eine Si-Lawinenfotodiode gerechnet mit: $\lambda = 0{,}9\ \mu m$, $\eta = 0{,}8$ $T = 290\ K$, $T_r = 170\ K$, $R_L = 10\ k\Omega$, $F = M^{0{,}4}$, $I_d = 10\ pA$. Für $M = 1$ und $M = 10^2$ hat der hier angenommene Dunkelstrom noch keinen Einfluß. Für $S/N = 1$ ist $P_{min} = \text{NEP} \cdot \sqrt{2}$

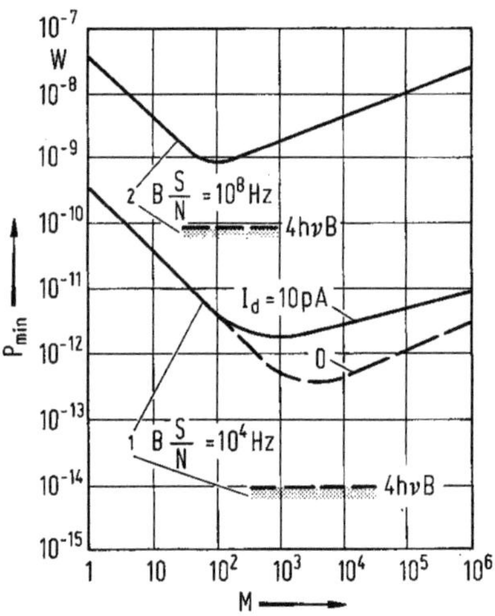

Abb. 152. Minimale optische Empfangsleistung als Funktion der Verstärkung M für eine Si-Lawinenfotodiode für die beiden in Abb. 151 angegebenen Bandbreiten; übrige Daten wie dort

wiegt (Abb. 152). Für $M > M^*$ steigt P_{min} an, weil das vom Verstärkungsprozeß stammende Rauschen mit M wächst. Den Wert für M^* erhält man durch Gleichsetzen von $P_{Si}^2 + P_{du}^2 + P_{bg}^2$ und P_{th}^2 aus Gl. (13/18) zu

$$M^* = \sqrt{\frac{1}{2e\left[4e\dfrac{S}{N}BF^2(M^*) + I_d F(M^*) + \dfrac{e\eta}{h\nu}P_b F(M^*)\right]}\;\frac{4k(T+T_r)}{R}} \qquad (13/19)$$

Hinsichtlich des durch Hintergrundlicht P_b verursachten Schrotrauschens ist folgendes zu sagen: Jeder Fotodetektor hat eine durch den Fotoeffekt (z.B. durch den Bandabstand) bestimmte Grenzwellenlänge λ_{gr}, über welcher Licht keinen Fotostrom bewirkt. Maßgebend für den durch Hintergrundlicht hervorgerufenen Fotostrom I_b ist also die unterhalb dieser Grenzwellenlänge auftreffende Lichtleistung. Dem Strahlungsgesetz schwarzer Körper entsprechend (z.B. [10]) hat diese Strahlungsintensität je nach Temperatur ein Maximum im Infraroten. Der Strom I_b wird also mit zunehmender Grenzwellenlänge des Detektors stark zunehmen, bis im Bereich von $\lambda_c \approx (5 \dots 10)$ µm wegen Überschreiten des Maximums der Strahlungsintensität der Fotostrom I_b konstant bleibt [158, 145].

Ähnliches gilt für den Dunkelstrom I_d, der z.B. bei Abnahme des Bandabstandes des Fotodiodenmaterials stark zunimmt. Infrarotdetektoren sind also meist durch Dunkelstrom oder Hintergrundlicht im Rauschen begrenzt. Kühlung der Diode und Einengung des Blickwinkels durch gekühlte (!) Blenden sind hier wirksame Maßnahmen.

13.9 NEP-Wert und Detektivity *D*

Man definiert eine rauschäquivalente Leistung NEP („noise equivalent power") als den erforderlichen Effektivwert der Wechselleistung einer 100 %ig modulierten Strahlungsleistung, um ein Signal-Geräusch-Verhältnis von 1 zu erhalten [200, 201, 157, 143]:

$$NEP = \frac{P_{min}(S/N = 1)}{\sqrt{2}} . \qquad (13/20)$$

Der Bezug auf den Effektivwert der Wechselleistung (und damit der Faktor $1/\sqrt{2}$) ist einigermaßen willkürlich und meßtechnisch begründet. Da für verzerrungsfreien Heterodynempfang die Feldstärke (nicht die Leistung) sinusförmig moduliert sein soll, ist obige Definition streng genommen nur dann anwendbar, wenn die Lichtstrahlung trotzdem leistungsmoduliert ist (Abschnitt 13.12).

Je nachdem, welcher Rauschanteil bei der gegebenen Frequenz f dominiert, erhält man für den spektralen NEP-Wert aus Gl. (13/18) folgende Ausdrücke:

(a) Schrotrauschen des Signalstromes:

$$\mathrm{NEP}(f) = \frac{4h\nu}{\sqrt{2}\eta} F\Delta f . \qquad (13/21)$$

Hier wird meist NEP/Δf in W Hz^{-1} angegeben.

(b) Schrotrauschen des Dunkelstromes:

$$\mathrm{NEP} = \frac{h\nu}{e\eta}\sqrt{2eI_dF}\sqrt{\Delta f} . \qquad (13/22)$$

Hier ist es (ebenso wie in den Fällen (c) und (d)) sinnvoll, $\mathrm{NEP}/\sqrt{\Delta f}$ in $W\,\mathrm{Hz}^{-1/2}$ anzugeben.

(c) Schrotrauschen des Hintergrundlicht-Stromes:

$$\mathrm{NEP}=\sqrt{\frac{h\nu}{\eta}}\sqrt{2P_b F}\sqrt{\Delta f}\,. \qquad (12/23)$$

(d) Thermisches Rauschen inklusive Verstärkerrauschen:

$$\mathrm{NEP}=\frac{h\nu}{e\eta}\sqrt{\frac{4k(T+T_r)}{R}}\frac{1}{M}\sqrt{\Delta f}\,. \qquad (13/24)$$

Der spektrale NEP-Wert (Gln. (13/21) bis (13/24)) gibt an, welche Lichtleistung bei der Videofrequenz (Modulationsfrequenz f) eine Signalleistung erzeugt, die der in Δf auftretenden Rauschleistung gleich ist. Der „integrale" NEP-Wert gibt an, welche Lichtleistung bei der Videofrequenz f eine Signalleistung erzeugt, die der in der gesamten Detektorbandbreite $B(0 \leqq f \leqq B)$ auftretenden Rauschleistung gleich ist [158]. Bei der Bildung eines „integralen" NEP-Wertes ist zwischen den Bereichen mit unterschiedlicher Abhängigkeit des spektralen NEP-Wertes von Δf zu unterscheiden. Es ist nämlich nicht über die rauschäquivalenten Leistungen im optischen Bereich, sondern über die Rauschleistungen im Videobereich zu summieren.

Analoges wie für die Abhängigkeit von Δf gilt für die Abhängigkeit vom Signal-Geräusch-Verhältnis. Wenn beispielsweise im Betrieb ein sehr großes Signal-Geräusch-Verhältnis gefordert wird, ist der NEP-Wert nur dann maßgebend, wenn gleichzeitig angegeben wird, welcher Rauscheffekt dominiert, d.h. wenn angegeben wird, ob die erforderliche Lichtleistung proportional S/N oder proportional $\sqrt{S/N}$ ist. Alle diese Schwierigkeiten existieren nicht, wenn man das Signal-Geräusch-Verhältnis gemäß Gl. (13/17) benutzt.

Zusätzlich wird noch die sog. Detektivity D, das sog. Nachweisvermögen (insbesondere im Infrarot-Spektralbereich) benutzt und auch eine davon abgeleitete Größe D^*, die jedoch nur unter bestimmten Voraussetzungen eine sinnvolle Beschreibungsgröße darstellt. Die Detektivity D ist definiert als der Kehrwert der rauschäquivalenten Leistung NEP:

$$D=\frac{1}{NEP}\,. \qquad (13/25)$$

Die modifizierte Detektivity D^* ist definiert als

$$D^*=D\sqrt{\Delta f}\sqrt{A}=\frac{1}{\mathrm{NEP}}\sqrt{\Delta f}\sqrt{A}\,, \qquad (13/26)$$

wobei A die Fläche des Detektors ist. Die Angabe von D^* ist nur sinnvoll, wenn

(a) der NEP-Wert proportional $\sqrt{\Delta f}$ ist und

(b) die zu detektierende Strahlung am Empfänger eine konstante Bestrahlungsstärke (in $\mathrm{W\,m^{-2}}$) hervorruft, so daß das Signal-Geräusch-Verhältnis proportional A und damit der NEP-Wert proportional $\sqrt{A}$ ist (BLIP: „background limited infrared photoconductor", [151]).

Gemessene NEP-Werte sind aus Abb. 159 zu ersehen, gemessene D^*-Werte aus Abb. 160.

Beispiel: Dimensionierung eines rauscharmen Fotodetektors [159]

Hier sollen die für eine Minimierung des NEP-Wertes geltenden Gesichtspunkte und insbesondere auch der Nutzen einer linearen Entzerrung erläutert werden.

Abbildung 153 zeigt Blockschaltbild und Ersatzschaltbild des optischen Empfängers. Auf die in Sperrichtung betriebene Diode folgt eine rauscharme Vorstufe, in der ein Sperrschicht-FET verwendet wird. Der an dieser Stelle immer noch niedrige Signalpegel wird mit dem Verstärker V auf einen ausreichend hohen Pegel verstärkt. Jetzt kann mit dem Entzerrer E eine evtl. notwendig gewordene, lineare Korrektur des Frequenzganges vorgenommen werden, ohne daß sich dadurch das Signal-Geräusch-Verhältnis verschlechtert. Das Rauschen des Verstärkers V wird vernachlässigt. Für die Diode wird (nach geeigneter Kontrolle) angenommen, daß das Schrotrauschen des Dunkelstromes dominiert.

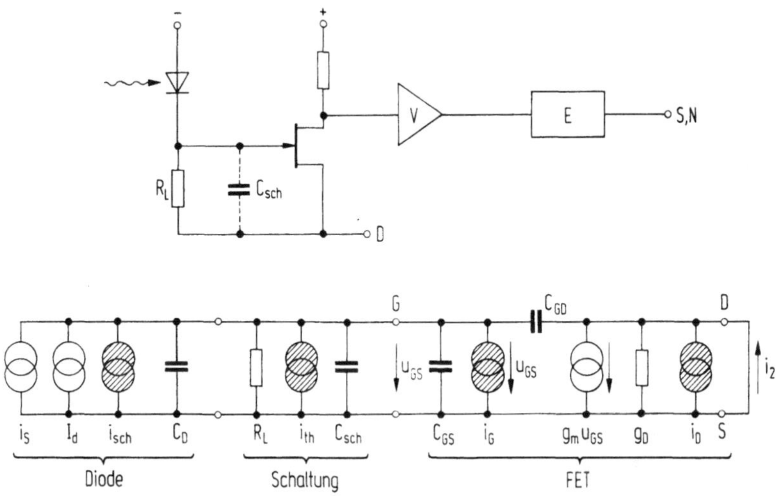

Abb. 153. Schaltung und Rauschersatzschaltbild für eine Fotodiode mit Vorverstärker

Für die Rauschströme gilt (Kapitel 12)

$$\overline{i_{sch}^2} = 2eI_d\Delta f, \quad \overline{i_{th}^2} = 4kTG_L\Delta f,$$

$$\overline{i_G^2} = 2eI_G\Delta f + 0{,}3\frac{4kT}{g_m}\omega^2(C_{GS}+C_{GD})^2\Delta f,$$

$$\overline{i_D^2} = 0{,}67 \cdot 4kTg_m\Delta f.$$

Weiter wird angenommen, daß der Eingangswiderstand des Folgeverstärkers V klein gegenüber $1/g_D$ ist und somit bezüglich der Last für den FET durch einen Kurzschluß zwischen Drain und Source ersetzt werden kann. Die Wahl des Lastwiderstandes R_L der Diode wird ohne Rücksicht auf die geforderte Detektorbandbreite vorgenommen. R_L wird so groß gewählt, daß der thermische Rauschstrom i_{th} klein gegenüber einem der Rauschströme i_{sch} oder i_G ist. Der von der Diode abgegebene Signalfotostrom i_S bewirkt am Verstärkerausgang den Strom

$$i_{2S} \approx g_m u_{GS} = \frac{g_m}{\sqrt{G_L^2 + \omega^2 C_{ges}^2}} i_S$$

mit

$$C_{ges}=C_D+C_{sch}{}^+C_{GS}+C_{GD}.$$

Oberhalb der Grenzfreqenz $1/(2\pi R_L C_{ges})$ des am Verstärkereingang liegenden RC-Tiefpasses fällt i_{2S} mit 6 dB/Oktave. Dieser Frequenzgang kann mit dem im Blockschaltbild enthaltenen Entzerrer E ausgeglichen werden. Am Verstärkerausgang tritt der Rauschstrom i_2 auf:

$$\overline{i_2^2}=(\overline{i_{sch}^2}+\overline{i_G^2})\frac{g_m^2}{G_L^2+\omega^2 C_{ges}^2}+\overline{i_D^2}.$$

Das Signal-Geräusch-Verhältnis ergibt sich damit zu

$$\frac{S}{N}\approx\frac{\frac{1}{2}\frac{e^2\eta^2}{h^2\nu^2}P_0^2}{2e(I_d+I_G)\Delta f+\frac{4kT\omega^2}{g_m}[0{,}3(C_{GS}+C_{GD})^2+0{,}67\,C_{ges}^2]\Delta f}.$$

Bei der Frequenz f_c liefert das Schrotrauschen von I_d und I_G den gleichen Beitrag wie das thermische Kanalrauschen und das induzierte Gaterauschen:

$$f_c=\frac{1}{2\pi}\sqrt{\frac{(I_d+I_G)g_m}{2\frac{kT}{e}[0{,}3(C_{GS}+C_{GD})^2+0{,}67\,C_{ges}^2]}}.$$

Das Schrotrauschen des Dunkelstromes begrenzt bei tiefen Frequenzen den erreichbaren NEP-Wert:

$$NEP\approx\frac{h\nu}{e\eta}\sqrt{2e)I_d+I_G)\Delta f}\qquad\text{für}\qquad f<f_c.$$

Bei hohen Frequenzen dagegen rührt der überwiegende Beitrag vom thermischen Kanalrauschen her:

$$\text{NEP}\approx\frac{h\nu}{e\eta}\cdot 2\pi f\sqrt{\frac{4kT}{g_m}[0{,}3(C_{GS}+C_{GD})+0{,}67\,C_{ges}^2]\Delta f}\qquad\text{für}\qquad f>f_c.$$

Für die Optimierung der Detektorempfindlichkeit müssen also eine Fotodiode mit möglichst niedrigem Dunkelstrom I_d gewählt und die in der Schaltung vorhandenen Kapazitäten minimiert werden. Bei Breitbandanwendungen sollte *der* FET eingesetzt werden, der den niedrigsten Wert für $(C_{GS}+C_{GD})^2/g_m$ aufweist. Mit käuflichen Bauelementen lassen sich folgende Daten erzielen:

FET: E 305[160]: $C_{GS}=3{,}5$ pF, $C_{GD}=0{,}8$ pF, $I_G=40$ pA, $g_m=6$ mS;

Photodiode: HP 4 205[161]: $C_D=0{,}7$ pF, $I_D=300$ pA, $\eta=0{,}6$ bei $\lambda=0{,}9\,\mu$m.

Mit $C_{sch}=0{,}7$ pF ergibt sich $f_c=190$ KHz und

$$\frac{\text{NEP}}{\sqrt{\Delta f}}=2{,}4\cdot 10^{-14}\,\text{WHz}^{-1/2}\qquad\text{für}\qquad f<f_c,$$

$$\frac{\text{NEP}}{\sqrt{\Delta f}}=1{,}3\cdot 10^{-19} f\,\text{WHz}^{-3/2}\qquad\text{für}\qquad f>f_c.$$

Anstelle des hier behandelten Spannungsverstärkers mit nachgeschaltetem Entzerrer, könnte auch ein Stromverstärker [148] eingesetzt werden, welcher keine Entzerrung des Frequenzganges erfordert. Das Rauschverhalten bleibt davon jedoch unberührt.

13.10 Fotoleiter

Die Erzeugung von freien Ladungsträgern durch optische Strahlung in einem Widerstand stellt eine weitere Möglichkeit zum Empfang von optischen Signalen dar. An einen solchen Fotoleiter wird im allgemeinen eine Gleichspannung gelegt. Das optische Signal moduliert den Widerstand, so daß durch den Fotoleiter ein modulierter Fotostrom fließt. Ein mit der Frequenz ω modulierter Lichtstrahl liefert den Betrag i_S des Signalstromes [144, 162, 163]:

$$i_S = \eta \frac{eP_S}{h\nu} \frac{\tau}{\tau_{tr}} \frac{1}{\sqrt{1+\omega^2\tau^2}} = \eta \frac{eP_S}{h\nu} M . \tag{13/27}$$

$$M = \frac{\tau}{\tau_{tr}} \frac{1}{\sqrt{1+\omega^2\tau^2}}; \quad \text{für } \omega \to 0: \quad M_0 = \frac{\tau}{\tau_{tr}} = \frac{\mu U_0 \tau}{L^2} .$$

Darin bedeuten τ die mittlere Lebensdauer der Ladungsträger, τ_{tr} die Laufzeit der Ladungsträger von einer Elektrode zur anderen, μ die Ladungsträgerbeweglichkeit, L den Abstand der Elektroden und U_0 die am Fotoleiter anliegende Gleichspannung. Diese Gleichung kann mit der Beziehung für die Fotodiode (Gl. 13/3) verglichen werden. Es zeigt sich dabei, daß M die „Verstärkung" des Fotoleiters ist, welche angibt, wieviele Ladungsträger als Folge eines absorbierten Photons im äußeren Stromkreis fließen. Dieser Gewinn beruht darauf, daß bei der Erzeugung von freien Ladungsträgern Ladungen getrennt werden und eine der beiden Ladungsträgertypen (meistens die positive Ladung) schwer oder nicht beweglich ist. Solange diese (positive) Ladung im Halbleiter existiert (Lebensdauer τ), wird der andere Ladungsträgertyp (das Leitungselektron) von den Kontakten ständig nachgeliefert, so daß für ein erzeugtes Ladungsträgerpaar τ/τ_{tr} Elektronen durch den Fotoleiter fließen. Je größer das Verhältnis von Lebensdauer τ dieser langlebigen (positiven) Ladung zur Laufzeit τ_{tr} des gut beweglichen Ladungsträgers ist, um so höher ist dieser Gewinn. Andererseits bestimmt die Lebensdauer τ die Schnelligkeit, mit der der Fotoleiter einer Änderung der Lichteinstrahlung zu folgen vermag. Die Verstärkung M ist daher frequenzabhängig mit dem in Gl. (13/27) angegebenen Verlauf. Für das Gewinnbandbreiteprodukt MB existiert der nachfolgende Ausdruck, welcher unabhängig von der Lebensdauer τ ist:

$$MB = \frac{1}{2\pi\tau_{tr}} \leqq \frac{1}{2\pi t_d} . \tag{13/28}$$

Die Ungleichung (13/28) beschreibt die implizit gemachte Annahme, daß der Halbleiter insgesamt neutral bleibt, also freie Ladungsträger rasch genug nachgeliefert werden [159] (τ_d ist die dielektrische Relaxationszeit).

(*a*) *Kleinsignalimpedanz*

Für das Signal stellt der Fotoleiter eine Impedanz dar, die bei genügend kleiner Aussteuerung (für einen *n*-Typ-Halbleiter) gegeben ist durch [144]

$$g=\frac{Ae\mu n}{L} \tag{13/29}$$

oder

$$g=\frac{\mu\tau I_{\mathrm{ph}}}{L^2}\,. \tag{13/30}$$

Gleichung (13/29) gilt für Fotoleiter, deren Leitwert durch die Dotierungsdichte (gleich n) gegeben ist, während Gl. (13/30) gilt, wenn der Leitwert durch die Lichteinstrahlung bestimmt ist (schwach dotierte Fotoleiter), wobei I_{ph} der gesamte durch Signal und Hintergrundstrahlung erzeugte Fotogleichstrom ist.

(*b*) *Rauschquellen*

Ein Fotowiderstand ist das Musterbeispiel eines stromdurchflossenen Widerstandes. Es tritt daher thermisches Rauschen und Generations-Rekombinations-Rauschen auf. Zusätzlich ist noch das thermische Rauschen des Lastwiderstandes und Verstärkerrauschen zu berücksichtigen. Das Rauschersatzschaltbild des Fotoleiters ist in Abb. 154 gezeigt.

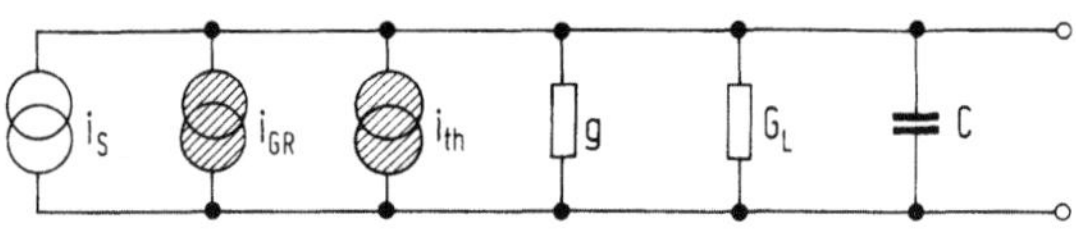

Abb. 154. Rauschersatzschaltbild eines Fotoleiters

(α) Thermisches Rauschen

Berücksichtigt man das Verstärkerrauschen durch eine entsprechende Rauschtemperatur T_{r} des Generatorwiderstandes, bestehend aus der Parallelschaltung von Lastleitwert G_{L} und Kleinsignalleitwert g des Fotoleiters, so gilt für thermisches Rauschen von Fotoleiter und Lastleitwert sowie Verstärkerrauschen

$$W_{\mathrm{ith}}=4k(T+T_{\mathrm{r}})(g+G_{\mathrm{L}})\,. \tag{13/31}$$

(β) Generations-Rekombinations-Rauschen

Ein im Fotoleiter erzeugter Ladungsträger führt zu $\tau/\tau_{\mathrm{tr}}=M_0$ im Außenkreis fließenden Ladungsträgern. Der zugehörige Strom i_1 fließt für die mittlere Dauer τ, d.h. $i_1\tau=e\tau/\tau_{\mathrm{tr}}$. Für eine Schwankung ΔN der Ladungsträger ergibt sich im Außenkreis eine Stromschwankung $\Delta I=(e/\tau_{\mathrm{tr}})\Delta N$. Das Leistungsspektrum W_{i} des Klemmenstromes ist daher wie folgt mit dem Leistungsspektrum W_N verknüpft:

$$W_{iGR} = \left(\frac{e}{\tau_{tr}}\right)^2 W_N . \tag{13/32}$$

Diese Gleichung ist gleichwertig mit (5/22), wenn man beachtet, daß die Verstärkung τ/τ_{tr} sowohl für den Gleichstrom I_0 als auch für den Rauschstrom $\sqrt{W_{iGR}}$ wirksam ist.

Für das Leistungsspektrum W_N können die in den Abschnitten 5.1 und 5.2 angegebenen Beziehungen benützt werden. Dort nicht behandelt ist der bezüglich des Rauschens optimale Fall, daß die optische Generationsrate groß gegen die thermische ist, so daß die mittlere Ladungsträgeranzahl N_0 durch die eingestrahlte Lichtleistung bestimmt ist.

Der Einfachheit halber werden im folgenden die Einflüsse der Rauscheffekte auf das Signal-Geräusch-Verhältnis einzeln durchgesprochen.

(c) *Signal-Geräusch-Verhältnis und NEP-Wert*

(α) Generations-Rekombinations-Rauschen als Folge der optischen Generation. Die mittlere optische Generationsrate als Folge eines Lichtsignals der Leistung $P_0 + P_S \cos \omega t$ (Gl. (13/4)) ist

$$G = \frac{\eta P_0}{h\nu} .$$

Dies ergibt mit Gl. (5/1) das Leistungsspektrum W_N der Teilchenschwankung und mit Gl. (13/32) das Leistungsspektrum des Klemmenstromes

$$W_{iGR} = 4 \frac{e^2}{\tau_{tr}^2} \frac{\tau^2}{1+\omega^2\tau^2} \frac{\eta P_0}{h\nu} . \tag{13/33}$$

Das Signal-Geräusch-Verhältnis ist gegeben durch

$$\frac{S}{N} = \frac{i_S^2 R/2}{W_i R \Delta f} = \frac{i_S^2}{2 W_i \Delta f} . \tag{13/34}$$

Durch Einsetzen des Signalstromes i_S nach Gl. (13/27) und der Rauschleistung W_i nach Gl. (13/33) erhält man für 100 %igen Modulationsgrad ($P_S = P_0$)

$$\frac{S}{N} = \frac{\eta P_0}{8 h\nu \Delta f} . \tag{13/35}$$

Den NEP-Wert erhält man mit Gl. (13/20) zu

$$\mathrm{NEP} = \frac{8}{\sqrt{2}} \frac{h\nu}{\eta} \Delta f . \tag{13/36}$$

Dies ist der bestmögliche NEP-Wert für Fotoleiter, da alle nicht unmittelbar mit der Demodulation verknüpften Rauscheffekte vernachlässigt sind; er entspricht einer Fotodiode „ohne“ Dunkelstrom. Ein Vergleich mit

Gl. (13/21) für die Fotodiode ($F=1$) zeigt jedoch, daß Fotoleiter einen um den Faktor 2 schlechteren Grenzwert für die äquivalente Rauschleistung besitzen. In ihnen stellen Generation und Rekombination voneinander statistisch unabhängige Prozesse dar und jeder liefert den gleichen Beitrag zum Rauschen. Fotodioden dagegen rauschen halb so stark, weil bei ihnen nur die Generation statistisch erfolgt, während der den Influenzstrom beendende Prozeß, der Eintritt in die neutralen Zonen, regelmäßig stattfindet.

Der Vergleich mit Gl. (13/21) zeigt, daß dem im Fotoleiter stattfindenden Verstärkungsprozeß die Rauschzahl $F=2$ zugeordnet werden kann, welche nicht von der Höhe der Verstärkung abhängt. Den Vorteil dieser rauscharmen internen Verstärkung kann man allerdings nur bei kleinen Detektorbandbreiten nutzen, weil es technologisch schwierig ist, gleichzeitig einen hohen Quantenwirkungsgrad η und eine kleine Laufzeit τ_{tr} (Gl. (13/27)) zu realisieren. Außerdem entsteht in der Praxis zusätzliches Rauschen an den Kontakten. Für Fotoleiter wählt man nämlich wegen des angestrebten niedrigen Dunkelstromes (siehe (β)) möglichst hochohmiges Material, und es bereitet technologisch Schwierigkeiten, auf einem solchen Material gute ohmsche Kontakte anzubringen, welche hier Voraussetzung für den Verstärkungsvorgang sind. Diese Schwierigkeit läßt sich teilweise umgehen, wenn die Leitfähigkeitsänderung des Fotoleiters mit einer Mikrowellenmeßbrücke ausgewertet wird (Abschnitt 13.11).

Die weiteren Fälle können analog behandelt werden, wobei für W_N die entsprechenden Beziehungen von Abschnitt 5.2 und für W_{ith} Gl. (13/31) zu benutzen sind.

(β) Generations-Rekombinations-Rauschen als Folge thermischer Generation

Hier sind zwei Fälle von Interesse, der sog. intrinsische Fotoleiter und der dotierte extrinsische Fotoleiter.

Bei intrinsischen Fotoleitern bewirken die absorbierten Photonen Band-Band-Übergänge und damit eine Erhöhung der Zahl der beweglichen Elektronen und Löcher. Es wird angenommen, daß die im Fotoleiter enthaltenen Störstellenniveaus vollständig ionisiert sind, so daß diese keinen Beitrag zum Rauschen liefern. Die Zahl der freien Ladungsträger schwankt infolge der stattfindenden Band-Band-Übergänge (Abb. 33b). Mit W_N für diesen nahezu eigenleitenden Halbleiter nach Gl. (5/6) erhält man

$$\overline{\Delta N^2}=\frac{n_0 p_0}{n_0+p_0}V\,,$$

$$\mathrm{NEP}=\frac{2h\nu}{\eta}\sqrt{\frac{n_0 p_0 V}{n_0+p_0}\,\frac{\Delta f}{\tau}}\,. \tag{13/37}$$

Diese Gleichung gilt für den streng eigenleitenden Halbleiter ($n_0=p_0=n_i$) und den nahezu eigenleitenden. Für den engen Bereich $n_0 \gg p_0$, aber nicht $n_0 \gg n_i$

also einen schwach n-leitenden Halbleiter, gilt näherungsweise

$$\overline{\Delta N^2} = p_0 V ,$$

$$\mathrm{NEP} = \frac{2h\nu}{\eta} \sqrt{\frac{p_0 V \Delta f}{\tau}} . \qquad (13/38)$$

Der NEP-Wert steigt also mit der „Minoritätsträgerdichte“ p_0 und dem Fotoleitervolumen V an und sinkt mit der Lebensdauer τ der Ladungsträger. Falls, wie hier vorausgesetzt, das thermisch erzeugte Generations-Rekombinations-Rauschen überwiegt, kann durch eine geeignete Wahl dieser drei voneinander abhängigen Größen die Empfindlichkeit des Fotoleiters optimiert werden.

In extrinsischen Fotoleitern verursacht das absorbierte Licht Übergänge zwischen einem Störstellenniveau und einem Band. Dadurch entsteht z.B. in einem n-dotierten Fotoleiter je absorbiertes Photon eine an einen ionisierten Donator gebundene unbewegliche positive Ladung und im Leitungsband ein bewegliches Elektron. Damit ein merklicher Fotoeffekt auftreten kann, müssen genügend neutrale Donatoren $n_D - n_D^+ \gg n_0$ (n_D: Dichte der Donatoren, n_D^+: Dichte der ionisierten Donatoren) für die Absorption von Photonen vorhanden sein, d.h. der Halbleiter muß entsprechend gekühlt sein. Mit Gl. (5/8) ergibt sich mit $n_0 \ll n_D - n_0$ für den NEP-Wert eines extrinsischen n-Typ-Halbleiters

$$\mathrm{NEP} = \frac{2h\nu}{\eta} \sqrt{\frac{n_0 V \Delta f}{2\tau}} . \qquad (13/39)$$

Im Gegensatz zu intrinsischen Fotoleitern hängt hier der NEP-Wert von der Majoritätsträgerdichte ab.

(γ) Thermisches Rauschen des Fotoleiters und des Lastwiderstandes

Mit Gl. (13/31) ergibt sich

$$\mathrm{NEP} = \frac{h\nu}{e\eta} \frac{\sqrt{1+\omega^2\tau^2}}{M_0} \sqrt{4k(T+T_r)(g+G_L)\Delta f} . \qquad (13/40)$$

Man erkennt daraus, daß der Niederfrequenzgewinn M_0 (und das Verstärkungsbandbreiteprodukt MB) erhöht werden muß, wenn unter den vorliegenden Bedingungen die Empfindlichkeit verbessert werden soll. Mit gleichspannungsbetriebenen Fotoleitern kann man etwa ein $M_0 \lesssim 100$ und $MB \lesssim 100$ MHz realisieren.

Dominiert hingegen das durch thermische Trägererzeugung bewirkte Generations-Rekombinations-Rauschen (Fall (β)), dann ist die (in bezug auf die erreichbare Detektorempfindlichkeit) wünschenswerte maximale Betriebstemperatur des Fotoleiters überschritten. Eine Empfindlichkeitssteigerung ist in diesem Fall durch seine Kühlung möglich.

Erzielte NEP-Werte sind für verschiedene Fotoleiter in Abb. 159 eingetragen. Insbesondere im Infrarotbereich, wo es schwierig ist, gute Fotodioden herzustellen, findet der Fotoleiter häufig Anwendung. In der Infrarottechnik [151] wird sehr häufig das Signal-Geräusch-Verhältnis durch Hintergrundlicht bestimmt; entweder konkurriert das Hintergrundlicht direkt mit dem Signallicht, oder es stört durch das dadurch verursachte Rauschen des Fotostromes. In diesem Fall kann eine Verbesserung des Signal-Geräusch-Verhältnisses durch Verringerung des Detektionswinkels (hoher Antennengewinn) oder durch spektrale Filterung des Signales und damit Unterdrückung der breitbandigen Hintergrundstrahlung erzielt werden mit dem Ziel, die in diesem Abschnitt angegebenen Grenzen zu erreichen (Abb. 160).

13.11 Mikrowellengepumpte Fotodetektoren

Im vorhergehenden Abschnitt wurde der Empfang optischer Signale mit Hilfe von Fotoleitern beschrieben. Dabei wird normalerweise eine Gleichspannung an den Fotoleiter gelegt, und die Lichtleistung steuert den Strom durch den Fotoleiter; der Fotowiderstand wird also mittels einer „Gleichstrommeßtechnik" bestimmt.

Man kann den Fotowiderstand aber auch mit Hilfe einer Wechselspannungsmeßtechnik bestimmen. Abbildung 155 zeigt das Meßprinzip, welches von Sommers [164, 165] unter dem Namen „Mikrowellengepumpter Fotodetektor" eingeführt wurde. Ein Fotoleiter ist in einen Mikrowellenresonator eingebaut. Dieser ist für fehlenden Lichteinfall angepaßt an einen Zirkulator angeschlossen, so daß im „Dunkelfall" keine Mikrowellenleistung vom Oszillator zum Demodulator gelangt. Fällt auf den Fotoleiter Licht, so ändert dieser seinen Widerstand und „verstimmt" damit die Mikrowellenbrücke, so daß ein Mikrowellensignal in den Detektor gelangt. Nach Gleichrichtung erhält man damit einen Strom, welcher in gewissen Grenzen der Lichtleistung proportional ist.

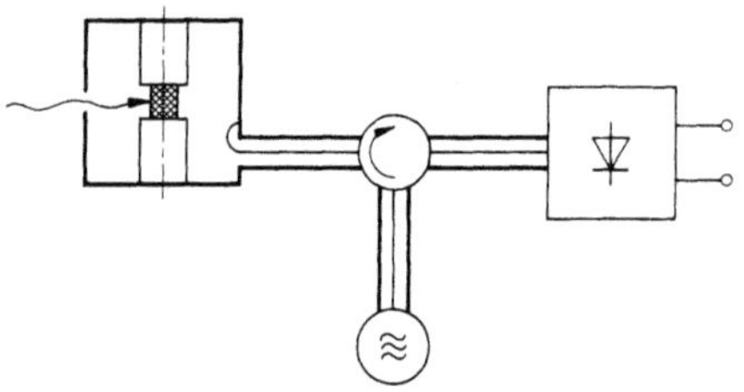

Abb. 155. Prinzip des mikrowellengepumpten Fotodetektors

Der Hauptvorteil dieses ziemlich aufwendigen Detektorsystems liegt in einem „internen" Gewinn, der dadurch zustande kommt, daß ein durch Licht erzeugter Ladungsträger nicht durch eine Gleichspannung aus dem Fotoleiter herausgezogen wird, sondern in ihm unter dem Einfluß der Mikrowellenfeldstärke oszillieren und damit zu Messungen zur Verfügung stehen kann, bis er rekombiniert. Diese Verstärkung ist proportional der Lebensdauer τ, da diese proportional der Anzahl der je Ladungsträger stattgefundenen Oszillationen ist. Natürlich ist damit eine obere Grenze für die verarbeitbare Bandbreite gegeben, die nicht größer als die reziproke Lebensdauer der Ladungsträger sein kann, sofern keine lineare Verzerrung des Frequenzganges zugelassen wird. Als Gewinn M definiert man das Verhältnis der Anzahl der durch den Lastwiderstand R_L fließenden Elektronen (Wechselstrom!) zu der Anzahl der im Fotoleiter optisch erzeugten Ladungsträger. Der Lastwiderstand R_L ist dabei der Eingangswiderstand des Demodulators (50 Ω). Damit ist M nicht zu vergleichen mit dem Gewinn der Lawinendiode oder des normalen Fotoleiters, da hier noch der Konversionsverlust des Demodulators hinzukommt. Für den Gewinn M erhält man unter der Annahme, daß der Verlustwiderstand des Resonators gegen den Widerstand R_H des Fotoleiters vernachlässigt werden kann [159]

$$M = \frac{s}{d}\sqrt{\frac{R_H}{R_L}} = \frac{v\tau}{d}\,\frac{1}{\sqrt{R_L \sigma t}}\,. \qquad (13/41)$$

Der Schubweg s ist die in der Lebensdauer τ zurückgelegte Strecke, die, wie Abb. 156 zeigt, wesentlich größer als der Elektrodenabstand sein kann. Der

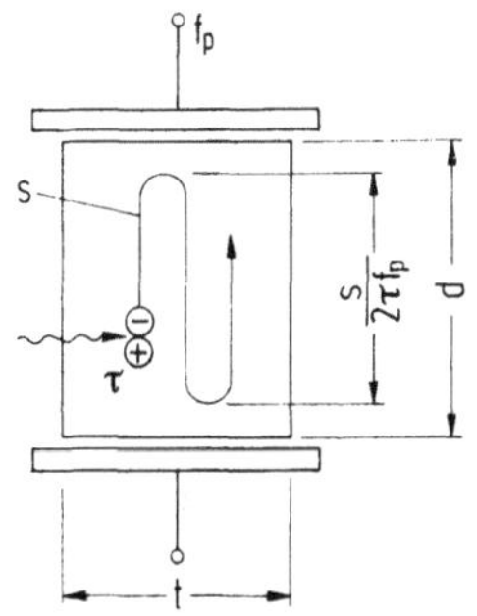

Abb. 156. Ladungsträgerbewegung im Fotoleiter des mikrowellengepumpten Fotodetektors

Ausdruck s/d berücksichtigt die Tatsache, daß der Influenzstrom in den Zuleitungen zum Fotoleiter um das Verhältnis s/d größer ist als bei einmaligem vollen Durchlaufen der Ladungsträger ($s=d$). Das Widerstandsverhältnis ist die durch die Transformation der Impedanzen entstehende Stromverstärkung. Nimmt man einen Fotoleiter mit quadratischer lichtempfindlicher Fläche an, so erhält man den in Gl. (13/41) rechts angegebenen Ausdruck. Die Größe t ist die Dicke des Fotoleiters in Strahlrichtung; σ ist die Mikrowellenleitfähigkeit des Fotoleiters, die für den meist gegebenen Fall $1/\tau_d \leqq \omega_p \leqq 1/\tau_c$ gleich der Gleichstromleitfähigkeit ist (τ_d: dielektrische Relaxationszeit, $\omega_p = \sqrt{e^2 n/\varepsilon_0 \varepsilon_r m^*}$: Plasmafrequenz, τ_c: „Stoßzeit" der freien Ladungsträger, [165]). Die ebenfalls implizierte Annahme $s/2\tau f_p < d$ (Umkehr vor Durchlaufen der Strecke d) ist für Oszillationen bei Mikrowellenfrequenzen durchwegs erfüllt.

Berücksichtigt man die Bandbreitebegrenzung durch die Trägerlebensdauer ($B = 1/(2\pi\tau)$), so erhält man mit Gl. (13/41) einen Ausdruck für das

Gewinn-Bandbreiteprodukt:

$$MB = \frac{v}{2\pi d} \frac{1}{\sqrt{R_L \sigma t}} . \tag{13/42}$$

Die Größe v ist die mittlere Ladungsträgergeschwindigkeit, die mit zunehmender Mikrowellenleistung zunimmt (solange nicht Sättigung auftritt ($v < v_{sat}$) und $s/2\pi\tau f_p < d$ erfüllt ist). Typische realisierte Werte liegen in der Größenordnung zwischen 1 und 10 GHz [159].

Als Rauschquellen sind für dieses Detektorprinzip folgende Effekte zu beachten:

(a) Amplituden- und Frequenzrauschen des Mikrowellenoszillators. Bei Verwendung eines Gegentaktmischers (z.B. [166]) kann dieser Einfluß (AM-Rauschen) genügend unterdrückt werden.
(b) Generations-Rekombinations-Rauschen des Fotoleiters.
(c) Das als thermisches Rauschen des Lastwiderstandes R_L dargestellte Rauschen des Mikrowellendemodulators. Das thermische Rauschen der Mikrowellenkreisverluste einschließlich des Fotowiderstandes R_H ist meist zu vernachlässigen, da der Signalleistungspegel erst nach dem Mischer am kleinsten und damit am ehesten in der Größenordnung von kT ist.

Kontaktrauschen bzw. $1/f$-Rauschen spielt hier nur eine untergeordnete Rolle, da nur kapazitive Kontakte benötigt werden. Für den Fall, daß das Generations-Rekombinations-Rauschen des mikrowellengepumpten Fotoleiters überwiegt, kann man den NEP-Wert aus den für gleichspannungsbetriebene Fotoleiter bereits abgeleiteten Beziehungen (13/36) ermitteln. Dies ist verständlich, weil die unterschiedliche Meßtechnik keine Auswirkungen auf das Signal-Geräusch-Verhältnis haben kann, solange das vom Fotoleiter selbst stammende Rauschen dominiert.

Überwiegt dagegen das Rauschen des Mikrowellendemodulators, dann erhält man [158]

$$\mathrm{NEP} = \frac{h\nu}{e\eta} \frac{\sqrt{1+\omega^2\tau^2}}{M_0} \sqrt{k(T+T_r)G_L \Delta f} . \tag{13/43}$$

Für mikrowellengepumpte Detektoren gibt man nämlich die Verstärkung für den Fall an, daß Fotoleiter und Lastwiderstand G_L aneinander angepaßt sind. Üblicherweise ist die Verstärkung für $R_L = 0$ definiert. Daraus ergibt sich ein Unterschied um den Faktor 2. Der zweite Unterschied zu gleichspannungsbetriebenen Fotoleitern besteht darin, daß hier das thermische Rauschen des Fotoleiters gegenüber dem Rauschen des Mikrowellendemodulators vernachlässigt werden kann. Abbildung 157 zeigt gemessene NEP-Werte eines mikrowellengepumpten Fotodetektors, bestückt mit einer Germaniumprobe (1,5 µm Strahlung), und zum Vergleich NEP-Werte für konventionelle Germaniumdetektoren.

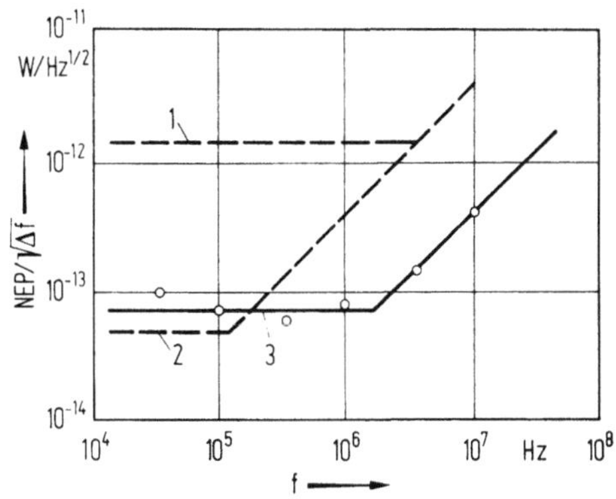

Abb. 157. Spektrale rauschäquivalente Lichtleistung von 1,5 µm Detektoren als Funktion der Frequenz. *Kurve 1:* gerechnet für Ge-Fotodiode bei 300 K mit [167]; *Kurve 2:* Ge-Diode für 195 K; *Kurve 3:* Meßwerte des ungekühlten mikrowellengepumpten Fotodetektors [159]

Der Einsatz mikrowellengepumpter Fotodetektoren ist nur in Spektralbereichen gerechtfertigt, für welche gute intern verstärkende Fotodioden nicht vorliegen. Für den praktischen Einsatz kommen integrierte Mikrowellenschaltungen (strip-line-Technik) infrage, die für den Infrarotbetrieb kompakte ungekühlte Fotoempfänger ermöglichen [168].

Benützt man anstelle des Fotoleiters einen durch Licht gesteuerten Blindwiderstand, so erhält man den fotoparametrischen Verstärker [169, 170, 199], der keine besondere Bedeutung erlangt hat, da z.Zt. nur die variable Sperrschichtkapazität als steuerbarer Blindwiderstand infrage kommt und eine solche Fotodiode dann auch direkt mit den heute sehr hochwertigen Anfangsverstärkern kombiniert werden kann (Abschnitt 13.9).

13.12 Überlagerungsempfang

Wie in Abschnitt 13.2 besprochen, kann beim Überlagerungsempfang der Signalpegel vor der Fotodiode so angehoben werden, daß nur mehr das Schrotrauschen des Signalstromes (Überlagererstromes) dominiert. Mit den Gln. (13/6) und (13/7) erhält man für das Signal-Geräusch-Verhältnis im Zwischenfrequenzkanal die erforderliche Lichtleistung und den NEP-Wert für ein in der Feldstärke zu 100 % sinusförmig moduliertes Lichtsignal:

$$\frac{S}{N}=\frac{\eta}{h\nu\Delta f}P_0, \tag{13/44}$$

$$P_{\min}=\frac{h\nu}{\eta}\frac{S}{N}\Delta f, \tag{13/45}$$

$$\mathrm{NEP}=\frac{1}{\sqrt{2}}\frac{h\nu}{\eta}\Delta f. \tag{13/46}$$

Da hier das Signal-Geräusch-Verhältnis in der Zwischenfrequenz definiert wurde, ist dieser Wert unabhängig von einer Modulation der Signalstrahlung. P_0 und P_{min} sind daher die Leistungen der unmodulierten Signalstrahlung. Bei sinusförmiger Modulation der Leistung (100 %) ist P_0 gleich der mittleren Leistung und NEP gleich dem Effektivwert der Wechselleistung; bei sinusförmiger Modulation der Feldstärke ist P_0 gleich 2/3 der mittleren Leistung und NEP gleich $\sqrt{2/3}$ der mittleren Leistung.

Gleichung (13/46) zeigt, daß man mit dem Heterodynempfang an die Quantenrauschgrenze herankommt.

Damit (der gemachten Annahme gemäß) das Schrotrauschen des „Überlagererstromes“ dominiert, muß die auf die Fotodiode fallende Überlagererleistung genügend groß gemacht werden. Das Leistungsspektrum

$$2eI_0 = 2e\frac{\eta e}{h\nu}P_Ü$$

muß größer sein als die größte der nachstehend angegebenen Größen:

Hintergrundlicht: $2e\frac{\eta e}{h\nu}P_b$,

Dunkelstron: $2e\,I_d$,

thermisches Rauschen: $\frac{4k(T+T_r)}{R}$.

Die auf den Detektor fallende Überlagererleistung muß größer sein als der größte Wert auf der rechten Seite:

$$P_Ü > P_b, \quad \frac{h\nu}{\eta}\frac{I_d}{e}, \quad \frac{h\nu}{\eta}\frac{2k(T+T_r)}{e^2R}. \tag{13/47}$$

Ein bisher noch nicht angesprochener Rauscheffekt ist das Oszillatorrauschen des Ortsüberlagerers. Die Rauschleistung im Abstand der Zwischenfrequenz vom Träger ergibt durch Selbstmischung einen Rauschbeitrag im Zwischenfrequenzkanal (Kapitel 14). Das Träger-Rausch-Verhältnis C/N des Oszillators ergibt einen NEP-Wert etwa der Größe

$$\frac{NEP_Ü}{P_Ü} \approx \frac{N}{C}. \tag{13/48}$$

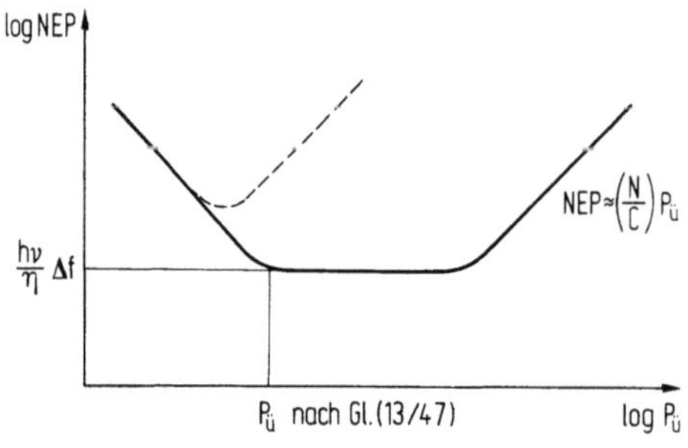

Abb. 158. NEP-Wert als Funktion der Leistung des Ortsüberlagerers

Eine Erhöhung der Überlagererleistung führt also zuerst zur Abnahme des NEP-Wertes, weil die in Gl. (13/47) aufgezählten Effekte immer unbedeutender werden (Abb. 158). Wenn Gl. (13/47) erfüllt ist, erhält man NEP nach Gl. (13/46). Bei weiterer Erhöhung von $P_Ü$ steigt der NEP-Wert gemäß Gl. (13/48) an. Es kann durchaus das Oszillatorrauschen zu dominieren beginnen, bevor der Grenzwert nach Gl. (13/46) erreicht ist [171] (gestrichelt in Abb. 158).

Gemessene NEP-Werte für den Heterodynempfang sind in Abb. 159 zu finden.

13.13 Überblick über die erreichten NEP-Werte

Abbildung 159 zeigt die auf das Quantenrauschen $h\nu B$ bezogenen NEP-Werte verschiedener Detektionsverfahren. Man erkennt, daß praktisch im ganzen Spektralgebiet der sichtbaren und nahen bis mittleren infraroten Strahlung Detektoren existieren, die sehr nahe an die Quantengrenze herankommen. Unterschiedlich sind lediglich der erforderliche Aufwand (Kühlung im Infrarotgebiet, Überlagerungsempfang, mikrowellengepumpter Empfang) und die zu erzielenden Bandbreiten. Abbildung 160 zeigt gemessene Werte für die Detektivity D^* im Vergleich zu dem in der Infrarottechnik idealen Detektor, der durch das Schrotrauschen des Hintergrundlichtes begrenzt ist (BLIP).

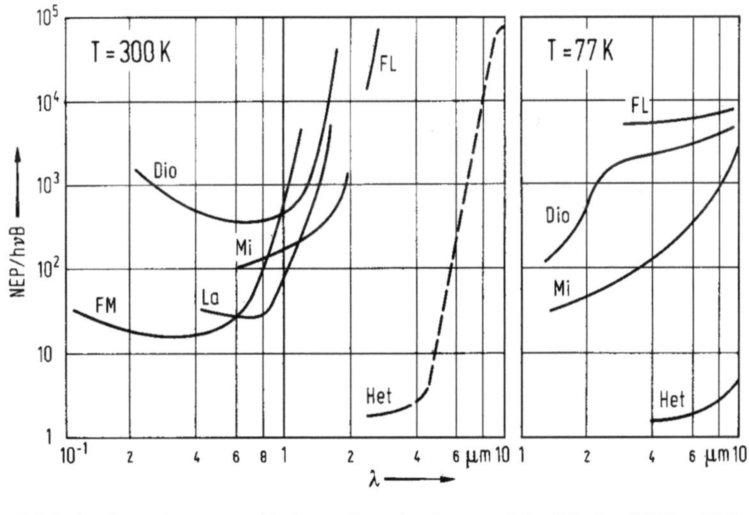

Abb. 159. Vergleich des Rauschens verschiedener Fotodetektoren. Dio: Dioden [176–180]; La: Lawinendioden [181–183]; Mi: mikrowellengepumpter Detektor [159, 151, Kapitel 11], [184]; FL: Fotoleiter [185, 186]; FM: Fotomultiplier [187, 188]; Het: Heterodynempfang [144, 189–192] (der Wert für 10 µm bei 300 K gilt für einen Überlagerungsempfänger mit pyroelektrischem Detektor, der vermutlich noch nicht optimiert ist). Der Übersichtlichkeit halber sind Kurven anstelle der Meßpunkte eingetragen

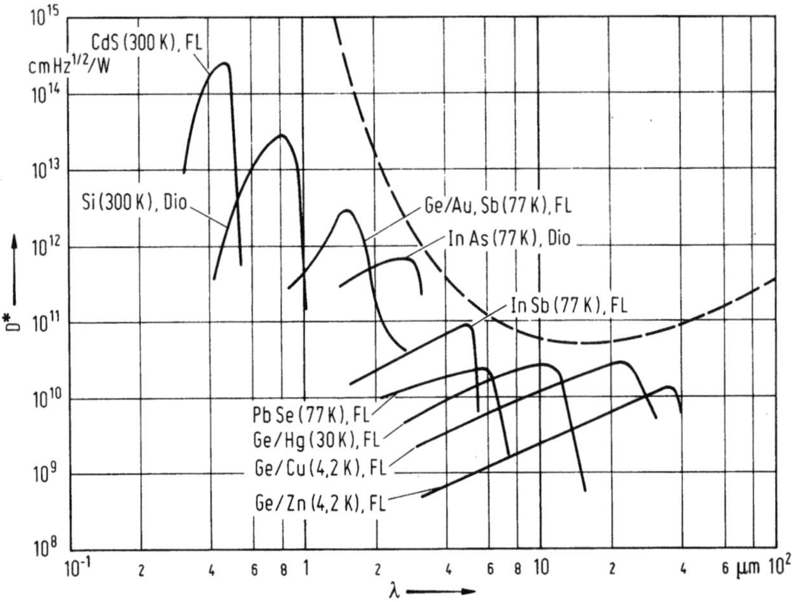

Abb. 160. Detektivity D^* als Funktion der Wellenlänge nach Melchior in [157]. Die gestrichelte Kurve entspricht einem Detektor, der durch das Schrotrauschen des Hintergrundlicht-Fotostromes begrenzt ist ($\eta = 1$, Hintergrundtemperatur 300 K, Blickwinkel 180°)

14 Oszillatorrauschen

14.1 Beschreibungsgrößen für Oszillatorrauschen

Betrachtet man das von einem Oszillator abgegebene Signal, so erhält man eine Sinusschwingung, die in ihrer Amplitude und ihrer Phase (Frequenz) geringfügigen Schwankungen unterworfen ist. Im Spektrum betrachtet, erhält man also keine Deltafunktion bei der Oszillatorfrequenz F_0, sondern ein Spektrum gemäß Abb. 161.

Als Beschreibungsgrößen bieten sich daher, entweder das Schwankungsquadrat der Amplitude und der Frequenz oder die in den Seitenbändern des Spektrums vorhandene Leistung an. Je nach Anwendungsfall interessiert eine dieser Größen.

Geht man davon aus, daß die Amplituden- oder Frequenzschwankungen entsprechend langsam im Vergleich zur Schwingungsfrequenz erfolgen, lassen sich die Schwankungsquadrate eindeutig wie folgt definieren:

$$\sigma_A^2 = \overline{[A(t) - A_0]^2}; \quad A_0 = \overline{A(t)}, \tag{14/1}$$

$$\sigma_F^2 = \overline{[F(t) - F_0]^2}; \quad F_0 = \overline{F(t)}. \tag{14/2}$$

Darin bedeuten $A(t)$ die von der Zeit abhängige Amplitude der Schwingung und A_0 den entsprechenden Mittelwert; analoges gilt für die Frequenz $F(t)$, definiert als die zeitliche Änderung der Phase der Schwingung.

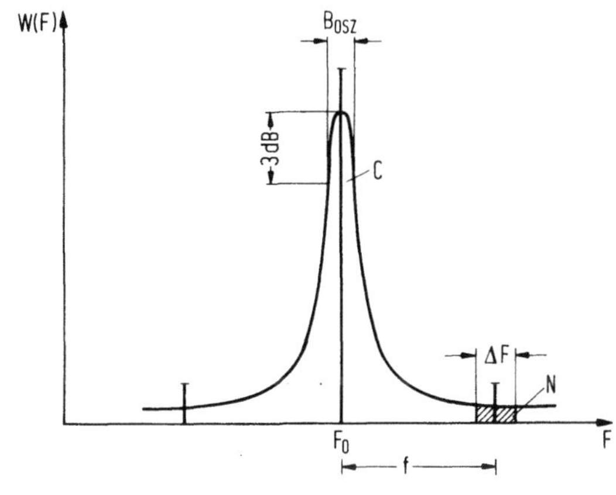

Abb. 161. Oszillatorspektrum

Wie bei den übrigen Schwankungen sind auch hier spektrale Leistungsdichten $W_A(f)$ bzw. $W_F(f)$ für die Amplituden- bzw. die Frequenzschwankungen anzugeben. Dies sind jeweils die Schwankungsquadrate je Hertz Bandbreite.

Gleichwertig mit der Angabe des Spektrums $W_F(f)$ der Frequenzschwankungen ist die Angabe des Spektrums $W_\Phi(f) = W_F(f)/f^2$, der Phasenschwankungen.

Zur eindeutigen Unterscheidung der Spektren werden in diesem Kapitel für die „Hochfrequenz" Großbuchstaben (F: Frequenz, ΔF: Frequenzintervall, B: Bandbreite) und für die „Niederfrequenz" Kleinbuchstaben benutzt (f: Frequenz der Amplituden- bzw. Frequenzschwankung; siehe Abb. 161 und Gln. (14/3) und (14/4)). Die Amplitude A kann die Strom- oder Spannungsamplitude der Schwingung sein; meist wird jedoch mit A die Amplitude des Hochfrequenzstromes bezeichnet. In den Gln. (14/1) und (14/2) wird mit σ_A bzw. σ_F das Schwankungsquadrat der reinen Schwankungsgröße $A(t) - A_0$ bezeichnet, obwohl in Anpassung an Kapitel 1 σ_a und σ_f benutzt werden sollte, was jedoch (besonders bei σ_f) zu Mißinterpretation führen würde.

Um das gesamte Schwankungsquadrat $\sigma_A^2(\infty)$ bzw. $\sigma_F^2(\infty)$ zu erhalten, ist das Leistungsspektrum $W(f)$ von Null bis unendlich zu integrieren. In der Praxis interessieren jedoch diese Schwankungsquadrate für endliche Grenzen im Frequenzbereich Δf und man erhält

$$\sigma_A^2 = \int_{\Delta f} W_A(f)\,df\,, \tag{14/3}$$

$$\sigma_F^2 = \int_{\Delta f} W_F(f)\,df\,. \tag{14/4}$$

Amplituden- und Frequenzschwankungen werden im allgemeinen korreliert sein. Diese Korrelation kann beschrieben werden durch einen Korrelationskoeffizienten c_{AF} bzw. ein Kreuzspektrum $W_{AF}(f)$ (Abschnitt 2.4):

$$c_{AF} = \frac{\overline{(A - A_0)(F - F_0)}}{\sigma_A \sigma_F}\,. \tag{14/5}$$

Unter Bezug auf Abb. 161 kann man ein Träger-Rausch-Verhältnis $C/N(f)$ definieren. Dabei ist C die gesamte Oszillatorleistung (C: „carrier") und $N(f)$ die Rauschleistung im Frequenzintervall ΔF im Abstand f vom Träger. Diese Definition ist nur sinnvoll für $N(f) \ll C$, d.h. für genügend hohe Frequenzablagen f, z.B. $f > 100$ Hz (ein Bild gemäß Abb. 161 erhält man nur, wenn die spektrale Leistung im logarithmischen Maßstab aufgetragen wird).

In der Praxis ersetzt man, wie in Abb. 161 gezeigt, die entsprechenden Träger- oder Rauschleistungen durch Deltafunktionen; damit kann bezüglich der Wirkung des Oszillatorrauschens mit Rauschseitenbändern so gerechnet werden, wie mit Signalseitenbändern. Voraussetzung dafür ist die Bedingung $\Delta f \ll f$; d.h. mit der Zeigerdarstellung (Schmalbandrauschen: Abschnitt 2.5) kann die unmittelbare Umgebung des Trägers nicht erfaßt werden.

Je nach Entstehung der Rauschseitenbänder werden diese, bezogen auf den Träger, symmetrisch oder unsymmetrisch und zueinander korreliert sein oder nicht.

Nimmt man an, daß HF-Rauschen in einem linearen, selektiven HF-Verstärker so verstärkt wird, daß daraus das Oszillatorsignal entsteht (Abschnitt 14.5), so sind die entstehenden Rauschseitenbänder symmetrisch und unkorreliert. Jedes Seitenband entspricht einer korrelierten Amplituden- und Frequenzschwankung (Einseitenband-Modulation); die den beiden unkorrelierten Seitenbändern (bei F_0-f und bei F_0+f) zugeordneten Schwankungsquadrate der Amplitudenschwankung bzw. der Frequenzschwankung sind dann zu addieren.

Nimmt man jedoch an, daß zunächst Amplituden- und Frequenzschwankungen entstehen (Abschnitt 14.4; nichtlineares Modell), so sind die zugehörigen Seitenbänder voll korreliert und, wenn zusätzlich Amplituden- und Frequenzschwankungen zueinander korreliert sind ($c_{AF} \neq 0$), die Seitenbänder unsymmetrisch.

Ein weiterer in Abschnitt 14.6 beschriebener Rauschmechanismus ist das Modulationsrauschen, welches korrelierte Seitenbänder und korrelierte Amplituden- und Frequenzschwankungen ergibt, die überdies noch zu dem modulierenden NF-Rauschen voll korreliert sind.

Es existieren also drei Modellvorstellungen für die Entstehung des Oszillatorrauschens, wovon zwei (lineares und nichtlineares Modell) einander ausschließen und das dritte (Modulationsrauschen) zusätzlich anzuwenden ist.

Das Rauschen von Oszillatoren spielt je nach Anwendung eine mehr oder weniger große Rolle; einige Beispiele seien nachfolgend angeführt:

(a) Beim Überlagerungsempfang ist im Abstand der Zwischenfrequenz vom Träger eine Rauschleistung vorhanden, die ebenso wie das ankommende Signal in die Zwischenfrequenz transponiert wird. Eine geeignete Beschreibungsgröße ist hier das Träger-Geräusch-Verhältnis C/N. Dieser Störeinfluß des Oszillators kann durch Wahl einer hohen Zwischenfrequenz (da N mit steigender Frequenz f abnimmt) reduziert und durch Verwendung eines Gegentaktmischers („balanced mixer“) weitgehend unterdrückt werden [3, 166, 202].

(b) Bei Geschwindigkeitsmessungen mit Hilfe von Mikrowellen (Doppler-Radar) liegt die Information in der Frequenzverschiebung eines reflektierten Signals. Wenn sich während der Laufzeit des Signals zum Objekt und zurück die Frequenz des Senders statistisch ändert, so bestimmt dies die unterste Empfindlichkeitsgrenze bezüglich der Geschwindigkeitsmessung. In diesem Fall ist das Leistungsspektrum der Frequenzschwankungen $W_F(f)$ die geeignete Beschreibungsgröße, da sie auch angibt, wie rasch sich die Frequenz ändert.

(c) In Meßsendern können die Amplituden- oder Frequenzschwankungen die Meßgenauigkeit bestimmen.

(d) In den genannten Beispielen ist der Oszillator unmoduliert und man kann durch Erhöhung der Güte des frequenzbestimmenden Kreises im Oszillator das Oszillatorrauschen stark reduzieren. Verwendet man jedoch einen modulierbaren Oszillator zur Nachrichtenübertragung, so muß für breitbandige Übertragung der Oszillatorkreis große Bandbreite (kleine Güte) aufweisen, und das Oszillatorrauschen geht direkt ins Signal-Geräusch-Verhältnis der Nachrichtenstrecke ein. Je nach Modulationsart sind die Amplituden- oder die Frequenzschwankungen maßgebend.

Aus diesen Beispielen ist ersichtlich, welchen Einfluß das Oszillatorrauschen haben kann und welche Größen interessieren. Die Korrelation zwischen Amplituden- und Frequenzschwankungen ist im allgemeinen für die Beurteilung des Oszillators in der Schaltung nicht erforderlich, da meist entweder die Amplituden- oder die Frequenzschwankungen das Signal-Geräusch-Verhältnis der Anlage bestimmen. Die Korrelation hingegen ist ein äußerst geeignetes Mittel, um den Mechanismus der Entstehung des Rauschens im Oszillator zu beurteilen und Hinweise für die Reduzierung des Oszillatorrauschens zu erhalten.

In vielen Fällen wird ein Rauschmaß M zur Kennzeichnung des Oszillatorrauschens herangezogen, doch kann diese Größe, wie aus dem vorhergehenden ersichtlich, nicht das gesamte Oszillatorrauschen beschreiben. In Abschnitt 14.4 wird darauf noch eingegangen.

14.2 Messung des Oszillatorrauschens [203–205]

Das üblichste Verfahren zur Messung des Oszillatorrauschens ist das der Selbstüberlagerung der Rauschseitenbänder mit dem Träger (Direktdetektion). Je nachdem, ob diese Selbstüberlagerung unmittelbar (ohne lineare Verzerrung) oder nach einem Diskriminator erfolgt, erhält man ein Maß für das Amplituden- bzw. das Frequenzrauschen. Abbildung 162 zeigt das Meßprinzip, wobei der Diskriminator ein Resonator hoher Güte oder eine Umwegleitung [166] sein kann. Bezeichnet man mit S die Steilheit des Gleichrichters, so kann aus dem Effektivwert des Rauschstromes i_{eff} nach dem

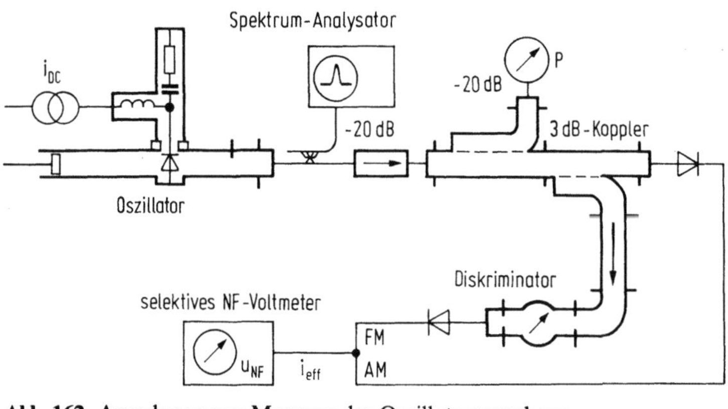

Abb. 162. Anordnung zur Messung des Oszillatorrauschens

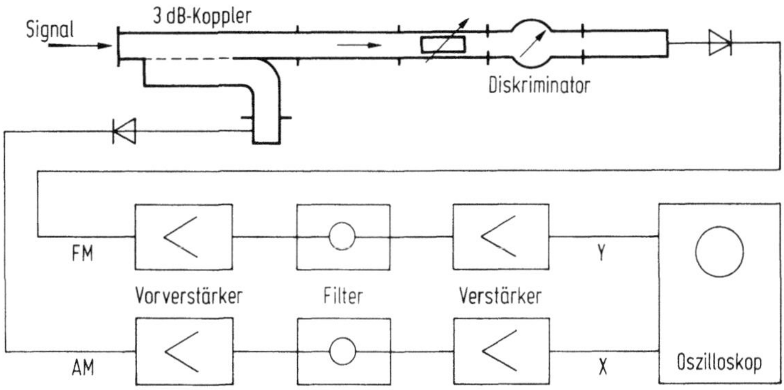

Abb. 163. Anordnung zur Messung der Korrelation zwischen Amplituden- und Frequenzschwankung

Gleichrichter die Amplitudenschwankung bestimmt werden zu

$$\frac{\sigma_A}{A_0} = \frac{i_{eff}}{2SP_0}, \quad S = \frac{di}{dP}|_{P_0}. \tag{14/6}$$

Die Steilheit S ist dabei im entsprechenden Arbeitspunkt zu messen, P_0 ist die Trägerleistung des Oszillators.

In analoger Weise kann die Frequenzschwankung gemessen werden, wenn die Steilheit des Diskriminators entsprechend groß ist, so daß die Amplitudenschwankungen keinen Beitrag zur Anzeige liefern. Die Eichung dieser Anordnung (Steilheit des Diskriminators) erfolgt zweckmäßigerweise über die „Bessel-Null-Methode", bei welcher der Oszillator durch ein Hilfssignal der Frequenz f frequenzmoduliert wird und diese Modulation solange erhöht wird, bis der Träger unterdrückt ist. Der Hub des Hilfssignals ist dann gerade so groß, daß der Modulationsindex den Wert 2,4 hat (Nullstelle der Bessel-Funktion 0. Ordnung). Das Schwankungsquadrat der Frequenz erhält man dann mit Hilfe folgender Beziehung, wobei i_{effB0} die Anzeige des Detektors für Trägerunterdrückung mit Hilfssignal ist.

$$\frac{\sigma_F}{f} = \frac{2{,}4}{\sqrt{2}} \frac{i_{eff}}{i_{effB0}}. \tag{14/7}$$

Abbildung 163 zeigt eine Anordnung zur Messung der Korrelation zwischen Amplituden- und Frequenzrauschen mit Hilfe des Streudiagramms.

14.3 Vier- und Zweipol-Oszillatormodelle

Oszillatoren kann man entweder als rückgekoppelte Vierpole oder als Kombination eines negativen Widerstandes mit einem Lastwiderstand auffassen. Abbildung 164a zeigt einen rückgekoppelten „stromgesteuerten" Verstärker. Gemäß Anhang 15.1 ergibt die Spannung zwischen den Klemmen 1 und 2,

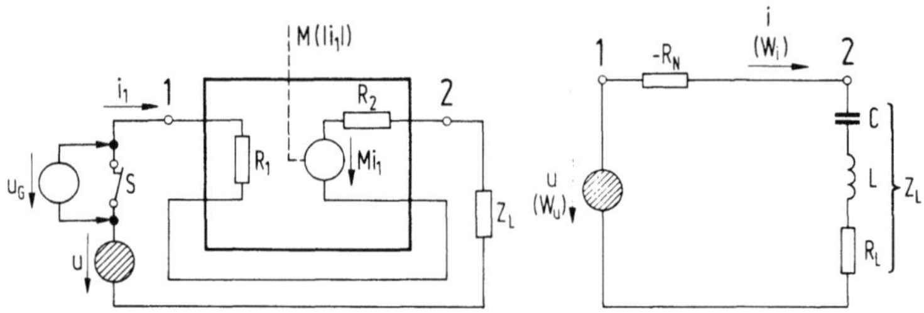

a b

Abb. 164. Vierpol- und Zweipol-Ersatzschaltbild eines Oszillators

dividiert durch den Klemmenstrom i_1, einen negativen Widerstand $-R_N$, der dem rückgekoppelten Verstärker gleichwertig ist. Abbildung 164b zeigt diese äquivalente Schaltung.

Die schraffiert eingezeichneten Rauschgeneratoren werden zunächst nicht beachtet; ebenso nicht der im Hinblick auf Anhang 15.1 eingezeichnete Generator u_G.

Im eingeschwungenen Zustand muß die Schleifenverstärkung (Stromverstärkung in Abb. 164a) genau den Wert 1 haben; analog muß gemäß Abb. 164b im eingeschwungenen Zustand die algebraische Summe aus Lastimpedanz und negativem Widerstand gleich 0 sein.

$$R_L - R_N = 0 . \qquad (14/8)$$

Im Anhang 15.1 wird gezeigt, daß es zwei Grundtypen negativer Widerstände gibt, nämlich leerlaufstabile und kurzschlußstabile. Der dem Verstärker in Abb. 164a zugeordnete negative Widerstand ist leerlaufstabil, d.h. bei offenem Schalter S ist die Schaltung stabil, es fließt kein Strom. Schaltet man den Oszillator durch Schließen des Schalters S ein, so muß zunächst, damit der Oszillator anschwingt, die Schleifenverstärkung größer 1 sein. Dann wird die Amplitude anwachsen, bis wegen der begrenzten Ausgangsleistung des Verstärkers die Verstärkung abnimmt und die stationäre Schwingbedingung (Verstärkung gleich 1) erfüllt ist. Im Zweipol-Ersatzschaltbild bedeutet dies äquivalent, daß beim Anschwingen der Betrag des negativen Widerstandes größer ist als der Lastwiderstand, und damit die Amplitude ebenfalls ansteigt, bis der stationäre Wert $R_L - R_N = 0$ erreicht ist. Abbildung 165 zeigt die Abhängigkeit des Betrages dieses negativen Widerstandes von der Amplitude bzw. Leistung dieser Schwingung. Wie im Anhang 15.1 gezeigt, muß für den

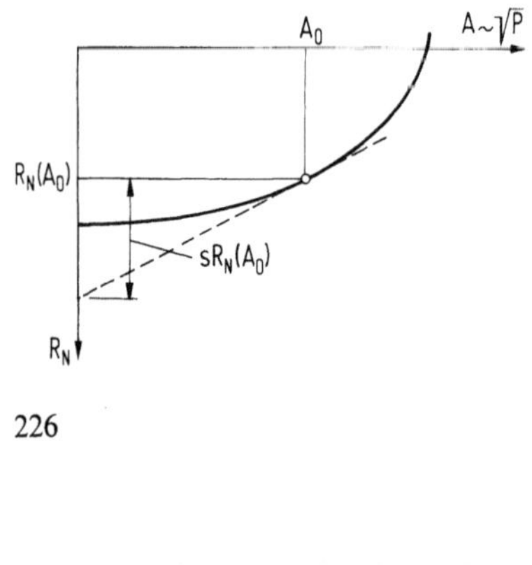

Abb. 165. Realteil der Impedanz des aktiven Elementes als Funktion der Schwingungsamplitude

hier gewählten Kreis (Serienresonanzkreis) der Betrag des Widerstandswertes mit zunehmender Amplitude sinken, um einen stabilen Schwingbetrieb zu ergeben.

Analog existieren „kurzschlußstabile" negative Widerstände, für welche der Betrag des negativen Widerstandes mit zunehmender Amplitude steigt. Nur dann, wenn zum jeweiligen Typ des negativen Widerstandes der richtige Schwingkreistyp (Parallel- oder Serienresonanzkreis) benutzt wird, entsteht eine stabile harmonische Schwingung. Im weiteren wird der leerlaufstabile negative Widerstand behandelt, der mit einem Serienresonanzkreis zu betreiben ist. Selbstverständlich ist die Existenz eines stabilen Arbeitspunktes eine notwendige Voraussetzung für Schwingbetrieb überhaupt; bereits lange vor dem Auftreten einer Instabilität tritt jedoch (wie noch gezeigt wird) eine starke Zunahme des Rauschens auf.

Da in einer realen Schaltung immer zusätzlich Rauschen vorhanden ist, wird die maximal vom Verstärker oder negativen Widerstand abgebbare Ausgangsleistung bereits für eine Verstärkung kleiner 1 bzw. $R_L - R_N > 0$ erreicht sein, d.h. anstelle des Oszillators hat man einen Verstärker, der das Rauschen selektiv verstärkt, oder einen sehr stark, aber nicht vollständig entdämpften Resonanzkreis.

Entscheidend für das Rauschverhalten ist die Regelzeitkonstante, mit welcher sich der negative Widerstand in Abhängigkeit von der Amplitude einstellt. Es gibt hierfür zwei Grenzfälle:

(a) Die Regelzeitkonstante τ_R ist klein im Vergleich zur Periodendauer der Amplitudenschwankung (aber groß im Vergleich zur Periodendauer der HF-Schwingung). In diesem Fall ist der Verstärker bzw. der negative Widerstand „nichtlinear", d.h. R_N ist eine Funktion der Amplitude der HF-Schwingung. Folgt der Widerstandswert gemäß der Charakteristik von Abb. 165 jeder Amplitudenschwankung, so ist das Modell diesbezüglich quasistationär. Dies wird im Abschnitt 14.4 behandelt. Für einen stabilen Arbeitspunkt eines Oszillators entspricht diese Nachregelung des negativen Widerstandes immer einer Gegenkopplung der Amplitudenschwankungen; dieser Regelmechanismus reduziert also das Amplitudenrauschen.

(b) Die Regelzeitkonstante τ_R ist groß im Vergleich zur Periodendauer $1/f$ der Amplitudenschwankungen. In diesem Fall verhält sich der Verstärker bzw. der negative Widerstand linear bezüglich der Rauschstörungen, d.h. sein Wert ist, abgesehen von dem sehr langsamen Einregeln auf den stabilen Mittelwert, unabhängig von der Schwingungsamplitude. Dieses lineare Modell wird im Abschnitt 14.5 behandelt. Es ist verständlich, daß dieses Modell für extrem langsame Schwankungen nicht gelten kann, da es immer Frequenzen $f < 1/\tau_R$ gibt. Wie in Anhang 15.1 gezeigt, entspricht dieses Modell auch dem Grenzfall für stabilen Oszillatorbetrieb ($B = 0$ in Gl. (15/10)).

In den üblichen HF-Oszillatoren reagiert der negative Widerstand so rasch auf Amplitudenänderungen, daß das nichtlineare quasistationäre Modell anzuwenden ist (Abschnitt 14.4). Es gibt jedoch auch Oszillatoren, für welche die Nachregelung des negativen Widerstandes so langsam erfolgt, daß innerhalb der Bandbreite des passiven Resonators nicht gegengekoppelte Amplitudenrauschschwingungen existieren. Dies wird in Abschnitt 14.5 beschrieben und gilt für nicht optimal dimensionierte HF-Oszillatoren und für viele Laseroszillatoren.

Die folgenden Ausführungen beziehen sich jeweils auf das Zweipolmodell. In Abb. 164b ist für das entdämpfende aktive Element nur der negative Wirkwiderstand $-R_N$ angenommen. Im allgemeinen wird jedoch ein aktives Element (z.B. eine Impattdiode) sowohl Wirkwiderstand als auch Blindwiderstand aufweisen. Im allgemeinen wird auch der Blindwiderstand von der Amplitude der Schwingung abhängen; der dadurch entstehende Einfluß auf das Rauschverhalten wird am Ende von Abschnitt 14.4 behandelt.

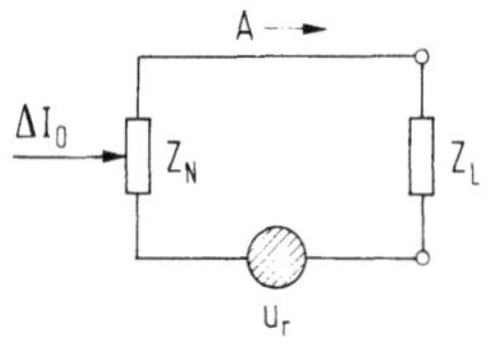

Abb. 166. Zweipol-Ersatzschaltbild des rauschenden Oszillators

Abbildung 166 zeigt das für das weitere benutzte Ersatzschaltbild eines leerlaufstabilen Oszillators, der durch einen Rauschspannungsgenerator angeregt wird und eine Diodenimpedanz Z_N hat, welche von der Frequenz F, von der Amplitude A (hier Hochfrequenzstrom-Amplitude) und vom Arbeitspunkt (hier Gleichstrom I_0) abhängt.

14.4 Oszillatoren mit rascher Amplitudenbegrenzung

Dieses nichtlineare Oszillatormodell ist das heute überwiegend benutzte; es wurde von Edson [208], Mullen [209] und Kurokawa [210] eingeführt.

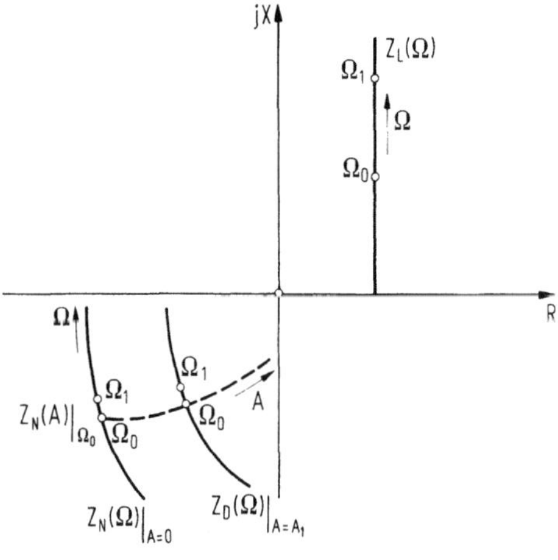

Abb. 167. Ortskurven der Lastimpedanz Z_L und der Diodenimpedanz Z_N mit der Schwingungsamplitude als Parameter

Abbildung 167 zeigt die Ortskurve einer Last Z_L (hier ein Serienresonanzkreis) und die Ortskurve einer Diode mit negativem Realteil der Impedanz (z.B. Impattdiode). Da die Diodenimpedanz Z_N auch von der HF-Amplitude abhängt, ergibt sich eine Ortskurvenschar. In einem guten Oszillator wird die Oszillatorfrequenz durch den Resonanzkreis bestimmt, d.h. die Frequenzabhängigkeit der Last wird dominieren und die Frequenzabhängigkeit der Diode kann vernachlässigt werden. Damit kann die Diode durch eine einzige Kurve $Z_N(A)$ beschrieben werden. Die stationäre Schwingbedingung (ohne Rauschen) lautet

$$Z_N(A) + Z_L(F) = 0. \qquad (14/9)$$

Wie Abb. 168 zeigt, wird dadurch sowohl Amplitude A_0 als auch Frequenz F_0 bestimmt, wenn kein Rauschen existiert.

Für das weitere wird nun angenommen, daß die Abweichungen vom Arbeitspunkt so klein sind, daß für $Z_L(F)$ und $Z_N(A)$ lineare Abhängigkeiten genügen (lineare Störungstheorie des nichtlinearen Oszillators).

$$Z_L(F) = Z_L(F_0) + \left.\frac{dZ_L}{dF}\right|_{F_0} (F - F_0) + \ldots \qquad (14/10)$$

$$Z_N(A) = Z_N(A_0) + \left.\frac{\partial Z_N}{\partial A}\right|_{A_0} (A - A_0) + \ldots \qquad (14/11)$$

Die Vektoren dZ_L/dF und $-\partial Z_N/\partial A$ sind in Abb. 168 eingezeichnet. Wie im Anhang 15.1 gezeigt, muß der Winkel φ für stabilen Betrieb einen Wert zwischen 0 und 180° haben; der stabilste Betrieb (schnellste Rückkehr zum Arbeitspunkt nach einer Störung) ist für $\varphi = 90°$ vorhanden.

Für die folgende Berechnung des Rauschspektrums wird zunächst die Abhängigkeit des Blindanteils der Diode von der Amplitude vernachlässigt, $\partial X_N/\partial A = 0$. Wie später noch gezeigt wird, entspricht dies mit dem hier verwendeten Lastkreis einem rauschoptimalen Betrieb; es entspricht auch dem stabilsten Betrieb ($\varphi = 90°$). Ein eventuell vorhandener amplitudenunabhängiger Blindanteil kann zum äußeren Kreis geschlagen werden, so daß damit das Ersatzschaltbild nach Abb. 164b diesen Oszillator beschreibt und es gilt für

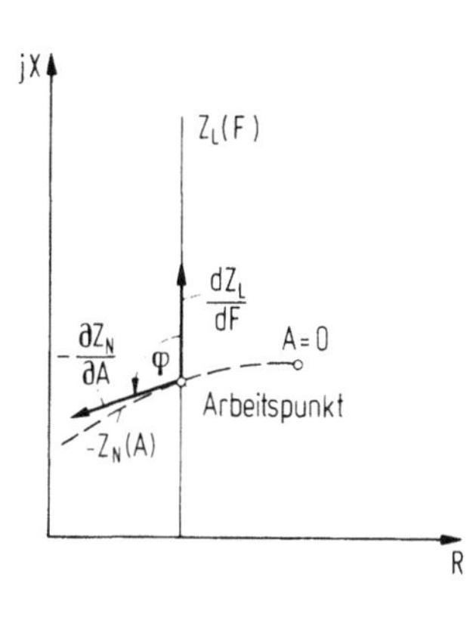

Abb. 168. Oszillatorarbeitspunkt

quasistationären Betrieb

$$L\frac{\mathrm{d}i}{\mathrm{d}t}+(R_{\mathrm{L}}-R_{\mathrm{N}})i+\frac{1}{C}\int i\mathrm{d}t=u(t). \qquad (14/12)$$

Mit der Annahme, daß der Strom i eine in Amplitude und Phase geringfügig und „langsam" gestörte harmonische Schwingung der Kreisfrequenz $\Omega_0=2\pi F_0$ sei, kann man schreiben

$$i(t)=A(t)\cos[\Omega_0 t+\Phi(t)]. \qquad (14/13)$$

Dieser Ansatz liefert für „langsame" Schwankungen, also für $(1/A)\mathrm{d}A/\mathrm{d}t$ und $\mathrm{d}\Phi/\mathrm{d}t$ klein gegen Ω_0:

$$\frac{\mathrm{d}i}{\mathrm{d}t}=-A\left(\Omega_0+\frac{\mathrm{d}\Phi}{\mathrm{d}t}\right)\sin(\Omega_0 t+\Phi)+\frac{\mathrm{d}A}{\mathrm{d}t}\cos(\Omega_0 t+\Phi), \qquad (14/14)$$

$$\int i\mathrm{d}t=\left(\frac{A}{\Omega_0}-\frac{A}{\Omega_0^2}\frac{\mathrm{d}\Phi}{\mathrm{d}t}\right)\sin(\Omega_0 t+\Phi)+\frac{1}{\Omega_0^2}\frac{\mathrm{d}A}{\mathrm{d}t}\cos(\Omega_0 t+\Phi). \qquad (14/15)$$

Bei der Bildung des mittleren Terms der linken Seite von Gl. (14/12) ist zu beachten, daß der negative Widerstand R_{N} von der Amplitude A abhängt. Mit der linearisierten Abhängigkeit nach Gl. (14/11) (Abb. 165) erhält man nach Vernachlässigung von $(A-A_0)^2$ gegen $(A-A_0)A_0$:

$$R_{\mathrm{N}}(A)=R_{\mathrm{N}}(A_0)+\frac{\mathrm{d}R_{\mathrm{N}}}{\mathrm{d}A}(A-A_0)+\ldots,$$

$$(R_{\mathrm{L}}-R_{\mathrm{N}})i=\left[R_{\mathrm{L}}-R_{\mathrm{N}}(A_0)-\frac{\mathrm{d}R_{\mathrm{N}}}{\mathrm{d}A}(A-A_0)\right]A_0\cos(\Omega_0 t+\Phi). \qquad (14/16)$$

Die Gln. (14/14) bis (14/16) eingesetzt in Gl. (14/12) ergeben eine in der Amplitude A lineare Gleichung. Daher gilt das Superpositionsgesetz und es können anstelle des kompletten Rauschspektrums die in Abschnitt 2.5 definierten Schmalband-Rauschgrößen benutzt werden. Es sind dies in der Zeigerdarstellung zwei unkorreliert mit den Geschwindigkeiten $\pm(\Omega-\Omega_0)=\pm\omega$ um den Träger rotierende Zeiger, welche äquivalent in eine „in Phase"-Komponente u_{c} und eine „Quadratur"-Komponente u_{s} zerlegt werden können:

$$u_{\mathrm{c}}=\sqrt{4W_{\mathrm{u}}\Delta F}\cos\omega t\cdot\cos(\Omega_0 t+\Phi),$$

$$u_{\mathrm{s}}=\sqrt{4W_{\mathrm{u}}\Delta F}\sin\omega t\cdot\sin(\Omega_0 t+\Phi). \qquad (14/17)$$

Setzt man zusätzlich Gl. (14/17) in Gl. (14/12) ein, so erhält man durch Gleichsetzen der „In Phase"-Komponenten und der „Quadratur"-Komponenten (die Gleichung muß für alle Zeitwerte t gelten) zwei Gleichungen für die langsam veränderlichen Werte A und Φ.

$$-2L\frac{\mathrm{d}\Phi}{\mathrm{d}t}=\frac{1}{A_0}\sqrt{4W_u\Delta F}\sin\omega t\,, \tag{14/18}$$

$$2L\frac{\mathrm{d}(A-A_0)}{\mathrm{d}t}+A_0\left[R_L-R_N(A_0)-\frac{\mathrm{d}R_N}{\mathrm{d}A}(A-A_0)\right]$$
$$=\sqrt{4W_u\Delta F}\cos\omega t\,.$$

Sowohl Phasen- als auch Amplitudenschwankungen können in diesem linearisierten System nur harmonische Schwingungen der Kreisfrequenz ω sein; mit diesem Ansatz wird der Operator $\mathrm{d}/\mathrm{d}t=j\omega$ und man erhält nach Bildung der Beträge für die Schwankungsquadrate bzw. nach Division durch das Frequenzintervall ΔF die NF-Spektren

$$W_\Phi(f)=\frac{W_u}{A_0^2 2\omega^2L^2}=\frac{W_{\mathrm{prim}}}{4\pi^2P}\left(\frac{\Omega_0}{2Q}\right)^2\frac{1}{f^2}\,,\quad W_F(f)=f^2W_\Phi(f)\,, \tag{14/19}$$

mit

$$P=\frac{A_0^2}{2}R_L\,,\quad W_{\mathrm{prim}}=\frac{W_u}{R_L}\quad\text{und}\quad Q=\frac{\Omega_0 L}{R_L}\,,$$

und

$$W_A(f)=\frac{2W_u}{4\omega^2L^2+R_L^2s^2}=\frac{(2W_{\mathrm{prim}}/R_L)(\Omega_0/2Q)^2}{(2\pi f)^2+s^2(\Omega_0/2Q)^2}\,, \tag{14/20}$$

mit dem Nichtlinearitätsfaktor des negativen Widerstandes

$$s=-\frac{A_0}{R_L}\frac{\mathrm{d}R_N}{\mathrm{d}A}\,. \tag{14/21}$$

Dabei wurde $R_L-R_N(A_0)$ gegen sR_L vernachlässigt.

Anstelle der Größe $\partial R_N/\partial A$, die meßtechnisch schwer zu ermitteln ist, kann die Änderung der Ausgangsleistung als Folge einer Änderung des Lastwiderstandes benutzt werden [209]. Aus $P=R_LA_0^2/2$ erhält man mittels Störrechnung

$$s=\frac{2}{1-\dfrac{\partial P}{\partial R_L}\dfrac{R_L}{P}}\,. \tag{14/22}$$

Für Abstimmung des Lastwiderstandes auf maximale Leistung ($\partial P/\partial R_L=0$) erhält man $s=2$.

Die Spektren W_Φ und W_A sind (normiert) in Abb. 169 gezeichnet. Man erkennt, daß die Amplitudenbegrenzung das Amplitudenrauschspektrum im Vergleich zum Phasenspektrum W_Φ ganz wesentlich reduziert.

Aus diesen Spektren für die Phasen- und Amplitudenschwankungen kann das Spektrum der HF-Leistung berechnet werden, entweder mit Hilfe der

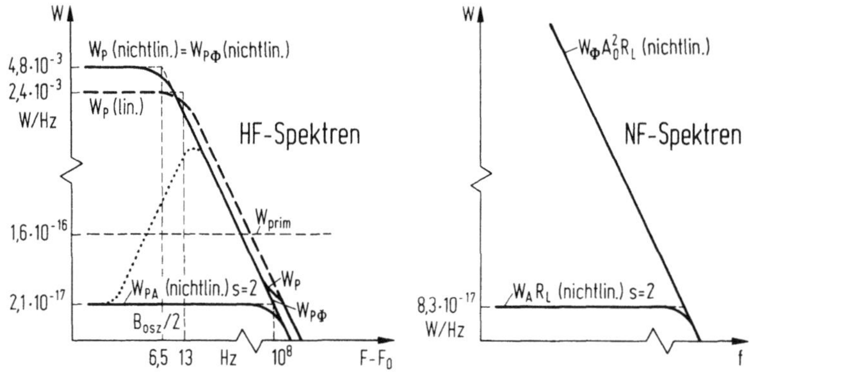

Abb. 169. Spektrum der HF-Leistung (links) und Spektren der Amplituden- und Frequenzschwankungen (rechts) für den nichtlinearen Oszillator in doppellogarithmischen Maßstäben. Gestrichelt das Spektrum der HF-Leistung des linearen Oszillators (Abschnitt 14.5) und punktiert für einen langsam geregelten Oszillator (Abschnitt 14.5). Die Zahlenangaben gelten für einen Mikrowellengenerator mit folgenden Daten: $F_0 = 10\,\mathrm{GHz}$, $P = 100\,\mathrm{mW}$, $Q = Q_{\mathrm{ext}} = 100$, $M = 40$ db (s. Gl. (14/31))

Autokorrelationsfunktion [208] oder mit Hilfe der Schmalbandnäherung. Wie Gl. (14/18) zeigt, sind die Amplituden- und Phasenschwankungen zwar korreliert, aber 90° außer Phase, so daß die zugehörigen Hochfrequenzleistungs-Spektren einfach addiert werden können:

$$W_{\mathrm{P}}(\Omega) = W_{\mathrm{P}\Phi}(\Omega) + W_{\mathrm{PA}}(\Omega). \tag{14/23}$$

Das der Amplitudenschwankung zugeordnete Leistungsspektrum erhält man als Seitenbandleistung zu

$$W_{\mathrm{PA}}(\Omega - \Omega_0) = \frac{W_{\mathrm{A}}(\omega) R_{\mathrm{L}}}{4} = \frac{(W_{\mathrm{prim}}/2)(\Omega_0/2Q)^2}{(\Omega - \Omega_0)^2 + s^2(\Omega_0/2Q)^2}. \tag{14/24}$$

Für das der Phasenschwankung zugeordnete Leistungsspektrum ist zwischen zwei Bereichen zu unterscheiden: Bei kleinem Modulationsindex genügt es, die ersten Seitenbänder zu betrachten, da die Bessel-Funktionen höherer Ordnung für kleine Argumente vernachlässigbar sind gegen die Bessel-Funktion erster Ordnung. Für diesen Fall entspricht jeder Phasenschwankung der Frequenz f je ein Seitenband bei der Frequenz $F_0 \pm f$. Das HF-Spektrum hat also den gleichen Verlauf wie das Phasenspektrum und man erhält aus den Seitenbandleistungen:

$$W^*_{\mathrm{P}\Phi}(\Omega - \Omega_0) = \frac{W_\Phi(f) P}{2} = \frac{W_{\mathrm{prim}}}{2} \left(\frac{\Omega_0}{2Q}\right)^2 \frac{1}{(\Omega - \Omega_0)^2}. \tag{14/25}$$

Dieser Abfall des HF-Spektrums proportional $(\Omega - \Omega_0)^{-2}$ gilt also nur für Frequenzablagen größer als eine noch zu bestimmende Frequenz ω^*, die den Bereich mit kleinem Modulationsindex begrenzt.

Für große Modulationsindizes, also für $\omega < \omega^*$, entspricht jeder Phasenmodulation mit einer Frequenz f ein Spektrum von vielen Seitenbändern.

Näherungsweise kann man für sehr kleine Modulationsfrequenzen ω sagen, daß die Phasenmodulation die Oszillatorleistung auf eine endliche Bandbreite gleichmäßig verteilt. Es tritt also kein Pol im Leistungsspektrum des Oszillators auf, wie aufgrund des Pols von W_Φ bei $\omega=0$ angenommen werden könnte. Vielmehr existiert ein konstantes Leistungsspektrum bis zu der angegebenen Eckfrequenz ω^*.

Diese Eckfrequenz kann wie folgt abgeschätzt werden: Der effektive Hub aller Schwingungen bis zu dieser Eckfrequenz ist gegeben durch $\sqrt{W_F f^*}$, da das die Frequenzschwankungen kennzeichnende Leistungsspektrum W_F frequenzunabhängig ist Gl. (14/19). Dieser Frequenzhub ist nun ungefähr gleich dieser Eckfrequenz f^*, was bedeutet, daß der effektive Modulationsindex für Rauschen in der Bandbreite Null bis f^* den Wert 1 hat. Berücksichtigt man zusätzlich noch den Unterschied zwischen der 3 dB-Bandbreite und der rauschäquivalenten Bandbreite (Gl. (7/6)), so ergibt sich:

$$\sqrt{W_F f_{äq}} = \sqrt{W_F f^* \pi/2} = f^*,$$

$$\omega^* = \frac{W_{prim}}{4P}\left(\frac{\Omega_0}{2Q}\right)^2 . \qquad (14/26)$$

Damit erhält man für das der Phasenschwankung zugeordnete HF-Spektrum den Wert

$$W_{P\Phi}(\Omega-\Omega_0) = \frac{(W_{prim}/2)(\Omega_0/2Q)^2}{(\Omega-\Omega_0)^2 + (W_{prim}/4P)^2(\Omega_0/2Q)^4}$$

$$= \frac{2\omega^*}{(\Omega-\Omega_0)^2 + \omega^{*2}} . \qquad (14/27)$$

Für das gesamte Leistungsspektrum im HF-Bereich erhält man daher

$$W_P(\Omega-\Omega_0) = \frac{W_{prim}}{2}\left(\frac{\Omega_0}{2Q}\right)^2 \left[\frac{1}{(\Omega-\Omega_0)^2 + (W_{prim}/4P)^2(\Omega_0/2Q)^4} + \frac{1}{(\Omega-\Omega_0)^2 + s^2(\Omega_0/2Q)^2}\right]. \qquad (14/28)$$

Die Breite des Oszillatorspektrums ist

$$B_{osz} = \frac{\omega^*}{\pi} = \frac{W_{prim}}{4\pi P}\left(\frac{\Omega_0}{2Q}\right)^2 = \frac{B}{2}\frac{P_{prim}}{P} . \qquad (14/29)$$

Dabei ist $B=\Omega_0/2\pi Q$ die Halbwertsbreite des passiven Resonators und $P_{prim} = W_{prim} B\pi/2$ die in der rauschäquivalenten Bandbreite $B\pi/2$ des passiven Resonators enthaltene (primäre) Rauschleistung. Gleichung (14/29) besagt, daß die Linienbreite der Oszillatorschwingung (bis auf den Faktor 1/2) um die reziproke „Leistungsverstärkung" kleiner ist, als die Halbwertsbreite des passiven Resonators.

Diese Überlegungen zeigen, daß ein frequenzunabhängiges Spektrum W_F für $f \to \infty$ einer mit f^{-2} abklingenden Leistung entspricht, da für große Frequenzablagen (kleiner Modulationsindex) die Leistung durch das Phasen- bzw. Frequenzrauschen und nicht durch das Amplitudenrauschen bestimmt ist. Andererseits bedeutet das Anwachsen von W_Φ für $f \to 0$ ein konstantes Leistungsspektrum, da bei kleiner Modulationsfrequenz f (großer Modulationsindex) einer Frequenzmodulation ein Spektrum entspricht, welches wesentlich breiter ist als f.

Die Spektren W_P, $W_{P\Phi}$ und W_{PA} sind in Abb. 169 links gezeichnet. Außerdem sind berechnete Werte für einen typischen Mikrowellenoszillator eingetragen.

Bezeichnet man mit P_A die der Amplitudenschwankung zugeordnete Leistung und mit P_Φ die der Phasenschwankung zugeordnete, so gilt

$$P = P_A + P_\Phi = \int_0^\infty W_{PA}(F)\,dF + \int_0^\infty W_{P\Phi}(F)\,dF\,. \qquad (14/30)$$

Wegen der Amplitudenregelung ist, wie auch Abb. 169 zu entnehmen ist, $P_A \ll P_\Phi$ und es gilt

$$P \approx \int_0^\infty W_{P\Phi}(F)\,dF\,, \qquad (14/30a)$$

wie man sich durch Einsetzen von $W_{P\Phi}$ nach Gl. (14/27) vergewissern kann [207].

Würde man den negativen Widerstand außerhalb des Schwingbetriebes als Reflexionsverstärker benutzen, so würde man ein optimales Rauschmaß

$$M_{opt} = \frac{W_u}{4R_L k T_0} = \frac{W_{prim}}{4kT_0} \qquad (14/31)$$

erhalten [210]. Aus diesem Grunde wird häufig auch als Maß für das primäre Rauschen eines Oszillators das Rauschmaß des zugeordneten Reflexionsverstärkers angegeben.

Die (im Obigen vernachlässigte) Amplitudenabhängigkeit des Blindanteils der Diodenimpedanz, also $\partial X_N/\partial A \neq 0$, bewirkt eine Umwandlung von Amplitudenschwankungen in Frequenzschwankungen und damit eine Korrelation zwischen beiden [213], die eine Erhöhung beider Rauschkomponenten bewirkt. Eine zum Vorhergehenden analoge Rechnung [211, 214, 215] liefert für beliebige Kreisimpedanzen $Z_L(\Omega)$ und allgemeine negative Impedanzen $Z_N(A, \Omega)$ unter Vernachlässigung der Frequenzabhängigkeit von Z_N die NF-Spektren

$$W_\Phi(\omega) = \frac{2W_u}{\omega^2 A_0^2 |dZ_L/d\Omega|^2} \cdot \frac{\omega^2 + A_0^2 \dfrac{|\partial Z_N/\partial A|^2}{|dZ_L/d\Omega|^2}}{\omega^2 + A_0^2 \dfrac{|\partial Z_N/\partial A|^2}{|dZ_L/d\Omega|^2} \sin^2\varphi}\,, \qquad (14/32)$$

$$W_A(\omega) = \frac{2W_u}{\omega^2 |dZ_L/d\Omega|^2 + A_0^2 |\partial Z_N/\partial A|^2 \sin^2\varphi}\,. \qquad (14/33)$$

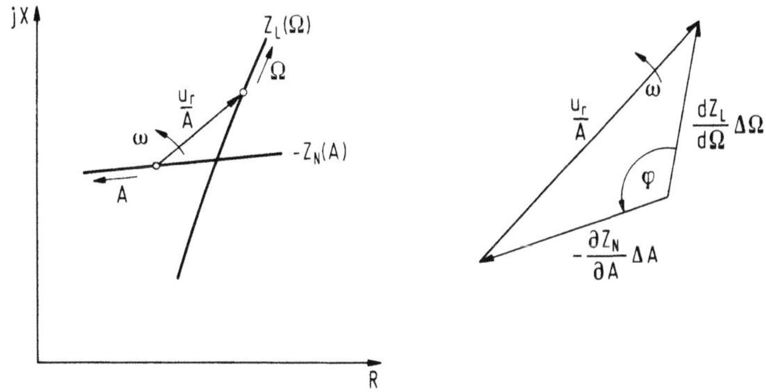

Abb. 170. Vektorielle Verknüpfung zwischen primärem Rauschen $\hat{u}_r/A_0$, Amplitudenschwankung $A-A_0$ und Frequenzschwankung $F-F_0$

Dabei ist φ wie in Abb. 170 gezeigt der Winkel zwischen den Vektoren $dZ_L/d\Omega$ und $-\partial Z_N/\partial A$.

Abbildung 171 zeigt die Spektren W_Φ und W_A. Man erkennt die Zunahme des Rauschens bei nicht orthogonalem Schnitt der Impedanzkurven $-Z_N(A)$ und $Z_L(\Omega)$. Die für die Übergänge maßgebenden Grenzfrequenzen sind

$$\omega_{g2} = A_0 \frac{|\partial Z_N/\partial A|}{|dZ_L/d\Omega|}, \quad \omega_{g1} = \omega_{g2} \sin\varphi, \tag{14/34}$$

Es ist bemerkenswert, daß auch hier ebenso wie beim Generations-Rekombinationsrauschen die Eckfrequenz des Rauschspektrums (hier Amplituden-Rauschspektrum) gleich dem Kehrwert der zugehörigen Relaxationszeit (hier Amplituden-Relaxationszeit nach Gl. (15/12)) ist.

Aus den Gln. (14/32) und (14/33) gehen die Gln. (14/19) bzw. (14/20) hervor, wenn die dort getroffenen Voraussetzungen gelten ($|dZ_L/d\Omega| = R_L 2Q/\Omega_0$, $|\partial Z_N/\partial A| = sR_L/A_0$, $\varphi = 90°$).

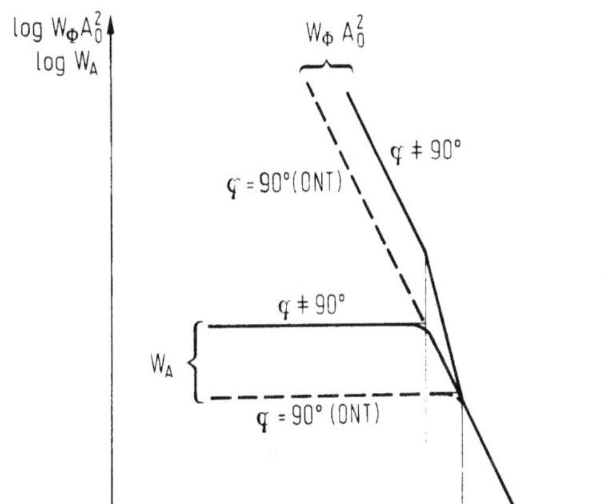

Abb. 171. Einfluß des Winkels φ zwischen $dZ_L/d\Omega$ und $\partial Z_N/\partial A$ auf das Amplituden- und Frequenzrauschen

Wegen der Korrelation zwischen Amplituden- und Frequenzschwankungen kann hier die HF-Leistung nicht, wie in Gl. (14/28) getan, durch Addition der Spektren $W_{P\Phi}$ und W_{PA} bestimmt werden, sondern es ist ein entsprechender Kreuzterm gemäß Gl. (2/13) mit zu berücksichtigen.

Eine einfache Interpretation des Einflusses des Schnittwinkels φ zwischen den Impedanzkurven $-Z_N(A)$ und $Z_L(\Omega)$ kann für trägernahe Rauschkomponenten ($\omega < \omega_{g1}$) mit Hilfe der komplexen Widerstandsebene erfolgen: Für das Ersatzschaltbild nach Abb. 166 muß die algebraische Summe der Spannungen in jedem Augenblick Null sein. Dividiert man die Spannungen an den Widerständen durch den Strom, so erhält man die Impedanzen. Für die durch den Hochfrequenzstrom dividierte Rauschspannung

$$\frac{\hat{u}_r \exp j\Omega t}{A \exp j(\Omega_0 t + \Phi)} \approx \frac{\hat{u}_r}{A_0} \exp j[(\Omega - \Omega_0) - \Phi]$$

erhält man einen Impedanzvektor mit dem Betrag $\hat{u}_r/A_0$, der sich mit der Differenz der Frequenzen $\Omega - \Omega_0 = \omega$ dreht und es gilt:

$$Z_L + Z_N = \frac{\hat{u}_r}{A_0} \exp j\omega t \tag{14/35}$$

Setzt man in Gl. (14/35) die linearisierten Abhängigkeiten $Z_L(\Omega)$ und $Z_N(A)$ ein, so folgt die Vektorgleichung

$$2\pi \frac{dZ_L}{d\Omega}(F - F_0) + \frac{\partial Z_N}{\partial A}(A - A_0) = \frac{\hat{u}_r}{A_0} \exp j\omega t. \tag{14/36}$$

Für verschwindendes Primärrauschen ($u_r = 0$) folgt daraus die bekannte Bestimmungsgleichung (14/9) für die (mittlere) Frequenz F_0 und die (mittlere) Amplitude A_0. Für endliches Rauschen zeigt Gl. (14/35), daß je nach Phasenlage der „Rauschimpedanz" auf der rechten Seite eine von A_0 bzw. F_0 abweichende Amplitude bzw. Frequenz erforderlich ist, um über $Z_L(F)$ und $Z_N(A)$ die Gl. (14/35) zu erfüllen.

Wie Abb. 170 zeigt, ist Gl. (14/36) nur erfüllt, wenn sich die Amplitude und die für langsame Änderungen definierbare „Augenblicksfrequenz" entsprechend ändern. Mit dem Winkel φ zwischen den beiden Impedanzvektoren ergibt dies mit $A - A_0 = \sqrt{2W_A \Delta F}$ und $F - F_0 = \sqrt{2W_F \Delta F}$

$$\sqrt{W_A} = \frac{\sqrt{2W_u}}{A_0 |\partial Z_N/\partial A| \sin\varphi},$$

$$\sqrt{W_F} = \frac{\sqrt{2W_u}}{2\pi A_0 |dZ_L/d\Omega| \sin\varphi}. \tag{14/37}$$

Für $\omega < \omega_{g1}$ gehen diese Ausdrücke mit $\sqrt{W_F} = f\sqrt{W_\Phi}$ wie zu erwarten aus den Gln. (14/32) und (14/33) hervor.

Die Korrelation zwischen $A - A_0$ und $F - F_0$ erhält man, wenn man Gl. (14/36) komplex auswertet. Abbildung 170 zeigt deutlich den Einfluß des

Winkels φ. Bei gegebener Rauschspannung ergibt der Winkel $\varphi = 90°$ die kleinsten Schwankungen in Amplitude und Phase, und außerdem sind diese 90° außer Phase. Man nennt diese optimale Bedingung ($\varphi = 90°$) orthogonale Rauschabstimmung. Für $\varphi \to 0$ oder $\varphi \to 180°$ werden die Schwankungen immer größer bis schließlich bei $\varphi = 0$ oder $\varphi = 180°$ der Arbeitspunkt instabil wird (Anhang 15.1). Experimente an Impattdioden bestätigen dies (Abb. 178).

In diesem Abschnitt wurde der leerlaufstabile negative Widerstand besprochen. Damit die Schaltung bei allen Frequenzen außer der gewünschten Schwingfrequenz „stabil" ist (d.h. keine Schwingungen entstehen), muß als Last ein Serienresonanzkreis genommen werden. Das Rauschspektrum kommt zustande durch die Reaktion des durch den negativen Widerstand entdämpften Kreises auf das primäre Rauschspektrum, welches hier ein Spannungsgenerator ist. Nach Bezug auf den Lastwiderstand R_L erhält man damit das Spektrum der Leistung.

Für kurzschlußstabile negative Widerstände muß zur Erzeugung harmonischer Schwingungen ein Parallelresonanzkreis als Last verwendet werden. Man erhält die gleichen Ergebnisse wie oben, wenn man als primäre Rauschquelle einen Rauschstromgenerator annimmt und das Ergebnis auf den Lastwiderstand bezieht, also das Spektrum der Leistungen angibt. Selbstverständlich kann über die (frequenzabhängige) Diodenimpedanz ein Spannungsgenerator in einen Stromgenerator umgerechnet werden und umgekehrt. Es sei darauf hingewiesen, daß zusätzliche passive Elemente durchaus den Typ des negativen Widerstandes verändern können; beispielsweise transformiert eine $\lambda/4$-Leitung jeden Typ in den entsprechenden dualen. Es ist daher immer das entsprechende Klemmenpaar anzugeben, auf welches Bezug genommen wird.

14.5 Oszillatoren mit langsamer Amplitudenregelung

Wie im Anhang 15.1 gezeigt, ist ein Oszillator ohne Amplitudenregelung an der Grenze des Stabilitätsbereiches. Jeder technisch einsetzbare Oszillator weist daher eine Amplitudenregelung auf. Diese Regelung kann allerdings so langsam erfolgen (τ_R groß), daß Rauschseitenbänder innerhalb der Resonatorbandbreite ungeregelt sind und nur für $\Omega - \Omega_0 \ll 1/\tau_R$ das Amplitudenrauschen gegengekoppelt ist. In diesem Fall wird man ein den Amplitudenschwankungen zugeordnetes Spektrum W_{PA} erwarten, welches für $\Omega - \Omega_0 \ll 1/\tau_R$ dem Spektrum W_{PA} der nichtlinearen Theorie entspricht und für

$$\Omega - \Omega_0 > 1/\tau_R$$

in das nicht gegengekoppelte Phasenspektrum $W_{P\Phi}$ übergeht, wie in Abb. 169 punktiert gezeichnet. Wenn zusätzlich in der Umgebung der Frequenz $1/\tau_R$ durch den Regelmechanismus eine Phasendrehung entsteht, die zu einer Mitkopplung führt, so kann in einem begrenzten Frequenzbereich sehr starkes Rauschen auftreten, welches schließlich in Schwingungen übergeht (z.B. Relaxationsschwingungen beim Laser).

Dieser Oszillator mit beliebiger Regelzeitkonstante τ_R ist in [246] behandelt. Ein einfacher Grenzfall existiert für $\tau_R \to \infty$. Dies entspricht den ursprünglichen linearen Theorien des Oszillatorrauschens [206]. Nachstehend kurz diese lineare Theorie.

Unter Bezug auf Abb. 164b gilt für das Leistungsspektrum des Stromes i

$$W_i = \frac{W_u}{|Z_L - R_N|^2} \,. \tag{14/38}$$

Bezieht man sämtliche Rauschgrößen auf den Lastwiderstand R_L, so erhält man folgende Spektren für die Leistungen

$$W_{prim} = \frac{W_u}{R_L} \,, \quad W_P = W_i R_L \,,$$

$$W_P = \frac{R_L^2}{|Z_L - R_N|^2} W_{prim} \,. \tag{14/39}$$

Die Größe W_P ist das Spektrum des Oszillators, wie es z.B. mittels eines Spektrumanalysators bestimmt werden kann. Die Aufgabe besteht nun lediglich darin, den Bruch auf der rechten Seite auszurechnen. Der Nenner enthält den Ausdruck $R_L - R_N$. Welcher Wert sich dafür (beliebig langsam!) einstellt, hängt davon ab, welche Leistung P der negative Widerstand abgeben kann. Man erhält diese durch Integration von Gl. (14/39) und bestimmt auf diese Weise $R_L - R_N$ und damit

$$W_P(\Omega) = W_{prim} \left(\frac{\Omega_0}{2Q}\right)^2 \frac{1}{(\Omega - \Omega_0)^2 + \left(\frac{\Omega_0}{2Q}\right)^4 \left(\frac{W_{prim}}{2P}\right)^2} \,. \tag{14/40}$$

Dieses Spektrum ist zum Vergleich in Abb. 169 gestrichelt eingetragen.

Die Halbwertsbreite B_{osz} des Leistungsspektrums, bezogen auf die Halbwertsbreite des passiven Resonators, ist gegeben durch

$$\frac{B_{osz}}{B} = \frac{P_{prim}}{P} \,. \tag{14/41}$$

Dies stimmt bis auf einen Faktor 2 mit Gl. (14/29) für den nichtlinearen Oszillator überein.

Der Unterschied in den Nennerausdrücken der Gln. (14/40) bzw. (14/39) und (14/24) läßt sich leicht interpretieren. In der linearen Theorie steht für $\Omega = \Omega_0$ die nicht ganz verschwindende Differenz $R_L - R_N$, in der nichtlinearen steht für $\Omega = \Omega_0$ ein zu $s = -(A_0/R_L)(dR_N/dA)$ proportionaler Ausdruck. Dies kommt dadurch zustande, daß für den „Widerstand" du/di in der linearen Theorie der Wert $u/i = R_N$ steht, während in der nichtlinearen Theorie der Ausdruck

$$\frac{du}{di} = \frac{d(iR_N)}{di} = R_N + \frac{dR_N}{dA} A_0 = R_N - sR_L$$

steht, und bei der Bildung von $R_L - du/di$ der Ausdruck $R_L - R_N$ gegen sR_L vernachlässigt wird. Man kann zeigen, daß diese Näherung bereits für s-Werte um einige Prozent gerechtfertigt ist, so daß allgemein die nichtlineare Theorie (Abschnitt 14.4) anzuwenden ist, wenn nicht ein besonders langsamer Mechanismus für die Reaktion des nichtlinearen Elementes existiert. Ein solcher Mechanismus, der durchaus eine Reaktionszeit haben kann, die größer ist als die Relaxationszeit nach Gl. (15/12), existiert z.B. in der Lawinenlaufzeitdiode, da hier die Reaktionszeit etwa gleich der Laufzeit der Ladungsträger in der Lawinenzone, multipliziert mit dem Multiplikationsfaktor M, ist [247].

14.6 Modulationsrauschen und Selbstgleichrichtung

Wie bereits angeführt, hängt die Diodenimpedanz auch von dem Betriebsstrom I_0 der Diode ab. Statistische Schwankungen dieses Stromes im NF-Bereich führen daher zu Schwankungen der HF-Amplitude und -Phase. Maßgebend dafür sind die entsprechenden Modulationssteilheiten S_{AM} und S_{FM}. Abbildung 172 zeigt diesen Effekt in der Impedanzebene für langsame (quasistationäre) Änderungen. Das Rauschspektrum der Amplituden- und Frequenzschwankungen folgt (für die meist gerechtfertigte Annahme eines weißen NF-Rauschens) dem Frequenzgang der Modulationssteilheiten (s. Abschnitt 14.9).

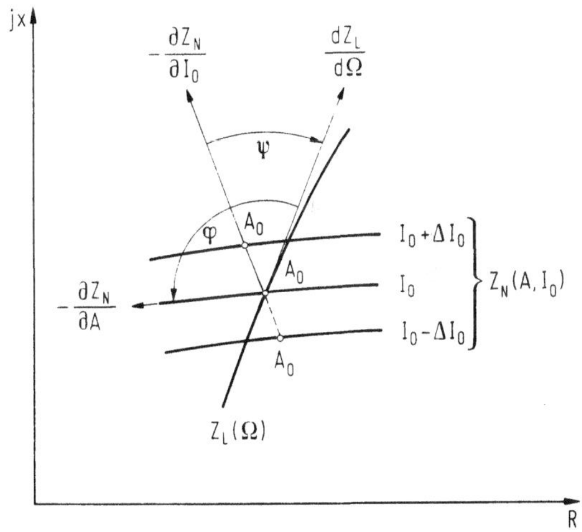

Abb. 172. Darstellung des Modulationseffektes im komplexen Widerstandsdiagramm

Für die Leistungsspektren der Amplituden- bzw. Frequenzschwankungen und das zugehörige Kreuzspektrum gilt

$$W_{Amod} = (S_{AM})^2 W_I, \tag{14/42}$$

$$W_{Fmod} = (S_{FM})^2 W_I, \tag{14/43}$$

$$W_{AFmod} = S_{AM} S_{FM} W_I. \tag{14/44}$$

Dabei ist W_I das Leistungsspektrum der (niederfrequenten) Schwankungen des Diodenstromes. Für die Steilheiten gilt unter Bezug auf Abb. 172

$$S_{AM} = \frac{|\partial Z_N/\partial I_0|}{|\partial Z_N/\partial A|} \frac{\sin \Psi}{\sin \varphi}, \tag{14/45}$$

$$S_{FM} = \frac{1}{2\pi} \frac{|\partial Z_N/\partial I_0|}{|dZ_L/d\Omega|} \frac{\sin(\Psi + \varphi)}{\sin \varphi}. \tag{14/46}$$

Abbildung 173 zeigt zusammengefaßt die verschiedenen Rauschmechanismen. Links ist die Bildung von Amplituden- und Frequenzschwankungen aus

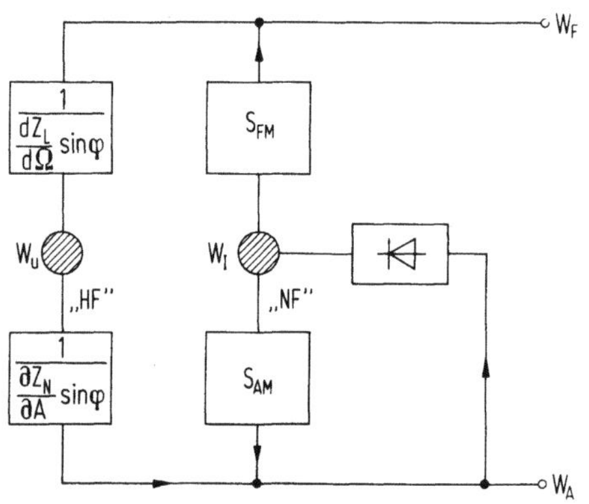

Abb. 173. Schematische Darstellung der Rauschmechanismen eines Oszillators

dem primären HF-Rauschen dargestellt. Das kleinste Rauschen erhält man für orthogonale Zeiger $dZ_L/d\Omega$ und $\partial Z_N/\partial A$. Geringes Frequenzrauschen erhält man für hohe Güte des Kreises (großer Wert für $dZ_L/d\Omega$); geringes Amplitudenrauschen erhält man für starke Amplitudenstabilisierung (großer Wert für $\partial Z_N/\partial A$).

Die Entstehung des Modulationsrauschens ist schematisch durch die in der Mitte angegebenen Blöcke dargestellt.

Ein bisher noch nicht beschriebener Effekt, die Selbstgleichrichtung, ist rechts symbolisiert: Ein nichtlinearer Oszillator, insbesondere einer mit hohem Wirkungsgrad, zeigt immer eine Abhängigkeit seines Arbeitspunktes (z.B. I_0) von der HF-Amplitude, d.h. es existiert eine interne Gleichrichtung. HF-Amplitudenschwankungen werden daher NF-Schwankungen ergeben. Diese werden aber wieder auf die Hochfrequenzschwingungen aufmoduliert. Dieser Effekt kann sogar zu Instabilitäten (den sog. bias-Schwingungen) führen. Es ist verständlich, daß die Stabilisierung des Betriebsstromes eine geeignete Maßnahme zur Reduzierung ist (Abschnitt 14.7). Bei Änderung dieser Stabilisierung (z.B. Verringerung des Innenwiderstandes des Netzgerätes) wird bereits lange vor Auftreten von Instabilitäten das Rauschen stark zunehmen. Die Messung des Rauschens kann also hier (ebenso wie bei einer Änderung des für die Schwingungsstabilität maßgebenden Winkels φ) dazu benutzt werden, festzustellen, wie weit man noch vom instabilen Punkt entfernt ist.

Eine externe Gleichrichtung des HF-Signals und Aufmodulation in geeigneter Phase kann zur Rauschreduzierung benutzt werden. Dann muß der Vektor $(\partial Z_N/\partial A)(A-A_0)+(\partial Z_N/\partial I_0)\Delta I_0$ senkrecht auf $dZ_L/d\Omega$ stehen, was durch geeignete Wahl der externen Gleichrichtung $\Delta I_0=K(A-A_0)$ erfolgen kann (elektronische orthogonale Rauschabstimmung).

14.7 Impattoszillatoren

Um die bisher gebrachten Beziehungen auswerten zu können, muß für das Bauelement die Diodenimpedanz Z_D als Funktion der Amplitude A und des Betriebsstromes I_0 bekannt sein und der Rauschgenerator parallel bzw. in Serie mit dieser Impedanz. Die Impattdiode ist in dieser Hinsicht besonders gut untersucht [213, 215–222], weil es sich hier um einen leistungsstarken Mikrowellengenerator handelt, der wegen des Lawineneffektes stark rauscht, so daß für seinen Einsatz die Rauschoptimierung wesentlich ist.

Für die Diodenimpedanz Z_N erhält man unter den für Impattdioden üblichen Annahmen [72, S. 310]

$$Z_N(\Omega, z, I_0)=\frac{1}{\Omega C_d \vartheta}\,\frac{1-\cos\vartheta}{(1-\Omega^2/\Omega_a^2)}+\frac{j}{\Omega C_d}\left\{\frac{\sin\vartheta}{\vartheta(1-\Omega^2/\Omega_a^2)}-1\right\}. \tag{14/47}$$

Darin haben die Symbole folgende Bedeutung:

$\vartheta=\Omega l_d/v_s$: Laufwinkel in der Driftzone,

$C_d=\varepsilon A/l_d$: Kaltkapazität der Driftzone (A: Fläche),

$\Omega_a=\Omega_{a0}\sqrt{\Phi(z)}$: Lawinenkreisfrequenz,

$\Omega_{a0}=\sqrt{\dfrac{2\alpha' v_s I_0}{\varepsilon A}}$: Lawinenkreisfrequenz für kleine Aussteuerung,

$\alpha'=\dfrac{d\alpha}{dE}$: Ableitung des Ionisationskoeffizienten im Arbeitspunkt (Durchbruch),

$\Phi(z)=\dfrac{2I_1(z)}{zI_0(z)}$: ($I_n$: modifizierte Besselfunktion n-ter Ordnung),

$z=\dfrac{2\alpha' v_s}{\Omega l_a}u_a$: normierte HF-Aussteuerung an der Lawinenzone der Länge l_a,

u_a: HF-Spannung an der Lawinenzone,

v_s: Sättigungsgeschwindigkeit der Elektronen,

l_d: Länge der Driftzone.

Die Abhängigkeit von der Stromamplitude ist in z enthalten und über die HF-Spannung an der Lawinenzone herzustellen; eine Abhängigkeit von dem Betriebsstrom I_0 ist über die Lawinenkreisfrequenz Ω_a gegeben. Gleichung (14/47) soll hier mehr dazu dienen, Abhängigkeiten von Parametern zu erklären als quantitative Ergebnisse zu liefern.

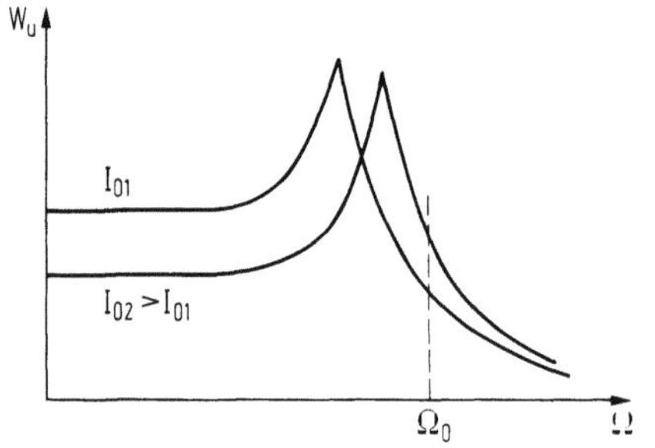

Abb. 174. Leistungsspektrum der Leerlaufspannung der Lawinendiode für zwei Werte des Diodengleichstromes

Das Spektrum W_u der Leerlaufrauschspannung wurde von Hines [224] und Gummel und Blue [225] berechnet und von Haitz und Voltmer [226] experimentell bestätigt. Abbildung 174 zeigt qualitativ das primäre Rauschspektrum nach Gl. (14/48). Als Rauscheffekt wurde dabei die statistische Erzeugung der Ladungsträger beim Lawineneffekt (Schrotrauschen), verstärkt durch die Lawinenmultiplikation, angenommen. Zusätzlich zu der in Abschnitt 15.3 gebrachten Rechnung wurde dabei die endliche Laufzeit in der Driftstrecke der Lawinendiode berücksichtigt.

$$W_u = \frac{2eI_0}{\Omega^2 \tau_i^2} \cdot \frac{1}{\Omega^2 C_d^2 \{1 - (\Omega_a^2/\Omega^2)\}^2} \cdot \frac{2(1-\cos\vartheta)}{\vartheta^2}. \qquad (14/48)$$

Darin bedeutet τ_i die Relaxationszeit der Lawinenzone „intrinsic response time", (z.B. [12, Abschn. 7.9.3]), deren Einfluß auf das Rauschen in [221, 222] untersucht wurde. Abbildung 176 zeigt für verschiedene Diodenstrukturen τ_i als Funktion der Dotierung. Der Einfluß einer endlichen Verstärkung M in der Lawinenzone ist in [227] behandelt und in Abb. 175 gezeigt. In [228] ist u.a. die Abhängigkeit vom Dotierungsprofil untersucht.

Ohne auf die allgemeinen Ergebnisse der Rechnung (Einsetzen der Beziehungen (14/47) und (14/48) für Z_N und W_u in die allgemein gültigen Gln. (14/32) ff., [228]) näher einzugehen, wird nachstehend der Einfluß einiger entscheidender Parameter beschrieben, der zum Teil über die hier gebrachte einfache Theorie hinausgeht.

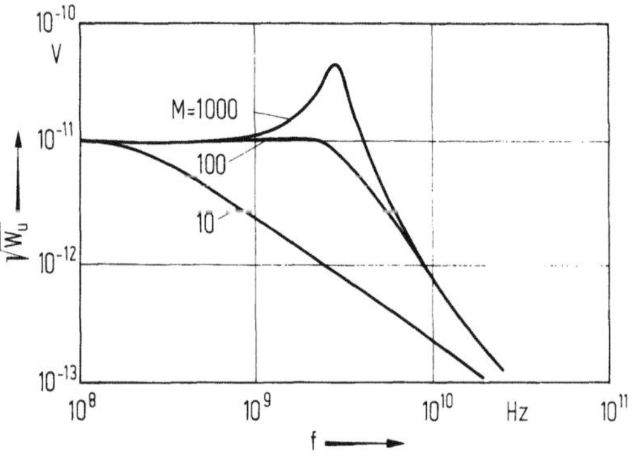

Abb. 175. Leistungsspektrum der Leerlaufrauschspannung der Lawinendiode für verschiedene Werte des Multiplikationsfaktors

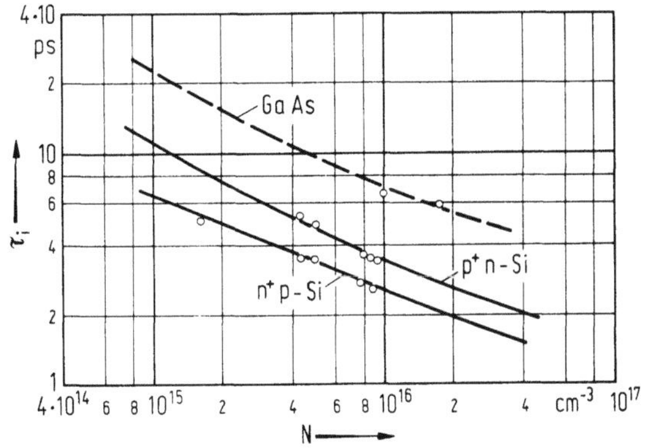

Abb. 176. Relaxationszeit der Lawinenzone als Funktion der Dotierung für verschiedene Halbleiterdioden nach [222, 228]

(a) Stabilitätswinkel φ zwischen Last- und Diodenimpedanz

Wie bereits in Abschnitt 14.4 angegeben, bestimmt der Winkel φ das Rauschen entscheidend. Abbildung 177 zeigt die Ortskurve von Diode und Last für den Fall, daß ein zweiter Resonator hoher Güte lose an den Oszillator angekoppelt wird. Dies kann beispielsweise ein normaler Absorptionswellenmesser sein. Durch diesen zweiten Resonator wird die Lastimpedanz „ausgebeult"; bei Verstimmung des zweiten Resonators bewegt sich die Ausbeulung auf der Lastkurve gemäß Abb. 177 (wobei hier allerdings der Einfachheit halber $Z_L(\Omega)$ konstant gehalten und $Z_N(A)$ bewegt wird). Durch diese Maßnahme ändert sich drastisch der Stabilitätswinkel φ. Abbildung 178 zeigt die zugehörigen gemessenen Amplituden- und Frequenzschwankungen und die Korrelation zwischen diesen beiden als Funktion der Verstimmung der Resonatoren, also implizit als Funktion des Stabilitätswinkels. Die Messung bestätigt deutlich das erwartete Verhalten, nämlich: Bei orthogonaler Abstimmung ist das Amplitudenrauschen ein Minimum (Punkte A und C). Das Frequenzrauschen entspricht wegen zusätzlich vorhandenem Modulationsrauschens nicht voll der Abhängigkeit nach Gl. (14/46). Für schleifenden Schnitt der beiden Ortskurven (kleiner Winkel φ, Punkt B) erhält man sowohl maximales Amplituden- als auch maximales Frequenzrauschen. Die Korrelation zwischen Amplituden- und Frequenzrauschen ist wie erwartet für orthogonalen Betrieb (Punkte A und C) Null und ändert bei Abweichung von der Orthogonalität, je

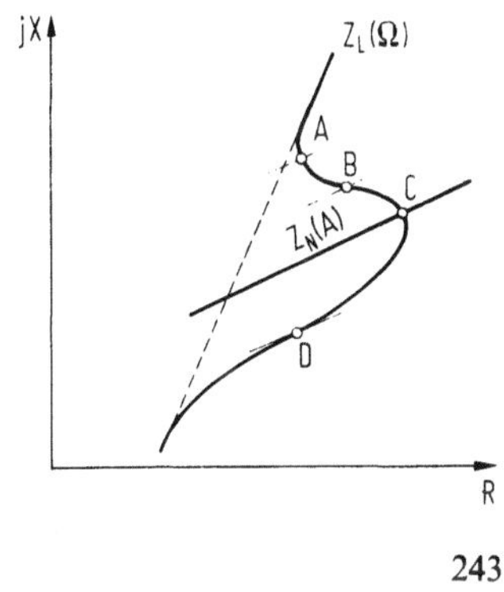

Abb. 177. Oszillatorarbeitspunkte bei Durchstimmung eines sekundären angekoppelten Resonators

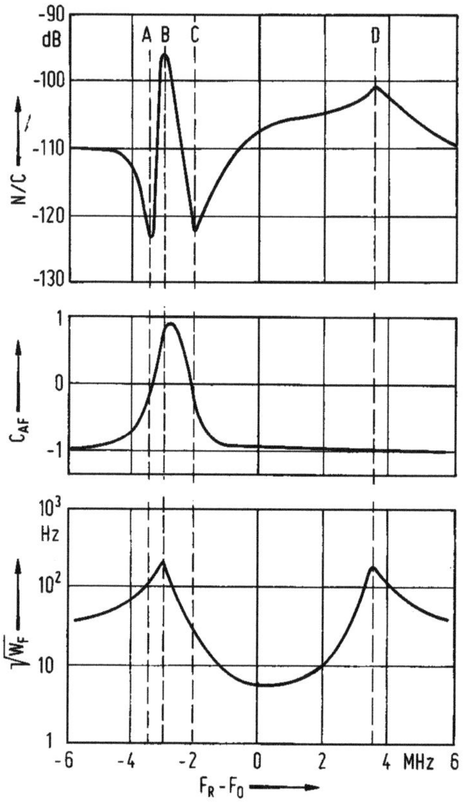

Abb. 178. Als Funktion der Verstimmung des angekoppelten Resonators von oben nach unten: Amplitudenrauschen (Rausch-Träger-Verhältnis), Korrelation zwischen Amplituden- und Frequenzschwankungen, Frequenzrauschen σ_F. Die Werte nach [213] sind gemessen für einen Impattoszillator mit 20 mW Ausgangsleistung bei 9,4 GHz für eine Frequenzablage $f = 100$ kHz und eine Bandbreite $\Delta f = 1$ kHz

nach Winkel φ ihr Vorzeichen (Punkte B und D). Diese Messungen zeigen, daß oftmals unbeachtete Änderungen der Impedanz (Verstimmung des Frequenzmessers) einen drastischen Einfluß auf das Rauschverhalten ergeben.

(*b*) *Amplitude der HF-Schwingung*

In der bisherigen Betrachtungsweise wurden zwar nichtlineare Effekte des „Signals" berücksichtigt, das primäre Rauschen selbst (der Rauschgenerator) wurde jedoch als signalunabhängig angenommen. Dies führt bei großer Aussteuerung zu Fehlern. Berücksichtigt man die Tatsache, daß bei Zunahme des Stromes der Lawineneffekt und damit das Rauschen stärker als proportional zunimmt, so zeigt sich, daß im Mittel das primäre Rauschen mit der HF-Amplitude zunimmt, da sich die beiden Aussteuerungshalbwellen nicht kompensieren. Abbildung 179 zeigt die Zunahme des primären Rauschstromes mit der HF-Aussteuerung im Vergleich mit Meßpunkten.

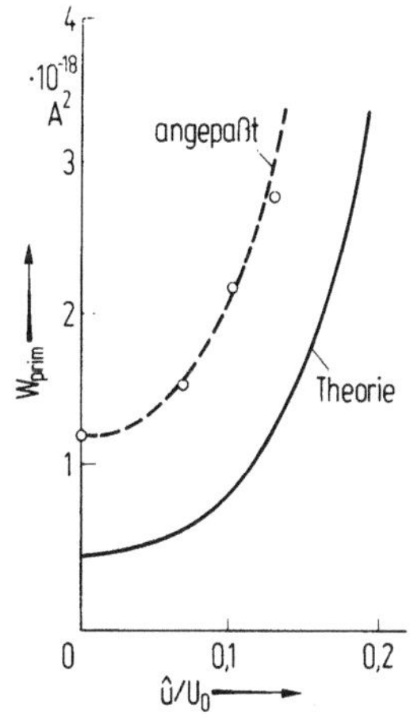

Abb. 179. Primärer Rauschstrom als Funktion der auf die Gleichspannung der Diode bezogenen Hochfrequenzspannung an der Diode nach [216]

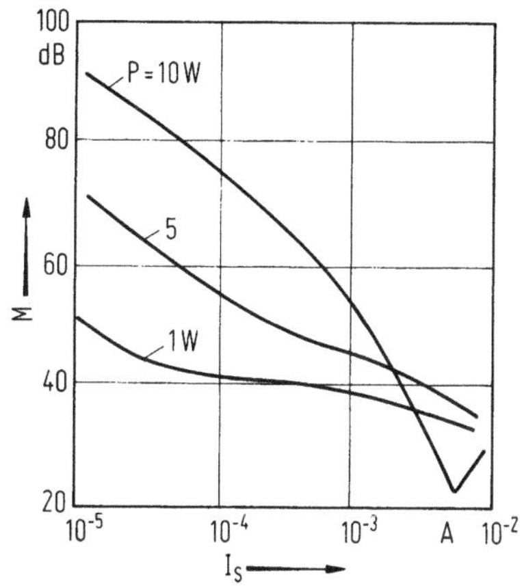

Abb. 180. Rauschmaß einer Impattdiode als Funktion des Sperrsättigungsstromes für verschiedene Ausgangsleistungen nach [229]

(*c*) *Einfluß des Sperrsättigungsstromes*

Die Untersuchungen in [229] zeigen eine Abnahme des primären Rauschens (und damit des Rauschmaßes nach Gl. (14/31)) mit zunehmendem Sperrsättigungsstrom (Abb. 180). Da einerseits das primäre Rauschen mit der HF-Amplitude zunimmt, andererseits (bei Steigerung des Betriebsstromes) die Betriebstemperatur und damit der Sättigungsstrom steigt, kann die Steigerung der HF-Leistung (als Folge höherer zugeführter Leistung) durchaus zu einer Abnahme des Rauschens führen.

(*d*) *Einfluß der Selbstgleichrichtung* [230]

Wegen der Krümmung der Lawinencharakteristik $\alpha(E)$ ändert sich der Mittelwert der Feldstärke (und damit die Spannung an der Diode) mit zunehmender HF-Amplitude. Über die Impedanz der Stromversorgung wandeln sich damit die Spannungsschwankungen als Folge der Amplitudenschwankungen in NF-Stromschwankungen um, die wieder aufmoduliert werden. Abbildung 181 zeigt den dadurch entstehenden Einfluß der HF-

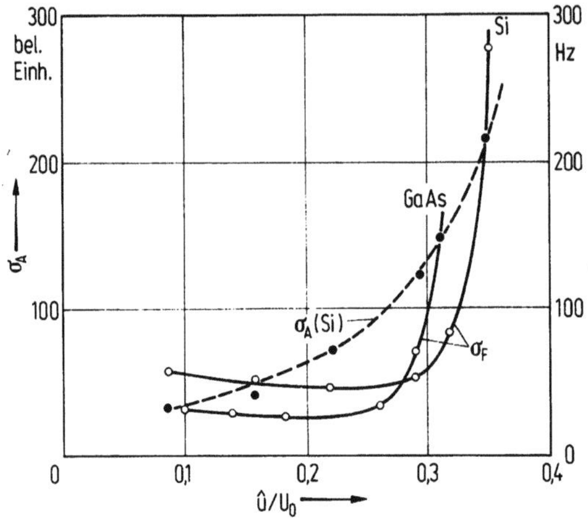

Abb. 181. Frequenzrauschen σ_F als Funktion der normierten HF-Amplitude für zwei verschiedene Dioden nach [230]. $f = 250\,\text{kHz}$, $\Delta f = 100\,\text{Hz}$

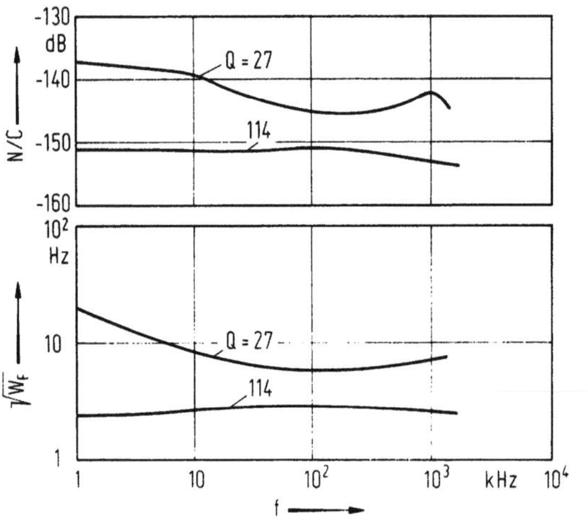

Abb. 182. Gemessene Rauschspektren für eine Si-Lawinendiode nach [231]. $\Delta f = 1\,\text{Hz}$

Amplitude auf das Frequenz- und Amplitudenrauschen. Dieser Effekt ist bei kleiner Impedanz des Stromversorgungskreises ausgeprägt.

Abbildung 182 [231] zeigt das Frequenzspektrum von Amplituden- und Frequenzrauschen für eine Impattdiode in Kreisen mit unterschiedlichen Gütewerten.

14.8 Gunn-Oszillatoren

Hauptrauschursache in Gunn-Elementen ist das thermische Rauschen der Ladungsträger, welches auch Diffusionsrauschen oder Rauschen heißer Elektronen genannt wird, da die Elektronentemperatur T_e nicht gleich der Halbleitertemperatur ist (Abschnitt 10.8). Mit der hierfür geeigneten Definition für das Rauschmaß

$$M = \frac{T_e}{T_0}$$

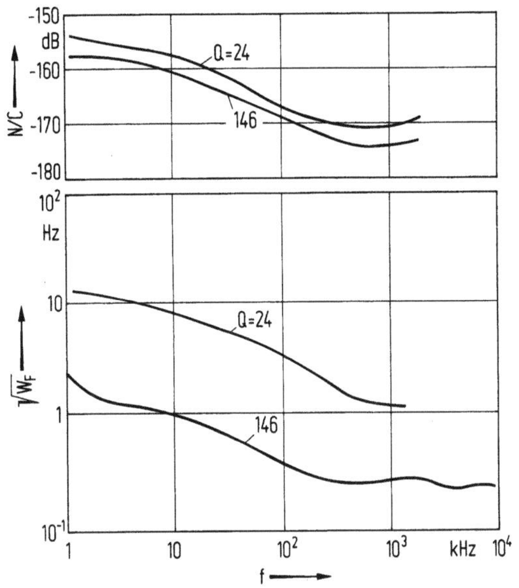

Abb. 183. Gemessene Rauschspektren für einen Gunn-Oszillator nach [231]. $\Delta f = 1$ Hz

kann das Oszillatorrauschen mit Hilfe der Gln. (14/19) ff. und (14/31) bestimmt werden [28].

Abbildung 183 zeigt die Spektren der Amplituden- und Frequenzmodulation eines Gunn-Oszillators in Kreisen unterschiedlicher Güte, wobei als Maß für das Amplitudenmodulationsrauschen das Rausch-Träger-Verhältnis benutzt wird. Es zeigt sich, daß das Rauschen von Gunn-Dioden-Oszillatoren im Vergleich zu Impattdioden-Oszillatoren wesentlich kleiner ist. Deshalb wirkt sich allerdings auch das aufmodulierte $1/f$-Rauschen bis zu viel höheren Frequenzen hin (10 kHz bis 1 MHz) aus [232, 233]. Dieses $1/f$-Rauschen hängt sehr stark von den Kontakteigenschaften und von der Oberflächenbehandlung ab [234].

Der Baritt-Dioden-Oszillator ist in der Funktion dem Impattdioden-Oszillator sehr ähnlich [235]. Der stark rauschende Lawineneffekt ist hier allerdings durch eine gesteuerte Trägerinjektion ersetzt, so daß als dominierender Rauscheffekt das Diffusionsrauschen bleibt [16, 236, 237]. Hier liegt das Rauschmaß M in der Größenordnung von 20 dB. Da Gunn-Dioden bei größerer Ausgangsleistung vergleichbares Rauschen aufweisen, haben Baritt-Dioden keine besondere Bedeutung erlangt.

14.9 Laserdioden

Laserdioden nehmen unter den Oszillatoren zweifellos eine Sonderstellung ein. Hinsichtlich des Rauschens ordnen sie sich jedoch zwanglos in das hier gegebene Bild ein. Generell liegt bei Lasern die Regelzeitkonstante τ_R häufig so hoch, daß das „lineare Modell" sich zur Beschreibung des Rauschens eignet.

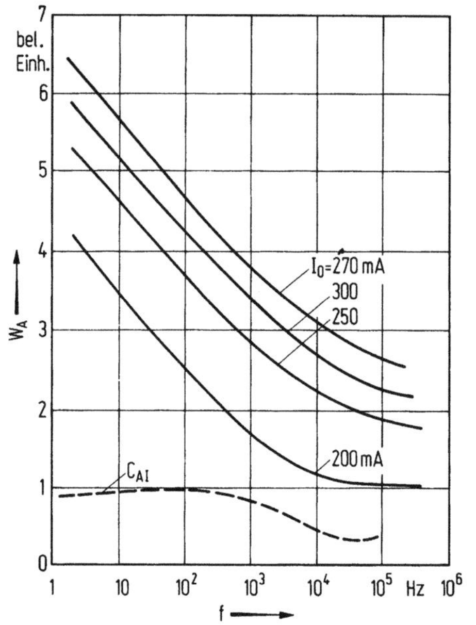

Abb. 184. Gemessene Rauschspektren für eine Laserdiode nach [240]. Gestrichelt: Korrelationskoeffizient zwischen Amplitudenschwankung und Betriebsstromschwankung

Verknüpft damit sind die wegen mangelnder Stabilität entstehenden Relaxationsschwingungen [13].

Ein dominierender Rauschmechanismus bei der Laserdiode ist das Modulationsrauschen [238, 239]. Abbildung 184 zeigt das Amplitudenrauschen als Funktion der Frequenz und die Korrelation C_{AI} zwischen Amplituden- und Betriebsstromschwankung der Diode [240]. Daraus ist ersichtlich, daß sich das $1/f$-Rauschen des Diodenstromes auf das Licht aufmoduliert. Die Abhängigkeit des Rauschens vom Diodengleichstrom (mit einem Maximum bei 270 mA) ist eine Folge der Gleichstromabhängigkeit der Modulationssteilheit [239].

15 Anhang

15.1 Stabilität negativer Widerstände

(*a*) *Leerlaufstabile negative Widerstände*

Abbildung 164 zeigt einen rückgekoppelten Verstärker mit einem stromgesteuerten Spannungsgenerator als aktives Element. Die reziproke Steilheit M dieses Generators (in der Dimension Ω) kann aus energetischen Gründen nur zwischen Null und einem Maximalwert liegen und muß mit zunehmender Amplitude abnehmen:

$$0 \leqq M \leqq M_{\max}, \quad \frac{dM}{dA} < 0.$$

Nimmt man eine Steuerspannung u_G an, so folgt für die Summe der Spannungen

$$u_G = i_1 (R_L + R_1 + R_2) - M i_1. \qquad (15/1)$$

Die letzten drei Terme kennzeichnen den „Spannungsabfall" im Verstärker, d.h. der rückgekoppelte Verstärker stellt zwischen den Klemmen 1 und 2 einen Widerstand dar, welcher bei genügend großem Wert von M negativ werden kann:

$$R_1 + R_2 - M = -R_N. \qquad (15/2)$$

Für $M = R_1 + R_2$ (also $R_N = 0$) kompensiert der Verstärker gerade seine eigenen Verluste. Für

$$R_1 + R_2 < M < R_1 + R_2 + R_L,$$

also $R_N < R_L$, liefert der Verstärker HF-Energie an den Lastwiderstand R_L. Trotzdem ist das System stabil, und ein endlicher Strom i_1 kann nur fließen, wenn eine Steuerspannung vorhanden ist. Hier ist der Widerstand $-R_N$ bereits negativ. Für

$$M > R_1 + R_2 + R_L,$$

also $R_N > R_L$, ist das System instabil und der Strom i_1 steigt an, bis eine stationäre Schwingung beim Wert

$$M = R_1 + R_2 + R_L,$$

also $R_N = R_L$, bestehen bleibt.

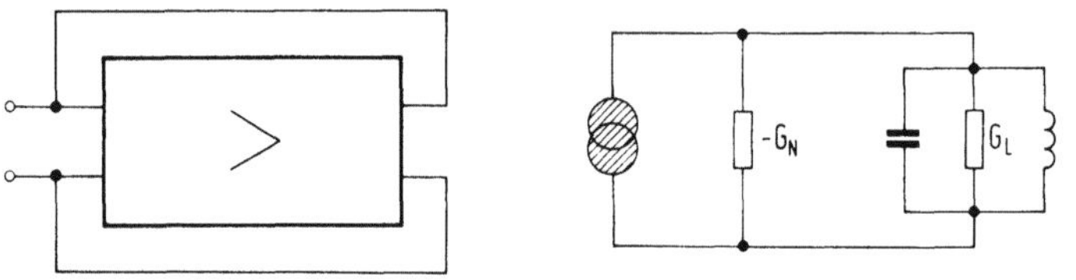

Abb. 185. Ersatzschaltbild eines kurzschlußstabilen negativen Widerstandes

Für das Anschwingen des Oszillators ist es also erforderlich, daß der Betrag des negativen Widerstandes größer als der Lastwiderstand ist.

Der den hier beschriebenen rückgekoppelten Verstärker kennzeichnende Widerstand R_N hat also folgende Eigenschaften:

$|R_N| < |R_{Nmax}|$,
$|R_N| > R_L$ als Bedingung für „Instabilität",
für $R_L = 0$ (Kurzschluß): instabil,
für $R_L \to \infty$ (Leerlauf): stabil, (15/3)
damit Schwingungen bei einer einzigen Frequenz:
Serienresonanzkreis erforderlich,
$d|R_N|/dA < 0$ wegen $dM/dA < 0$.

In der bisherigen Betrachtungsweise wurde auf Kennlinien verzichtet, um gleichermaßen Elemente mit statischen Kennlinien und solche mit dynamischem negativem Widerstand beschreiben zu können. Die statische Kennlinie eines Lichtbogens wäre jedoch ein Beispiel für einen negativen Widerstand dieses Typs.

(b) Kurzschlußstabile negative Widerstände

Dual zu dem obengenannten Typ des negativen Widerstandes existiert ein spannungsrückgekoppelter Verstärker, wie in Abb. 185 angegeben. Dieser Widerstand hat folgende Eigenschaften:

$|G_N| < |G_{Nmax}|$,
$|G_N| > G_L$ für „Instabilität",
leerlaufinstabil,
kurzschlußstabil,
Parallelresonanzkreis nötig,
$d|G_N|/dA < 0$. (15/4)

Das Dynatron ist ein Beispiel für diesen Typ.

(c) Stabilitätskriterien

Die Impedanzen passiver Elemente sind analytische Funktionen der komplexen Frequenz $p = \sigma + j\Omega$:

$$Z(\sigma + j\Omega) = R(\sigma + j\Omega) + jX(\sigma + j\Omega).$$

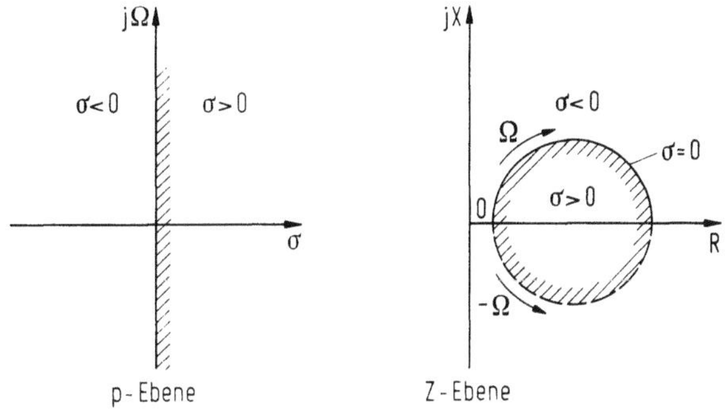

Abb. 186. Abbildung der komplexen Frequenzebene in die komplexe Widerstandsebene

Für analytische Funktionen gelten die Cauchy-Riemannschen Differentialgleichungen

$$\frac{\partial R}{\partial \sigma}=\frac{\partial X}{\partial \Omega}, \quad \frac{\partial R}{\partial \Omega}=-\frac{\partial X}{\partial \sigma}; \quad \frac{\mathrm{d}Z}{\mathrm{d}p}=-j\frac{\partial Z}{\partial \Omega}, \tag{15/5}$$

und es gilt die konforme Abbildung gemäß Abb. 186, d.h. die Gerade $\sigma=0$ bildet sich in die komplexe Widerstandsebene so ab, daß der Bereich $\sigma>0$ rechts von der Ortskurve in der Widerstandsebene liegt. Für $\sigma>0$ ist der Realteil der Impedanz positiv, und das Element ist ein Leistungsverbraucher. Für $\sigma=0$ ist die Impedanz $Z(\Omega)$ eine rechtsdrehende Kurve. Pole und Nullstellen von Z liegen nur im Bereich $\sigma<0$, d.h. dieses passive Element ergibt sowohl für Kurzschluß als auch für Leerlauf immer eine abklingende Amplitude.

Für aktive Elemente sind die obengenannten Bedingungen nicht zutreffend. Abbildung 187 zeigt zwei mögliche Beispiele für negative Widerstände. Weiter wird nun angenommen, daß die Impedanz des negativen Widerstandes Z_N wesentlich schwächer von der Frequenz abhängt als der frequenzbestimmende passive Resonator, so daß es genügt, nur die Amplitudenabhängigkeit von Z_N zu berücksichtigen.

Wie in Abschnitt 14.4 ausgeführt, existiert ein stationärer Arbeitspunkt mit der Amplitude A_0 und der Frequenz Ω_0, wenn

$$Z_N+Z_L=0 \tag{15/6}$$

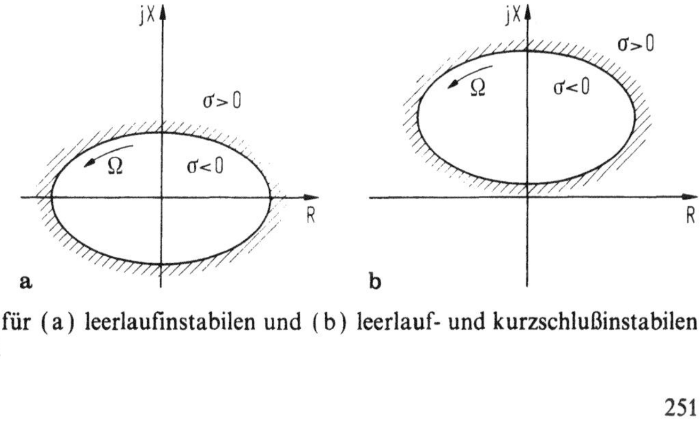

Abb. 187. Ortskurven für (a) leerlaufinstabilen und (b) leerlauf- und kurzschlußinstabilen negativen Widerstand

erfüllt ist. Dieser Arbeitspunkt ist stabil, wenn für eine Zunahme der Amplitude A der Realteil der komplexen Frequenz σ negativ (abklingende Amplitude) und gleichermaßen für eine Verringerung der Amplitude σ positiv ist. Der Arbeitspunkt ist also stabil, wenn

$$\frac{\Delta\sigma}{\Delta A} < 0 \tag{15/7}$$

gilt. Entwickelt man die beiden Impedanzen in Taylor-Reihen um den Arbeitspunkt und bricht die Entwicklung jeweils nach dem linearen Glied ab, so erhält man für Gl. (15/6)

$$Z_N + \frac{\partial Z_N}{\partial A}\Delta A + Z_L + \frac{dZ_L}{dp}\Delta p = 0,$$

$$\frac{dp}{dA} = \frac{d\sigma}{dA} + j\frac{d\Omega}{dA} = -\frac{\partial Z_N/\partial A}{dZ_L/dp} = \frac{\partial Z_N/\partial A}{j\partial Z_L/\partial\Omega}. \tag{15/8}$$

Dabei wurde für die Lastimpedanz Gebrauch von den Cauchy-Riemannschen Gleichungen gemacht. Gl. (15/8) ist eine komplexe Gleichung, der zwei reelle Gleichungen äquivalent sind. Betrachten wir zunächst den Realteil, so erhält man daraus die Bedingung für Stabilität gemäß (15/7) zu

$$\frac{d\sigma}{dA} = \mathrm{Re}\left(-j\frac{\partial Z_N/\partial A}{\partial Z_L/\partial\Omega}\right) < 0. \tag{15/9}$$

Dieses Stabilitätskriterium beinhaltet die Vektoren

$$\frac{\partial Z_N}{\partial A} = B\exp j\alpha \quad \text{und} \quad \frac{\partial Z_L}{\partial\Omega} = C\exp j\beta,$$

welche in Abb. 168 eingetragen sind.

Die Stabilitätsbedingung (15/9), ausgedrückt durch Betrag und Winkel dieser beiden Vektoren, lautet mit $\varphi = \pi + \alpha - \beta$

$$\frac{d\sigma}{dA} = -\frac{B}{C}\sin\varphi < 0. \tag{15/10}$$

Der Arbeitspunkt ist also stabil, wenn

$$0 < \varphi < \pi \tag{15/11}$$

gilt. Die größte Stabilität, d.h. für eine gegebene Änderung der Amplitude A der größte Betrag des Wertes der Abklingkonstanten σ, ist erreicht für

$$\varphi = \frac{\pi}{2}.$$

Es ist verständlich, daß für $\varphi = 0$ oder 180° der Arbeitspunkt unbestimmt ist, da das System auf eine Amplitudenänderung mit einer Änderung der (reellen) Frequenz reagiert. Der stabilste Arbeitspunkt existiert, wenn die beiden kennzeichnenden Vektoren aufeinander senkrecht stehen. Wenn (so wie hier angenommen) das nichtlineare Element unverzögert auf die Amplitudenänderung reagiert, so ist die Zeitkonstante τ_R der Amplitudenrelaxation gegeben durch:

$$\tau_R = \frac{-1}{A_0 \mathrm{d}\sigma/\mathrm{d}A} = \frac{C}{BA_0 \sin\varphi}. \qquad (15/12)$$

Aus dem Imaginärteil der Gl. (15/8) erhält man nachstehende Verknüpfung zwischen Amplituden- und Frequenzänderung:

$$\frac{\mathrm{d}\Omega}{\mathrm{d}A} = \frac{B}{C}\cos\varphi. \qquad (15/13)$$

Die Bedingung für eine verschwindende Amplituden-Frequenzmodulation-Konversion lautet

$$\varphi = \pm\frac{\pi}{2},$$

d.h. für größte Stabilität des Arbeitspunktes ist diese Konversion gleich Null und, wie in Kapitel 14 gezeigt, das Oszillatorrauschen am kleinsten.

15.2 Zusammenhang zwischen Signal-Geräusch-Verhältnis und Fehlerrate für Digitalsignale

Abbildung 188 zeigt die Wahrscheinlichkeitsverteilung eines Signals für weißes Rauschen gemäß einer Gauß- oder Normalverteilung. Bezeichnet man mit dem Mittelwert der Funktion x das Signal und mit $\overline{\Delta x^2}$ das Rauschen, so kann man mit der Annahme eines bestimmten Schwellenwertes angeben, wie häufig ein Meßwert eine Falschaussage liefert. Mit der Annahme einer Gauß-Verteilung für die Meßgröße x und einer Schwelle bei $\bar{x}/2$ erhält man als Fehlerrate die (tabellierte) Fehlerfunktion und den in Abb. 189 gezeichneten Zusammenhang zwischen Signal-Rausch-Verhältnis für die Teilchenanzahl (hier Elektronen) und Fehlerrate [241].

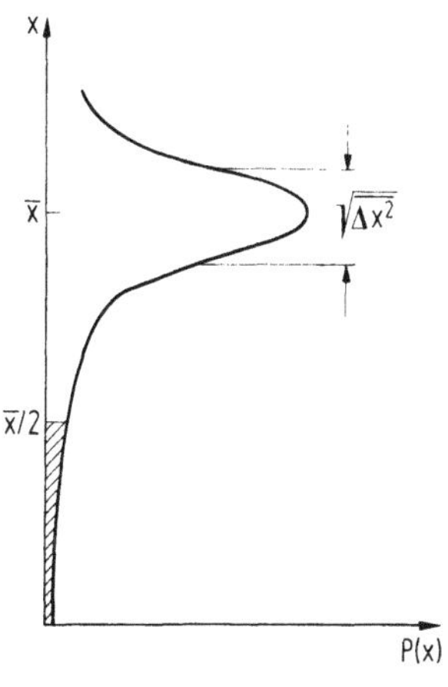

Abb. 188. Normalverteilung einer Größe x

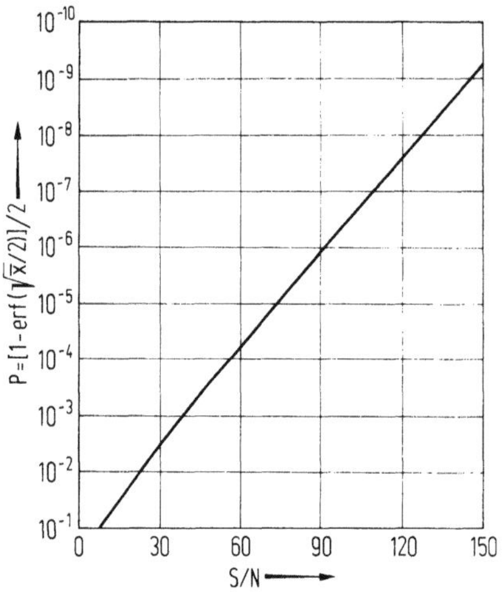

Abb. 189. Fehlerrate als Funktion des Signal-Geräusch-Verhältnisses $S/N = (\bar{x})^2/\overline{\Delta x^2} = \bar{x}$ einer normalverteilten Größe x für eine Schwelle bei $\bar{x}/2$

15.3 Berechnung der Rauschzahl einer Lawinenfotodiode [152]

Abbildung 142 zeigt die Raumladungszone einer in Sperrichtung gepolten *pn*-Diode und eine optische Ladungsträgererzeugung am Ort x_0. Als Folge des hohen elektrischen Feldes werden die Ladungsträger so stark beschleunigt, daß sie innerhalb der freien Weglänge genügend Energie aufnehmen, um weitere Elektron-Loch-Paare zu erzeugen. Wegen der unterschiedlichen Feldstärke in der Raumladungszone und ggf. auch wegen der unterschiedlichen Ionisationskoeffizienten für Elektronen und Löcher (z.B. [12]) ist die Anzahl der durch Stoßionisation erzeugten Elektron-Loch-Paare vom Ort der Primärgeneration x_0 abhängig. Die Größe $M(x_0)$, definiert als die Anzahl der Elektron-Loch-Paare, erzeugt durch Stoßionisation als Folge eines am Ort x_0 erzeugten Elektron-Loch-Paares, habe beispielsweise den in Abb. 190 gezeigten Verlauf. Je nach örtlicher Verteilung der primär erzeugten Ladungsträgerpaare hat man daher in einer realen Diode zu summieren und erhält damit einen von dieser Primärverteilung abhängigen Mittelwert $\bar{M}$. Extremfälle in dieser Hinsicht

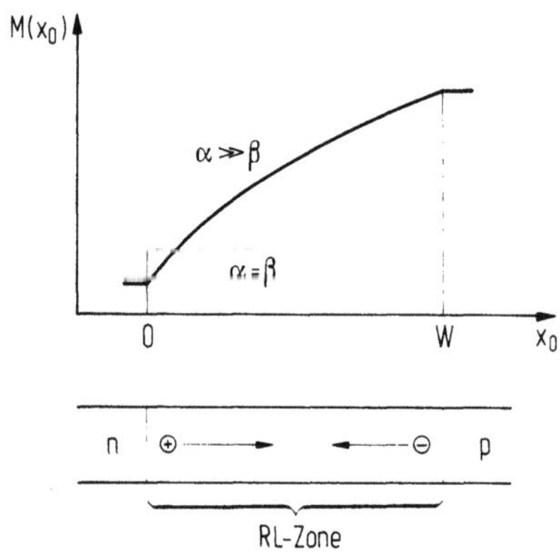

Abb. 190. Abhängigkeit des Multiplikationsfaktors einer Lawinendiode vom Ort der optischen Trägererzeugung. α: Ionisationskoeffizient für Elektronen; β: Ionisationskoeffizient für Löcher

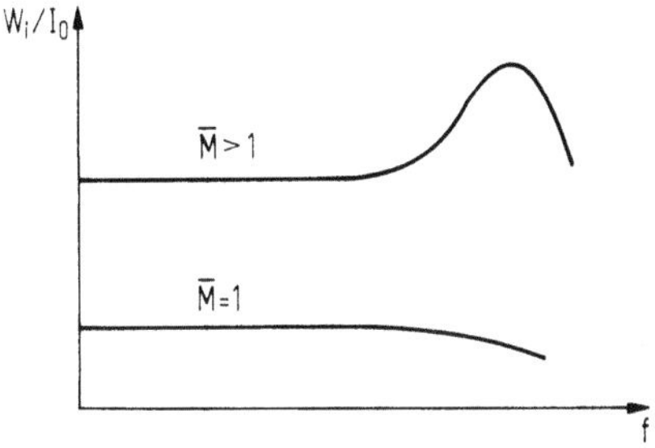

Abb. 191. Leistungsspektrum des Rauschstromes einer Lawinendiode für keine Verstärkung $(\bar{M}=1)$ und Verstärkung $(\bar{M}>1)$

sind Primärerzeugungen am Rand der Raumladungszone, die gleichbedeutend mit einer Injektion von Minoritätsträgern sind.

Im Außenstromkreis der Diode entsteht für $\bar{M}=1$ normales Schrotrauschen $2eI_0$. Für $\bar{M}>1$ entstehen die in Abb. 191 gezeigten Änderungen:

(a) Die Verstärkung bewirkt, daß auf einen spontan erzeugten Ladungsträger die Diode mit vielen Ladungsträgern reagiert. In erster Näherung wird damit das Schrotrauschen um den Faktor $\bar{M}$ größer, da die Einzelimpulse die Ladung $\bar{M}e$ transportieren.

(b) Bei hohen Frequenzen entsteht ein Resonanzeffekt, der bei Lawinenlaufzeitdioden eine Rolle spielt (Abschnitt 14.7). Im folgenden wird nur der Frequenzbereich behandelt, für den noch keine Resonanzeffekte auftreten.

Abbildung 192 zeigt den Löcher- und Elektronenstrom als Funktion des Ortes in einer Diode mit Lawinenmultiplikation. Dem positiven Vorzeichen des Stromes gemäß bewegen sich Löcher in $+x$-Richtung und Elektronen in $-x$-Richtung, d.h. die injizierten Ströme sind $I_p(0)$ und $I_n(w)$. An einer beliebigen Stelle x entsteht durch Lawinenmultiplikation ein Zuwachs des Löcherstromes dI_p, der dem Betrag nach gleich dem Zuwachs des Elektronenstromes dI_n sein muß. Gemäß den Definitionen des Ionisationskoeffizienten ist dieser Zuwachs dI_p gegeben durch (z.B. [12] Abschnitt 7.9.3)

$$dI_p = |dI_n| = (\alpha|I_n| + \beta|I_p|)\,dx\,. \tag{15/14}$$

Nimmt man an, daß die durch Lawinenmultiplikation in der Zone dx erzeugten Ladungsträger voneinander statistisch unabhängig entstehen, so wird das Stromelement dI_p normales Schrotrauschen zeigen. Ladungsträger, die an der

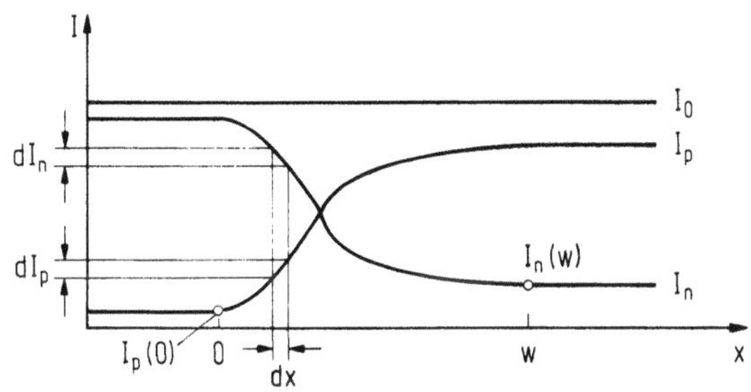

Abb. 192. Räumlicher Verlauf von Elektronen- und Löcherstrom in einer Lawinendiode

Stelle x erzeugt werden, rufen jedoch an den äußeren Klemmen einen um den Faktor $M(x)$ größeren Strom hervor. Die der Lawinenmultiplikation im Abschnitt $\mathrm{d}x$ entsprechende spektrale Leistungsdichte in den äußeren Klemmen ist daher gegeben durch

$$\mathrm{d}W_i(x) = 2e|\mathrm{d}I_p|M(x)^2 . \qquad (15/15)$$

Definitionsgemäß ist der Verstärkungsfaktor $M(x)$ zusammengesetzt aus folgenden drei Teilen:

(a) Als Folge der primären Ladungsträgererzeugung entsteht ein Stromimpuls der Ladung e im äußeren Stromkreis; dies ergibt den Term 1 in Gl. (15/16).

(b) Das nach links wandernde Elektron bewirkt im Bereich 0 bis x eine Ladungsträgergeneration proportional α. Die erzeugten Ladungsträger sind jeweils mit dem Gewinnfaktor für die Stelle, an der sie erzeugt wurden, zu multiplizieren.

(c) Analoges gilt für das Defektelektron im Bereich x bis w. Damit ergibt sich für den Multiplikationsfaktor die Integralgleichung

$$M(x) = 1 + \int_0^x \alpha M(x')\mathrm{d}x' + \int_x^w \beta M(x')\mathrm{d}x' . \qquad (15/16)$$

Die gesamte spektrale Leistungsdichte des Rauschens an den äußeren Klemmen erhält man durch Integration der Gl. (15/14):

$$W_i = 2e\left\{I_p(0)M^2(0) + I_n(w)M^2(w) + \int_0^w M^2(x)\,[\alpha|I_n| + \beta|I_p|]\mathrm{d}x\right\} \qquad (15/17)$$

Die Randbedingungen enthalten dabei die oben erwähnten injizierten Minoritätsträgerströme. In der Gl. (15/15) wurde eine statistische Schwankung der Verstärkung selbst nicht mit berücksichtigt. Es ist lediglich das Rauschen berücksichtigt, welches der statistischen Erzeugung der Ladungsträger bei der Lawinenmultiplikation Rechnung trägt. Die statistische Schwankung von $M(x)$ im Vergleich zur statistischen Erzeugung der Ladungsträger ist vernachlässigbar [153], was deshalb verständlich ist, weil das Schrotrauschen des Elementes $\mathrm{d}I$ mit M verstärkt wird, während die Schwankung von M selbst im Vergleich dazu nur ein Effekt 2. Ordnung ist.

Mit der Kenntnis von $M(x)$ kann man mit Hilfe von Gl. (15/17) das Leistungsspektrum des Lawinenstromrauschens berechnen. Die Berechnung ist umständlich und wurde von McIntyre vorgenommen. Sehr einfach ist die Berechnung für den Sonderfall $\alpha = \beta$, die im folgenden vorgenommen wird.

(a) Gleiche Ionisationskoeffizienten für Elektronen und Löcher $(\alpha = \beta)$

Für diesen einfachen Fall reduziert sich Gl. (15/16) zu

$$M(x) = 1 + \int_0^w \alpha(x')M(x')\mathrm{d}x' = M . \qquad (15/18)$$

Im Gegensatz zu Gl. (15/16) erscheint hier der Generationsort x nicht mehr, d.h. M ist von x unabhängig. Damit ist auch $M(x')$ konstant und kann aus dem Integral herausgenommen werden. Man erhält

$$M = \frac{1}{1 - \int_0^w \alpha \mathrm{d}x} . \tag{15/19}$$

Ebenso läßt sich Gl. (15/14) vereinfachen, und man erhält nach Integration und Einsetzen der Randbedingungen

$$\mathrm{d}I_\mathrm{p} = \alpha I_0 \mathrm{d}x ,$$

$$I_\mathrm{p}(w) - I_\mathrm{p}(0) = I_0 \int_0^w \alpha \mathrm{d}x = I_0 \frac{M-1}{M} . \tag{15/20}$$

Den Gleichstrom I_0 kann man damit durch die injizierten Ströme ausdrücken, wobei zu beachten ist, daß am Ort $x = w$ die Beziehung gilt

$$I_0 = I_\mathrm{p}(w) + I_\mathrm{n}(w) . \tag{15/21}$$

$$I_0 = [I_\mathrm{p}(0) + I_\mathrm{n}(w)] M = I_\mathrm{inj} M . \tag{15/22}$$

Wie zu erwarten, zeigt Gl. (15/22), daß der Gleichstrom gegeben ist durch den injizierten Strom, multipliziert mit dem (ortsunabhängigen) Multiplikationsfaktor M.

Das Rauschleistungsspektrum erhält man aus Gl. (15/17), wobei das letztgenannte Integral mit Hilfe von Gl. (15/20) ausgewertet wird:

$$W_\mathrm{i} = 2eI_0 M^2 = 2eI_\mathrm{inj} M^3 . \tag{15/23}$$

Das Rauschleistungsspektrum ist also gegeben durch das dem verstärkten Gleichstrom entsprechende Schrotrauschen, multipliziert mit M^2 bzw. durch das Schrotrauschen des injizierten Stromes, multipliziert mit M^3.

Mit diesen Ergebnissen kann nun die Rauschzahl des Verstärkungsprozesses angegeben werden. Als Eingangssignal wird dabei der injizierte Strom betrachtet. Als Rauschen wird am Eingang das Schrotrauschen des injizierten Stromes und am Ausgang das Rauschen nach Gl. (15/23) betrachtet. Man erhält daher für Signal S bzw. Rauschen N am Eingang und Ausgang

$$S_1 \sim I_\mathrm{inj}^2 , \quad S_2 \sim I_\mathrm{inj}^2 M^2 ,$$

$$N_1 \sim 2eI_\mathrm{inj} , \quad N_2 \sim 2eI_\mathrm{inj} M^3 , \tag{15/24}$$

so daß sich mit der Definition der Rauschzahl nach Gl. (8/6) die einfache Beziehung ergibt (die Proportionalitätsfaktoren sind in allen vier Fällen gleich)

$$F = \frac{S_1/N_1}{S_2/N_2} = M . \tag{15/25}$$

Die Verstärkung durch Multiplikation ergibt also für den Fall $\alpha=\beta$ eine Rauschzahl, die gleich der Multiplikation ist, also sehr hohe Werte annehmen kann. Auf den praktischen Nutzen einer solchen Maßnahme wurde in Abschnitt 13.9 eingegangen.

(b) Ungleiche Ionisationskoeffizienten (z.B. $\alpha>\beta$)

Ohne auf die in diesem Fall entsprechend längere Rechnung, die in [153] und [152] durchgeführt ist, einzugehen wird hier nur kurz das Ergebnis dieser Rechnungen mitgeteilt. Abbildung 190 zeigt den Multiplikationskoeffizienten in Abhängigkeit vom Ort für $\alpha\gg\beta$ und $\alpha=\beta$. Man erkennt, daß in diesem Fall (die Elektronen ionisieren wesentlich stärker als die Löcher) eine hohe Multiplikation nur für die injizierten Elektronen auftritt. In diesem Fall ist also ein Fotodetektor schon aus Signalverstärkungsgründen so aufzubauen, daß jeweils die stärker ionisierenden Ladungsträger injiziert werden.

Die Rauschzahl ist in Abb. 149 als Funktion des Multiplikationsfaktors angegeben, wobei dieser jeweils an der Stelle $x=0$ bzw. $x=w$ benutzt wird, was an den Kurven durch die Angabe des jeweils injizierten Stromes gekennzeichnet ist.

Für $\alpha=\beta$ erhält man das bereits aus Gl. (15/25) bekannte Ergebnis. Es ist in diesem Fall, da die Multiplikation ortsunabhängig ist, gleichgültig, ob Elektronen oder Löcher oder beides injiziert werden. Für beispielsweise $\alpha/\beta=10$ erhält man wesentlich geringere Rauschzahlen als für den Fall $\alpha=\beta$, wenn Elektronen injiziert werden, jedoch wesentlich größere Rauschzahlen, wenn die nicht so verstärkten Löcher injiziert werden. Der Grenzfall für sehr große Unterschiede in den Ionisationskoeffizienten liefert für genügend große Multiplikationsfaktoren bei richtiger Injektion die Rauschzahl 2. Dieses Ergebnis ist in voller Übereinstimmung mit der Rauschzahl eines Fotomultipliers, bei dem nur Elektronen ionisierend wirken und die Rauschzahl den Wert $F=2$ hat, wenn der Sekundäremissionskoeffizient den Wert 2 hat [154].

Dieser Abschnitt zeigt deutlich, daß bei den meisten „Rauschberechnungen“ der Großteil „Kleinsignalrechnung“ ist. Hier ist lediglich Gl. (15/14) das unmittelbare Ergebnis statistischer Vorgänge; der Rest ist eine Rechnung wie für Signale, jedoch mit verteilten Generatoren.

15.4 MASER (Mikcrowave Amplification by Stimulated Emission of Radiation) [260]

In einem Maser (und Laser) wird ein Signal dadurch verstärkt, daß die induzierte Emission (ein Verstärkungsprozess) größer ist als die (induzierte) Absorption (ein Dämpfungsprozeß). Diese Bedingung ist in einem Material dann erfüllt, wenn das obere, dem Übergang zugeordnete Niveau stärker besetzt ist als das untere. Man nennt diese Besetzungsverhältnisse Inversion, da die Besetzung invers zu der normalen Besetzung bei einer endlichen Temperatur ist. Diese, für die Verstärkung maßgebende Inversion wird formal beschrieben durch eine negative Temperatur $-T_m$ des Materials.

Das Rauschen eines solchen Verstärkers ist gegeben durch die spontane Emission aus dem oberen Niveau in das untere. Diese spontane Emission ist die dem thermischen Rauschen äquivalente quantenmechanische Beschreibung des Energieaustausches zwischen Medium und elektromagnetischem Feld. Ein Maß für diese spontane Emission ist die Besetzung der Energieniveaus im Betrieb und damit T_m.

Berechnet man für diesen Rauschvorgang die Rauschtemperatur, so erhält man folgendes Ergebnis:

$$T_r = \frac{h\nu}{k \ln\{2 - \exp(-h\nu/kT_m)\}} \tag{15/26}$$

mit den Grenzwerten

$$T_r \approx T_m \quad \text{für} \quad h\nu \ll kT_m,$$

$$T_r \approx h\nu/k \ln 2 \quad \text{für} \quad h\nu \gg kT_m.$$

In einem Maser gilt meist die erste Näherung, d.h. die Rauschtemperatur ist gleich der Inversionstemperatur des Masers; in einem Laserverstärker gilt meist die zweite Näherung, d.h. der Laserverstärker ist durch Quantenrauschen begrenzt.

In einem guten Maser ist die Rauschtemperatur in der Gegend von 10 K. Es ist verständlich, daß gerade hier (wie auch bei einem gekühlten parametrischen Verstärker) die Verluste einer Leitung zwischen Antenne und Verstärker eine große Rolle spielen (siehe Gl. (7/19)).

Literatur

1 Gupta, M.S.: Applications of electrical noise. Proc. IEEE 63 (1975) 996–1 010
2 Davenport, W.B.; Root, W.L.: An introduction to the theory of random signals and noise. New York: McGraw Hill 1958
3 Lawson, J.L.; Uhlenbeck, G.E.: Threshold signals. New York: McGraw Hill 1950
4 Bittel, H.; Storm, L.: Rauschen. Berlin, Heidelberg, New York: Springer 1971
5 Van Vliet, K.M.; Fasset, J.R.: Fluctuations due to electronic transitions and transport in solids. In: Fluctuations phenomena in solids. Burgess, R.E. (ed.). New York: Academic Press 1965
6 Hütte-Mathematik, 2. Aufl. Berlin, Heidelberg, New York: Springer 1974
7 Machlup, S.: Noise in semiconductors: Spectrum of a two parameter random signal. J. Appl. Phys. 25 (1954) 341–343
8 Fast, J.D.: Entropie. Eindhoven: Philips 1960
9 Van der Ziel, A.: Noise: Sources, characterization, measurement. Englewood Cliffs: Prentice Hall 1970
10 Jaworski, B.M.; Detlaf, A.A.: Physik griffbereit. Braunschweig: Vieweg 1972
11 Müller, R.: Bauelemente der Halbleiter-Elektronik. Berlin, Heidelberg, New York: Springer 1987
12 Müller, R.: Grundlagen der Halbleiter-Elektronik, 5. Aufl. Berlin, Heidelberg, New York: Springer 1987
13 Kleen, W.; Müller, R.: Laser. Berlin, Heidelberg, New York: Springer 1969
14 Bauer, G.: Determination of electron temperatures and of hot electron distribution functions in semiconductors. Berlin, Heidelberg, New York: Springer 1974
15 Schmidt-Tidemann, K.J.: Experimentelle Untersuchungen zum Problem der heißen Elektronen. Festkörper-Probleme I, S. 122–174. Braunschweig: Vieweg 1962
16 Statz, H.; Pucel, R.A.; Haus, H.A.: Velocity fluctuation noise in metal-semiconductor-metal diodes. Proc. IEEE 60 (1972) 644–645
17 Shockley, W.; Copeland, J.A.; James, R.P.: The impedance field method of noise calculation in active semiconductor devices. In: Quantum theory of atoms, molecules and the solid state, S. 537–563. New York: Academic Press 1966
18 Solid State Electron. 21 (1978) Januar: Sonderheft „Hot electrons".
19 Heywang, W.; Pötzl, H.W.: Bänderstruktur und Stromtransport. Berlin, Heidelberg, New York: Springer 1976
20 Ziman, J.H.: Electrons and phonons. Oxford: Clarendon Press 1960
21 Jacoboni, C. et al.: A review of some charge transport properties of silicon. Solid State Electron. 20 (1977) 77–89
22 Sigmon, T.W.; Gibbons, J.F.: Diffusisivity of electrons and holes in silicon. Appl. Phys. Lett. 15 (1969) 320–322
23 Gibson, A.F.; Granville, J.W.; Paige, E.G.S.: A study of energy-loss processes in Germanium at high electric fields using microwave techniques. J. Phys. Chem. Solids 19 (1961) 198–217
24 Frey, J.: Effects of intervalley scattering on noise in GaAs and InP field-effect transistors. IEEE Trans. Electron Devices 23 (1976) 1 298–1 303

25 Hammar, C.; Weissglas, P.: Hot electron polar scattering in InSb. Phys. Status Solidi 24 (1967) 531–534
26 Robson, P.N.: Low noise microwave amplification using transferred-electron and baritt devices. Radio Electron. Engl 44 No. 1C (Okt. 1974) 553–567
27 Fawcett, W.; Boardman, A.D.; Swain, S.: Monte Carlo determination of electron transport properties in gallium arsenide. J. Phys. Chem. Solids 31 (1970) 1963–1990
28 Bosch, B.G.; Engelmann, R.W.: Gunn-effect electronics. London: Pitman 1975
29 Hill, J.E.; Van Vliet, K.M.: Ambipolar transport of carrier density fluctuations in germanium. Physica 24 (1958) 709–720
30 Beneking, H.: Praxis des elektronischen Rauschens. Mannheim: Bibliogr. Inst. 1971
31 Onsager, L.: Reciprocal relations in irreversible processes. Phys. Rev. 37 (1931) 405–426
32 Casimir, H.B.G.: Reciprocity theories and irreversible processes. Proc. IEEE 51 (1963) 1 570–1 573
33 Shockley, W.; Read, W.T.: Statistics of the recombinations of holes and electrons. Phys. Rev. 87 (1952) 835–842
34 Burgess, R.E.: The statistics of charge carrier fluctuations in semiconductors. Proc. Phys. Soc. (London) B 69 (1956) 1 020–1 027
35 Müller, R.: Generation-recombination noiseinsemiconductor devices. 5th. Int. Conf. on Noise in Phys. Syst. Berlin, Heidelberg, New York: Springer 1979
36 Colligan, M.B.; Van Vliet, K.M.: Noise properties of n-type gold dopes silicon. Phys. Rev. 171 (1968) 881–890
37 Copeland, J.A.: Semiconductor impurity analysis from low-frequency noise spectra. IEEE Trans. Electron Devices 18 (1971) 50–53
38 Jäntsch, O.; Feigt, I.: Das Rauschen an Halbleitern. Phys. Unserer Zeit 3 (1972) 58–62
39 McWhorter, A.L.: Semiconductor Surface Physics. R.H. Kingston (ed.) S. 169–196, 207. Philadelphia: University Press 1957
40 Christensson, S.; Lundström, I.; Svenson, C.: Low frequency noise in MOS-Transistors. Solid State Electron. 11 (1968) 797–820
41 Fu, H.S.; Sah, C.T.: Theory and experiments on surface 1/f noise. IEEE Trans. Electron Devices 19 (1972) 273–285
42 Jäntsch, O.: A theory of 1/f noise at semiconductor surfaces. Solid State Electron. 11 (1968) 267–272
43 Feigt, I.; Jäntsch, O.: The upper frequency limit of the 1/f noise and the surface relaxation time. Solid State Electron. 14 (1971) 391–396
44 Wolf, D.: 1/f-noise. 5th Int. Conf. on Noise in Phys. Syst. Berlin, Heidelberg, New York: Springer 1979
45 Lange, E.; Müller, Chr.: Technologie und elektrische Eigenschaften von MOS-Strukturen mit dünnstem Oxid. DFG-Bericht zum Forschungsvorhaben. Mu 247/53: Okt. 1977
46 Jäntsch, O.; Feigt, I.: 1/f noise in silicon diodes. Solid State Electron. 16 (1973) 1 517–1 519
47 Hooge, F.N.: Discussion of recent experiments on 1/f noise. Physica 60 (1972) 130–144
48 Hooge, F.N.: 1/f noise. Proc. 4th Int. Conf. on Phys. Aspects of Noise in Sol. State Dev. Physica 83 $B+C$ (1976) No. 1, 14–23
49 Marko, H.: Theorie linearer Zweipole, Vierpole und Mehrpole. Stuttgart: Hirzel 1971
50 Kleen, W.: Schwankungserscheinungen. In: Taschenbuch der Hochfrequenztechnik, 3. Aufl. Meinke, H.; Gundlach, F.W. (Hrsg.). Berlin, Heidelberg, New York: Springer 1968
51 Rothe, H.; Dalke, W.: Theorie rauschender Vierpole. Arch. elektr. Übertr. 9. (1955) 117–121
52 Friis, H.T.: Noise figures of radio receivers. Proc. IRE 32 (1944) 419–422. u. 33 (1945) 125–126
53 Kleen, W.: Die Grenzempfindlichkeit fundamentaler Röhrenschaltungen. Frequenz 3 (1949) 233–240
54 König, H.W.: Die Rauschzahl linearer Vierpole und Verstärkerröhren. Frequenz 9 (1955) 3–11

55 Halladay, H.E.; Van der Ziel, A.: On the high frequency excess noise and equivalent circuit representation of the MOS-FET with n-type channel. Solid State Electron. 12 (1969) 161–176
56 Iversen-Srein: The effect of feedback on noise figure. Proc. IEEE 63 (1975) 540–542
57 Haus, H.A.; Adler, R.B.: Circuit theory of linear noisy networks. New York: Wiley 1959
58 Jones, B.K.; Francis, J.D.: Direct correlation between 1/f and other noise sources. J. Phys. D: Appl. Phys. 8 (1975) 1 172–1 176
59 Choe, H.M.; Van der Ziel, A.: Discriminating between noise sources by modulation techniques. Solid State Electron. 19 (1976) 737
60 Sugar, G.R.: Estimation of correlation coefficients from scatter diagrams. J. Appl. Phys. 25 (1954) 354–357
61 Fränz, K.: Die Empfindlichkeit bei Schreibempfang und Instrumentenbeobachtung. Hochfrequenztechn. Elektroakust. 58 (1941) 95–99
62 Müller, R.: Rauschen und Frequenzstabilität von Hochfrequenzgeneratoren. Nachrichtentech. Fachber. 2 (1955) 75–81
63 Ruge, I.: Halbleiter-Technologie. Berlin, Heidelberg, New York: Springer 1975
64 Lauritzen, P.O.: Noise due to generation and recombination of carriers in pn-junction transition regions. IEEE Trans. Electron Devices 15 (1968) 770–776
65 Scott, L.; Strutt, M.J.O.: Spontaneous fluctuations in the leakage current due to charge generation and recombination in semiconductor diodes. Solid State Electron. 9 (1966) 1 067–1 073
66 Van Vliet, K.M.: Noise and admittance of the generation recombination current involving SRH-centers in the space charge region of junction devices. IEEE Trans. Electron Devices 23 (1976) 1 236–1 246
67 Van der Ziel, A.: Shot noise in back biased pn silicon diodes. Solid State Electron. 18 (1975) 969–970
68 Van Vliet, K.M.; Van der Ziel, A.: Physical interpretation of noise reduction for the generation-recombination current due to SRH centers in the space charge layer. IEEE Trans. Electron Devices 24 (1977) 1 127–1 129
69 Van der Ziel, A.; Becking, A.G.Th.: Theory of junction diode and junction transistor noise. Proc. IRE 46 (1958) 589–594
70 Saleh, A.A.M.: Theory of resistive mixers. Cambridge: MIT Press 1971
71 Heinlein, W.; Mezger, P.G.: Theorie des parametrischen Reflexionsverstärkers. Frequenz 16 (1962) 347–354, 391–401 u. 442–453
72 Unger, H.G.; Harth, W.: Hochfrequenz-Halbleiterelektronik. Stuttgart: Hirzel 1972
73 Siegman, A.E.: Microwave solid state masers. New York: McGraw Hill 1964
74 Uenohara, M.: Noise consideration of the variable capacitance parametric amplifier. Proc. Inst. Radio Eng. 48 (1960) 169–179
75 Uenohara, M.: Cooled varactor parametric amplifiers, S. 89–164. New York: Academic Press 1967
76 Garbrecht, K.; Mezger, P.G.: Das Schrotrauschen von Halbleiterdioden in parametrischen Verstärkern. Frequenz 17 (1963) 150–157
77 Sitch, J.E.; Robson, P.N.: The noise measure of GaAs and InP transferred electron amplifiers. IEEE Trans. Electron Devices 23 (1976) 1 086–1 094
78 Thim, H.W.: Noise reduction in bulk negative resistance amplifiers. Electron. Lett. 7, (1971) 106–108
79 Hart, W.: Equivalent noise temperature of bulk negative-resistance devices. Arch. Elektr. Übertr. 26 (1972) 149–150
80 Parametric Industries, USA: Schottky barrier mixer diodes PKM-, P-series (Datenblatt)
81 Hughes Electron Dynamics Division, USA: Balanced mixer-IF preamplifiers series 4 742K (Datenblatt)
82 Aertech Industries, USA: Microwave components catalog 1977
83 Cuccia, L.; Quan W.; Hellman, C.: Above 10 GHz satcan bands spur new earth terminal development. Microwave Syst. News 7 (1977) No. 3, S. 37–56

84 Schwarz, B.; Ingenhaag, K.H.: Nachrichtensatelliten und ihre Bedeutung. Mikrowellen Mag. (1977) No. 4, S. 287–302
85 AIL, USA: Rauscharme Festkörperverstärker für Satellitenkommunikation bei Erdfunkstellen und in der Raumfahrt. Mikrowellen-Mag. (1977) No. 2, S. 124
86 Baskaran, S.; Robson, P.N.: Noise performance of InP reflection amplifiers in Q-band. Electron. Lett. 8 (1972) 137–138
87 Nippon Electric, Japan: Microwave transistor series NE 64 580 (Datenblatt)
88 Avantek, USA: Microwave bipolar transistor series AT-4 691 (Datenblatt)
89 Ohata, K.; Nozaki, T.; Kawanura, N.: Improved noise-performance of GaAs-MES-FET's with selectively ionimplanted n^+ source regions. IEEE Trans. Electron Devices 24 (1977) 1 129–1 130
90 Cooke, H.F.: Microwave field effect transistors in 1978. Microwave J. 21 (1978) No. 4, S. 43
91 Schrenk, H.: Bipolare Transistoren. Berlin, Heidelberg, New York: Springer 1978
92 Guggenbühl, W.; Strutt, M.J.O.: Experimentelle Untersuchung und Trennung der Rauschursachen in Flächentransistoren. Arch. elektr. Übertr. 9 (1955) 250–269
93 Van der Ziel, A.: Noise in junction transistors. Proc. Inst. Radio Eng. 46 (1958) 1 019–1 038
94 Chenette, E.R.; Van der Ziel, A.: Accurate noise measurement on transistors. Inst. Radio Eng. Trans. Electron Devices 10 (1962) 123–128
95 Tong, H.A.; Van der Ziel, A.: Transistor noise at high injection levels. IEEE Trans. Electron Devices 15 (1968) 307–313
96 Sah, C.T.; Noyce, R.N.; Shockley, W.: Carrier generation and recombination in pn-junctions and pn-junction characteristics. Proc. IRE 45 (1957) 1 128–1 243
97 Das, M.B.: On the current dependence of low frequency noise in bipolar transistors. IEEE Trans. Electron Devices 22 (1975) 1 092–1 098
98 Sah, C.T.: Theory of low frequency generation noise in junction gate field effect transistors. Proc. IEEE 52 (1964) 795–814
99 Wade, T.E.; Van der Ziel, A.: Noise effects in bipolar junction transistors at cryogenic temperatures. IEEE Trans. Electron Devices 23 (1976) 998–1 011
100 Thorton, R.D. et al.: Characteristics and limitations of transistors. Semicond. Electron. Educ. Comm., Vol. 4. New York: Wiley 1966
101 Agouridis, D.C.; Van der Ziel, A.: Noise figure of UHF transistors as a function of frequency and bias conditions. IEEE Trans. Electron Devices 14 (1967) 808–816
102 Bächtold, W.; Strutt, M.J.O.: Darstellung der Rauschzahl und der verfügbaren Verstärkung in der Ebene des komplexen Quellenreflexionsfaktors. Arch. elektr. Übertr. 21 (1967) S. 631–633
103 Meinke, H.H.: Rauschanpassung in transistorisierten Empfangsantennen. Nachrichtentech. Z. 22 (1969) 319–324
104 Lindenmeier, H.: Einige Beispiele rauscharmer transistorisierter Empfangsantennen. Nachrichtentech. Z. 22 (1969) 381–389
105 Tucker, R.S.: Low noise design of microwave transistor amplifiers. IEEE Trans. Microwave theory Tech. 23 (1975) 697–700
106 Baechtold, W.; Strutt, M.J.O.: Noise in microwave transistors. IEEE Trans. Microwave Theory Tech. 16 (1968) 578–585
107 Hsu, S.T.; Whittier, R.J.; Mead, C.A.: Physical model for burst noise in semiconductor devices. Solid State Electron 13 (1970) 1 055–1 071
108 Rodenheber, R.; Stoisiek, M.; Wolf, D.: Untersuchung zum Burst-Rauschen in Bipolartransistoren. DFG-Forschungsbericht Wo 139/14 (1977)
109 Beneking, H.: Feldeffekttransistoren. Berlin, Heidelberg, New York: Springer 1973
110 Liechti, C.A.; Larrik, R.B.: Performance of GaAs MES-FET's at low temperatures. IEEE Trans. Microwave Theory Tech. 24 (1976) 376–381
111 Van der Ziel, A.: Thermal noise in field-effect transistors. Proc. IRE 50 (1962) 1 808–1 812
112 Bruncke, W.C.; Van der Ziel, A.: Thermal noise in junction gate field effect transistors. IEEE Trans. Electron Devices 13 (1966) 323–329

113 Jordan, A.G.; Jordan, N.A.: Theory of noise in metal oxide semiconductor devices. IEEE Trans. Electron Devices 12 (1965) 148–156
114 Trofimenkoff, F.N.: Thermal noise in field effect transistors. Proc. IEEE 53 (1965) 1 236–1 237
115 Van der Ziel, A.: Gate noise in field effect transistors at moderately high frequencies. Proc. IEEE 51 (1963) 461–467
116 Cobbold, R.S.C.: Theory and applications of field-effect transistors. New York: Wiley 1970
117 Klaasen, F.M.: High frequency noise of the junction field-effect transistor. IEEE Trans. Electron Devices 14 (1967) 368–373
118 Shoji, M.: Analysis of high frequency thermal noise of enhancement mode MOS-field effect transistors. IEEE Trans. Electron Devices 13 (1966) 520–524
119 Wallmark, J.T.; Johnson, H.: Field-effect transistors. Englewood Cliffs: Prentice Hall 1966
120 Klaasen, F.M.; Prins, J.: Thermal noise of MOS transistors. Philips Res. Rep. 22 (1967) 505–514
121 Paul, R.: Feldeffekt-Transistoren. Stuttgart: Berliner Union 1972
122 Van Vliet, K.M.; Hiatt, C.F.: Theory of generation-recombination noise of junction field-effect transistor. IEEE Trans. Electron Devices 22 (1975) 616–617
123 Lauritzen, P.P.: Low frequency generation noise in junction field effect transistors. Solid State Electron. 8 (1965) 41–58
124 Liechti, C.A.: Performance of dual-gate GaAs-MESFET's as gain-controlled low-noise amplifiers and high speed modulators. IEEE Trans. Microwave Theory Tech. 23 (1975) 461–469
125 Flinn, I.; Bew, G.; Berz, F.: Low frequency noise in MOS-field effect transistors. Solid State Electron. 10 (1967) 833–845
126 Pucel, R.A.; Massé, D.J.; Krumm, C.F.: Noise performance of gallium arsenide field-effect transistors. IEEE J. Solid State Circuits 11 (1976) 243–255
127 Liechti, C.A.: Microwave field-effect transistors – 1976. IEEE Trans. Microwave Theory Tech. 24 (1976) 279–300
128 Statz, H.; Haus, H.A.; Pucel, R.A.: Noise characteristics of gallium arsenide field effect transistors. IEEE Trans. Electron Devices 21 (1974) 549–562
129 Pucel, R.A.; Haus, H.A.; Statz, H.: Signal and noise properties of gallium arsenide field-effect transistors. New York: Academic Press 1975
130 Ogawa, M. et al.: Submicron single gate and dual gate GaAs MESFET's with improved low noise and high gain performance IEEE Trans. Microwave Theory Tech. 24 (1976) 300–305
131 Hewitt, B.S. et al.: Low noise GaAs MES-FET's. Electron. Lett. 12 (1976) 309–310
132 Turner, J.A.: Microwave field effect transistors. Solid state devices 1977, London: Inst. Phys. Conf. Ser. No. 40
133 Gaensslen, F.H. et al.: Very small MOS-FET's for low temperature operation. IEEE Trans. Electron Devices 24 (1977) 218–229
134 Ohata, K.; Nozaki, T.; Kawamura, N.: Improved noise performance of GaAs MES-FET's with selectively ion implanted n^+ source regions. IEEE Trans. Electron Devices 24 (1977) 1 129–1 130
135 Sequin, C.H.; Tompsett, M.F.: Charge transfer devices. London: Academic Press 1975
136 White, M.H. et al.: Characterization of surface channel CCD image arrays at low light levels. IEEE J. Solid State Circuits 9 (1974) 1–13
137 Carnes, J.E.; Kosonocky, W.F.: Fast interfaces state losses in charge coupled devices. Appl. Phys. Lett. 20 (1972) 261–263
138 Donati, S.; Svelto, V.: Theory of CCD transfer noise from a circuit model. IEEE Trans. Electron Devices 24 (1977) 1 184–1 186
139 Klar, H.; Feil, M.; Pfleiderer, J.J.: Spectral density of noise in CCDs. Tech. Dig. of Int. Electron. Dev. Meet. 1978
140 Marko, H.: Methoden der Systemtheorie. Die Spektraltransformation und ihre Anwendungen. Berlin, Heidelberg, New York: Springer 1977

141 Panter, P.F.: Modulation, noise and spectral analysis. New York: McGraw Hill 1965
142 Sze, S.M.: Physics of semiconductor devices. New York: Wiley 1969
143 Anderson, L.K.; McMurtry, B.J.: High speed photodetectors. Proc. IEEE 54 (1966) 1 335–1 349
144 Melchior, H.; Fisher, M.B.; Arams, F.R.: Photodetectors for optical communication systems. Proc. IEEE 58 (1970) 1 466–1 486
145 Keyes, R.J.: Optical and infrared detectors. Berlin, Heidelberg, New York: Springer 1977
146 Uijlings, J.H.M.: Rauschen in Kernstrahlungsspektrometern mit Halbleiterdetektor. Valvo Berichte XIX (Dez. 1974) 159–170
147 Tandon, J.C.; Roulston, D.J.: Low noise photodetector circuit using FET's. Solid State Electron. 17 (1974) 607–609
148 Hamstra, R.H.; Wendland, P.: Noise and frequency response of silicon photodiode operational amplifier combination. Appl. Opt. 11 (1972) 1 539–1 547
149 Rall, G.: Rauscharme Fotodetektorsysteme mit Fotodiode und Feldeffekttransistor. Diplomarbeit TU München 1976
150 Grau, G.: Rauschen im optischen Spektralbereich. Z. Angew. Phys. 17 (1964) 21–26
151 Willardson, R.K.; Beer, A.C.: Infrared detectors. New York: Academic Press 1970
152 McIntire, R.J.: Multiplication noise in uniform avalanche diodes. IEEE Trans. Electron Devices 13 (1966) 164–168; und: Factors affecting the ultimate capabilities of high speed avalanche photodiodes and a review of the state of the art. Repr. from 1973 IEDM Tech. Dig.
153 Tager, A.S.: Current fluctuations in a semiconductor under the condition of impact ionization and avalanche breakdown. Sov. Phys. – Solid State 6 (1966) 1 919–1 925
154 Shockley, W.; Pierce, R.J.: A theory of noise for electron multipliers. Proc. IRE 26 (1938) 321–332
155 Kimura, H.K.T.; Mizushima, Y.; Kajiyama, K.: Silicon avalanche photodiodes with low multiplication noise and high speed response. IEEE-Trans. Electron Devices 23 (1976) 1 337–1 343
156 Kimura, H.K.T.; Mizushima, Y.: Wavelength dependence of multiplication noise in silicon avalanche photodiodes. IEEE Trans. Electron Devices 24 (1977) 713–716
157 Melchior, H.: Demodulation and photodetection techniques. In: Laser Handbook, Vol. 1, Arecchi, Schulz-Dubois E.O. (ed.). Amsterdam: North Holland 1972
158 Müller, J.E.: Rauschverhalten von mikrowellengepumpten Fotodetektoren. Promotionsarbeit TU München 1978
159 Müller, J.E.: Demodulation optischer Signale mittels mikrowellengepumpter Lichtdetektoren. DFG-Bericht zum Forschungsvorhaben Mu 247/51 (1977)
160 Siliconix, USA: Field-effect transistors, Nov. 1977 (Datenbuch)
161 Hewlett Packard, USA: Solid state display and optoelectronics designer's catalog, July 1973
162 Didomenico, M.; Anderson, L.K.: Microwave signals to noise performance of Cd Se bulk photonconductive detectors. Proc. IEEE 52 (1964) 815–822
163 Didomenico, M.; Svelto, O.: Solid state photodetection: A comparison between photodiodes and photoconductors. Proc. IEEE 52 (1964) 136–144
164 Sommers, H.S.: Demodulation of low level broad band optical signals with semiconductors. Proc. IEEE 51 (1963) 140–146
165 Sommers, H.S.; Teutsch, W.B.: Demodulation of low level broad band optical signals with semiconductors, Part II. Proc. IEEE 52 (1964) 144–153
166 Groll, H.: Mikrowellenmeßtechnik. Braunschweig: Vieweg 1969
167 Ausgewertet mit Datenblatt für Ge-Fotodiode 7 460 der Firma Rofin, Surrey, GB
168 Hanke, C.; Müller, J.E.: Kompaktes Modul eines mikrowellengepumpten Fotodetektors mit Germanium als Fotoleiter. 8. IR-Koll. im Inst. Angew. Festkörperphysik, Freiburg 1978
169 Garbrecht, K.; Heinlein, W.: Noise performance of photodiodes in parametric amplifiers. Proc. IEEE 52 (1964) 192–193
170 Penfield, P.; Sawyer, D.E.: Photoparametric amplifier. Proc. IEEE 53 (1965) 340–347

171 Verié, C.; Sirieix, M.: GHz cut off frequency capability of CdHgTe photovoltaic detectors at 10,6 μ. IEEE J. Quantum Electron. 8 (1972) 180–184
172 Rose, A.: The sensitivity performance of the human eye on an absolute scale. J. Opt. Soc. Am. 38 (1948) 196–208
173 Hamatsu TV, Japan: Photosensitive devices 77 (Datenblatt)
174 Electro-Optics Division, USA: Silicon photodiode application notes D 3 000 B–1
175 Rofin, Surrey, GB: Ge-photodiode 7 460 (Datenblatt)
176 Electro-Optics Division, USA: Silicon photovoltaic photodiode UV 100 B (Datenblatt 3 002 B–2)
177 Sawyer, D.E.; Rediker, R.H.: Narrow base germanium photodiodes. Proc. IRE 46 (1958) 1 122–1 130
178 Mathur, D.P.; Mc Intyre, R.J.; Webb, P.P.: A new germanium photodiode with extended long-wavelength response. Appl. Opt. 9 (1970) 1 842–1 847
179 Hurwitz, C.E.; Donnely, J.P.: Planar InSb photodiodes fabricated by Be and Mg ion-implantation. Solid State Electron. 18 (1975) 753–756
180 Plessey, Optoelectronics and Microwave, GB: Lead tin telluride photovoltaic IR detectors LGC series (Datenblatt PS 1 824)
181 Optel GmbH, Deutschland: Avalanche laser receiver LR 232–574 (Datenblatt)
182 RCA, Sol. State Div., Electro-Opt. and Dev., USA: C30 818 Silicon avalanche photodiode-preamplifier module (Datenblatt OPT-112 B)
183 Melchior, H.; Lynch, W.T.: Signal and noise response of high speed germanium avalanche photodiodes. IEEE Trans. Electron Devices 13 (1966) 829–838
184 Sommers, H.S.; Gatchell, E.K.: Demodulation of low-level broad-band optical signals with semiconductors, Part III. Experimental study of the photoconductive detector. Proc. IEEE 54 (1966) 1 553–1 568
185 Santa Barbara Res. Cent. USA: Lead sulfide IR detector. In: The infrared brochure
186 Infra Red Associates, USA: HCT-100 Quecksilber-Cadmium Tellurid-Infrarot-Detektor (Datenblatt)
187 Sonnenberg, H.: In–As–P–Cs_2–O, a high efficiency infrared photocathode, Appl. Phys. Let. 16 (1970) 245–246
188 Sommer, A.H.: Photoemissive materials. New York: Wiley 1968
189 Moss, T.S.: Infrared detectors, Infrared Phys. 16 (1976) 29–36
190 Mocker, H.W.: A 10,6 μm optical heterodyn communication system. Appl. Opt. 8 (1969) 677–683
191 Teich, M.C.; Keyes, R.J.; Kingston, R.M.: Optimum heterodyne detection at 10,6 μm in photoconductive Ge: Cu. Appl. Phys. Lett. 9 (1966) 357–360
192 Peyton, B.J. et al.: High-sensitivity receiver for infrared laser communications. IEEE J. Quantum Electron 8 (1972) 252–263
193 Oliver, B.M.: Thermal and quantum noise. Proc. IEEE 53 (1965) 436–454
194 Fried, D.L.: Optical heterodyne detection of an athmospherically distorted signal. Proc. IEEE 55 (1967) 57–67
195 Lucowsky, G. et al.: Detection of coherent light by heterodyne technique using solid state photodiodes. Quantum electronics III, S. 1 731–1 738. New York: Columbia Press 1964
196 Berchtold, K.; Krumpholz, O.; Suri, J.: Avalanche photodiodes with gain-bandwidth product of more than 200 GHz. Appl. Phys. Lett 26 (1975) 585–587
197 Geckeler, S.: Ein statistisches Modell für das Rauschen in Teilchenströmen und seine Anwendung auf Fotodetektoren. Arch. elektr. Übertr. 26 (1972) 66–72
198 Teich, M.C.: Infrared heterodyne detection. Proc. IEEE 56 (1968) 37–46
199 Roulston, D.J.: Low-noise photoparametric up-converter. IEEE J. Solid State Circuits 3 (1968) 431–440
200 Kruse, P.W. et al.: Elements of infrared technology, S. 268–276 New York: Wiley 1962
201 Jones, R.C.: Phenomenological description of the response and detecting ability of radiation detectors. Proc. IRE 47 (1959) 1 495–1 502
202 Pound, R.V.: Microwave mixers. New York: McGraw Hill (1948)
203 Ondria, J.G.: A microwave system for measurements of AM and FM noise spectra. IEEE Trans. Microwave Theory Tech. 16 (1968) 767–780

204 Grauling, C.M.; Healey, D.J.: Instrumentation for measurement of the short term frequency stability of microwave sources. Proc. IEEE 54 (1966) 249–257
205 Sann, K.M.: The measurement of near carrier noise in microwave amplifiers. IEEE Trans. Microwave Theory Tech. 16 (1968) 761–766
206 Spälti, A.: Der Einfluß des thermischen Widerstandsrauschens und des Schroteffektes auf die Störmodulation von Oszillatoren. Bull. Schweiz. Elektrotech. Ver. 39 (1948) 419–427
207 Peirce, B.O.: A short table of integrals. Boston: Ginn 1956
208 Edson, W.A.: Noise in oscillators. Proc. IRE 48 (1960) 1 454–1 466
209 Mullen, J.A.: Background noise in nonlinear oscillators. Proc. IRE 48 (1960) 1 467–1 473
210 Kurokawa, K.: Noise in synchronized oscillators. IEEE Trans. Microware Theory Tech. 16 (1968) 234–240
211 Kurokawa, K.: Some basic characteristics of broadband negative resistance oscillator circuits. Bell Syst. Tech. J. (1969) 1 937–1 954
212 Krylov, N., Bogolinbow, N.: Introduction to nonlinear mechanics. Princeton: University Press 1943
213 Thaler, H.J.; Ulrich, G.; Weidmann, G.: Noise in Impatt-diode amplifiers and oscillators. IEEE Trans. Microwave Theory Tech. 19 (1971) 692–705
214 Vlaardingerbroek, M.T.: Theory of oscillator noise. Electron. Lett. 7 (1971) 648–649
215 Fikart, J.L.; Goud, P.A.: A theory of oscillator noise and its application to Impattdiodes. J. Appl. Phys. 44 (1973) 2 284–2 296
216 Goedbloed, J.J.; Vlaardingerbroek, M.T.: Noise in Impatt-diode oscillators. Acta Electron. 17 (1974) 151–163
217 Goedbloed, J.J.; Vlaardingerbroek, M.T.: Noise in Impatt-diode oscillators at large signal levels. IEEE Trans. Electron Devices 21 (1974) 342–351
218 Vlaardingerbroek, M.T.; Goedbloed, J.J.: On the theory of noise and injection phase locking of Impatt-diode oscillators. Philips Res. Rep. 25 (1970) 452–471
219 Goedbloed, J.J.: Intrinsic AM-noise in singly tuned Impatt-diode oscillators. IEEE Trans. Electron Devices 20 (1973) 752–754
220 Haus, H.A.; Statz, H.; Pucel, R.A.: Optimum noise measure of Impatt-diodes. IEEE Trans. Microwave Theory Tech. 19 (1971) 802–813
221 Hulin, R.; Goedbloed, J.J.: Influence of carrier diffusion on the intrinsic response time of semiconductor avalanches. Appl. Phys. Lett. 21 (1972) 69–71
222 Hulin, R.; Claassen, M.; Harth, W.: Circuit representation of avalanche region of Impatt-diodes for different carrier velocities and ionisation rates of electrons and holes. Electron. Lett. 6 (1970) 849–850
223 Goedbloed, J.J.; Vlaardingerbroek, M.T.: Theory of noise and transfer properties of Impatt-diode amplifiers. IEEE Trans. Microwave Theory Tech. 25 (1977) 324–332
224 Hines, M.E.: Noise theory for the read type avalanche diode. IEEE Trans. Electron Devices 13 (1966) 158–163
225 Gummel, H.K.; Blue, J.L.: A small signal theory of avalanche noise in Impatt-diodes. IEEE Trans. Electron Devices 14 (1967) 569–580
226 Haitz, R.H.; Voltmer, F.W.: Noise of a self-substained avalanche discharge in silicon-studies at microwave frequencies. J. Appl. Phys. 39 (1968) 3 379–3 384
227 Pal, B.B.; Som, B.; Roy, S.K.: Effect of finite current multiplication factor in the avalanche zone of the high-frequency noise properties of read diodes. Proc. IEEE 64 (1976) 1 252–1 254
228 Christl, C.; Münster, V.: Rauschphänomene in Höchstfrequenz-Halbleiteroszillatoren. Ber. Forsch.-Vorh. RFF 2 022 Bundesminist. Wiss. u. Forsch. 1973
229 Statz, H. et al.: Noise in gallium arsenide avalanche read diodes. IEEE Trans. Electron Devices 23 (1976) 1 075–1 085
230 Eggel, H.: Rauschverhalten von Lawinenlaufzeitdiodenoszillatoren bei großen Amplituden. Promotionsarbeit TU München 1974
231 Motoharu, Ohtomo: Experimental evaluation of noise parameters in gunn- and avalanche-oszillators. IEEE Trans. Microwave Theory Tech. 20 (1972) 425–437

232 Singh, D.N.: AM-noise of millimeter-wave Gunn-oscillators. IEEE Trans. Electron Devices 23 (1976) 1 350–1 351
233 Tuly, J.W.; Weller, K.P.; Benko, E.: Noise performance of a 94-GHz Gunn-effect local oscillator. IEEE Trans. Electron-Devices 25 (1978) 64–65
234 Kuhn, P.: Modulationsrauschen in Gunn-Oszillatoren. Promotionsarbeit TU München 1971
235 Coleman, D.J.; Sze, S.M.: A low noise metal-semiconductormetal microwave oscillator. Bell Syst. Tech. J. (1971) 1 695–1 699
236 Harth, W.; Schirm, L.: Diffusion noise in pnp-baritt-diodes. Arch. Elektron. Übertragungstechn. 28 (1974) 439–441
237 Poulton, G.: Noise measure of metal-semiconductor-metal Schottky-barrier microwave diodes. Electron. Lett. 7 (1971) 667–669
238 Tenchio, G.: 1/f-noise of continuous-wave semiconductor lasers. Electron. Lett. 13 (1977) 614–615
239 Lang, R., Minemura, K.; Kobayashi, K.: Low frequency intensity noise in cw GaAlAs DH lasers with stripe geometry. Electron. Lett. 13 (1977) 228–230
240 Tenchio, G.: Low frequency intensity fluctuations of cw DH GaAlAs diode lasers. Electron. Lett. 12 (1976) 562–563
241 Panter, P.F.: Modulation, noise and spectral analysis. New York: McGraw Hill 1965
242 Miller, C.K.S.; Daywitt, W.C.; Arthur, M.G.: Noise standards, measurements and receiver noise definitions. Proc. IEEE 55 (1967) 865–877
243 Gupta, M.S.: Electrical noise: Fundamentals and sources. New York: IEEE Press 1977
244 Hart, P.A.H.: Standard noise sources. Philips Tech. Rev. 23 (1961/62) 293–309
245 Kandiah, K.; Whiting, F.B.: Low frequency noise in junction field effect transistors. Solid State Electron. 21 (1978) 1 079–1 088
246 Ihringer, H.; Müller, R.: Rauschen von Oszillatoren mit beliebiger Zeitkonstante der Amplitudenregelung. Ber. TU München 1979
247 Kuvås, R.; Lee, C.A.: Quasistatic approximation for semiconductor avalanches. J. Appl. Phys. 41 (1970) 1 743–1 755
248 Heywang, W.; Pötzl, H.: Bänderstruktur und Stromtransport. Berlin: Springer 1976
249 Grau, G.: Optische Nachrichtentechnik Berlin: Springer 1981
250 Harth, W.; Claasen, M.: Aktive Mikrowellendioden. Berlin: Springer 1981
251 Mishra, U.K. et al.: Microwave performance of 0,25 µm gate length high electron mobility transistors. IEEE Trans. Electron Device Lett. EDL-6 (1985) 142
252 Buckingham, M.J.: Noise in electronic devices and systems. Chichester: Ellis Horwood 1983
253 Van der Ziel, A.: Noise in solid state devices and circuits. New York: John Wiley 1986
254 Handel, P.H.: 1/f Noise-an „Infrared Phenomenon“, Phys. Rev. Lett. 34 (1975) 1 492
255 Van Vliet, K.M.; Handel, P.H.; Van der Ziel, A.: Superstatistical emission noise. Physica A 108 (1981) 511
256 Klaasen, M.: Characterization of low 1/f noise in MOS Transistors. IEEE Trans. Electron Devices ED 18 (1971) 887
257 Jindal, R.P.; Van der Ziel, A.: Phonon fluctuation model for flicker noise in elemental semiconductors. J. Appl. Phys. 52 (1981) 2 884
258 Langevin, P.: Comt. Rend. 146 (1908) 530
259 Shockley, W.; Copeland, J.A.; James, R.P.: The impedance field method of noise calculation in active semiconductor devices. In: Quantum theory of atoms, molecules and the solid state, S. 537–563. New York: Academic Press 1966
260 Siegman, A.E.: An Introduction to Lasers and Masers. New York: Mc Graw-Hill 1971
261 Weinreb, S.: IEEE MTT-S (1982), Digest Paper 10–12
262 Duh, K.H.G. et al.: Ultra low noise cryogenic high-electron-mobility transistors. IEEE Trans. Electron Devices ED 35 (1988) 249–254
263 Van der Ziel, A.: Unified presentation of 1/f noise in electron devices. Fundamental 1/f noise sources. Proc. IEEE, Vol. 76, No. 3, March 88
264 Datenblatt, Gould Inc.

Sachverzeichnis

Über diese Basisbände hinaus sind weitere Einzelbände den technisch wichtigen Halbleiterbauelementen, Schaltungen und Sonderthemen gewidmet. Alle diese von Spezialisten verfaßten Bände sind so aufgebaut, daß sie bei entsprechenden Vorkenntnissen auch einzeln verwendet werden können.

Nachstehendes Schema gibt einen Überblick über die Konzeption der Buchreihe, die bei Bedarf einen weiteren Ausbau zuläßt (Stand: Ende 1987).

Einführung	1 Grundlagen der Halbleiter-Elektronik	2 Bauelemente der Halbleiter-Elektronik
Vertiefung	3 Bänderstruktur und Stromtransport	5 pn-Übergänge
Technologie	4 Halbleiter-Technologie	19 Technologie hochintegrierter Schaltungen
Einzelhalbleiter	8 Signalverarbeitende Dioden	9 Aktive Mikrowellendioden
	6 Bipolare Transistoren	12 Thyristoren
	16 GaAs-Feldeffekttransistoren	21 MOS-Transistoren *
	10 Optoelektronik I: Lumineszenz- und Laserdioden	11 Optoelektronik II: Photodioden, -transistoren, -leiter, Bildsensoren
Integrierte Schaltungen	13 Integrierte Bipolarschaltungen	14 Integrierte MOS-Schaltungen
Sonderthemen	15 Rauschen	17 Sensorik
	18 Amorphe und polykristalline Halbleiter	20 Meß- und Prüftechnik

* In Vorbereitung: Band 21 (als Ersatz für den vergriffenen früheren Band 7/Feldeffekttransistoren).

Springer-Verlag Berlin Heidelberg New York London Paris Tokyo

MIX
Papier aus verantwortungsvollen Quellen
Paper from responsible sources
FSC® C105338

If you have any concerns about our products,
you can contact us on
ProductSafety@springernature.com

In case Publisher is established outside the EU,
the EU authorized representative is:
Springer Nature Customer Service Center GmbH
Europaplatz 3, 69115 Heidelberg, Germany

Printed by Libri Plureos GmbH
in Hamburg, Germany